办公大楼与
商业中心草坪

校园草坪

公共绿地草坪

草坪与花坛

公园草坪

庭院草坪

高速公路护坡草坪
（三丰园林有限公司提供图片）

堤岸护坡草坪

四川内—宜高速公路草坪喷播

一个月后形成葱绿草坡
（绿亚景观工程公司提供图片）

高尔夫球场
草坪

运动场草坪

网球场草坪（美国俄勒冈种子理事会提供照片）

上海嘉定体育场草坪（绿亚景观工程公司提供图片）

草坪杂草

马 唐

马齿苋

鸡眼草

米口袋

蒲公英

天蓝苜蓿

草坪杂草

田旋花

铁苋菜

蟋蟀草

藜

益母草

紫花地丁

草坪杂草

大车前

朝天委陵菜

抱茎苦荬菜

酢浆草

地黄

稗

斑地锦

草坪杂草

艾蒿

扁蓄

狗尾草

虎尾草

夏至草

蛇莓

草坪病害

褐斑病

币斑病

雪霉叶枯病

叶斑病

白粉病

锈病

红丝病

条黑粉病

腐霉枯萎病

草坪病害

春季坏死斑病

炭疽病

夏季斑病

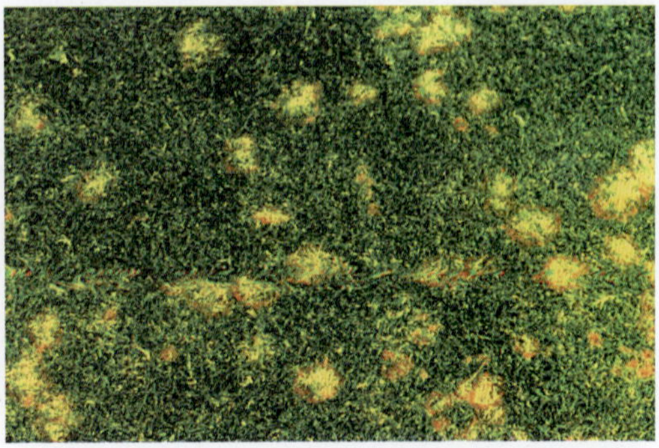
铜斑病

黏霉病

蘑菇圈病

中美合作草坪品种评价项目在中国农业大学绿色环境中心的实验基地

草坪科学研究的国际交流与合作

面向21世纪课程教材

Textbook Series for 21st Century

草坪科学与管理

胡　林　边秀举　阳新玲　主编

中国农业大学出版社

主　编：胡　林　中国农业大学
边秀举　河北农业大学
阳新玲　深圳沙河高尔夫球会

副主编：张志国　山东农业大学
赵美琦　中国农业大学
江海东　南京农业大学
赵炳祥　中国科学院植物研究所

参编人员（按单位字母顺序）：

北京绿冠草业中心	董　君
北京市园林科学研究所	董爱香
东北师范大学	李志坚
河北农业大学	宋清洲　岳艳玲
江苏句容农业学校	俞禄生
美国辛普劳-杰克琳公司	姚中军　李保军
赛贝科种业集团	李鸿祥
上海美侬草坪公司	王　新　陆　翔
上海交通大学	何亚丽
沈阳农业大学	田秀玲
云南农业科学院	郭怡卿
珠海耀华环境公司	杨耀南
中国科学院地理研究所	张新民
中国农业大学	陈合明　崔建宇　樊奋成　慕康国 刘亚佳　倪汉文　周　禾

本书的出版得到了以下组织和公司的资助，特致谢意。

（排名不分先后）

SPECIAL ACKNOWLEDGEMENTS

The publisher and editors are grateful to the organizations and companies below for their support to the publication of this book

美国俄勒冈州种子理事会

（OREGON SEED COUNCIL, USA）

赛贝科种业集团—美国国际种子公司

北京绿冠草业科技发展中心

河北农大绿美草坪园林有限公司

上海绿亚景观工程有限公司

北京恒博草坪技术开发中心

农业部伟嘉集团北京伟嘉绿茵草业技术有限公司

上海美侬草坪工程有限公司

北京天正百润喷灌工程技术有限公司

北京绿友时代园林机械有限公司

序

离离原上草，一岁一枯荣。野火烧不尽，春风吹又生。

小小的草类植物，实在是太普通、太朴素了。它们往往为人们所忽视，似乎在大千世界，它们是无足轻重的。然而，正是这些不起眼的小草，却有着极其顽强的生命力。这似乎给我们以某种启示。

谈到草，过去人们往往将它与杂草等同起来，认为它是有害植物，要斩草除根、除恶务尽。其实这种看法是很偏颇的。在强调精耕细作的农耕条件下，或许这种看法尚有一定道理。但事实上，草本植物在水土保持、环境保护、环境美化和为动物提供饲料等方面具有非常重要的作用。若能善加利用，它们对人类而言，实在是利莫大焉。

土壤侵蚀在我国是一个严重的问题。有些地方由于盲目开垦、过度放牧、滥采乱伐、水资源开发利用不合理等导致了水土流失、土地荒漠化日趋严重。沙尘暴的频频发生给我们敲响了警钟。过去，只强调植树造林，保护环境，实际上效果并不理想。在干旱、半干旱地区，年降雨量只有200～300 mm，甚至更少，树木是很难长起来的。草本植物的适应性比木本要好得多，能够更快、更有效地形成地面覆盖，保持水土，防治沙尘。

西部开发，环境保护是重中之重，草业应该先行。

另外，还有许许多多的水库、高速公路、河岸堤坡等，其地面都要有良好的覆盖物，防止土壤冲刷。草皮覆盖在防止水土流失方面的作用比灌木、乔木都要好。特别是有些有匍匐茎和地下茎的草种，能相互交织，形成像地毯一样的覆盖。我国这方面野生植物资源丰富，一定要很好地开发利用。

草坪业的发展更是人类文明进步的标志。它已经广泛地应用于城乡美化、环保、娱乐、体育等方面。

当今社会生活节奏加快，景观建设、造园风格也发生了很大变化。与过去我国古典士大夫园林注重的一池三山、亭台楼阁所不同的是，现代景观建设更加强调地面覆盖和开敞空间。因此，草坪得到越来越多的应用。特别是在发达国家，绿茵遍地是其城乡景观的基本特征。

草坪业在这些国家已发展为一项较为成熟的产业。在美国，它已跻身于农业领域的支柱产业之列，进入20世纪90年代，草坪业所创产值之大、吸纳就业人数之广，都是前所未有的。在加拿大，草坪业也成为发展最快的园艺产业之一；从倡导“不见一寸土主义”的澳大利亚到已建成“花园之国”的新加坡，草坪业都是欣欣向荣的产业。

改革开放后，我国的草坪业也有了很大发展。在上海，迅速增加的草坪面积日新月异地改变着城市面貌；后起之秀大连，城市覆盖绿化率之高，成为全国园林化城市的榜样。同时，从事草坪经营的企业也如雨后春笋般出现。这说明我国的草坪事业前途光明，正在成为国民经济的一个新的重要增长点。

但是，与发达国家相比，我国的草坪事业还处于初级阶段。借鉴国外的先进经验，提高我国草坪科技水平，注重人才培养都是十分紧迫的。

《草坪科学与管理》的作者，大都是近年来我国草坪科研和教育方面的后起之秀。他们既有从事教学及科研的专家博士，又有在草坪建植与养护管理第一线的专业技术人员。他们付出了辛勤的劳动，不仅有自身国内外学习实践的心得经验，还参阅了大量国内外资料，而且根据中国的具体实际，吸收了许多新成果，充实了许多新材料。相信此书的付梓出版对推动我国草坪科技与教育是大有裨益的。

我祝贺这本书的出版。

前农业部部长

中国花卉协会会长

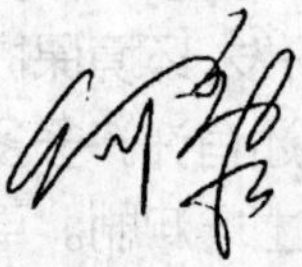

2001年5月27日于北京

序

在新世纪到来的第一个春天里，在我国草坪业蓬勃发展的大好形势下，由我国新一代草坪科技人才，一群草坪科学博士为主的年轻同仁编著的面向21世纪的草坪科学教材即将出版，这是一件令人十分高兴的事。教书育人，发展学科，推动产业化，教材很重要。没有一本好的教材，很难培养出出类拔萃的科学人才。我阅读了书稿，一股清新之风扑面而来，本书内容新颖，阅读文献广泛，吸收了国内外最新研究成果，反映了当代草坪科学技术发展的水平与最新进展，向国人比较全面地展示了现代草坪科学的全貌与精华；结构合理，既有草坪科学的基础研究，也有草坪科学的应用技术研究；把微观与宏观二者很好地结合在一起；取材严谨，结果与结论很有说服力。这些体现了一种科学精神，这是十分难得的。在浮躁之风日盛，诱惑颇多的今日，更觉得这种精神之可贵。

由于复杂的原因，我国现代草坪科学起步较晚，与许多学科相比，基础薄弱，研究不深，仪器设备落后，人才与力量单薄。但近20年来，我国草坪发展成效卓著，十分喜人。这就大大推动了我国草坪科学的深入发展，本书在某种意义上是一个标志。

展望未来，我更加充满信心，相信在新的世纪里，我国草坪产业将会成为我国重要的产业，我国将会有更多的具有高水平的草坪科学人才活跃在国际草坪科学舞台上，草坪将会成为我们美丽国土上的一株更加鲜艳的花朵。

中国草原学会草坪学术委员会主任

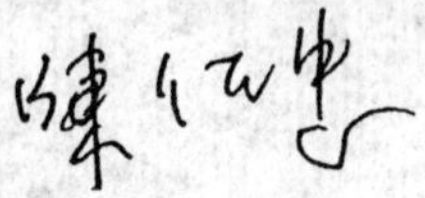

2001年1月1日

前　言

森林和草地曾经是人类生命的故乡。现代工业的发展使人类越来越远离了自然，这就更增加了我们“回归自然”的向往。无论私人庭院还是公共建筑，人们都力求增加使用植物材料，以创造一种引人入胜的舒适环境。在公园、娱乐场和高尔夫球场，人们可以在诱人的、有益于健康的环境中度过闲暇时光。草坪在现代生活和城市发展中具有独特的作用，因而形成了强大的社会需求。随着人们环境意识的提高，这种需求将变得更加强烈。这一切构成了现代草坪业发展和草坪科学研究的社会学和哲学基础。

近几十年，欧美等发达国家尤其重视草坪在现代景观建设、环境保护、环境美化中的作用。英国视草坪为园林景观的完美典型，公共绿地中草坪面积占总面积的80%以上。其渊源可以追溯到18世纪兴起的自然式园林。在美国，公共绿地加上家庭草坪，人均草坪面积达到200 m^2 以上。就连人口稠密的日本也有法律规定，城市人均绿地面积不得少于6 m^2，学校、企业、政府机构的绿地中，草坪不少于20%。在英美等国家旅行，其整洁、优美的环境、清新的空气会给人留下深刻的印象。无论是政府机构、企业、学校，还是城市公园、居民住宅区、高速公路两侧及高尔夫球场，随处可见大片宜人的草坪。它们严密地覆盖了地面，将城市与乡村景观连接在一起，真正做到了“大地园林化”。

对这些“绿地”的建立和养护，以及相关的产品制造与服务形成了现代草坪业。现代草坪业是第二次世界大战后在美国诞生的。它是工业技术进步、经济增长、城市化进程和草坪科学研究共同促进的一门产业。科技和教育在草坪业的发展中起着重要作用。随着草坪行业的快速发展，与草坪种植及应用相关的问题不断涌现。为解决这些问题，需要开展专门研究和专业教育。今天，草坪新产品的研制和开发、新品种培育、人才培养和继续教育是草坪行业前进的主要推动力。

改革开放以来，我国的草坪业已步入了大规模发展的新时期。草坪业的发展，极大地改善了城乡的生态环境，提高了人们的生活质量。但由于我国草坪科学与教育发展滞后，在草坪建植和养护方面尚存在不少急待解决的技术问题，草坪业工作者迫切需要吸收国外的先进经验和技术，需要科学的理论指导。同时，这一朝阳产业的发展，需要大量的经过专业训练的技术人员。为此，我们编写了

《草坪科学与管理》一书。

本书是由教育部高教司审核批准的“面向21世纪课程教材”(“植物生产类本科人才培养方案及教学内容课程体系改革研究与实践”之成果,项目号04-13)。它是在借鉴国内外有关资料的基础上,并密切联系中国实际而进行编写的。书中介绍了有关草坪科学的基本理论和实际管理技能。全书分为三大篇:基础理论篇对草坪业发展,草坪对人类的贡献及草坪生态、生物学基础作了科学阐述;草坪建植与养护管理篇对草坪建植与管理的各个关键技术环节作了详细介绍;应用篇对各类草坪的特殊养护与管理进行了专论。书中附有彩色及黑白图片100多幅。

本书是为草坪管理工作者和大学生——未来的草坪管理者编写的。该教材可作为高等农业院校农学、园艺、园林、草业、环保等专业和成人教育草坪课程的教材,还可作为广大草坪从业人员的工具书。

本书的出版得到了我国教育部、全国高等农业院校教学指导委员会的大力支持,而且也得到了美国农业部(USDA)及俄勒冈种子理事会(OSC)的支持。作者要特别感谢李敏教授及已故的草坪科学先驱胡叔良先生,他们不仅给予了作者很多帮助和指导,也是最初建议作者编写本书的倡导者。作者还要特别感谢美国俄勒冈种子理事会的两位草坪专家 William Young 博士和 Jim Frelich 博士,他们为本书提供了许多资料。在本书的编著过程中还得到了中国农业大学博士生导师张福锁教授的支持与鼓励。《草坪科学与管理》是依靠所有参编人员集体智慧完成的。张银锁博士、周高峰、郭志丽、何源、王媛、张红梅等同学为本书的出版都付出了艰辛的劳动。在编写过程中,从国内同行那里获得不少宝贵的教益,也吸收融合和引用了国内外许多研究成果,无法一一标出,尚请谅解并致谢意。同时,国内外许多公司提供了宝贵的资料和图片,在此书出版之际特向他们表示衷心的谢意。

本书力求立论准确,语言流畅。但由于水平所限,难免有所错误,尚祈读者批评指正。

胡　林

2001年1月于北京

2001年5月再稿于苏格兰榆树园

目　录

基础理论篇

草坪建植与养护管理篇

应　用　篇

基础理论篇

第一章　草坪概述

【教学目标】

1.掌握草坪、草坪草的概念。
2.了解草坪对人类生活的贡献。
3.了解世界及中国草坪业应用的发展历史及现状。
4.熟悉草坪管理者应具备的技能。

第一节　草坪的概念

草坪（Turf）是指多年生低矮草本植物在天然形成或人工建植后经养护管理而形成的相对均匀、平整的草地植被。其目的是为了保护环境、美化环境，以及为人类休闲、游乐和体育活动提供优美舒适的场地。它包括草坪植物的地上部分以及根系和表土层构成的整体。草坪这个概念包含以下 3 个方面的内容：①草坪的性质为人工植被。它由人工建植并需要定期修剪等养护管理，或由天然草地经人工改造而成，具有强烈的人工干预的性质。以此和纯天然草地相区别。②其基本的景观特征是以低矮的多年生草本植物为主体相对均匀地覆盖地面。以此和其他的园林地被植物相区别。③草坪具有明确的使用目的。即是为了保护环境、美化环境，以及为人类娱乐和体育活动提供优美舒适的场地。以此和放牧地或人工割草地相区别。后者的主要目的是为动物提供饲料和营养。

作为专业术语，“草坪”一词在我国出现较晚。直到 1979 年，在北京召开的全国园林学术会议，才由专家们正式确定下来。而在《康熙字典》、《辞源》里都只有“草地”、“草坡”、“草甸”等词目，无“草坪”一词。在 1979 年出版的《辞海》一书中有这样的注释：“草坪亦称草地，是园林中用人工铺植草皮或播种种子培养形成的绿色地面，是园林风景的重要组成部分之一，可供观赏或作群众活动场地”。显然这一解释是不够完善的。首先，它没有恰当地区分草坪与一般草地的概念；其次，它不恰当地局限了草坪的应用范围，因为现代的草坪不只局限于园林，它有着像运动场、高尔夫球场、飞机场、水土保持地、校园、工厂、旅游区、政府办公大楼、住宅区等广阔的应用天地。有些学者根据各自的理解对草坪的概念进行了阐述，都或多或少地说明了草坪的上述 3 个方面的内容，但有些也不够完善。

草坪草(Turfgrass)是指能够经受一定修剪而形成草坪的草本植物。它们大多数是叶片质地纤细、生长低矮、具有易扩展特性的根茎型和匍匐型或具有较强分蘖能力的禾本科植物，另外，也有一些莎草科、豆科、旋花科等非禾本科草类。在英语中，Turfgrass 一般指能够经受一定修剪而形成草坪的禾本科草本植物。

草坪与草坪草是两个不同的概念。草坪草仅指草坪植物本身，而草坪则包括草坪植被与其着生的土壤表层，代表一个较高水平的生态有机体。

当草坪被铲起用来移栽时，称为草皮(Sod)。

第二节 草坪应用发展简史

草坪的生产和利用有着悠久的历史。人类最初利用草地美化环境应该看做是草坪的萌芽，有史料记载可以追溯到 2 000 多年前。但是，有关远古时代人类利用草坪情况的文献十分缺乏，我们只能零零星星地读到。总体而言，草坪起源于亚洲和中东，可能源于自然草地，最初被用于宫廷庭院来美化环境。中世纪草坪在欧洲，特别是英国，伴随户外运动、娱乐、庭院美化等活动而得到发展。20 世纪以来，草坪的应用和研究在美国空前繁荣。现代草坪业在美国形成，并在全世界范围内蓬勃兴起，以至今天广泛地渗入人类生活，成为现代社会生活不可分割的组成部分。越是技术和文明进步的地方，草坪应用越普遍。有人称草坪是"文明生活的象征，游览休假的乐园，生态环境的卫士，运动健儿的摇篮"实不为过。

亚洲和中东曾是人类文明的摇篮。几千年前在这些文明古国的庭园中，就出现了用花修饰的草地。据记载，早在公元前 631—579 年，在波斯（现今伊朗）的宫廷庭院中，就出现了缀花草坪。其后的阿拉伯在造园中也应用了缀花草坪。可见当时就已把草坪作为造园的基本材料。古希腊文明曾受到古埃及和古巴比伦文明的影响，这种影响随后自然而然传给了古罗马。据称，在古希腊和古罗马的造园中就采用了镶花草坪。

英国有关"花园草坪"的文献最早出现在中世纪。从那时起，在诗歌、小说、日记中就不乏有关草坪利用的记载。英国人十分爱好草坪，而且英伦三岛温和的气候十分有利于草坪草的生长。因此，英国对草坪的建造非常重视。中世纪典型的草坪形式是低矮的草类和花卉杂生在一起，犹如天然草甸的景观。建造花园草坪别墅是有身份的象征。早在 14 世纪，英国诗人乔叟就把草坪称为"绿色的羊毛"。到 13 世纪，在英国产生了用禾草单播建立草坪的技术。有文献提到，在 13 世纪就有了在草地上开展的滚木球运动。13 世纪下半叶，草地板球也开展起来。它可能是现在棒球运动的前身。

草坪滚木球场的果领(Green)很可能是现代高质量草坪的先驱。户外运动，如草坪滚木球、草地板球、英式足球和高尔夫运动对推动现代高质量草坪的发展起了至关重要的作用。

到 16 世纪，产生了更精制的花园草坪和草坪滚木球场的果领。从 16 世纪起，在公有草地上进行英式足球比赛开始变得流行起来。据称在公有草地上比赛滚木球是 1588 年第一次被纳入运动比赛项目的。草坪在英国、德国、法国、荷兰、比利时、奥地利以及北欧其他地方变得更加普遍。16~17 世纪,大多数城镇、乡村都建有大面积草坪,称为绿地或公地,供村民集会和娱乐活动。高尔夫球游戏最初是在高地、丘陵地带和海岸的草坪上兴起的。从 15 世纪开始在英国流行和普及,这种草坪主要以翦股颖(*Agrostis*)和羊茅(*Festuca*)草种构成,修剪则是由绵羊放牧采食来完成的。

1588 年,英国打败西班牙的无敌舰队,逐渐成为世界的霸主。"日不落"帝国也将英国人喜爱的草坪和草地运动项目随殖民文化传播到世界各地。

John Rea(1665 年)发表了草坪铺置的详细方法。到 17~18 世纪,草坪进一步应用于草地花园、花园、休闲娱乐花园中。特别是在 18 世纪,英国自然风景式造园的兴起在世界造园史中占有重要地位。近两个世纪以来,它对现代世界风景园林建设的主流形成产生了深刻影响。英国 18 世纪开始建造的著名庭园中,都带有大面积的草坪。这个时期建造的精致花园中,草坪区是十分重要的内容。John Evelyn 在为园丁写的指导性著作中,称花园中的草坪和滚木球场的果领每隔 15 天就要修剪和滚压 1 次。在湿润的季节,一般使用草坪槌或夯具将草坪不平整的地方压平。大量的园艺著作中都有关于草坪养护的内容,作者们强调了在草坪养护中修剪、滚压、切边和杂草防除及采收优质草坪草种子的重要性。

到 19 世纪,英国的布丁(Edwin Budding)于 1830 年发明了第一台剪草机,1832 年开始批量生产,从而结束了以镰刀和绵羊放牧"修剪"草坪的时代(图 1-1)。

图 1-1 早期的剪草机

(自 R.D.Emmons)

19 世纪早期,园艺著作中有关草坪养护的内容更多了。它们更加接近今天的草坪养护内容,其中提到草坪应该用长柄镰刀尽可能勤、尽可能低地修剪;剪除的草屑要移出草坪;草坪的边缘要不定期地进行切边。1807 年,英格兰的 McDonald 在《实用园艺大全》中的有关内容,是当时对草坪建植和栽培所做的最全面的论述。所以,早期的草坪培育知识大部分源自英格兰,而且在这个时期,草坪的培育是一门靠经验、观察和从反复实践中不断摸索得来的技艺。

17 世纪初,英国开始向美洲移民。受英国的影响,美国草坪发展也较早。在美国,以前草坪也是以所谓村镇绿地的形式存在,多分布在城镇的广场,是公众集会、娱乐的场所。到 19 世纪,高尔夫等草坪运动项目已普遍开展起来。

高尔夫球运动的开展，对草坪科学和技术的发展起了积极的推动作用。由于对高尔夫球场草坪改良技术的开发和实际问题的研究，促使了全球性草坪研究机构的设立及研究工作的开展。高尔夫球场草坪代表了草坪培育的最高水平。

19世纪后期,美国最早开始了草坪草及草坪培育的研究,这标志着草坪科学研究的开端。1880年,在美国密歇根农业实验站开始对不同种类草坪草及混播草坪的评价研究。1890年,罗德岛(Rhode Island)农业实验站也开始进行草坪试验研究。1905年,该实验站不但进行草种混合、草坪的品种比较研究,还进行了不同肥料对绿地草坪、高尔夫球场、马球场草坪的应用效果评价和研究。到1928年,罗德岛的草坪实验规模进一步扩大。1908年,人们在长岛(Long Island)高尔夫球场的砂地上建植和养护草坪时遇到严重问题,美国农业部(USDA)的科学家C. V. Piper和R. A. Oakley被请来帮助解决困难。结果,在这一地区进行了大量关于高尔夫球场草坪的试验,总结出了大量有价值的经验。在Piper和Oakley的倡导下,自1921—1929年,美国农业部在许多州开展了草坪实验研究,包括加利福尼亚州、佛罗里达州、马萨诸塞州、堪萨斯州、新泽西州、内布拉斯加州、俄亥俄州、宾夕法尼亚州。

美国草坪研究的成功也促进了其他国家的草坪研究。加拿大皇家高尔夫球协会申请联邦基金,以资助草坪研究。结果,1924年在渥太华附近的中心实验农场建立了草坪实验站。在英国,皇家古老高尔夫球俱乐部草坪委员会推动了草坪科学研究。1914年,该委员会决定开展草坪研究。1928年,根据该委员会的要求,成立全英高尔夫球联盟咨询委员会和国际高尔夫球联盟。1929年,英国新成立的绿地养护研究委员会在宾莱附近建立了草坪研究站。后来在1951年,这个委员会改组为现在的运动草坪研究所。1929年,南非开始了关于用狗牙根(Bermudagrass)建植草坪肥力需求的研究。1935年,新西兰高尔夫球协会成立了草坪维护研究委员会,1949年,该委员会又改组为新西兰草坪培育研究所。在这一时期,澳大利亚和印度也进行着相似的草坪研究。其他国家,如法国、新西兰、德国、瑞士都先后开展了草坪的研究和设立了研究机构。

有关草坪科学的国际学术组织是国际草坪研究学会(International Turfgrass Research Society),它于1969年在英国运动草坪研究所召开首届会议,以后每4年召开一次。

日本是草坪业开发较迟的国家,在草坪利用上也有其独到之处。据日本草坪学家的研究,日本草坪利用大体上经历了4个阶段:第一阶段从古代到奈良时代(公元794年以前),是草坪利用的摇篮时代;第二阶段从平安到室町时代(795—1573年),草坪在庭园中的利用作为利用基础时代;第三阶段从安士桃山到江户时代(1574—1867年),是确立草坪利用形态的时期;第四阶段从明治时代到现代(1868年以后),是草坪利用成熟和发展时期。日本在1928年已有《花坛与草坪》著作问世。19世纪末和20世纪初主要从植物分类学角度对乡土草种结缕草进行了较系统的研究。直到现在,日本的草坪仍然大量使用结缕草。1957年成立了日本草坪养护协会,1962年成立高尔夫球研究所。

中国是一个文明古国,利用草地作为狩猎、娱乐和庭园美化的历史十分悠久。据《周礼·太宰》中记载:"以九职任万民,一曰三农生九谷,二曰园圃毓草木,…"说明早在公元前2 000多年的周朝时,就把草列入到农经园艺的范围。早在春秋时代,在诗经中就有对草地的描写。进入秦汉以后,我国政治文化有了新的发展,植树种草已开始为有闲阶层所追求。据《史记》一书介绍,秦朝的阿房宫已有我国最早的上林苑形式出现。上林苑是皇家贵族游荡渔猎取乐的园圃,占地广大,其布局以自然式草地和疏林为主体。公元前157年至公元前137年间,汉武帝派遣使者从朝鲜半岛、中亚细亚征集了大量珍贵树木和草本植物,其中就可能包括了一定数量的草坪草。汉朝司马相如的《上林赋》中,有:"布结缕,攒戾莎"的描写,表明在汉武帝的上林苑中,已开始布置人工草坪。这可能是我国最早的明确说明草坪用于庭园美化的记载。

6世纪南北朝梁元帝时,亦有咏细草的诗:"依阶疑绿藓,傍诸若青苔,漫生虽欲遍,人迹会应开。"表明当时已有如绿毯一样的草坪,而且把草坪作为观赏的主体来看待。13世纪,元朝忽必烈为了不忘蒙古的草地,在其宫殿的内院铺设了草坪。

到18世纪,草坪在清朝皇家园林中已占有重要地位,具有相当的规模。如承德避暑山庄内,有布局独特的疏林草地,面积达30多公顷(500余亩)(即万树园),就是由羊胡子草形成的大片绿毡草坪。平时皇帝在草坪上演骑、观战、看灯、野宴、游猎,乾隆皇帝为这片草地的美好而专门咏诗加以赞美:"绿毯试云何处最,最惟避暑此山庄,却非西旅织裘物,本是北人放牧场。"

尽管我国利用草坪的历史十分悠久,但在2 000年左右的时间内,草坪的应用并没有得到很大的发展。原因是草坪的应用范围主要局限在历代帝王的宫廷园林中,甚至在高官贵族的庭院花园以及宗教寺庙的园林中都很少使用。基本上是历代王公和贵族享用的"奢侈品",与广大人民没有什么关系。随着朝代的更迭,园林文化遗产的继承主要在建筑、迭山理水、花木配置等方面,草坪的应用和栽培技艺并没有大的发展。而且在造园方面取得了高度艺术成就的我国私家园林和寺庙园林中,其造园思想和技巧也是不利于草坪应用的。在这些园林中,除精致华美的建筑外,讲究把山水花木、楼台亭阁巧妙地组合在一起。造园语言是一池三山、亭台楼阁、小桥流水，达到曲径通幽、咫尺天涯的效果，体现“虽由人作，宛自天开”的思想，形成“幽”、“雅”、“闲”的境界。草坪所体现的“开阔平远”、“一览无余”恰恰是这类造园中最忌讳的。

鸦片战争后，伴随帝国主义者入侵，中国门户向西方开放。欧美式的公园草坪、运动场草坪、游憩草坪相继传入上海、广州、南京、青岛、杭州等城市，如上海租界里的公园和私人住宅花园中均建有草坪。高尔夫球场或网球场也在一些外国租界中建成。最早是1868年在上海建造的黄浦公园。它是具有浓厚殖民主义色彩、专供外国侨民散步休息之用的。草坪养护的特点是采用施肥、浇水和人工修剪等比较精细的养护与管理，所以人们习惯称它为“修剪式草坪”，以便与我国已有的自然式草坪有所区别。新中国成立后，上海诸城市把旧中国的欧美式公园改造为供居民休息、运动和儿童活动的公园，并在新建的一些公园和庭园铺设一定面积的草坪用于观赏、装饰或游憩，取得了一定的成绩。少数比赛用足球场铺植了结缕草或狗牙根草坪。

1949—1978年的30年间，总体而言，我国对草坪的利用处在很粗放的阶段，对草坪的重要性也缺乏认识，且规模小，从事草坪生产和经营的人员较少。城市公园、园林中有很小面积的使用。绿化材料以乔灌木为主，草坪处在一个从属的地位上。草坪的来源主要是铲取天然草皮，还有极少部分人工栽植的草皮，如细叶结缕草、野牛草和羊胡子草等。

改革开放后，我国的社会经济发生了巨大变化。草坪发展也开始了历史上的转折时期。随着对外开放的深入，逐渐接触和了解到国外的草坪业状况，开阔了眼界。20世纪90年代以后，草坪行业呈加速发展的趋势。表现在公众对草坪作用的认识进一步加深，草坪使用面积大量增加，草坪企业大量涌现。科学研究、对外交流、人才培养等各个方面都有所加强。我国真正现代意义上的草坪事业发展是在改革开放以后，从那时起，我国草坪事业才开始追赶国际草坪业的发展步伐、融入世界草坪业发展的大潮。

我国从20世纪50年代起，开始草坪研究工作。中国科学院植物研究所，1955年在国内首先设立草坪研究课题，以胡叔良先生为首，从事野牛草引种、栽培与应用工作，使之广布于长城内外。我国园林系统在园林研究所设立草坪或地被组的基础上，开展了大量草坪草引种、建坪、养护管理的研究工作。近年来，草坪草的引种、天然草坪草的选育、驯化、建坪和草坪养护管理技术研究在全国范围内得到了广泛开展。1983年中国草原学会草坪学术委员会成立。

第三节　草坪对人类的贡献

当代草坪行业之所以能够迅速发展，在于草坪对人类具有巨大的贡献，它在保护和改善脆弱的城市生态系统、重建更亲近自然、清新优美的环境中具备独特的价值。美国著名的草坪学家 J.B. Beard 把草坪的效益分为 3 个方面：功能性(Functional)、娱乐性(Recreational)、观赏性(Ornamental)，即它具有生态效益、美学价值和娱乐功能。

一、生 态 效 益

草坪是重要的绿化材料，它能够绿化环境，改善生态条件。它的生态效益是多方面的，包括固定表土、减少尘埃；吸收大量的二氧化碳、释放氧气；净化空气和水质；调节城市小气候；吸收噪声、减轻光和视觉污染；拦截雨水、减轻城市内涝；有效改良土壤结构、改造废地、防灾减灾等。

(一)固定表土、减少水土流失(图 1-2)

图 1-2　如果有草地覆盖就不会有如此严重的水土流失

固定表土，减少尘埃是草坪最重要的生态功能。我们在日常生活中常常感到空气中的尘土太大，其主要原因就是环境中裸土比例太高。种植草坪是覆盖裸土的有效方法，并使环境显得干净而整洁。如果在庭院、工厂、学校和企业周围的裸地上没有种植草坪，雨后容易变得泥泞，而晴天又会尘土飞扬。无数草坪植物个体组成低矮、密实的草层覆盖着地面，对于抑制和吸附尘土，无疑是简单、经济和有效的手段。草地能控制尘埃、减少水土流失,原因是草的根和茎能固定表土。这些不断更新的根系在地下结织成细密的网络,把表土紧紧地联结在一起,从而起到固定表土的作用。据 Gross 等研究表明,于坡地上种植高羊茅草坪,在 120 mm/h的强降雨下持续 30 min,裸地损失土壤高达 519 kg/hm^2,而草地仅为 54 kg/hm^2。北京市环境保护科研所于 1975—1976 年测定表明,在3~4 级风下,裸地空气中的粉尘浓度约为草坪地空气中粉尘浓度的 13 倍。草坪足球场近地面的粉尘含量仅为裸土地的 1/3~1/6。

草坪还能明显地减少地表的昼夜温差,有效地减轻土壤因"冻胀"而引起的土壤崩解作用。常用于梯田、堤岸护坡,效果良好。

(二)净化空气、净化水源

空气污染是现代社会尤其是大都市的严重环保问题。工业企业和交通工具每天排放出大量的废气。草坪草与其他绿色植物一样,通过光合作用把大气中的二氧化碳转化成氧气,是空气的天然净化器。25 m^2 的草坪就可将一个人呼出的二氧化碳全部吸收,转化成氧气。草坪还能吸附、吸收、分解大气层中的有毒有害物质。据研究,草坪草能吸附、吸收、稀释、分解或转化氨、氟、硫化氢、二氧化硫、硝酸盐、重金属等有害物质。

草坪净化水源的作用是由于它像一层厚厚的过滤系统,在降低地表水流速度的同时把大量固体颗粒物沉淀下来。这些沉淀物除了土壤颗粒外,还有对人体有害的物质如重金属元素等。最近的研究表明,草坪中的枯草层对吸附、分解除草剂、杀菌剂等农药有特殊作用。草坪对其他的城市污染物,如机油、油漆之类都有一定的吸附作用。这些物质会被吸收到植株体内或固定在土壤里,从而降低地下水资源被污染的可能性。在城市规划中合理地安排草地面积不但起到净化水源的作用,还能够大大地减少污水处理的费用。

草坪还可以减少水的径流损失。由于城市区域水泥、沥青等不透水地面增加,夏季降水主要以径流的形式被排走。我国北方城市大都是缺水的城市,夏季降水绝大部分直接排走实在是极大的浪费。如果增加草坪覆盖,可以尽量拦蓄雨水,减轻内涝并回灌补充地下水。健康草坪在接纳和吸收雨水方面比农田效率高 4~6 倍。

(三)改善小气候

夏季于草坪中漫步可明显感觉到草坪表面的舒适、凉爽。与裸地相比,草坪能显著增加空气湿度,减缓气温的日变幅,缩短高温的持续时间,因而提高环境的舒适度。一般来说,城市的气温要比附近乡村的气温高,有时能高出5~7℃。太阳射到地面的热量,约有50%被草坪所吸收。种植草坪的地表温度夏季比裸地地表温度要低得多,可低8℃,而冬季则高1~4℃。据测定,夏季当路边或街道的温度超过38℃时,草坪表面温度仅为24℃。健康生长的草坪其含水量多在70%~80%以上,通过草坪草叶片的蒸腾作用可增加空气湿度,一般夏季草坪上空气湿度较裸地要高10%~20%。

(四)草坪能有效地降低城市噪声、光和视觉污染

噪声过高能破坏人的神经细胞,引起头昏、头痛、疲劳、记忆力减退。草坪对噪声的吸收能力比其他硬表面,如混凝土要大得多,正常能多出20%~30%。还有研究表明,多年生草地早熟禾草坪的吸音能力强于加厚的地毯。在高速公路两旁建植的草坪能吸收40%的机动车噪声。飞机场四周建植草坪也会起到类似的效果。乔、灌、草结合,宽40 m的多层绿地,能减低噪声10~15 dB(分贝)。根据北京市园林研究所测定,20 m宽的草坪,可减低噪声2 dB(分贝)左右;杭州植物园一块面积250 m^2,四周为2~3 m高的多层桂花树的草坪,测定结果与同面积的石板路面相比,噪声减量为10 dB。

光和视觉污染在现代城市中越来越成为一个值得重视的问题。城市中大量使用的水泥、沥青、玻璃等建筑材料在强光的映照下,会反射出刺目的光。而草坪则有着柔和的、令人赏心悦目的色泽,这是因为草坪能吸收太阳光并把直射光转成漫射光,从而起到降低视觉污染的作用。由于草坪绿地能减缓太阳的反射,减弱太阳光对人眼睛的损伤,因此,可明显地保护人的视力,有效地恢复视神经的疲劳。在校园、工厂、公共场所等,多植绿色草坪有利于保护视力。高速路两侧的护坡草坪不但起到固持表土作用,还能有效地减缓司机的视觉疲劳,保证行车安全。机场建植大面积草坪还能明显地减轻飞机起飞、降落时翻起的尘土对引擎的损害,延长机器使用寿命。值得一提的是:降低噪声、减少光和视觉污染的最佳方案,是在规划设计时把草坪与树木、灌木丛和谐地结合起来,相互协调、相互补充形成立体的绿色屏障。

(五)有效地改良土壤结构、改造废地

作为一个有机的生态系统,草坪为大量微生物,如细菌、真菌以及蚯蚓、线虫等提供了一个良好的生存环境。这些微生物和昆虫能加速植物根、茎叶的分解。这一过程有效地改善了土壤的物理结构与化学成分,使土壤有机质含量不断提高。正是因为上述原因,美国政府有关部门要求垃圾和矿场在善后处理过程中,

覆盖层一律种草。这种成功的例子很多,甚至有些高尔夫球场就是在原垃圾场或废矿场上建立起来的。

(六)减灾与防灾的作用

机场和高速公路旁的草坪,对于飞机的起降和行车的安全是非常重要的。对由于意外情况而紧急迫降的飞机或紧急刹车的车辆来说,草坪是极好的缓冲带,可避免恶性事故的发生或减少损失。对于整个城市生态系统而言,出于安全需要,规划和保留一定数量的草坪也是十分必要的。在某些突发性灾害,特别是地震和火灾发生时,开阔的草坪是极好的安全岛和缓冲隔离带。如日本东京上野公园中宽阔的草坪,曾在地震中疏散居民时发挥了重大作用。

二、美学价值

关于草坪独特的美学价值,至今还没有得到系统的认识。然而,对此不作更深刻的认识,就不能更好地理解在诸如乔木、灌木、半灌木、花卉、草坪这些材料的运用中,草坪行业发展特别迅速的原因。它的独特性表现在:

(一)提供开阔的视野和宜人的空间配置

草坪植物所占据的空间很低,容易给人产生一种视野开阔的舒畅感觉。它既具备良好的生态功能又给人类活动提供了最大的活动空间。这是草坪优于灌木、半灌木植物材料之处。虽然森林和灌丛在环境中提供了垂直方向的绿色景观,而草坪在水平方向上构成了一片“绿色的地毯”。树木、花卉、建筑、草坪、道路等环境要素在垂直、水平方向上的交替变化,会产生一种起伏、一种有张有弛的韵律感,从而形成优美舒展、富有魅力的景观美。

草坪及地被植物是绿色或彩色的,而城市从整体来看,是由灰色混凝土构成的建筑群。如有草坪及地被植物的衬托,就可以使固定不变的建筑物富有生气,增加人工环境中的自然意味。犹如“底盘”或“茶托”的草坪,对优美的单体建筑物而言,恰如丝绒之于珠宝,使之更显华美、雅致。如果没有草坪或低矮的花卉地被植物相衬,建筑物就好像干巴巴地“栽”在混凝土地面一样。

草坪与树木花草及其他园林景物如雕塑、峰石、建筑小品相配置,可以构成具有层次与景深、亲切自然而又富于变化的空间。

(二)使各环境要素得以和谐统一

在组成我们生活环境的人工和自然要素中,建筑、道路、乔木、灌木、花卉等都是相对独立、分散的，草坪像绿色的地毯，将所有这些要素连接起来，并最终形成一个完美、和谐的整体。因此，草坪除了本身是重要的造型语言之外，它与其他的环境要素相结合，具有了更加丰富的表现能力，成为环境美中不可替代的协调者(图1-3)。

图1-3　草坪使各环境要素得以和谐统一

草坪的绿色是中间色，既能与冷色调的蓝色、青色的景物(如蓝色的大玻璃窗、青色的粉刷墙面等)相协调，又能与暖色调的红色、黄色的景物(如红砖建筑物、黄色栏杆等)相对比，最能调和城市景观的色彩美。城市的建筑物有高有低，形式各异，色彩繁多，如果有足够面积的绿色草坪，就能对城市杂乱的景象起“净化”、“简化”、统一视觉的作用，好像建筑画幅中的“底色”一样。

三、娱乐功能

(一)给人类提供特别优美舒适的活动和休憩场所

当代社会的一个重要标志是生活节奏加快。人们在闲暇时间需要更多的体育运动和娱乐休闲来舒缓身心。平坦、密实的草坪给当代蓬勃兴起的体育运动和日常活动提供了优美舒适的活动场所(图1-4)。

优质的运动场草坪是当今许多高水准体育竞赛的必备条件。过去，许多国家和地区的运动场地多为泥土地、沙地。地面坚硬、灰尘大，常给运动员带来伤害。近年来运动场草坪发展迅速，有助于提高竞技水平，推动体育运动的发展。研究表明，使用优质草坪的运动场地，运动员受伤的几率明显下降。国际足联规定所有世界杯的比赛都必须在种植的草坪上进行。现在不仅高尔夫球、橄榄球、足球、曲棍球、板球、马球以及标枪、铁饼等比赛场用草坪,赛马、赛车等大型竞赛也用草坪。在这种场地上,观众不仅欣赏运动健儿的竞技,也享受高质量运动场草坪的舒适和美感。

图 1-4 公园草坪

草坪还可为人们日常的室外娱乐活动和运动提供良好的活动场地。一个凉爽、松软的草坪最能引起孩子们游戏的兴趣。在公园绿地郊游,家庭聚会、野餐将给人以美的享受。人们在草坪上娱乐休闲的同时,享受到置身于大自然的乐趣。尤其对长期居住城市、远离大自然的人们来说,确实是增强体质和促进身心健康的最佳选择。同时,修剪、管理草坪本身也是一种有效的增进体力和心理健康的方式。

(二)促进人类的身心健康

至于草坪对心理健康的作用,人们的经验和体会都认为:一片绿茵茵的草地会给人们带来一种宁静、和谐与安逸的感觉与安宁祥和的气氛。而这种感觉正是我们在繁忙的工作之余所需要的。草坪的生态效益和美感不仅是外在的,而且可以直透人类的心灵,开阔人的胸怀、陶冶人的志趣。的确,绿色静谧的草坪,映衬着五彩缤纷的鲜花,掩映在树丛中的建筑矗立其间,会显示出亲切自然而又欣欣向荣的城市田园风貌,使人忘记工作的疲劳、生活中的忧伤,充满对新生活的向往。

草坪业有利于经济发展。1980 年前后,美国的草坪业为 34 万人提供了就业机会,到1995年左右,美国的草坪业从业人员有近100万人。

草坪业对发展经济的贡献不仅仅在于直接的产值,还能够通过对投资环境的改善间接地带来效益。在建筑物的周围,有吸引力的草坪和景观,可使房地产增值5%~10%。企业四周精心管理的草地能帮助企业树立其良好的形象,显示出企业的实力,同时也会给职工和顾客一种关心、负责和认真的印象,有利于提高职工的劳动积极性,也有利于吸引顾客成为业务伙伴。

第四节 草 坪 业

现代草坪业是第二次世界大战后在美国诞生的。它是工业技术进步、经济增长、城市化进程和草坪科学研究共同促进的一门产业,是社会进步的必然产物。战后,随着美国经济和人口的猛增,房地产业飞速发展,百万幢住房的建成,百万块住宅草坪也相继出现了(图1-5)。经济持续膨胀,工作时间缩短,人们有更多的钱财和休闲时间,致使高尔夫球、橄榄球等体育活动日益普及,人们有能力负担得起优质草坪和娱乐草坪的费用。20世纪60年代,美国许多关于草坪建植和养护管理的新产品出现了,如改良的草坪新品种、草坪专用肥料、草坪养护专用机具、除草剂、防治病虫的化学药剂等,使草坪成为一个真正的产业。目前草坪业已成为美国主要的农业产业之一,同时也是欧美其他发达国家的重要产业。

图1-5 有吸引力的草坪和景观可使房地产增值

草坪业是美国近几十年来与种植业有关的行业中发展最快的部分,而且这种趋势有增无减。二战以后,美国经济迅速增长,技术革命加快了生活的节奏,使人处在一种紧张的工作氛围之中,个人面临着对家庭和职业承担责任的紧迫感;同时,人们必须有适当的机会来缓解这种紧张,在舒适的、诱人的、有益于健康的环境中度过闲暇时光。这就导致了对大量的、用于娱乐和运动场所的绿地的需求。草坪事业在世界各地都得到了很大的发展,人们对它在现代社会中的独特价值有了新的认识。世界上一些发达国家和地区,陆地上除了森林、建筑、农田和高速公路等外,几乎全部被草坪所覆盖,很难找到一片裸地。真正达到“黄土不露天”、实现了“大地园林化”。草坪已成为衡量现代化城市环境质量和体育运动发展水平的重要客观标准。

一、现代草坪业的范围

现代草坪业包括极其广泛的内容,它实际上是由一系列与草坪事业有关的行业群和代表不同技能经验、教育和训练水平的工作人员组成。草坪建植和养护、草坪应用设施的管理、产品加工、分配和销售以及与产品设计和景观设计、草坪研究与人才培养等都是该行业相互关联的功能部门,其分布极为广泛。在整个社会经济领域内,确定草坪行业的清晰界限并不容易。Nutter 和 Watson(1969)首先提出了一种较为合理的分类方法,即按功能和劳动力分门别类。

按功能来分,草坪行业由 4 个功能不同的部门或分支组成。它们是:

(1)设施部门。包括一切主要应用草坪的设施和场所。管理和养护这些地方的草坪是草坪业的基本任务,包括运动场、高尔夫球场、街道绿地、公园、工厂、住宅小区、校园、机场、高速公路、度假村、旅游区、军事基地、工业园区、法院和政府办公大楼、花园式公寓和私人别墅、高速公路立交桥周围、医院,饭店和汽车旅馆、动物园和植物园、墓园等。

(2)生产部门。提供设施部门草坪养护所需的物质资料。包括各类机械设备(刈割机、通气机、灌溉设备、清扫机、播种机和洒水车等)、灌溉设备、肥料和土壤调节要素、植物原料(种子和草皮卷)、病虫害和杂草防治的化学药剂、生长调节剂,还包括特殊产品(如砂)、小工具等的生产和制造。

(3)服务部门。是连接设施部门和生产部门的桥梁。包括批发、销售草坪业各类产品并提供服务,产品设计与开发、园林设计、合同服务、技术咨询、推广、信息服务、出版等。

(4)教育和研究部门。包括专科院校、综合大学以及辅助教育部门和各级试验站等。主要进行草坪专门人才的培养教育、进行有关草坪的研究和开发,还包括品种改良。

二、草坪业的规模

对整个草坪业规模和生产总值的确切数据，无论在美国还是在世界其他国家，都难以获及。事实上，草坪业正处在迅速发展和不断变化之中；而且对草坪业应包括哪些部门的意见尚未达成一致；最后，由于草坪本身的性质，对其经济价值的估计也变得困难。由于在我们生活环境周围的草坪，它本身并不是在市场上交换的商品，也就无法衡量其价值。例如，在草坪应用的设施部门，每年都需要花费大量的经费进行养护管理。我们仅能够对其投入的成本，即机械设备的磨损、水分、肥料、药剂的消耗和劳动力成本进行估计，而养护良好的草坪本身所提供的生态功能、美学价值和娱乐功能显然是不能仅用成本来计算的。然而，收集该行业发展状况的信息材料和应用产品的生产销售情况及其相关信息，对了解整个草坪业还是很有意义的。

统计资料和问卷调查的结果表明，草坪业在美国的市场是巨大的。据1984年的资料，美国的8 300万户家庭中，有5 300万户拥有草坪，其总面积相当于260万 hm^2。养护这些草坪每年私人的花费约42.5亿美元，由专业的草坪养护公司提供服务花费约23亿美元(Roberts，1985)。1980年估计美国有近1 000万 hm^2 的草坪，人口较多的州，如加州、纽约州和佛罗里达州，估计每年有10亿美元或更多的经费用于草坪养护。在世界上大约22 000个高尔夫球场中，美国约占14 000个。其草坪养护费用为17亿～19亿美元，有250亿美元左右的营业收入(Watson，1992)。据估计，在1990年前后，美国的草坪面积已经超过1 200万 hm^2，每年用于养护管理这些草坪的花费超过200亿美元（Smiley等，1992；Waterworth等，1995)。到1994年，甚至有人估计超过400亿美元。

1992年，华特森(Watson)等发表了一份文献，对20世纪80年代中期美国草坪业的状况进行了详细、全面的概括。这里将对以下几个方面(包括设备、农药、肥料、种子和草皮卷生产等)作简要描述。

1.草坪养护设备

草坪养护设备通常划分为商用型和家用型两类。商用养护设备容量大，使用耐久，但价格较高，一般用来养护大面积草坪，如高尔夫球场、公园、墓地和校园草坪及运动场等。家用型设备主要用来养护住宅区草坪。家用型设备因结构和性能特点，适合于庭院草坪的养护，通常其每天工作时间不超过8 h。据估计，1985年商用型刈割设备及灌溉设备的销售总额达20亿～30亿美元。据户外动力设备协会(OPEI)统计，1985年，家用型草坪养护设备销售总额近35亿～40亿美元。如果加上洒水车、撒播机和其他专业设备的销售额,1985 年家用型草坪设备贸易可达 50 亿美元。

草坪机械设备现已成为一些经济发达国家的重要产业。新型草坪机械设备种类齐全,能满足各类草坪养护的要求。近年来,依据不同用途而制成不同类型的草坪机械,质量高,性能好,操作方便,效率高。这些新的机械设备对提高建植和养护的工作效率,保证草坪的质量方面有着重要的作用。

2.草种

草坪种子部门是草坪行业中重要且必不可少的部门。种子部门包括种子生产、加工、包装、销售、运输及贸易等各个部分。美国生产的草坪种子畅销世界各地,这是因为美国在草种新品种培育、注册、生产、种子质量控制、证书制度等方面有较完善的法规,种子生产较为有序。被称为"世界草种之都"的美国俄勒冈州是世界上重要的草坪和牧草种子生产基地,世界上 60%以上的草坪和牧草种子产自这里,每年生产的冷季型草种在 30 万 t 左右,产值约 3 亿美元。

3.草皮卷

草皮卷和种子是经农业生产而非工业加工而成的 2 种草坪商品。草皮卷生产业是应快速铺设草坪的需要而发展起来的,首先是运动场草坪的铺设,以及后来为满足因住宅急剧增长而造成的对草坪的广泛需求。国际上草皮卷生产的行业组织是国际草坪生产者协会 TPI(Turfgrass Producers International)。商品化草皮卷的品质有一定的评价标准。其评价指标除要求质地均一、密度高、色泽适宜、限制杂草含量外,最重要的标准是草皮的抗拉强度。尽管世界各国种子直播草坪在草坪建植中的主导地位已日趋明显,但草皮的生产不但未衰退,而且仍然是草坪建植的重要手段,并且是采用更先进的科学技术和设备,使生产的草皮质量更高,草皮卷的规格越来越大。20 世纪 60 年代末,美国草皮生产总销售量当时估计约达 1 亿美元(Nutter Watson ,1969)。根据 1982 年 USDA 统计中心报告,约有 5 万 hm^2 的草坪,该行业的总资产(不包括土地、房屋和其他固定资产)估计达 2.1 亿美元。1992 年草皮生产农场有 1 614 个,年销售额达 4.71 亿多美元,仅佛罗里达州草皮生产面积就超过了 2.1 万 hm^2。在过去的 20 年中,美国草皮产业已增长了近 40%。

4.化学药品

化学药品生产部门是草坪业另一重要组成部门。其产品包括杀菌剂、杀虫剂、除草剂和杀线虫剂,另外还有生长调节剂、表面活化剂、土壤改良物(如石灰、石膏等)以及标划体育场地的涂料等。1984 年,美国该部门销售额估计达 30 亿~40 亿美元。

5.肥料

草坪业肥料生产部门是一特殊化的商业部门。在过去的40年中,该部门经历了许多技术和经济变革。起初它与农用肥料生产部门同为一体。但是,当草坪专用肥料的需求日益明显之后,并随着对缓释氮肥及特殊肥料配方的需要和不断改进,草坪业肥料生产部门逐渐地独立发展起来。因为肥料公司的产品各不相同,且作物生产与草皮生产交叉使用肥料,造成草坪生产和养护所使用的肥料总量较难估计。Kline 1981年估计该年度消费的草坪肥料达9 920万美元(Kline and Co., 1986a)。据估计,1994年增至6亿美元。毫无疑问,自1982年以来,草坪肥料的使用量上升幅度是相当大的。

华特森(Watson)等估计,美国草坪业在1985年左右产值为200亿~300亿美元。伯德(J. B. Beard)和格林(Green)等都认为,在过去的20年内,美国草坪业的发展是很快的(表1-1)。

表1-1 美国1995年草坪养护费用估计(据R.L.Duble)

草坪类型	费用/亿美元	面积/万 hm^2
家庭草坪	300	263.0
高尔夫球场	60	60.7
草皮卷农场	20	40.5
商业及公共绿地	50	323.8
高速公路两侧	5	404.7
墓 园	5	20.2
其 他	10	101.2
合 计	450	1 214.1

三、我国草坪业的发展

中国的现代草坪业起步较晚。但改革开放后,特别是20世纪90年代以来,我国草坪业也得到了很大的发展,并成为国民经济中一个新的增长点。目前,草坪已经广泛地用于我国环保、城建、园林、体育运动、旅游、度假、娱乐、休闲、水土保持等各个领域。20世纪80年代后期以来,全国各地高速公路像雨后春笋般地建立起来,高速公路隔离带、环岛及两侧平地或斜坡均需用草坪草覆盖地面。

对我国整个草坪业规模和生产总值,难以获得确切数据。这不仅是由于缺乏统计数字和统计渠道,也由于草坪业正在快速发展之中。目前,我国草坪业尽管不够完备,但已初具雏形。

20世纪90年代以后,中国草坪行业最重要的变化是以经营草坪事业为主的企业大量涌现。但与美国相比,我国草坪业4大类部门的发展不平衡。我国目前草坪企业组成以草皮生产、草坪建植施工企业占主要部分。在服务业中,主要以经销国外的草坪草种、草坪机械、灌溉设备为主,如北京克劳沃、中种草业公司、绿友公司、北京中林公司、广东金星公司等,还有大量的中小型企业为该3大类产品的分销和零售商。在产品生产和制造业方面,国内企业较少。家用草坪设备和小型商用机械设备、灌溉设备制造方面,近年来进步很快,如南通纵横、山西中浩、淮阴泛亚等。专用草坪肥料、化学药剂、草坪种子生产等,国内企业几乎没有。而在美国,这一部分是草坪行业的一大主体部分,产值达上百亿美元。

据不完全估计,我国1990年冷季型草坪草种子的进口量约为40 t,到1995年,进口总量达400 t,1996年超过1 000 t,1997年超过2 000 t,1999年达5 000 t以上,2000年接近10 000 t。

以2000年我国销售草坪种子(主要为冷季型草种,含部分牧草种子)近10 000 t计,销售额为2亿~3亿元人民币,销售利润为2 000万~3 000万元。在机械和灌溉设备销售方面,其规模大体与草种销售业相当。

我国的草坪在科研、教育、对外交流、出版等方面近年来也得到了一定的发展。中国农业大学、甘肃农业大学、北京林业大学、南京农业大学等我国农业院校都先后开设了草坪科学课程,并与其他学科结合,先后开始招收草坪生态、草坪植物营养、草坪养护与管理方面的硕士、博士研究生。另外,相关的行业组织、信息交流活动也很活跃,北京连续举办了四届中国国际草业博览会,还有大量区域性草坪研讨会及草坪机械设备展示会,但在草坪遗传育种、杂交育种方面,进展缓慢。

虽然我国草坪业在近来取得了很大成绩,但与发达国家草坪业相比,不论草坪应用规模或生产制造、服务项目、科研和教育方面均有较大差距。世界各地,尤其是发达国家,在城市建设中都非常重视草坪的建植和养护。英国视草坪为园林景观的完美典型,在庭院绿化中草坪面积占总面积的70%以上。到目前为止,全美各大城市共拥有草坪绿地410万 hm^2,私人庭院草坪270万 hm^2,相当于每人拥有草坪200多平方米(表1-2)。著名的纽约中央公园,占地340 hm^2,其中草坪绿地90%以上,堪称世界之最。法国巴黎是一座古老的文化名城,尽管城市用地十分紧张,但市区仍有300多个公园,草坪绿地2 830 hm^2,人均拥有绿地面积24.7 m^2。莫斯科的草坪绿地面积已超过整个市区的1/3,人均草坪面积22 m^2,人均拥有绿地面积44 m^2。就连人口稠密的日本也有法律规定,城市人均绿地面积不得少于6 m^2,学校、企业、政府机构的绿地中,草坪不少于20%。我国的城市人均绿地和草坪拥有量都是严重不足的。据统计,1992 年,上海人均拥有绿地面积为 1.4 m^2,1996 年增加到 1.9 m^2。绿化较好的北京人均拥有绿地面积也只有 8 m^2,而且主要是林地。近年来,我国一些大城市的绿化已取得不小成绩,但与发达国家相比,城市景观和空气质量还有很大差距,到处可见裸露土壤、沥青和水泥路面,尘土多,空气质量不佳。

表 1-2 世界部分城市人均绿地面积统计(1992 年末,据安宝林)

城 市	人均绿地面积/m^2	城 市	人均绿地面积/m^2
华 沙	90.0	圣彼得堡	34.2
堪培拉	70.1	巴 黎	24.7
维也纳	70.0	伦 敦	22.8
斯德哥尔摩	68.1	纽 约	19.6
平 壤	47.0	北 京	6.14
莫斯科	44.0	上 海	1.4

森林和草地曾经是我们生命的故乡。现代工业的发展使我们越来越远离了自然,这就更增加了我们“回归自然”的向往。草坪在现代生活和城市发展中具有独特的作用,因而形成了强大的社会需求。随着人们环境意识的提高,这种需求将变得更加强烈。这一切构成了现代草坪业发展和草坪科学研究的社会学和哲学基础。当代草坪业在国内外的发展是其在社会、经济领域内的体现。正像 James R. Watson 等对全美高尔夫球场的评价那样:“全美高尔夫球场的土地、建筑、设备、什物和其他财产可达几十亿美元,然而,这并不是这个行业的全部价值。它最大的价值,在于对国家绿色环境的贡献,在于为人们健康有益的活动和娱乐提供了舒适和优美的场所。”

第五节 草坪养护管理者

一、教育和研究的作用

草坪业未来的进步,特别是在降低草坪养护费用方面,将主要体现在正在开发的新机械设备、新的草坪品种、杀虫剂和高质量草坪专用肥的推广应用。但是,推动草坪业发展最根本的动力源于公众对优美环境的需求,这种需求将通过更高的草坪养护标准、更优的草坪质量和更低的养护管理成本来达到。

随着草坪行业的快速发展,与草坪种植及应用相关的问题不断涌现,为解决这些问题,需要开设专业研究和专业教育。20 世纪 40 年代末至 50 年代初,美国草坪业发展迅猛,由此所必需的研究和教育工作及更为严谨的知识就显得尤为重要。今天,草坪新产品的研制和开发、新品种培育、人才培养和继续教育是草坪行业前进的主要推动力。草坪科学作为一门应用学科,是通过借鉴其他历史更悠久的基础科学而发展起来的,是一门新兴的交叉学科。在基础生化、植物学、化学、遗传学、植物生理学以及园艺学、农学、昆虫学、植物病理学、植物育种学和其他应用科学方面的研究教育为草坪知识教育的蓬勃发展奠定了基础。对相关学科知识的借鉴,有益于解决草坪业发展所面临的问题。

二、就业机会

草坪业的迅速发展,为与草坪有关的行业提供了许多就业机会。如前所述,高尔夫球场、各类运动场、公园、旅游度假村以及学校、工业区、医院、公寓、使馆区、政府建筑和其他公共机构等地方,都需要直接铺设和养护管理草坪。而且这些绿地的建立和养护,需要一个规模庞大的供应系统提供必要的服务。因此,有许多机会可供学生选择就业。草坪业所提供的工作,不仅有场地铺设和草坪养护,而且还有机具制造、销售和服务,园艺化学药剂,园艺材料供应,草皮农场,种子生产,园林中心和其他零售商店等。上述每个领域都需要草坪专业人员。

许多高等学校设置了观赏园艺班,任课教师应在草坪知识方面受过专业培训。综合大学和专科学校聘任讲授草坪学课程的专业人员。这些院校同样需要科学家和技术专家从事草坪研究。每个园林设计师都必须熟悉草坪养护的原则。

草坪业范围大,门类多。对受过草坪管理培训的人员来说,就业机会是很多的。

三、合格的草坪管理者所应具备的素质

本书是为草坪管理工作者和大学生——未来的草坪管理者编写的。书中介绍了有关草坪科学的基本理论和实际管理技能。但除此之外,草坪管理者还需掌握其他一些重要技能。草坪设备的使用、保养和维修是草坪管理工作的一个重要部分,熟悉机具对工作有很大帮助。草坪专业人员还需要具备商业技能,如制定预算、会计知识、设备采购、人事管理等。

草坪管理人员怎样才能获得这些技能呢?系统的专业学习、实际工作和继续教育是必不可少的。首先,必须热爱这项事业并投身于其中。与草坪专家和有经验的草坪养护管理人员的共同工作是不可缺少的。只有从工作中观察富有经验的草坪管理人员的实际操作才能得到丰富的实践知识。在学徒期间,你可

以学到很多必要的技术,以期将来成为一个名符其实的草坪管理者。

正规的教育也很重要,许多高校有园艺学教学计划,而且在这些课程中也介绍草坪管理的内容。草坪学涉及广泛的学科内容,适用于学生的草坪课程很多,如草坪概论、高级草坪学、高尔夫球场管理、生态学、气象学、病理学、昆虫学、土壤学、肥料学、水土保持、土壤化学、土壤物理学、土壤微生物学、植物分类学、种子学、园林绿化、杂草防治、草坪商业经营、植物生理学、排水与灌溉、植物学、植物营养学、农业工程学、园林设计、景观建设、计算机应用以及室外动力设备和小型机械维修等。

商业课程如会计学、预算编制、通讯技术、人事管理、数据处理、文件打印和小型商业管理,对草坪专业人员来说也是非常有用的。同样,写作、会话和心理学等课程,也是应当学习的。

由于行业的发展,草坪管理者从学校毕业后,还应该通过参加讨论会和研究培训班继续接受教育,以便了解草坪业发展的新技术、新成果、新设备。

草坪管理者应当阅读本行业的杂志,如美国的《草坪》(Turf)、《景观管理》(Landscape Management)、《地被养护》(Grounds Maintenance)、《公园养护》(Park Maintenance)、《运动场草坪》(Sports Turf)、《高尔夫球场管理》(Golf Course Management)和美国高尔夫协会的《果领部记事》(The United States Golf Association's Green Section Record)等。国内这方面的出版物还不多,主要有《草业学报》、《草地学报》、《草业科学》等专业学术杂志,还有《中国花卉报》、《中国绿色时报》、《草坪与草原》等行业出版物。

习　题

1.1　简述草坪和草坪草的区别。

1.2　简述草坪所具有的生态效益、美学价值和娱乐功能。

1.3　简述中国及世界草坪业发展史。

1.4　简述现代草坪业的规模和范围。

1.5　草坪管理者应具备哪些技能?怎样才能获得这些技能?

第二章　草坪生物学基础

【教学目标】

1. 了解草坪草在植物学分类中的位置。
2. 熟悉草坪植物的结构与功能。
3. 熟悉草坪植物的生长与发育过程。
4. 掌握各种草坪草的主要特性与用途。

凡是适于建植草坪的植物都可称为草坪草(Turfgrass)。草坪草是草坪的基本组成和功能单位,其生物学特性构成了草坪的生物学基础。草坪植物在特定的环境下经自然长期选择进化而形成了一些适宜用做草坪的性状。这些植物被人类选择出来,经进一步驯化形成了现今的草坪植物群体。它主要由禾本科的植物组成。目前世界各地使用的草坪草可达100种左右。在草坪植物群落中,草坪草一般处于营养生长状态,植物体由根、茎、叶组成;在某些条件下,草坪草也会进行生殖生长,形成花、果实和种子。这些器官的生长方式和发育规律,为草坪养护管理提供了依据。学习掌握草坪草的种类、形态特征和生长发育规律对维持草坪植物群落的动态平衡,保证复杂的草坪群落良好发展,获得质量满意的草坪是十分必要的。

下面将分节重点阐述草坪草的特征与分类、生长发育和不同种类草坪草的形态特征、生态习性、养护管理、应用特性等方面的内容。

第一节　草坪草的特征与分类

一、草坪草的一般特征

草坪草大部分是禾本科的草本植物,少数为其他单子叶与双子叶草本植物。它们大都具有以下共同特点:

(1)植株低矮,分枝(蘖)力强,有强大的根系。营养生长旺盛,营养体主要由叶组成,易形成一个以叶为主体的草坪层面。

(2)地上部生长点位于茎基部,而且大部分种类有坚韧的叶鞘保护,埋于表土或土中,因而修剪、滚压、践踏对草造成的伤害较小,利于分枝(蘖)和不定根的生长。

(3)一般为多年生,寿命在3年以上。若为一二年生,则具有较强的自繁能力。

(4)繁殖力强。种子产量高,发芽率高,或具有匍匐茎、根状茎等强大的营养繁殖器官,或两者兼而有之,易于成坪,受损后自我修复能力强。

(5)大部分种类适应性强,具有相当的抗逆性,易于管理。

(6)软硬适度,有一定的弹性,对人畜无害,也不具有不良气味和弄脏衣物的汁液等不良物质。

对于一些双子叶草坪草如豆科植物不完全具备以上特征,但它们的再生能力强,有些种类具匍匐茎,具有耐瘠薄的特点,这是它们能作为草坪草使用的主要原因。

二、草坪草的分类

草坪草种类繁多,形态各异,根据一定的标准将众多的草坪草分门别类称为草坪草的分类。它通常是在经济类群的基础上,借助于植物分类学或对环境条件的适应性等规律进行分类。

(一)按植物系统学分类

在植物系统学分类中,每一种植物都有各自的分类位置,代表它所归属的类群及进化等级,表明它们与其他植物亲缘关系的远近。同时,每一种植物都有一个拉丁文的学名,由两个词组成,前一个为属名,后一个为种加词,以斜体表示。在属名和种加词后常跟命名者姓名的缩写。如草地早熟禾的学名为 *Poa pratensis* L.。它的分类位置如下:

植物界 Plantae
　种子植物门 Spermatphyta
　　被子植物亚门 Angiospermae
　　　单子叶植物纲 Monocotyledoneae
　　　　颖花亚纲 Glumiflorae
　　　　　禾本目 Poales
　　　　　　禾本科 Poaceae
　　　　　　　早熟禾亚科 Pooideae
　　　　　　　　早熟禾族 Poeae
　　　　　　　　　早熟禾属 *Poa*
　　　　　　　　　　草地早熟禾 *Poa pratensis* L.

一种植物在不同的地区有不同的名字,甚至在同一地区就有几个不同的名字,或者不同的植物叫同一个名字,这些都容易造成混乱。但每一种植物的学名(拉丁名)只有一个。每个草坪工作者都必须掌握这种分类方法,以便利用各种文献资料,获得关于草坪草的最基本的植物学知识。

按植物系统分类法,大部分草坪草属于禾本科(Poaceae),分属于早熟禾亚科(Pooideae)、黍亚科(Panicoideae)、画眉草亚科(Eragrostoideae),约几十个种。

早熟禾亚科草坪草为冷季型草,绝大多数分布于温带和亚寒带地区,亚热带地区偶有分布。一般为长日照植物,花的产生须具备春化作用和凉爽的夜晚。花有 1～12 个小穗,脱节于颖片之上,小花脱落后两花间的颖片仍附着在株体上。花序为圆锥花序,偶有总状花序和穗状花序。花的苞片纵生而折叠,花序侧向压缩。光合作用中,主要通过卡尔文循环(C_3)固定碳。

画眉草亚科草坪草属暖季型草,主要分布于热带、亚热带和温带地区,有些种完全适应这些气候带的半干旱地区。一般为短日照和中日照植物,须通过春化作用和温暖夜晚才能形成花。大多数的小穗类似早熟禾亚科,染色体数量、大小以及大部分的胚、根、茎和叶的特征与黍亚科相近。光合作用中碳的固定主要是 C_4 途径。

黍亚科的草坪草也为暖季型草,大多数生长在热带和亚热带。常为短日照或中日照植物,花形成期需温暖夜晚而不需春化作用。小穗是典型的单花小穗,小花脱落时,脱节发生在颖片之下,整个小穗(包括颖片)脱落。一般为圆锥花序,偶见小穗近轴压缩的总状花序。光合作用中碳固定主要通过 C_4 途径。3 个亚科的草坪草的形态特征和解剖特征见表 2-1。

表 2-1 早熟禾亚科、画眉草亚科、黍亚科形态和解剖特征的区别

器官	早熟禾亚科	画眉草亚科	黍亚科
根	长和短的表皮细胞交替存在,只有短的细胞长出根毛	所有的表皮细胞相似,每一个都能长出根毛	所有的表皮细胞相似,每一个都能长出根毛
茎	茎的节间中空,被维管束包围,在节间基部没有分生组织隆起,隆起位于叶鞘基部	茎的节间实心,在髓内分散着维管束,节间基部具分生组织隆起,在叶鞘的基部有很小的或没有隆起	茎的节间实心,在髓内分散着维管束,节间基部具分生组织隆起,在叶鞘基部有很小的或没有隆起
叶	具双层维管束鞘,鞘的细胞小而壁厚,外层鞘的细胞大,叶肉组织排列松散,细胞间隙大,没有小纤毛,叶舌膜状	维管束鞘外层具有大细胞,在某些禾草中,内鞘的细胞小而壁厚,叶肉细胞围着维管束放射状排列,具有细小纤毛,叶舌通常具有纤毛边缘	维管束鞘是典型的大细胞单层鞘,叶肉细胞间隙小,具有两细胞小纤毛,叶舌膜状
花序	小穗具一个或几个能孕的小花,浆片伸长,顶端尖	小穗具一个或几个能孕小花,浆片小	小穗具一个能孕小花,下面有一退化小花,浆片短而平截
胚	中胚轴无节间,有外胚叶,胚小,大约是颖果的1/5	中胚轴具有节间,有外胚叶,胚大,大约为颖果的1/2或更大	中胚轴具节间,无外胚叶,胚大,大约是颖果的1/2或更大
染色体	染色体基数 $x=7$,染色体大	染色体基数 $x=9$ 或 10,染色体小	染色体基数 $x=9$ 或 10,染色体小到中等大小

除禾本科外,豆科、莎草科、百合科、旋花科等科中的少数植物也可用做草坪

草。如豆科的三叶草，莎草科的苔草，百合科的麦冬，旋花科的马蹄金等。

(二)按地理分布与温度的生态适应性分类

不同类型的草坪草起源、分布于不同的气候带，具有各自特定的生态适应性。藉此分类，有助于草坪草种的选择和养护管理措施的制定。

按照地理分布可将草坪草分为“暖地型”与“冷地型”，按照对温度的生态适应性可分为“暖季型”(Warm-season turfrass)与“冷季型”(Cool-season turfrass)。这2种分法其实质是相同的，只是侧重点不同而已。暖季(地)型草是指最适生长温度为26~32℃(或30℃左右)，生长的主要限制因子是低温强度与持续时间，这类草坪草在夏季或温暖地区生长最为旺盛。而冷季(地)型是指最适生长温度为15~24℃(或20℃左右)，生长的主要限制因子是高温及持续时间和干旱，这类草坪草在春秋季或冷凉地区生长最为旺盛。在两类草坪草之间有一些中间类型，如高羊茅属于冷季型草，但它具有相当的抗热性；而马蹄金属于暖季型草，但在冷热过渡地带，冬季以绿期过冬。

(三)依草叶宽度分类

根据草叶宽度可分成宽叶草坪草和细叶草坪草。宽叶草坪草叶宽茎粗，生长健壮，适应性强，适于较粗放管理的草坪，如高羊茅、结缕草等。细叶草坪草茎叶纤细，可形成致密的草坪，但生长势较弱，要求较好的环境条件与管理水平，如小糠草、草地早熟禾、细叶结缕草等。

另外，根据草坪草的生活型可分为根茎型、丛生型、根茎—丛生型和匍匐茎型草。在本章第二节有详细叙述。

第二节　草坪草的生长发育

草坪草在其生活周期中要经历不同的生长发育时期。生长(Growth)是一种数量性状，它是植物在大小上不可逆的增长，生长的指标主要包括：长度、面积、体积和重量。而发育(Development)则涉及植物的结构、生活状态、生命形式等性质上的发展变化，细胞的分裂、分化和形态建成是发育的具体内容。植物的生长和发育是复杂的相互关联的生理过程，从组织分化和器官形成的角度来看，它们可分为营养生长(Vegetative stage)和生殖生长(Reproductive stage)两个阶段。营养生长阶段包括植物从幼苗产生到植物体成熟的过程；生殖生长阶段则包括了成熟植株花芽分化、开花、授粉、受精和种子的形成。草坪草的营养生长阶段与草坪的养护管理密切相关,准确地掌握草坪草生长发育的基本知识,有利于正确地理解草坪草对不同的养护措施及环境因素影响的反应。

草坪草多为禾本科多年生草本植物,本节以禾本科草坪草为代表介绍其生长发育。

一、草坪草的一般外部形态

在讲述草坪草的生长发育过程之前,让我们先了解一下典型的草坪草的各组成部分及其外部形态特征(图 2-1)。

草坪草的叶(Leaf)由叶片(Leaf blade)和叶鞘(Leaf sheath)组成,呈两列交互着生于茎的节上。叶鞘或开裂或闭合,通常紧密抱茎。刚刚形成的新叶一般被相邻的老叶的叶鞘包裹,不易看到。在叶片、叶鞘连接处的内侧(靠近茎轴的一侧),具有膜质片状或毛状的结构——叶舌(Ligule),叶舌的形状和大小因不同的草坪草种类而变化。与叶舌相对,在叶的外侧(远离茎轴的一侧)是淡绿色或微白色的叶环(Collar)。有些草坪草在叶片与叶鞘相连处的两侧边缘,叶片的基部延伸呈爪状附属物,称为叶耳(Auricles)。叶舌、叶环和叶耳是鉴别不同种类草坪草的重要识别特征。

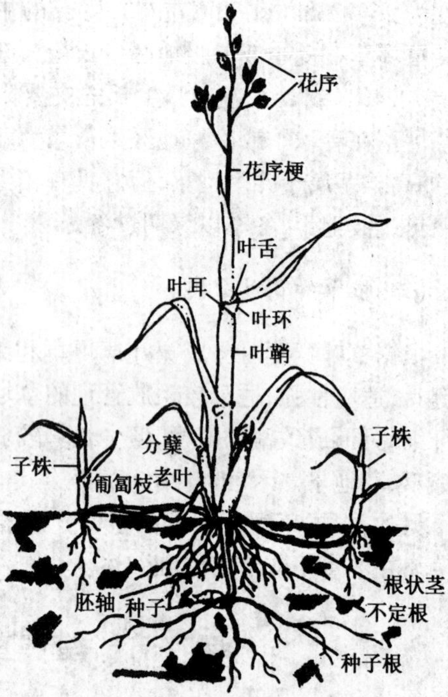

图 2-1 草坪草植株模式图

草坪草茎的基部靠近地面的部分称做根颈(Crown),往往部分或全部被叶鞘所包围。在营养生长发育阶段,根颈是极度缩短的茎,节间很短,被压缩在一起,节几乎连续。当开花的时候,这些节间伸长,标志着营养生长向生殖生长的过渡。花茎(Flowering culm)从闭合的叶鞘中伸出,其顶端发育成花序。

草坪草的根有 2 种类型:初生根(Primary roots)和不定根(Adventitious roots)。初生根也叫种子根(Seminal roots),在种子萌发时发育而成,存活期相对较短。不定根又叫次生根(Secondary roots)或节根(Nodal roots),产生于茎的节上。由不定根及其产生的侧根组成成熟草坪的整个根系。

除了花茎(生殖枝)和根颈外,草坪草还具有另外 2 种类型的茎——根状茎(Rhizome)和匍匐枝(Stolon)。根状茎生长于地下近地表处,可以在它的顶端和节上长出新的枝,同时节上能够产生不定根。匍匐枝同样也可生长发育新的不定根和枝,但它生长在地面上。某些草坪草在由种子萌发进一步生长发育时,中胚轴(Mesocotyl)(子叶节与胚芽鞘节之间的胚轴)伸长把生长点推到接近地表处。中胚轴的存在使初生根群和不定根群截然分开。

二、草坪草的生长发育

(一)种子萌发和幼苗发育

人们从草坪草成熟的花序上收获"种子"作为播种建植草坪的材料。这些"种子"由两个稃片及夹在它们之间的颖果(Caryopsis)组成,实际上是成熟结籽的小花(Floret)。两个稃片通称内稃(Palea)与外稃(Lemma)(图 2-2)。内稃的基部是小花轴(Rachilla),是一段很短的茎状结构(图 2-3)。颖果的果皮(子房壁)包裹着真正种子。果皮与种皮生长在一起很难分离。种皮里面是糊粉层,它是一层薄的蛋白质层,在种子发芽时起重要作用。种子内部包含有胚(Embryo)和胚乳(Endosperm),胚是一个微小的植物体,种子萌发,胚生长发育成可以进行光合作用自养的植物体以前,胚乳是胚初期发育的重要养分来源。

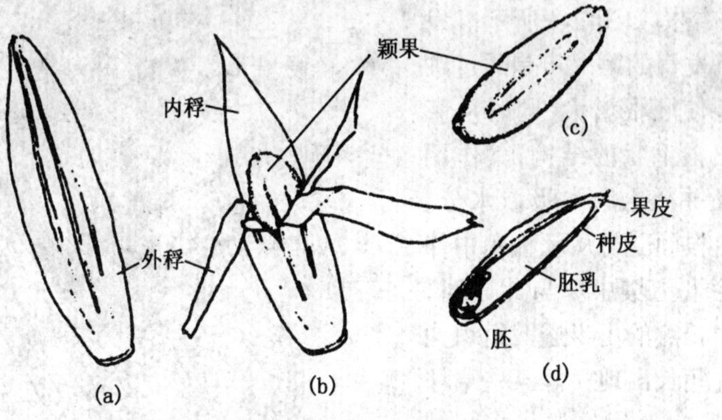

图 2-2 草坪草成熟小花的组成

(a)外稃外观 (b)外稃被部分剥去露出内稃和颖果 (c)颖果 (d)颖果的组成

种子的发芽过程是从吸水膨胀开始的。紧接着要经过几个生物化学过程和形态的变化,最终胚生长发育成幼苗。种子吸水膨胀以后,盾片内产生激素(赤

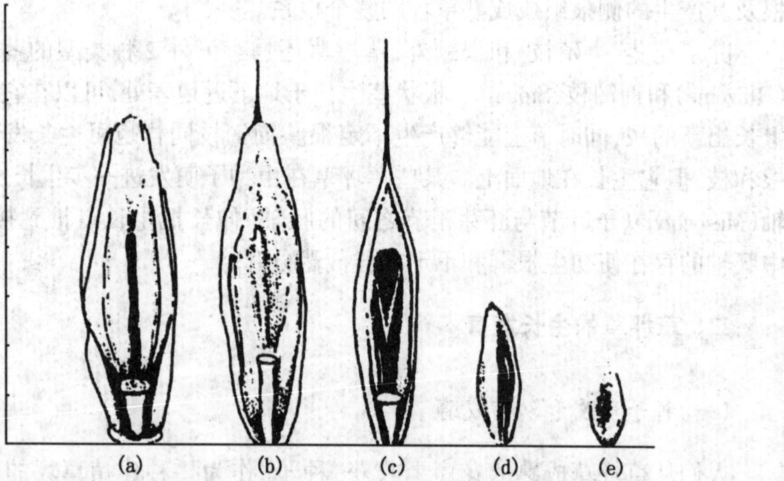

图 2-3　草坪草小花的内稃和小花轴的近轴面图

(a)多年生黑麦草　(b)高羊茅　(c)紫羊茅　(d)草地早熟禾　(e)匍匐翦股颖

霉素),进而促进糊粉层内生成大量的淀粉水解酶,在这些酶的作用下,胚乳内的淀粉水解为简单的碳水化合物,被盾片吸收并转运至胚的各部分,为胚提供营养。

图 2-4　典型的草坪草胚

胚的结构如图 2-4 所示。发芽时形态发育的第一步是通过细胞的伸长使胚根增大,同时从胚根鞘长出根毛状的结构,其作用是固定胚并从土壤中吸取水分。接着初生根(胚根)从胚根鞘中伸出向下穿入土壤中。与此同时,包围着生长点的由半透明组织构成的胚芽鞘长出地面。某些草坪草,胚芽鞘向上生长常与中胚轴的伸长有关,中胚轴是胚轴位于盾片节和胚芽鞘之间的部分。中胚轴的伸长取决于种子在土壤中的深度。光促进胚芽鞘的生长但抑制中胚轴的伸长，这样，如果不考虑播种的深度，中胚轴的生长应开始于胚而终止于地表附近。在无中胚轴的禾草中，胚芽鞘长出地面完全依靠自身的生长，对这类草坪草草坪的建植，创造一个浅播环境是十分重要的。

当第一片叶由胚芽鞘内长出时，标志着光合作用的开始，此后幼苗就不再依靠胚乳供给养分，而开始了独立生活。此时草坪草幼苗进入自养阶段，而植株生长完全靠胚乳供给养料的阶段则称异养阶段。如果草坪建植时埋种过深，草坪草异养阶段变长，幼苗在能够自养之前将胚乳中贮藏的养分消耗殆尽，则会因饥饿而死亡。

幼苗生长点包在胚芽鞘内，随着第一叶的出现，第二叶随之长出胚芽鞘，最后胚芽鞘枯萎，因此在地表只能见到明显的叶。新的叶均从生长点产生，并在卷曲的老叶中向上生长(图 2-5)。

从新枝条基部节上产生的不定根是幼苗的另一重要结构。在新建植的草坪中存在初生根和次生根 2 种类型的根，但随着草坪草的发育和成熟，初生根逐渐死亡而被淘汰，因此，在成熟的草坪中，整个根系是由次生根(不定根)构成的。

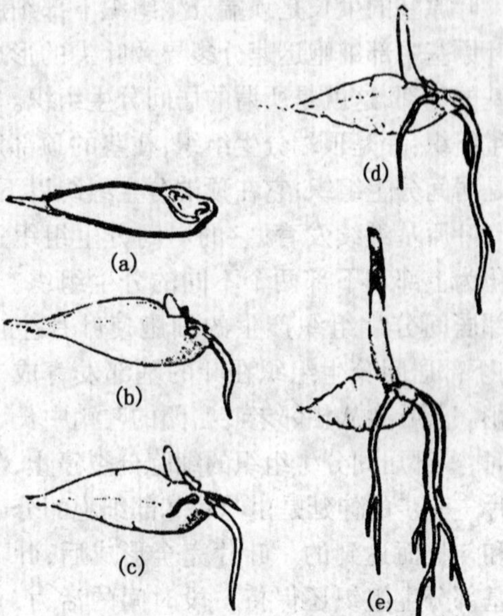

图 2-5　草坪草种子萌发过程

(a)未萌动的颖果　(b)长出初生根和胚芽鞘
(c)种子根的数目在增加　(d)根产生分枝
(e)第一片叶从胚芽鞘顶端长出

建坪时的出苗率和幼苗成活率取决于种子的播深、土壤中的有效水分、温度、光照和胚乳内所含养分的量。因为此阶段幼苗的根系发育不完全，从土壤中吸收水分的能力有限，又由于土表的蒸发作用引起水分过快地损失，因此使刚出土的幼苗极易脱水。在严重遮荫的地方，幼苗还会因得不到充足的光照而降低光合作用的水平，生产不出维持生长所必需的养分。最后，由于内源养分供应不足引起幼苗的死亡。幼苗初期的死亡往往是由种子播得过深或使用生活力下降的陈旧种子所致。

(二)叶的形成

在生长期,因为叶在每次修剪后会不断生长,所以欲维持低矮平整的草坪,就应不断地修剪。事实上,草坪草的所有顶端分生组织均位于地表附近,剪草机刀片以下的位置,即位于没有伸长的茎基部——根颈上。顶端分生组织不断地形成叶原基,最后发育成完全伸展的叶。叶原基的数量依品种、植株的年龄和环境条件的不同而异,一般从几个到二十几个。大多数草坪草在发育的不同时期,具有 5~10 个叶原基,整个生长点的长度通常小于 1 mm。

叶原基的生长是顶端分生组织下部细胞分裂增殖的结果(图 2-6)。首先每个叶原基中部细胞迅速分裂导致叶尖的形成,接着分生组织的活性被限制在叶原基的基部,这就是所谓的居间分生组织。因此,在草坪草的生长点中存在两类分生组织:一是顶端分生组织,在茎的顶部产生新细胞保证茎的持续生长发育;二是居间分生组织,它在顶端分生组织以下的位置产生叶。

叶原基继续发育,它的居间分生组织分化为上部和下部两个不同的分生组织。上部居间分生组织产生的细胞使叶片生长,下部居间分生组织在叶的基部发育成叶鞘。当叶尖从相邻老叶密闭的叶鞘中长出时,上部居间分生组织的细胞分裂停止,叶片进一步的伸延是由叶片基部细胞的分裂和伸长而达到的。叶片完全形成后,叶鞘基部分生组织还保持一段时间的活力,因此,叶最老的部分是叶尖,而最嫩的部分是叶鞘基部。因此,修剪去掉一部分叶片之后,叶的延长仍继续进行。

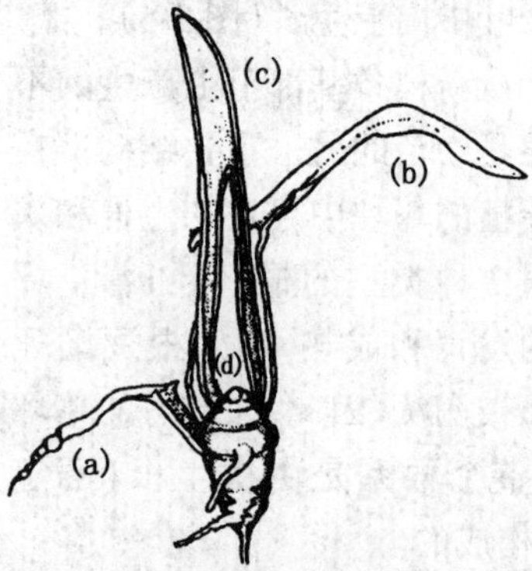

图 2-6 根颈顶端叶原基生长形成叶
(a)衰败的老叶 (b)成叶
(c)刚刚从叶鞘中长出的新叶
(d)未长出叶鞘的新生叶

草坪草的叶片和叶鞘表现出不同的形态,叶片为不折叠(或不卷曲)的扁平状,而叶鞘保持卷曲或圆筒状的外形,并被较老叶鞘所包围。当新叶在根颈较高的位置产生时,相应产生的叶鞘比附近较老的叶鞘位置要高。最后,草坪草的老叶进入衰老期(即植株从成熟到死亡的生长阶段),衰变由叶尖开始向下延伸,最终使叶从枝条上落下。在一定的环境条件下,每一个枝条的叶片数一般保持稳定,新产生的叶量大约同老叶的死亡量相等。草坪草叶光合作用的测定证明,新生叶的生长除利用自己制造的全部养分外,还要依靠其它叶子的光合产物作为补充。

完全伸展的叶具有最高的光合作用效率，其光合作用的产物被输送到植物体的各个生长部分，余下的部分则以碳水化合物的形式贮存于根颈。较老的叶只能把少量营养输送给其他器官，因为当叶片接近衰老时，其光合作用的活性明显降低。叶片在具光合能力以前，其生长所需的养分全靠贮存或来自其他叶片制造的碳水化合物供给，因此，过多的修剪可以引起草坪草活力的严重下降。叶片的生长速度依叶龄而异，最幼嫩的叶片生长最快，而最老的叶片近乎停止生长。

草坪草叶片向上生长通常与另一相邻叶片相协调。当叶尖开始向上伸长时，与它最接近的较老叶的叶鞘开始伸长。随后叶鞘的延伸速度大约和被其包裹的叶片的生长速度相等。所以，直到每个叶片的叶鞘闭合、伸长停止之前，对与其相邻的叶的生长仅产生少量的或不产生干扰(图 2-7)。

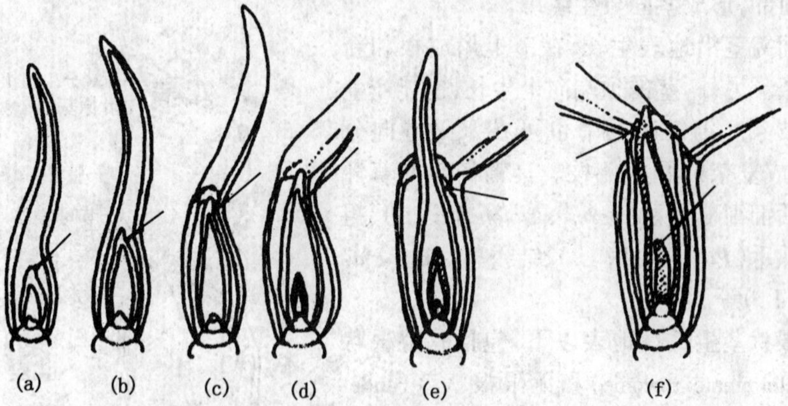

图 2-7　草坪草叶的生长通常与另一相邻叶相协调

在相邻叶的叶鞘停止生长(e)前，包裹于这个叶鞘中的新生叶叶片的伸长速度和该叶鞘的生长速度大致相同(a～d)。新生叶继续向上生长，形成具叶片和叶鞘的成熟叶。这个过程被随后发生的幼叶所重复(f)

新叶的生长速度因草坪草种、品种不同而异，气候条件和施肥也是一重要的影响因素。连续两片叶出现的时间间隔称间隔期，通常以日为单位计算。在气候适宜、高光照、高氮水平和适宜的土壤水分条件下，间隔期最短。

(三)茎的发育和分枝类型

1.茎的发育

草坪草的茎有 3 个主要类型，即生殖枝、根颈和横生茎(根状茎和匍匐枝)。除根颈外，所有的茎都具有伸长的节间，极易识别。根颈的节间极度缩短，以致节与节几乎重叠(图 2-8)，并且位于地表或地表以下，其上部又完全被几个相邻叶鞘的基部所包围,所以根颈的构造一般不易观察掌握,但它却是生长叶、根、枝条及保证草坪草生长延伸的关键器官。根颈也作为碳水化合物的贮藏器官,在草坪草营养中居于举足轻重的地位。

根颈是草坪草地上直立茎生长发育的最初形式。它可来自正在萌发的种子的胚、根状茎和匍匐枝的先端及腋芽,根颈上能够发育成分蘖枝的腋芽也是新根颈的来源。根颈节间高度缩短的特性使草坪草具强的耐修剪性。在草坪中有实际坪用价值的茎是水平(横向)生长的根状茎和匍匐茎,这些茎均由根颈的腋芽生长发育而成。刚刚发育的侧枝需穿破密闭的叶鞘而长出并进一步横向延伸,这个过程称鞘外分枝(Extravaginal branching)。在节间生长早期,根状茎和匍匐枝整个茎节的分生组织是活跃的,当节间继续生长时,细胞分裂仅局限在每个节间的前部,形成茎间分生组织。

匍匐茎沿地表生长,在节上形成根和新的枝条。另外,茎的顶端向上生长,也能产生新的枝条。匍匐茎的节也可在水平方向分枝,形成复杂的网状侧枝。具匍匐茎的草坪草包括匍匐翦股颖(*Agrostis stolonifera* L.)、粗茎早熟禾(*Poa trivialis* L.)、结缕草(*Zoysia japonica* L.)等。

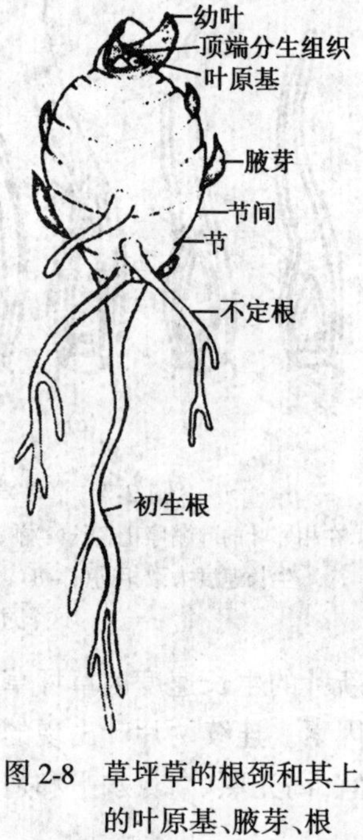

图 2-8 草坪草的根颈和其上的叶原基、腋芽、根

根状茎生长在地表以下,包括有限根状茎(Determinate rhizome)和无限根状茎(Indeterminate rhizome)2 种类型。有限根状茎通常短,可向上形成新的地上枝条(根状茎子代植株)。这种根状茎的生长方式有 3 种:①自母株向斜下方生长;②横向生长,大部分有限根状茎以这种方式生长;③斜向上生长。向上生长的根状茎达地表附近,因获得光照而导致节间生长停止,形成新的地上枝条。具有有限根状茎的草坪草有草地早熟禾(*Poa pratensis* L.)、匍匐紫羊茅(*Festuca rubra* spp. *rubra*)和小糠草(*Agrostis alba* L.)等。其中草地早熟禾是最有生活力的根状茎型草坪草,它的根状茎生长具有钻头(回旋转动)运动的式样,因此,它能刺入紧实的土壤。无限根状茎长且节上具有分枝。由这种地下茎的腋芽可生出地上枝条。狗牙根具无限根状茎,同时也具有匍匐茎。

根状茎的长度从几乎看不见(根状茎顶部几乎直接向上)到几厘米或更长。根状茎与根不同,根没有节和节间,并且只能依靠根尖生长,而根状茎由生长点、交互排列的叶、节、节间和腋芽组成,除顶端生长外,还可进行居间生长。根状茎也不同于地上枝条,它的节间伸长,叶似鳞片状(芽苞叶),通常无叶片(图 2-9)。

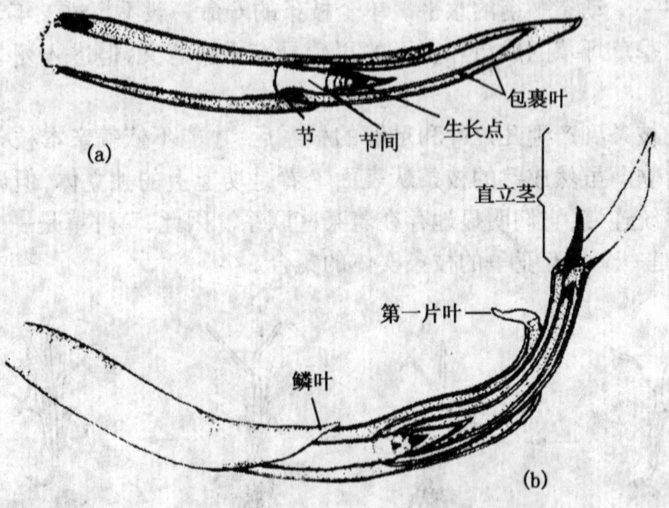

图 2-9 根状茎示意图

(a)根状茎通过叶和节间伸长而生长,生长点与地上枝条相似,密闭在几个叶中

(b)叶片的出现,标志根状茎向上生长形成直立茎

在根状茎的顶部是小型的圆锥形叶,它们包住了生长点。在根状茎较老的部分,这些叶松散地排在每个节上,部分叶的长度可达第二个节间。在每个叶的叶腋中有腋芽,它能形成根状茎分枝或地上枝条。在腋芽附近可产生不定根。根状茎通过芽苞叶的伸展及节间的伸长在土壤中推进延伸。一些芽苞叶的顶端具有非常短的叶片,叶片的发育通常标志根状茎的向上生长和地上枝条形成。当叶片获得光照时,其下方的节间停止生长,并从生长点不断地形成新叶,与幼苗的根颈相似的新根颈发育形成了。

新生草坪草抽出几片叶后,植株进入一个新的发育阶段。这时,在叶腋处形成腋芽,这些芽逐渐发育成地上枝条。这种从腋芽鞘内长出新的地上枝条的现象叫分蘖(Tillering)。分蘖枝与根状茎和匍匐枝的长出不同,其向上生长(无向地性)并由叶鞘内长出,所以也称做鞘内分枝(Intravaginal branching)。分蘖的结果大大地增加了亲本枝条附近新生枝条的数量。匍匐枝和根状茎上同样能产生分蘖枝条。从总体上看,分蘖和水平分枝使单一的幼苗群体最后发育成完整的草坪草群落(图 2-10)。

在一个具有生命力的草坪群落中,单个枝条最终必然死亡,并为新的枝条所代替,就是这种动态的更替,才使草坪维持了一个令人满意的密度水平。草坪草不是因为单个枝条的无限期成活才多年生的,而是新老枝条及根不断地更替,使群落维持在一个动态平衡的水平。单个枝条的寿命一般不超过 1 年。秋季形成的枝条对冬季草坪草的成活和春天的再生具有重要意义,但进入夏季这些枝条则可能死亡。

幼嫩的枝条到产生几片叶和足够的根系后,才能不依赖亲本枝条的光合作用产物而自立。虽然成熟的枝条从表面上看是功能上的独立体,但许多枝条间由维管束系统连接,它们明显地存在着某些联系。因此,草坪草是一个有组织的系统,而不是一个相互竞争的枝条实体的集合。

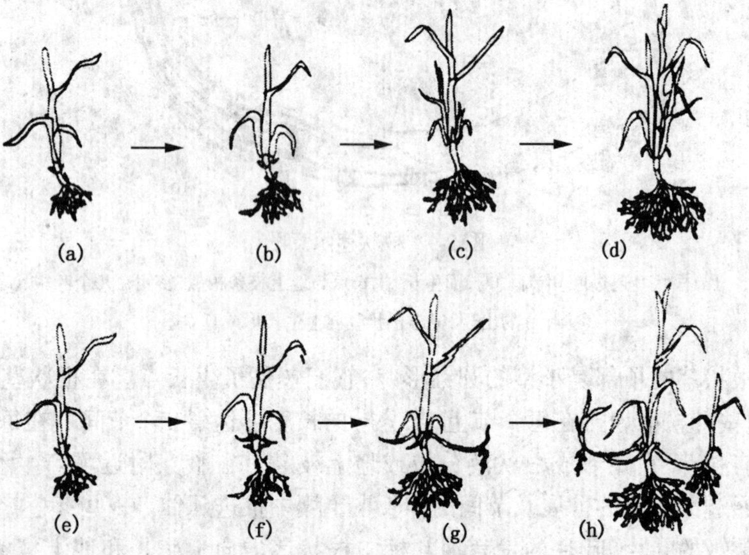

图 2-10 草坪草鞘内(分蘖)和鞘外(根茎或匍匐枝)分枝示意图

(a)、(e)亲本 (b)~(d)鞘内分枝 (f)~(h)鞘外分枝

2.分枝的类型

草坪草的分枝方式主要有 2 种:鞘内分枝和鞘外分枝。鞘内分枝主要产生分蘖枝条,鞘外分枝则主要产生根状茎和匍匐茎。不同的草坪草分枝的方式不同,导致它们具有不同的分枝类型。主要分枝类型包括以下 4 种:

(1)根茎型(Rhizome type)。这类草坪草具有根状茎,从根状茎上长出分枝。根状茎在离母枝一定距离处向上弯曲,穿出地面后形成地上枝。这种地上枝又产

生自己的根状茎并以同样的方式形成新枝。根状茎每年可延伸很长,如匍匐冰草年伸长可达1~1.5 m,重量每公顷达30 t。这种草繁殖力强,能在地下0~20 cm深处形成一个带有大量枝条的根状茎系统。由于根状茎在土壤中较深,所以对土壤通气条件十分敏感,当土壤中空气缺乏时,不利于植株产生根状茎。因此,根茎型草类要求疏松而结构良好的土壤。这类草主要有无芒雀麦、狗牙根等。

(2)丛生型(Bunch type)。这类草坪草主要通过分蘖进行分枝。分蘖的节位于地表或地表以下不深处(1~5 cm),侧枝紧贴主枝或与主枝呈锐角方向伸出形成草丛。各代侧枝都形成自己的根系。属于这类的植物有鸭茅、梯牧草、多年生黑麦草、高羊茅等。

(3)根茎—丛生型(Rhizome-bunch type)。这类草是由短根状茎把许多丛生型株丛紧密地联系在一起,形成稠密的网状,如草地早熟禾等。

(4)匍匐茎型(Stolon type)。这类植物的茎匍匐地面,并不断向前延伸。在茎节上可以发生芽,长出枝叶;向下可产生不定根,把枝条固定于地面。夏季匍匐茎的中部常因死亡而断开,繁生出独立的新株。这种草适于营养繁殖,也能行种子繁殖,是一类优良的草坪草。常见的匍匐型草坪草有狗牙根、结缕草、假俭草、匍匐翦股颖、野牛草等。

草坪草分枝类型大体上可以划分以上4种,但草坪草的分枝十分复杂,比如狗牙根既有根茎型分枝又有匍匐茎型分枝。另外,地下茎的生长发育也不易观察,很多方面还有待于进一步研究。

(四)根的结构与生长

草坪草的根系包括2种类型的根:种子萌发时胚产生的初生根和从根颈及侧茎节上长出的不定根。成熟草坪草的根主要由不定根组成,形成非常密集的须根系。草坪建植当年,初生根(种子根)死亡,次生根(不定根、节根)在第一片叶从胚芽鞘内长出后不久开始形成,并从根状茎和匍匐茎较低的节上产生。根常在地表或地表下形成,但在适宜的小气候条件下,稠密的草坪中,根依然能在地表以上形成。

不定根的寿命在理论上与它们所支持的匍匐枝、根状茎的寿命一样长,但不良的气候和土壤条件常常引起根的死亡,而与它们所联系的茎仍然存活。冷季型草坪草在炎热的夏季常常发生这种情况。冷季型草坪草根的发生和生长的最好季节是凉爽的春季和秋季;根的退化和死亡则多发生在炎热、干燥的夏季。适于根生长发育的温度,一般均低于茎生长所需的温度。如果冬季温度高于零度,根也能生长。暖季型草坪草的根在夏季生长最活跃,适宜其生长的温度通常高于冷季型草。草坪草根系寿命随草种及所处的环境不同而有很大变化,根系每年替换的程度也不相同。草地早熟禾根系的大部分保持1年以上,但某些草类,如翦股颖、多年生黑麦草和普通早熟禾的根系每年都有大部分被更替。

根由有序排列的细胞组成,这些细胞由位于根冠后面的分生组织细胞分裂而产生。根冠对分生组织起保护作用,以防止根在生长过程中穿行于土壤时受到土粒的摩擦损伤。根顶端分生组织细胞不断分裂产生新细胞补充到根冠中,并为根尖的生长提供基础。细胞分裂后,新细胞伸长推动根冠在土壤中穿行。伸长细胞的分化和成熟导致特殊组织的发育,使根能够吸收和运输水分及养分到株体的其他部位。把从土壤中吸收的物质向上的运输叫向顶运输(Acropetal transport),将光合产物由叶到根的运输叫向基运输(Basipetal transport),这对维持根的生长和呼吸是必要的。根毛产生于表皮细胞,在一些草坪草中只有特化的表皮细胞才能产生根毛。根毛大大地增加了根吸收水分和养分的表面积。

草坪草体内物质的输送是通过中柱内木质部的导管,而光合作用产物的向下运输则是通过中柱内韧皮部的筛管进行。表皮细胞和中柱间物质交换是通过在活的皮层细胞(共质运动 Symplastic movement)或细胞间隙(非胞质运动 Apoplastic movement)中的扩散完成的。皮层内紧靠中柱一层特殊细胞称内皮层。内皮层细胞壁除外切向壁外其它五面壁均加厚,形成凯氏带从而限制了水和其他物质的非胞质运输。物质进入中柱需要通过活原生质体,因此要依赖呼吸产生的能量。在土壤十分紧实或渍涝的地方,草坪草的根因供氧不足降低呼吸作用,不能产生充分的能量供给,使根内的物质运输受阻,进而导致草坪草生理性萎蔫。

新生的根粗而白色,随着根龄的增长,根逐渐变细、颜色变深。根的腐烂从表皮开始,最后扩散到中柱。根上较老的表皮会脱落(剥皮),但是,裸露的中柱仍然能将水和养分输送到株体的上部。

为了增强根从土壤中吸收水分和养分的能力,满足草坪草生长发育的需要,促进生成一个发育良好的根系是重要的,这一点在缺水而炎热的夏季更为重要。连续的低修剪、高温、氮素过多,不利的光照条件,都会降低根的生长。

(五)花序的组成及发育

1.花序的组成

草坪草花序基本的组成单位是小穗,由小穗再组成各式各样的花序。其中最为常见的花序有总状花序、穗状花序和圆锥花序(图2-11),总状花序和穗状花序比较接近,只是总状花序的小穗有柄而穗状花序的小穗无柄。圆锥花序则是由分枝的穗状花序或总状花序构成，整体外形呈圆锥状。狗牙根、黑麦草、冰草、结缕草的花序为穗状花序；地毯草、钝叶草、美洲雀稗的花序属总状花序；早熟禾、翦股颖等属的草坪草具有圆锥花序。

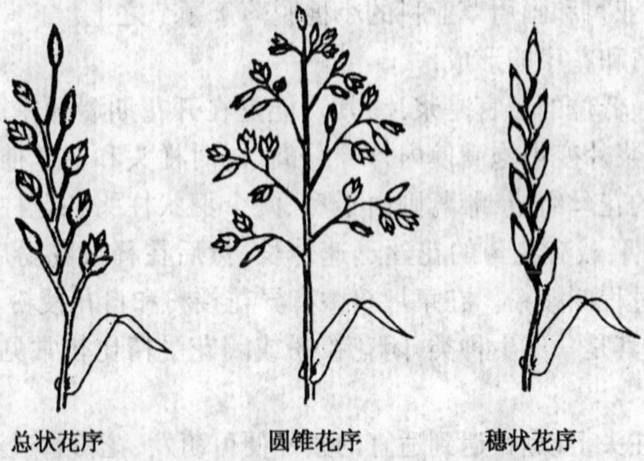

图 2-11　草坪草的 3 种主要花序类型

组成花序的小穗有一短轴叫小穗轴，小穗轴的基部着生两枚苞片称做颖片(Glumes)(图 2-12)。颖片以上承托着小花的各组成部分。2 枚苞片叫做外稃和内稃，鳞被或浆片是退化变态的花被，雄蕊和雌蕊是生殖器官。小穗可含有一朵

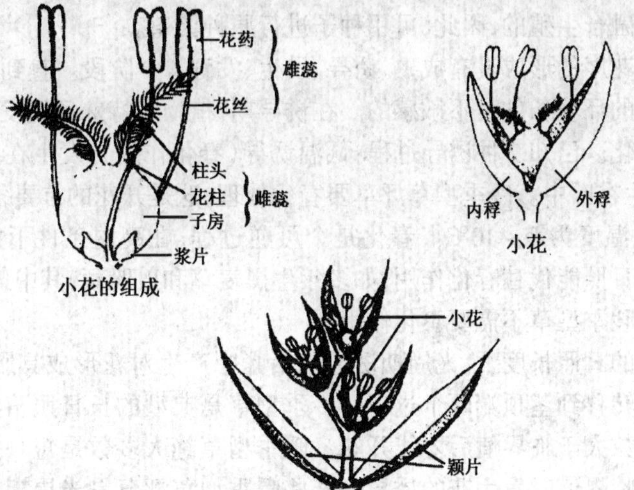

图 2-12　草坪草小穗和小花示意图

或几朵小花。一般而言，黍亚科的草坪草每小穗具有2朵小花，上面一朵为两性花，下面一朵为雄花或无性花；早熟禾亚科和画眉草亚科的小穗往往具一朵或多朵小花。当种子成熟时，草坪草的小穗会脱落，黍亚科的草坪草的小穗脱落于颖节之下，早熟禾亚科和画眉草亚科的小穗脱落于颖节之上。

2.授粉受精和花序的形成

禾草小花最低位的器官是浆片，其功能是在开花期展开花冠以显露花。在花发育成熟时，浆片变得饱满使内外稃分离，同时柱头和花丝伸长；花的雄蕊是由三个具花药的花丝组成，雌蕊则由子房、两个羽状柱头和花柱3部分组成(图2-12)。生殖时期，载有花药的花丝迅速伸长，然后在释放花粉后枯萎。花粉传播落到柱头的过程叫授粉。在草坪草中有异花授粉和自花授粉2种情况。在一些草坪草中，尤其是一年生种类，闭花授粉或闭花受精比较常见，可以确保自交繁殖。

花粉落到柱头上以后，遇到适宜的条件便可萌发，花粉管通过花柱到达子房中的胚囊，而后放出2个精核，一个同卵细胞结合形成合子，另一个与2个极核结合，这种有性结合称双受精作用。合子或受精卵形成胚，受精的极核最终发育成胚乳，胚乳是发芽时胚的营养源。除有性繁殖外，某些草坪草种还具有无融合生殖的特性，它们的种子形成过程中没有两性配子的融合。因此，由无融合种子长成的植株同母体完全相同。许多草坪草具有无融合生殖的能力，如草地早熟禾是高度无融合生殖的，因此，可用种子进行原种繁殖。

草坪草花序的形成具有成熟、诱导、发生、发育4个阶段。直到成熟前，植物对促进开花的环境条件是不敏感的。在诱导期，植物对特殊环境发生反应，体内发生生理变化。已知2种诱导过程：低温诱导(春化作用)，发生在生长点；光周期诱导，发生在叶中。冷季型草坪草要春化处理，这是开花的首要条件。大多数有效的春化温度为0～10℃。春化是个可逆过程，在高温条件下能解除春化。有些草类短日照能代替春化作用，如多年生黑麦草和鹳股颖，其中鹳股颖只需短日照诱导。暖季型草不需要春化作用。

在一定的日照长度下，光周期诱导包括叶中产生对花形成具影响的刺激物和把刺激物转移到茎顶端两个过程。冷季型草是典型的长日照植物，只有将其置于日照时数大于临界值后才能开花。暖季型草绝大多数是短日照植物，在日照时数小于临界值时发生花的诱导。某些暖季型草坪草是光周期钝感植物，若其他条件满足，它们在任何自然光照强度下均能形成花。

花序形成的第3阶段是发生，此时某些茎的顶端分生组织发生转化，从营养茎转变为花轴。首先观察到的反应是茎的顶端迅速伸长(图2-13)，此时，叶原基连续迅速地形成，茎顶端的全长明显地增加。第 2 个反应是在叶原基腋中侧芽形成，导致沿茎顶部形成双脊。最后，花序形成的第 4 个阶段是发育，它包括枝、小穗及花的形成和花序从叶鞘中伸出。

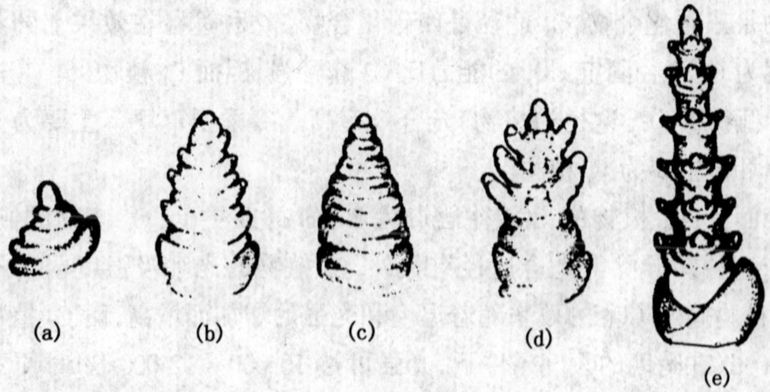

图 2-13　花序的发生和发育

(a)花序发生前茎的顶端　(b)伸长　(c)双脊期　(d)早期小穗　(e)后期小穗

一旦茎的顶部从营养生长阶段转化为生殖生长阶段，就不再产生叶原基，因此，剪去花序并不会去掉产生叶的结构。相反，它能刺激枝条的发育，进而促进叶的生长。除专门生产种子外，在草坪草中过多的发育花序是不受欢迎的，因为开花枝条的死亡会暂时减少枝条的密度和破坏草坪均一的外观，从而降低草坪的质量。

草坪草的花序中产生具发芽能力的种子约需几周时间，因此，在正常管理下定期地修剪使生殖枝没有足够的时间发育，草坪草很难产生有实际价值的种子。但一年生早熟禾是一个例外，它可以迅速产生能育种子因而有较强的自繁能力。

(六)草坪草的生理代谢

植物的绿色细胞利用光能通过光合作用把 CO_2 和 H_2O 合成碳水化合物(单糖)并放出氧气，光能转变为化学能贮存于单糖内。这个过程通常用下面这个简单的反应式表示：

$$6CO_2 + 12H_2O \xrightarrow[\text{绿色细胞}]{\text{光}} C_6H_{12}O_6 + 6H_2O + 6O_2$$

用于反应的水是根系从土壤中吸收的，CO_2 则由大气进入叶内。反应时，植物释放氧和水蒸气至大气中，光合作用产生的单糖或立即使用，或贮存备用。

光合作用分为光反应和暗反应两个阶段，在光反应阶段，H_2O 被光解，释放

O_2、ATP(能量物质)和NADPH(还原物质);暗反应阶段则利用光反应形成的ATP和NADPH将CO_2还原为葡萄糖。植物光合作用中CO_2固定的第一产物因不同的暗反应途径而异,主要有2种途径:C_3途径和C_4途径。C_3途径中CO_2固定的第一产物是三碳化合物,C_4途径是四碳化合物。2种途径在效果上的不同之处主要表现为C_4途径固定CO_2的能力比C3途径强,因而C_4植物(具C_4途径的植物)比C_3植物(具C_3途径的植物)光合效率高。冷季型草坪草主要为C_3植物,暖季型草坪草主要为C_4植物。

一般而言,C_4植物的CO_2补偿点为5 mg/kg或更低,C_3植物的则为50~70 mg/kg,这种差异除与光合途径有关外,C_4植物的光呼吸强度弱于C_3植物。另外,C_4植物固定CO_2的效率随着温度和光强的增加而增高,而C_3植物当光强超过3 000 lx(在晴朗的天气条件下,光强可达10 000~12 000 lx)时便不会再增加光合效率。

绿色植物在进行光合作用的同时,也在通过呼吸作用将其所产生的碳水化合物转化成有效能量,用来满足植物生长发育的需要。呼吸作用是光合作用的可逆反应。

呼吸作用发生于所有的活细胞内,养分连续消耗,转换成能量。虽然呼吸作用对植物的生存是必需的,但它是一种消耗反应,从养分中释放出来的大量能量,在反应时作为热量损失了。另外,构成植物体的有机化合物大部分来自于各种光合、呼吸反应。根所吸收的矿质元素在这些反应中也起了很重要的作用。

某些碳水化合物作为储备养分贮存在植物的各个器官中,被称做非结构性碳水化合物(Nonstructural carbohydrate)。冷季型草坪草中主要贮存果聚糖。它是一类碳链相对较短的低聚糖,包含26~260个果糖和葡萄糖单位;暖季型草坪草则主要贮存碳链较长的淀粉作为储备养分,包括2种形式的淀粉:一种是直链淀粉,具有50~1 500个葡萄糖单位;另一种为支链淀粉,包含2 000~200 000个葡萄糖单位。其他形式的非结构性碳水化合物包括单糖和双糖。它们多是代谢的中间产物,与果聚糖及淀粉相比数量很少。

在草坪草的生理代谢中,当光合作用不能制造足够的养分来维持植物生长时,非结构性碳水化合物便会转化成植物体可利用的养分,保证其生活生长。例如,冬季叶子通常死掉,春季又萌新叶,这就是秋季贮存的养分为春季返青提供了能源。植物由于病虫害和其他不良因素受害时,也是依靠贮存的碳水化合物来恢复生长的。草坪草贮藏非结构性碳水化合物的量受季节和养护措施的影响而变动。当光合作用速度很快、而新茎叶生长最少时,养分积累量最大;而当新茎叶生长速度快、呼吸作用强时，养分消耗最快。因此，促进草坪草茎叶生长的环境条件和养护措施会降低非结构性碳水化合物的含量，如果不用施肥或浇水等措施加以调整，放任贮藏养分的亏缺，植物体会丧失从损伤或病害中恢复的能力。草坪草株体内贮存碳水化合物不足的表现往往是根过早的衰亡而茎叶仍生长活跃。这种现象经常发生在夏季高养护管理的草坪中。根的生长发育要依靠叶进行光合作用所形成的碳水化合物，根据“库—源学说”，碳水化合物的“源”是具有光合能力的叶子，而“库”则是幼叶、茎和根。显然，叶子距离“源”最近，当碳水化合物供应不足时它们会比其他器官优先利用这有限的养分。在这种情况下，根的生长受到抑制，大量根系衰亡，最终整个植物体会因根系功能的丧失，得不到必须的水分和无机营养而死亡。尤其是同时发生环境胁迫时，会对草坪造成非常大的危害。

(七)草坪草生长的季节变化

不同草坪草的生长状况在一年四季有不同的表现，冷季型草坪草为典型的双峰生长模式，即春秋两季生长旺盛，夏季生长变慢甚至停止。由于根的最适生长温度略低于茎，所以根的旺盛生长期在春季早于茎，而在秋季晚于茎。夏季根生长得很慢，在土壤中分布很浅，尤其在植株体内缺乏贮存养分时根的生长状况会更差。暖季型草坪草一年中仅在夏季有一个生长高峰期(图 2-14)。

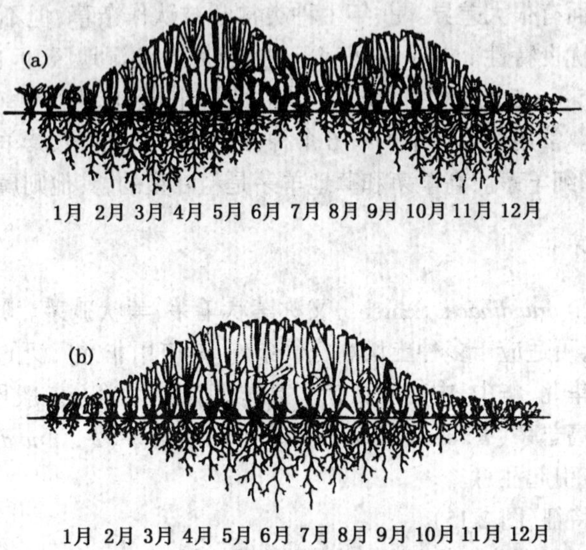

图 2-14 冷季型草坪草(a)和暖季型草坪草(b)根、茎生长的季节性变化

第三节 冷季型草坪草

冷季型草坪草(Cool-season turfgrass)的最适生长温度为15~24℃,广泛分布于气候冷凉的湿润、半湿润及半干旱地区。某些种类的分布区可延伸至冷暖过渡地带。目前世界上常用的冷季型草坪草有20多种。它们主要来自于欧亚大陆森林边缘地带。

在我国,冷季型草坪草种适宜生长于黄河以北的地区,在南方越夏较困难,必须采取特别的养护措施,否则易于衰老和死亡。草地早熟禾、细羊茅、多年生黑麦草、小糠草和高羊茅都是我国北方较适宜的冷季型草坪草种。草地早熟禾和翦股颖能耐受较低的温度,高羊茅和多年生黑麦草能较好地适应非极端的低温。冷季型草坪草耐高温能力差,但某些种类,如高羊茅、匍匐翦股颖和草地早熟禾可在过渡带或南方的高海拔地区生长。

下面就比较常用的冷季型草坪草予以介绍。

一、羊 茅 属

羊茅属(*Festuca* L.)约100个种,分布于全世界的寒、温带和热带的高山区域。我国有14种,用做草坪草的仅少数几个种。各个草种在生长习性、叶子质地和寿命等方面有很大差异。一年生种类常常被认作杂草,但不少多年生种类具有草坪草的优良特性。羊茅属适宜于生长在寒冷潮湿地区,但也能在干燥、贫瘠、pH值为5.5~6.5的酸性土壤上生长。此属中也包括了一些很耐践踏的冷季型草坪草种。常用做草坪草的有6个种(或变种):高羊茅、紫羊茅、硬羊茅、羊茅、草地羊茅和细羊茅。高羊茅和草地羊茅是粗叶型的,其他则属细叶型。

(一)高羊茅

高羊茅(*F. arundinaces* Schreb.)又称苇状羊茅,苇状狐茅。原产欧洲,草坪性状非常优秀,可适应于多种土壤和气候条件,是应用非常广泛的草坪草。在我国主要分布于华北、华中、中南和西南。高羊茅在植物学上一般称为苇状羊茅,而植物学上的高羊茅(*F. elata* Keng.)与草坪用高羊茅(*F. arundinaces* Schreb.)不同,这一点应引起注意。

1.植物学特征(图2-15)

多年生丛生型草本。茎圆形,直立,粗壮,簇生。叶鞘圆形,光滑或有时粗糙,开裂,边缘透明,基部红色;叶舌膜质,0.2~0.8mm长,截平;叶环显著,宽大，分开，常在边缘有短毛，黄绿色；叶耳小而狭窄；叶片扁平，坚硬，5 ~ 10 mm 宽，上面接近顶端处粗糙，叶脉不鲜明，但光滑，有小突起，中脉明显，顶端渐尖，边缘粗糙透明。花序为圆锥花序，直立或下垂，披针形到卵圆形，有时收缩；花序轴和分枝粗糙，每一小穗上有 4 或 5 朵小花。

图 2-15　高　羊　茅
（*F. arundinaces* Schreb.）

2. 生态适应性

高羊茅适宜于寒冷潮湿和温暖潮湿过渡地带生长。由于抗低温性差，在寒冷潮湿气候带的较冷地区，高羊茅易受到低温的伤害，其草坪的密度逐渐降低，直至最后变成零星的粗质杂草。高羊茅对高温有一定的抵抗能力。高温下叶子的生长会受到限制，但仍能暂时保持颜色和外观的一致性。高羊茅是最耐旱和最耐践踏的冷季型草坪草之一，其耐荫性中等。适应的土壤范围很广，在肥沃、潮湿、富含有机质的细壤中生长最好，对肥料反应明显。pH 值的适应范围是4.7 ~ 8.5，最适 pH 值为 5.5 ~ 7.5。与大多数冷季型草坪草相比，高羊茅更耐盐碱，尤其在灌溉的条件下；高羊茅耐土壤潮湿，并可忍受较长时间的水淹。

3. 栽培与管理措施

高羊茅种子直播建坪，建坪速度较快，介于多年生黑麦草和草地早熟禾之间。冬季有冻害的地区春播比秋播好。高羊茅再生性较差，修剪高度为 4.3 ~ 5.6 cm，叶子质地和性状一般，在修剪高度小于3.0 cm时，不能保持均一的植株密度，故不能用于需低修剪的草坪。氮的需要量为每个生长月纯氮 2 ~ 5 g/m^2。在寒冷潮湿地区的较冷地带，高氮水平会使高羊茅更易受到低温的伤害。高羊茅一般不产生芜枝层，耐旱，但适当浇灌更有利于其生长。它对冠锈病和长蠕孢菌病有较强抗性，但易染褐斑病、灰雪霉病和镰刀菌枯萎病。

4. 使用特点

高羊茅适于生长在寒冷潮湿和温暖潮湿的过渡地带，耐践踏，适应的范围很广，然而叶片质地比较粗糙的特性使它不能成为高质量的草坪草，它一般用做运动场、绿地、路旁、小道、机场以及其他中、低质量的草坪。由于其建坪快，根系深，耐贫瘠的土壤，所以能有效地用于斜坡防护。高羊茅与草地早熟禾的混播产生的草坪质量比单播高羊茅的高,高羊茅与其他冷季型草坪草种子混播时,其重量比不应低于60%~70%。高羊茅有时用做寒冷潮湿气候较冷地区的运动场的覆播,因为在那些地区,草地早熟禾等冷季型草不能忍受过度践踏,而高羊茅的耐践踏性比它们要好。在温暖潮湿地带,高羊茅常与狗牙根的栽培种混播用做一般的草坪。在这一地区,高羊茅与巴哈雀稗的混播也用做运动场和操场。

(二)紫羊茅

紫羊茅(*F. rubra* L.)别名红狐茅,是羊茅属中作草坪草应用最广泛的种之一,有时也称做匍匐紫羊茅。国外开发出了可以在整个寒冷潮湿地区使用的许多草坪型紫羊茅的品种。紫羊茅产于欧洲,但在那里用做草坪草的历史并不长。在我国紫羊茅一般作为牧草,用做草坪草是近十来年的事。

1.植物学特征(图 2-16)

多年生草本。具横走根茎。秆基部斜升或膝曲,红色或紫色。叶鞘卵圆形至圆形,无毛至被细柔毛,基部红棕色并破碎成纤维状,分蘖的叶鞘闭合;叶片光滑柔软,对折或内卷,宽1.5~2.0 mm;叶舌膜质,长0.2~0.5 mm,平截;叶环窄,不清晰,无毛;叶耳缺或仅为延长的短边。圆锥花序,紧缩,成熟时紫红色。

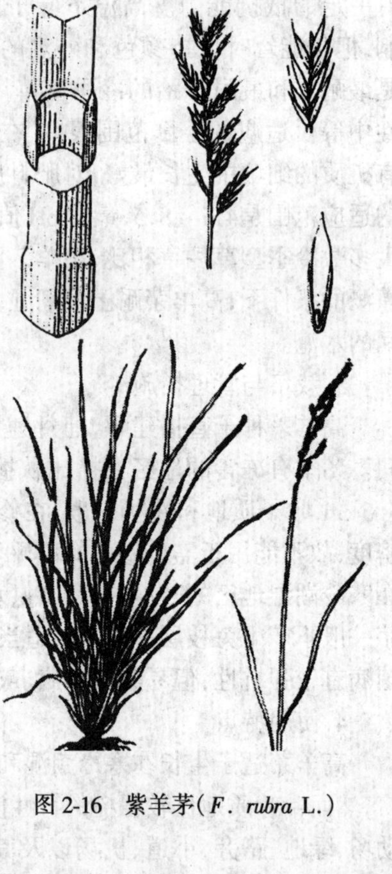

图 2-16 紫羊茅(*F. rubra* L.)

2.生态适应性

紫羊茅广泛分布于北美洲、欧亚大陆、北非和澳大利亚的寒冷潮湿地区以及我国的东北、西南等地。它抗低温的能力较强,但由于抗热性差,紫羊茅也不能生长在温暖潮湿地区。所以,其适应范围不如草地早熟禾和翦股颖那么广。

然而紫羊茅的耐荫性比大多数冷季型草坪草强。在较弱的光强度下,它比其他草坪草生长速度快。但在遮荫条件下的质量与光照充足时相比会有所下降。紫羊茅需水量要比其他草少,抗旱性比草地早熟禾和匍匐翦股颖强。耐践踏性中等。它能很好地适应于干旱、pH 值为5.5~6.5

的沙壤，不能在水渍地或盐碱地上生长。

3.栽培与管理措施

种子直播建坪，建坪速度较快，比草地早熟禾快，比多年生黑麦草慢。再生性较强。紫羊茅需要低水平的管理，包括最低水平的氮肥和灌水。管理适当，能形成优质草坪。修剪高度为2.5~6.3 cm，在遮荫条件下留茬应高一些。用做球道时修剪高度为1.3~2.5 cm，用于果领时修剪高度为0.8 cm比较适宜。

氮肥需要量为每个生长月纯氮0.94~2.92 g/m^2，比大多数草坪草日常需求量都少。过多施用氮肥和浇灌，会引起草坪质量下降。紫羊茅极不耐水淹。可在磷含量较高的土壤中正常生长。它的芜枝层不如翦股颖和草地早熟禾那么严重，但是，一旦芜枝层形成，由于其叶鞘中的木质素含量高，所以腐烂速度很慢。紫羊茅不如草地早熟禾耐常用的除草剂，且较易感病如长蠕孢菌病。在有些地区红丝病也很严重。紫羊茅比草地早熟禾更易受到镰刀菌枯萎病和灰雪霉病的伤害。其他偶尔发生的病害有蚀斑病、腐霉枯萎病、白粉病和币斑病。

4.使用特点

紫羊茅是用途最广的冷季型草坪草之一。它广泛用于绿地、公园、墓地、广场、高尔夫球道、高草区、路旁、机场和其他一般用途的草坪。在欧洲，它与翦股颖混播用于高尔夫果领和滚木球场。

在寒冷潮湿地区，紫羊茅与草地早熟禾混合使用可大大提高草地早熟禾的建坪速度，而在建坪期间，又没有过分的竞争，能够共存。一旦紫羊茅—草地早熟禾草坪建立起来，紫羊茅在遮荫处、干燥的沙壤上和管理水平低的地方能够成为优势种，而草地早熟禾在潮湿、排水条件良好、管理水平高和全日光的地方成为优势种。

紫羊茅由于根茎弱、再生力差而较少用做运动场和高尔夫发球台，用做商品生产的紫羊茅草皮也是很少的。

紫羊茅可用于温暖潮湿地区狗牙根占优势种的草坪的冬季覆播材料。也用于覆播损坏的翦股颖果领。与多年生黑麦草和粗茎早熟禾相比，紫羊茅在秋季和春季的过渡时期内性状较好。

(三)羊茅

羊茅(*F. ovina* L.)别名羊狐茅、绵羊茅、酥油草，生于山地林缘草甸，广泛分布于欧亚大陆温带和寒带地区。我国主要分布在东北、西北和西南。它形成的草坪质量较低，没有广泛地用于草坪。

1.植物学特征

多年生密丛型草本,秆具条棱,高 30~60 cm。叶鞘光滑;叶片内卷成针状,脆涩,宽约 0.3 cm,常具稀疏的短刺毛;叶舌膜质,长 0.5 mm,平截,有时缺;叶环窄,不清晰,无毛;叶耳缺或仅为延长的短边。圆锥花序较紧密,有时几乎呈穗状,分枝常偏向一侧,小穗淡绿色,有时淡紫色。

2.生态适应性

羊茅与紫羊茅一样是适于寒冷潮湿气候的多年生草,不耐热,相当抗旱,在沙壤和石灰壤上生长最好。很耐践踏,在酸性、贫瘠的粗质土壤上也生长良好。

3.栽培与管理措施

种子直播建坪。羊茅的栽培要求比紫羊茅低。叶子较粗糙,较难修剪,低于 1.3 cm 的低刈不利于羊茅生存,一般修剪高度为 1.5~2.5 cm。氮肥需要量为每个生长月纯氮 1.95~4.87 g/m^2。易染红丝病、镰刀菌枯萎病和褐斑病。

4.使用特点

由于羊茅种子有限,故仅少量地用于草坪。商品种子主要产于欧洲。羊茅常用做低质量的草坪,如路旁、高尔夫球场的高草区和寒冷潮湿气候更冷一些的地区。

(四)硬羊茅

硬羊茅(*F. ovina* var. *durivscula* L.)又名粗羊茅,是羊茅的变种。原产欧洲,广泛分布于北半球温带及我国北方干寒地区,常见于干旱草原及坡地。

1.植物学特征

多年生丛生型草本,叶鞘无毛,顶生者长约 5 cm 长于其叶片;叶舌长约 0.5 mm,大多数宽出叶片,基部呈耳状;叶片较硬,宽 0.5~0.8 cm 不等。圆锥花序紧缩。

2.生态适应性

根系分布广,抗旱性不如羊茅,但比紫羊茅强。硬羊茅比羊茅更耐荫,耐潮湿,适宜各种土壤,最适土壤 pH 值 5.5~6.5。再生能力差,耐践踏一般,抗旱及抗寒性中等。

3.栽培与管理措施

一般为种子直播建坪,建坪速度较慢。不耐低于 2.5 cm 的修剪。推荐修剪高度 3.2~7.5 cm,氮肥需要量比羊茅多。不易发生病害。

4.使用特点

主要用于路旁、沟渠和其他管理水平低、质量较差的草坪,但在管理好的情况下也可用于公园草坪。

(五)草地羊茅

草地羊茅(*F. elatior* L.)又称牛尾草,原产于欧亚大陆温带地区。有时被称做英国兰草,外部形态与高羊茅相似。

1.植物学特征

丛生型草本,具短而粗壮的根茎。叶鞘圆形,光滑,透明,边缘开裂或覆盖,基部为红色;叶舌膜质,0.2~0.6 mm 宽,截形到钝形,白绿色;叶耳小而钝圆;叶环边缘宽大、光滑,浅黄色到黄绿色且厚实,并常曲折;叶片扁平,3~8 mm 宽,光滑到粗糙,上面光滑,下面较粗糙,上面的脉明显,顶端渐尖,边缘粗糙。圆锥花序,直立或下垂,有时收缩。

2.生态适应性

草地羊茅是多年生草,其寿命的长短决定于低温程度,比高羊茅的活力弱。适应于世界的寒冷潮湿地区,也可延伸到温暖潮湿地区的较冷地带。它的耐热性和抗旱性比梯牧草强,但比高羊茅弱,在寒冷潮湿的稍冷地区,易于死亡。在温带,耐荫性很好,与其他冷季型草坪草相比,很耐践踏。最适于生长在肥沃、湿润的土壤上,但在有一定水分的情况下,在沙壤上也可以生长,对潮湿或水渍的土壤条件适应良好。

3.栽培与管理措施

种子直播建坪,建坪速度较快,介于草地早熟禾与多年生黑麦草之间,栽培要求与高羊茅相类似。修剪高度为 3.8~5 cm,不耐低于 2.5 cm 的低修剪。垂直生长比高羊茅慢,氮肥需求量为每个生长月纯氮 2~5 g/m^2,需要浇灌,尤其在沙质、干燥的土壤上。草地羊茅较易染冠锈病和长蠕孢菌病,偶尔发生有条黑粉病、褐斑病、镰刀菌枯萎病和腐霉枯萎病。

4.使用特点

草地羊茅常与其他草坪草种子混播用做一般用途的草坪,尤其在肥沃、湿润、遮荫地区,草地羊茅比高羊茅更易与草地早熟禾和黑麦草共存。品种目前不多,常用野生种。

(六)细羊茅

细羊茅是羊茅属中叶片质地较细的一些种和亚种。叶宽一般不足 2 mm,有时仅为 0.5 mm。叶片内卷,常呈鬃毛状,坚韧,叶色美观。

细羊茅生长缓慢,扩展习性依种和亚种而异,除匍匐紫羊茅以外,一般没有扩展能力。随着地上部分的生长,覆盖度会逐渐变大。耐践踏性中等,恢复能力中等到差，可耐低的光照强度，为冷季型草坪草中耐荫最好的草种，因此广泛用于混播中。细羊茅也是可以粗放管理的优良草坪草种。同其他许多仅需很少管理的草不一样，这种草相当吸引人。由于其根系很密，旱季叶片能卷缩，暴露于大气中的叶面积减少，以致水分蒸发较少，因此耐旱。需肥量低，如果氮肥比例过高，易感病害，对草坪是一个严重威胁。

细羊茅的垂直生长速度缓慢，留茬高度以 3.8 ~ 6.3 cm 为宜。对土壤要求不严，但不耐潮湿、排水不良的土壤。同草地早熟禾相比，建立草坪的速度属中等。较耐寒，可生长于大部分寒冷地区。细羊茅一般不单播，往往与草地早熟禾混播，有时与多年生黑麦草或细弱翦股颖混播。然而，当采用耐荫、耐干旱及耐粗放管理的草地早熟禾新品种时，则很少使用细羊茅。

细羊茅由下列一些种组成。3 个紫羊茅亚种具有相似的形态特征和培育特点，在细叶羊茅中，它们得到了最广泛的使用。一些较新的紫羊茅品种内具有内生菌。

1.弱匍匐紫羊茅（*Festuca rubra* ssp. *trichophylla*）

弱匍匐紫羊茅叶片细，可形成稠密的草坪。根状茎弱而短小，扩展缓慢，有短的根茎能自我修复损伤，但速度慢于强匍匐紫羊茅。密度高、耐低修剪。夏季高温、高湿不利于弱匍匐紫羊茅的生长，因为热淤积在高密度的草皮里形成利于真菌滋生的小气候，对草坪造成伤害并会导致出现斑秃。弱匍匐紫羊茅具有极强的耐盐性。

2.强匍匐紫羊茅（*Festuca rubra* ssp. *rubra*）

强匍匐紫羊茅在 3 个亚种当中生长最繁茂，适应性最好。由于根茎发达，能够迅速恢复损伤。耐夏季高温能力优于其他两个亚种，但抗旱性略差。建植速度比弱匍匐紫羊茅和邱氏羊茅快。强匍匐紫羊茅的种子产量高于其他 2 种，因此价格相对要低一些。

3.邱氏羊茅（*Festuca rubra* ssp. *commutata* Gaud.）

邱氏羊茅与匍匐紫羊茅相似，但它没有根状茎，是一种丛生型草。形成的草坪在 3 个亚种中最致密。其生长低矮，质地细且耐高、低温的性能好。许多草坪管理者认为该种是细羊茅中最吸引人的。用邱氏羊茅进行混播时，经常需要加入强匍匐紫羊茅或弱匍匐紫羊茅或草地早熟禾来增强草坪恢复损伤的能力。在寒冷的地区，邱氏羊茅是高质量的混播草坪非常重要的组成部分。高温和高湿同样也会对邱氏羊茅不利。用邱氏羊茅建植的草坪致密且极耐低修剪。

4.硬羊茅（*Festuca ovina* var. *duriuscula*）

硬羊茅生长低矮，丛生型，不匍匐，与紫羊茅相比，耐旱性和抗病性较好。垂直生长缓慢，适应于遮荫和贫瘠土壤上种植。在管理粗放的草坪上，表现令人满意。

5.羊茅（*Festuca ovina* L.）

羊茅用于固定土壤、防治侵蚀的地方。它是细羊茅中最耐粗放管理的草种。它形成的草坪是丛生型的，质量不高。叶片坚硬，呈蓝绿色。耐旱性很强，最适应于沙质或含砾石土壤。不需施肥，它是非匍匐的丛生型草，耐热性差。

二、早熟禾属

早熟禾属（*Poa* L.）植物有200多种，其中包括广泛应用的冷地型草坪草。最常用的有草地早熟禾、加拿大早熟禾、普通早熟禾、一年生早熟禾和林地早熟禾。从营养体上鉴别早熟禾属的最明显的特征是叶尖船型以及叶片主脉两侧的平行细脉浅绿色。

（一）草地早熟禾

草地早熟禾（*P. pratensis* L.）原产欧洲、亚洲北部及非洲北部，后引种到北美洲，现遍及全球温带地区。我国华北、西北、东北地区及长江中下游冷湿地带有野生分布。草地早熟禾又名六月禾、肯塔基早熟禾、草原早熟禾、光茎蓝草、草原莓系、肯塔基蓝草等，是非常重要的草坪草种。

1.植物学特征（图2-17）

多年生草本，具细长根状茎，多分枝。叶片V型偏扁平，宽2~4 mm，柔软，多光滑，两侧平行，顶部为船形，中脉两侧各脉透明，边缘较粗糙。叶舌膜状0.2~1 mm长，截形。叶环中等宽度，分离，光滑，黄绿色，无叶耳。圆锥花序开展，长13~20 cm，分枝下部裸露。

图2-17　草地早熟禾（*P. pratensis* L.）

2.生态适应性

草地早熟禾广泛适应于寒冷潮湿带和过渡带，在灌溉条件下，它也可在寒冷半干旱区和干旱区生长。较高温度和水分缺乏的逆境条件下，它的生长会渐变缓慢，夏季休眠。当温度过高时会引起地面部分叶子发黄，没有生活力，但当温度、水分适宜时，它又会从地下根茎的节上长出新的枝条。

草地早熟禾的根茎具有强大生命力，能形成茂盛的草皮。在6月中旬到11月中旬的5个月内，草地早熟禾能长出50～75 cm的根茎，根茎能从每一个茎节上再长出茎和根，扩大的根系主要分布在土壤表层15～25 cm处，在经常修剪的情况下，有些根可深入到40～60 cm，根系常为多年生。

草地早熟禾的抗寒性、秋季保绿性和春季返青性能较好，在全日照或轻微遮荫的条件下能正常生长，但当遮荫程度较强时生长不良，特别是寒冷潮湿条件下的严重遮荫会使其患白粉病。虽然草地早熟禾能够适应广大的温带地区，但它对这些地区土壤的适应性也是有限度的，潮湿、排水良好、肥沃、pH值为6～7，中等质地的土壤最为合适。草地早熟禾不耐酸碱，在酸性贫瘠的土壤上形成的草皮很差，但能忍受潮湿、中等水淹的土壤条件和含磷很高的土壤。

3.栽培与管理措施

草地早熟禾可以通过根茎来繁殖，但主要还是种子直播建坪。它具有兼性无融合生殖的特性。它的建坪速度比黑麦草和高羊茅慢，但再生能力强。

草地早熟禾需要中等至中等偏高的栽植密度，成坪后应进行合理的修剪，高度一般为2.5～5 cm。生长点低的草地早熟禾品种能够忍受更低修剪高度，当修剪高度低于1.8 cm时，大多数品种都能形成永久的高质量的草坪。

在草坪建植的过程中要注意肥料的施用，主要是氮、磷、钾3种肥料，施入量可根据具体情况而定。在水分不足的条件下要经常灌溉。草地早熟禾生长的时间过长，如4～5年或更长，便会形成坚实的草皮层，会阻碍返青萌发，这时应用切断根茎、穿刺土壤的方法进行更新或重新补播，以避免草坪的退化。

草地早熟禾对病虫害有一定抗性，但也易染病。主要病害有长蠕孢菌病、锈病、条黑粉病、白粉病、币斑病和褐斑病等。

4.使用特点

草地早熟禾可用做绿地、公园、墓地、公共场所、高尔夫球道和发球台、高草区、路边、机场、运动场以及对草坪质量要求中等的各种用途的草坪。草地早熟禾强大的根系以及较强的再生能力使得它特别适应于运动场和一些过度使用的场地。

草地早熟禾常与紫羊茅混合使用。它的建坪速度要比紫羊茅慢。紫羊茅作为一个建坪快的成分不会在建坪时与草地早熟禾过分竞争，但在遮荫、干旱环境下，尤其在栽培水平较低时，紫羊茅会占主导地位；而在全日照和土壤潮湿条件下草地早熟禾会占主导地位，两者混播对环境的适应性更强。草地早熟禾也可以与其他冷季型草坪草混播，如高羊茅和多年生黑麦草等。

(二)加拿大早熟禾

加拿大早熟禾(*P. compressa* L.)生长于欧亚大陆的西部,广泛分布于寒冷潮湿气候带中更冷的地区,是良好的冷季型草坪草。

1.植物学特征

多年生草本,具根茎。叶片扁平或边缘稍内卷,长 3~12 cm,宽 1~4 mm,蓝色到灰绿色不等,顶部呈船形;叶舌膜质,0.5~1.5 mm,截形,全缘,无叶耳;圆锥花序狭窄,分枝粗糙。

2.生态适应性

加拿大早熟禾为长寿命的多年生草坪草,主要适于寒冷潮湿气候下更冷一些地区生长。其抗旱、耐荫性均比大多数草地早熟禾品种好,耐践踏性也很好;能在草地早熟禾不能适应的贫瘠、干旱土壤上很好地生长;能适应在排水不完善的黏土到排水条件好的石灰土等多种土壤上生长。它比草地早熟禾的抗酸性强,能适应的土壤 pH 值为 5.5~6.5。

3.栽培与管理措施

主要利用种子直播建坪。加拿大草地早熟禾很耐贫瘠土壤,但它更喜欢肥沃的土壤,氮肥需要量为每个生长月纯氮 1~3 g/m^2。当与草地早熟禾在酸性、干旱、贫瘠的土壤上混播时,加拿大早熟禾会成为优势植物;而在 pH 值高于 6.0 且肥沃、潮湿的土壤上时,草地早熟禾会成为优势植物。加拿大早熟禾易感的病有长蠕孢菌病、锈病、条黑粉病、褐斑病和腐霉枯萎病。

4.使用特点

加拿大草地早熟禾不能形成一个植株密度和质量都相当好的草坪,因此,它的使用限于低质量、低养护水平的草坪。它常与羊茅混播使用。在不用频繁修剪地方,如路旁及其他低养护的地方,修剪高度为 7.5~10 cm 时生长良好。目前使用的品种不是很多,国内大多使用野生种。

(三)粗茎早熟禾

粗茎早熟禾(*P. trivialis* L.)又名普通早熟禾,原产欧洲南部。由于触摸其秆基部的叶鞘时有粗糙感觉,故称之为粗茎早熟禾。

1.植物学特征(图 2-18)

多年生草本,具匍匐茎和根状茎或不具根状茎。叶片平展或 V 型,黄绿色,柔软,表面光滑;叶鞘压扁状,背面粗糙,略带紫色,开裂;叶舌膜质,4~6 mm 长,全缘或纤毛状;无叶耳;叶环明显、较宽、光滑。圆锥花序开展。

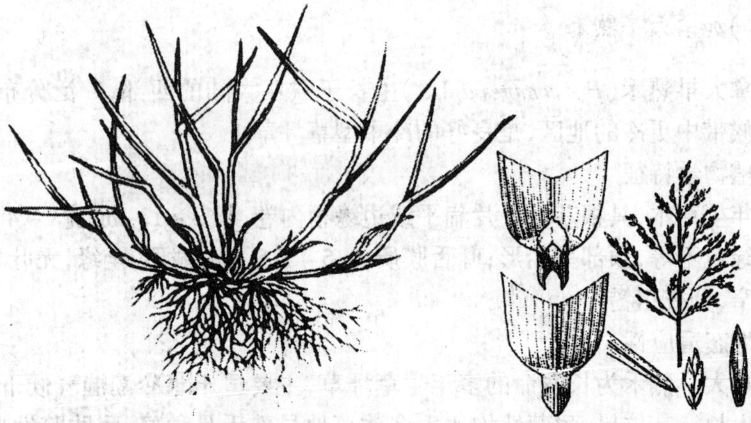

图 2-18 粗茎早熟禾(*P. trivialis* L.)

2.生态适应性

粗茎早熟禾适应于寒冷潮湿带和过渡带。在灌溉条件下,它也可以在寒冷半干旱区和干旱地区生长。耐寒性优良,密度高,其耐荫性也很强,并能生长在排水不良的土壤中。其他的耐荫冷季型草种,如细羊茅,在潮湿的土壤上生长不良,而粗茎早熟禾可用于既遮荫又潮湿的地方。粗茎早熟禾喜肥沃土壤,最适pH值为6.0~7.0,不耐酸碱,在酸性贫瘠的土壤上形成很差的草坪。粗茎早熟禾是冷季型草中耐热和耐践踏性差的种类,因其根系浅,耐旱性很差,所以粗茎早熟禾的使用范围不是很广。

3.栽培与管理措施

多为种子直播建坪,出苗后靠地上短的匍匐茎伸展,其恢复能力中等。成坪速度缓慢,抗病性能较强,要求管理水平一般。修剪高度为1.3~5.1 cm,芜枝层的问题较少,对草地除莠剂如2,4-D敏感,易受伤害。

4.使用特点

可用于一般要求的绿地、公园等草坪。不适于作高档草坪。与其他草坪种混合时草坪外貌有不整齐的弱点。

(四)一年生早熟禾

一年生早熟禾(*P. annua* L.)又名小鸡草,原产欧洲,为北半球广布种,我国大多数地区及亚洲其他国家,欧洲、美洲的一些国家均有分布。一年生早熟禾常被当做草坪杂草,很少与其他草坪草混播。它常在养护管理水平高的草坪上侵入生长,成为优势种。

1.植物学特征(图 2-19)

一年生或越年生,具纤细横走的根状茎。叶舌膜状,长 0.8～3 mm,光滑;无叶耳;叶环宽,分离;叶片扁平或"V"形,宽 2～3 mm;叶边平行或沿船形叶尖逐渐变细,两面光滑,在生长季或冬季为浅绿色,许多浅色细脉平行于主叶脉;圆锥花序小而疏松,整个生长季均可生成花序,在早春和仲春花序特别多。

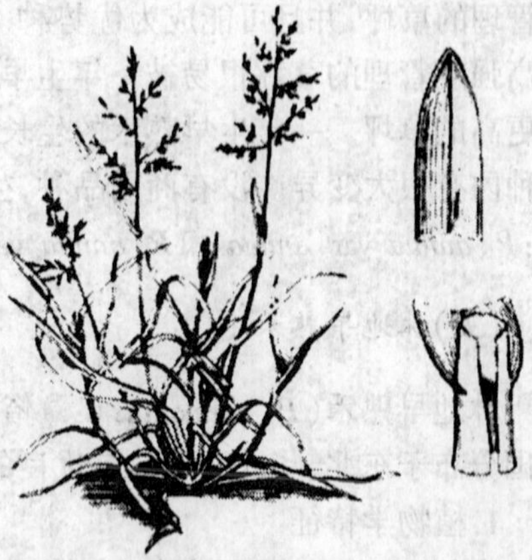

图 2-19　一年生早熟禾(*P. annua* L.)

2.生态适应性

一年生早熟禾抗热性、抗寒性、抗旱性均差,在严寒、炎热、干旱条件下不能生存。含有大量一年生早熟禾的草坪常在环境条件不适宜时易受伤害,这是一年生早熟禾被当做草坪杂草的一个主要原因。在温暖潮湿地区,一年生早熟禾表现冬季一年生性;而在寒冷潮湿地区,它又表现夏季一年生性;通过这种方式,一年生早熟禾也可以躲过不适应期。一年生早熟禾适宜于潮湿、遮荫的环境,在潮湿、细质、肥沃、pH 值为 5.5～6.5 的土壤上生长良好。如果灌溉条件好的话,也可在干燥、粗质的土壤上生长。在紧实的土壤上也能很好地生长。一年生早熟禾不耐水渍,当温度高时更是如此,耐盐性也较差。

3.栽培与管理措施

多为种子直播建坪。即使在修剪高度为 0.6 cm 的情况下,产种子的能力仍很强,一个植株可产种子 360 粒。授粉后不久,种子便可在其花序上成熟。要保持良好草坪质量,应经常修剪。一年生早熟禾无性繁殖力差,但它可以利用散落在土壤中的种子得以重建草坪。

一年生早熟禾需要高水平管理,在修剪高度为 2.5 cm 或更低时,它具有很强的侵占性和竞争力。修剪高度为 0.5 cm 时能形成质量高的草坪,并且易于修剪。氮肥需要量为每个生长月纯氮 1.95～4.87 g/m^2。在潮湿土壤条件和经常灌溉的条件下,生长旺盛。一年生早熟禾易于形成芜枝层,尤其在修剪次数少或修剪高度不够低时。高氮肥和灌溉条件下,易染币斑病、褐斑病、腐霉枯萎病、镰刀菌枯萎病、长蠕孢菌病、红丝病和条黑粉病。在某些地区,草原甲虫也能引起巨大伤害。

4.使用特点

一年生早熟禾虽然不能作为专门的草坪草,但能在 3～5 年内侵占一块高强度管理的草坪,并且可能成为优势种。高尔夫球道、发球区、运动场和类似的一些高强度管理的草坪很易被一年生早熟禾侵入。但很少侵入修剪高度为3.8 cm或更高的草坪。一年生早熟禾的生长习性、叶片质地、颜色及对不良环境的抗性在种内有很大变异。没有商用品种,生产中大多数使用一年生早熟禾的2个变种:*P. annua* var. *annua* 和 *P. annua* var. *reptans*。

(五)林地早熟禾

林地早熟禾(*P. nemoralis* L.)俗称林地禾草,广泛分布于世界温带山地。我国分布于东北、华北、西北,是优良的冷季型草坪草。

1.植物学特征

多年生弱匍匐茎型草本。叶片扁平,对折式,长10~20 cm,宽2 mm左右,黄绿色。叶鞘短于其节间,顶生者长6~10 cm;叶舌短,长0.5~1 mm;无叶耳。圆锥花序较开展。

2.生态适应性

林地早熟禾侵占性弱,它适于寒冷潮湿气候,是一种长命的多年生草坪草,耐荫性极强。适于各种土壤,但在pH值为6.0~7.0砂壤土、壤土上生长最好。抗盐碱能力中等。对病虫害有较强抗性,但有时也易染锈病及褐斑病。

3.栽培与管理措施

多为种子直播建坪,管理较为粗放。氮肥需要量每生长月纯1.95~4.87 g/m^2。

4.使用特点

可以和其他冷地型草坪草混播,用做公园、庭院草坪草种,林地早熟禾耐荫能力比草地早熟禾强,因此可用做遮荫环境下的草坪。

三、黑麦草属

黑麦草属(*Lolium* L.)有10个种,主要分布在世界温暖湿润的地区。其中可用做草坪草的只有多年生黑麦草和一年生黑麦草,在我国属于引种栽培。由于多年生黑麦草和一年生黑麦草种间杂交十分频繁,在二者之间存在很多中间类型,选育出的商用品种也比较多。混播建坪时,黑麦草通常用做速生保护草种。随着现代草坪品种改良的发展,黑麦草在草坪中所扮演的角色也在不断改变。

(一)多年生黑麦草

多年生黑麦草(*L. perenne* L.)又称宿根黑麦草。原产于亚洲和北非的温带地区，广泛分布于世界各地的温带地区。它是黑麦草属中应用最广泛的草坪草，也是最早的草坪栽培种之一。

1.植物学特征(图 2-20)

多年生丛生型草本。叶鞘疏松，开裂或封闭，无毛；叶片质软，扁平，长 9~20 cm，宽 3~6 mm，上面被微毛，下面平滑，边缘粗糙。叶舌小而钝，长 0.5~1 mm；叶耳小。扁穗状花序直立，微弯曲，小穗无芒。

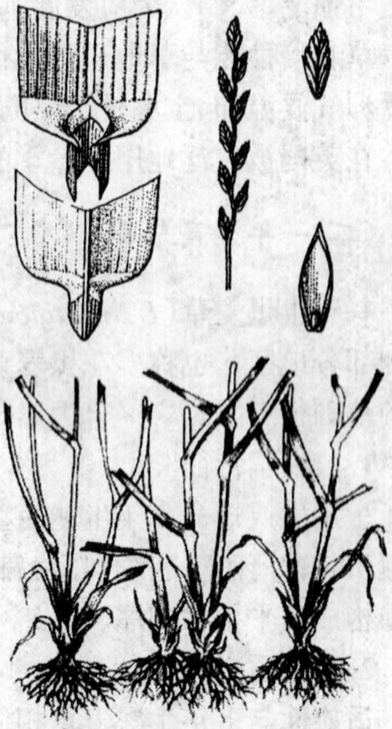

图 2-20　多年生黑麦草

（*L. perenne* L.）

2.生态适应性

一般认为多年生黑麦草为短命的多年生草，抗寒性不及草地早熟禾，抗热性不及结缕草。它最适生长于冬季温和、夏季凉爽潮湿的寒冷潮湿地区，不能忍受极端的冷、热、干旱气候。一些改良的多年生黑麦草品种的抗低温性有所提高。耐部分遮荫，较耐践踏。

多年生黑麦草适应土壤范围很广，最好的是中性偏酸、含肥较多的土壤。但是，只要有较好的灌溉条件，在贫瘠的土壤上也可长出较好草坪。它对土壤的耐湿性中到差，耐盐碱性中等。

3.栽培与管理措施

种子直播建坪。多年生黑麦草种子较大，发芽率高，建坪快。需中等到中等偏低的管理水平，修剪高度为 3.8~5.0 cm，不耐低于 2.3 cm 的修剪。叶子质地硬，且多是纤维状，因此较难修剪。氮肥需要量为每个生长月纯氮 2~5 g/m^2。较多施用肥料不利于抵抗外界不利环境。在干旱期为保证多年生黑麦草的存活，浇灌是很必要的。芜枝层问题较少。

多年生黑麦草在作为暖季型草坪的冬季覆播种时，存在一个很大的问题是它的幼苗易染腐霉枯萎病。还常受到锈病、镰刀菌枯萎病、褐斑病、红丝病、条黑粉病和长蠕孢菌病的伤害。

4.使用特点

多年生黑麦草可用于庭院草坪、公园、墓地、高尔夫场球道、高草区、公路旁、机场和其他公用草坪。还可用做快速建坪及暖季型草坪冬季覆播的材料。除了作为短期临时植被覆盖外，多年生黑麦草很少单独种植，主要与其他草坪草如草地早熟禾混播使用。一般来讲,多年生黑麦草在混播中其种子用量不应超过总用量的20%~25%,否则会引起它与主体草坪草过度竞争,破坏草坪的建植。

习惯上,人们认为应发展垂直生长缓慢的多年生黑麦草的栽培种。改进的黑麦草栽培种能与草地早熟禾很好地混播,尤其用在较温暖地区的运动场草坪。在欧洲气候温和、土壤较干旱的地区多将多年生黑麦草作为建坪的一个主要成分。在英国被广泛地用于冬季的足球、橄榄球和曲棍球场地。

(二)一年生黑麦草

一年生黑麦草(*L. multiflorum* Lam.)生长在欧洲南部的地中海地区、北非和亚洲部分地区。也称多花黑麦草或意大利黑麦草。由于生命期短,所以用做草坪的范围很有限。

1.植物学特征

一年生或短命多年生丛生型草本植物。叶舌膜状,长0.5~2 mm,圆形;叶耳似爪状;叶环宽,连续;叶片扁平,宽3~7 mm,近轴面有脊,光滑具光泽;有芒小穗构成扁平穗状花序。

2.生态适应性

适应性与多年生黑麦草相似。一年生黑麦草在所有冷季型草坪草中最不耐低温。抗潮湿和抗热性甚至比多年生黑麦草还差。它最适于肥沃、pH值为6.0~7.0的湿润土壤。在低肥力条件下,也可形成适当的草坪。

3.栽培与管理措施

种子直播建坪,建坪速度快,再生能力很差。栽培要求与多年生黑麦草相类似,修剪高度3.8~5.0 cm,修剪质量和多年生黑麦草一样差。氮肥需求量为每个生长月纯氮2~5 g/m^2,过高的氮肥会降低其耐低温能力。一年生黑麦草不存在结芜枝层的问题。

4.使用特点

一年生黑麦草主要用于一般用途的草坪,它能快速建坪形成临时植被。晚春或夏天种下一年生黑麦草,很快就长出绿色覆盖面。也可用做混播材料,但是混播材料中最差的。多花黑麦草消失后形成斑秃,常有杂草侵入。因此,除对草坪质量要求不高的地方,通常不采用这种混播种子。另外,它可用做温暖潮湿地区暖季型草坪的冬季覆播。易受到长蠕孢菌病的伤害。

四、翦股颖属

翦股颖属(*Agrostis* L.)约200个种,分布于寒温带,尤以北半球为多。属内各个种的生长习性不同,包括从生型到强匍匐型的各个种类。翦股颖在所有冷季型草坪草中最能忍受频繁低修剪,其修剪高度可达0.5 cm,甚至更低。当强低修剪时,它可以形成相当细质、稠密、均一的高质量草坪。翦股颖适于寒冷、潮湿和过渡性气候,大多数多年生种具有很强的抗寒能力,它们春季返青比草地早熟禾慢,最适宜的土壤条件是潮湿、肥沃、pH值为5.5~6.5。常用于草坪的翦股颖有3种:匍匐翦股颖、细弱翦股颖、绒毛翦股颖。绒毛翦股颖不像其他2种使用那么广泛。在匍匐翦股颖、细弱翦股颖和绒毛翦股颖之间有趋异型和中间类型。小糠草作为翦股颖属的一个种,有许多与翦股颖相似的性质,但也有许多差异,也是优良的草坪草种。

(一)匍匐翦股颖

匍匐翦股颖(*A. stolonifera* L.)原产于欧亚大陆,广泛用于低修剪、细质的草坪。其名字来源于其生于地表面上的、能从节上长出新根和茎的强壮匍匐茎。我国东北、华北、西北及江西、浙江等省区均有分布。多见于湿草地。

1.植物学特征(图2-21)

多年生草本,具长的匍匐枝,直立茎基部膝曲或平卧。叶鞘无毛,下部的长于节间,上部的短于节间;叶舌膜质,长圆形,长2~3 mm,先端近圆形,微裂;叶片线形,长7~9 cm,扁平,宽达5 mm,干后边缘内卷,边缘和脉上微粗糙。圆锥花序开展,卵形,长7~12 cm,宽3~8 cm,分枝一般2枚,近水平开展,下部裸露;小穗暗紫色。

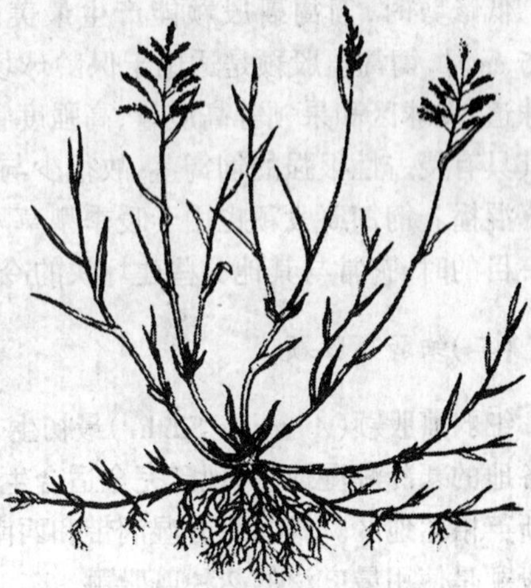

图2-21　匍匐翦股颖

(*A. stolonifera* L.)

2.生态适应性

匍匐翦股颖用于世界大多数寒冷潮湿地区。它也被引种到了过渡气候带和温暖潮湿地区稍冷的一些地方,是最抗寒的冷地型草坪草之一。春季返青慢,而秋季变冷时叶子又比草地早熟禾早变黄,一般能度过盛夏时的高温期,但茎和根系可能会严重损伤。养护管理中,适宜的排水、浇灌和疾病防治在土壤温度很高时尤其重要。匍匐翦股颖能够忍受部分遮荫,但在光照充足时生长最好。耐践踏性中等。可适应多种土壤,但最适宜于肥沃、中等酸度、保水力好的细壤中生长，最适土壤 pH 值为 5.5～6.5。它的抗盐性和耐淹性比一般冷季型草坪草好，但对紧实土壤的适应性很差。

3.栽培与管理措施

匍匐翦股颖可以通过匍匐茎繁殖建坪也可用种子直播建坪。在修剪高度为 1.8 cm 或更低时能形成优质的草坪，过高的修剪高度，匍匐生长习性会引起过多的芜枝层的形成和草坪质量的下降。定期施肥会使芜枝层生成达到最小，垂直修剪可加速幼茎的生成和匍匐茎节上根的生成。氮肥的需要量：在果领上，每个生长月纯氮 2.5～5.0 g/m^2；修剪高度高的草坪 2.0～3.5 g/m^2。匍匐翦股颖的长势与灌溉有很大关系，在干燥、粗质土壤上充分灌溉是非常必要的。匍匐翦股颖较易染病害，包括币斑病、褐斑病、长蠕孢菌病、镰刀菌枯萎病、腐霉枯萎病、红丝病、条黑粉病和灰雪霉病。应经常在易发病的地方使用杀菌剂。匍匐翦股颖要比草地早熟禾更易受到除草剂的伤害，2,4-D 和 2,4,5-TP 易引起根和叶的伤害。

4.使用特点

低修剪时，匍匐翦股颖能产生最美丽、细致的草坪，在修剪高度为 0.5～0.75 cm时，匍匐翦股颖是适用于保龄球场的优秀冷季型草坪草，它也用于高尔夫球道、发球区和果领等高质量、高强度管理的的草坪。也可作为观赏草坪。由于其具有侵占性很强的匍匐茎，故很少与草地早熟禾这些直立生长的冷季型草坪草混播。匍匐翦股颖也用于暖季型草坪草占主导的草坪地的冬季覆播，用于这一目的时，它常与其他一些建坪快的冷季型草坪草混播。

(二)细弱翦股颖

细弱翦股颖(*A. tenuis* Sibth.)最初生长于欧洲，后来作为草坪草被引种于世界各地的寒冷潮湿地区，现已完全适合生长于新西兰、太平洋的西北部和北美洲的新英格兰地区。我国北方湿润带和西南一部分地区也适宜其生长。它和匍匐翦股颖是使用最广泛的 2 种翦股颖。

1.植物学特征

多年生草本，具短的根状茎。叶鞘一般长于节间，平滑；叶舌干膜质，长约 1 mm，先端平；叶片窄线形，质厚，长 2～4 cm，宽 1～1.5 mm，干时内卷，边缘和脉上粗糙，先端渐尖。圆锥花序近椭圆形，开展。

2.生态适应性

细弱翦股颖抗低温性较好，但不如匍匐翦股颖，春季返青相对慢些，耐热和耐旱性较差，耐荫性一般，不耐践踏。细弱翦股颖适应的土壤范围较广，在肥沃、潮湿、pH 值 5.5～6.5 的细壤上生长最好。它能在 pH 值较小的土壤上利用氮肥，并能在酸性土壤上正常生长。

3.栽培与管理措施

由于某些细弱翦股颖品种的不均匀性，使得草坪成熟时，很可能将它们分离出来。因此，草坪的均一性和质量时常下降。细弱翦股颖主要作为种子直播建坪。建坪速度快，但再生性较差。为产生一个高质量的草坪，细弱翦股颖需要较高水平的管理，修剪高度一般为 0.75～2 cm。在留茬较高时，很易产生芜枝层，如果不定期施肥，即使修剪高度低，也很易产生芜枝层。细弱翦股颖比草地早熟禾对肥料的适应性强，但它需要高水平的氮肥。氮肥需要量为每个生长月纯氮 1.95～4.87 g/m^2。需水量比匍匐翦股颖少。细弱翦股颖易染病，包括币斑病、褐斑病、红丝病、腐霉枯萎病、灰雪霉病、条黑粉病和长蠕孢菌病，比大多数冷季型草坪草更易受到除草剂的伤害，施用 2,4-D 和 2,4,5-TP 时，根易受到严重伤害。有些萌前除草剂，如 DCPA 也能损伤根部，减少植株密度。

4.使用特点

细弱翦股颖与其他一些冷季型草坪草混播，用做高尔夫球道、发球台等高质量的草坪。它侵占性强，当它与草地早熟禾这样一些直立生长的冷地型草坪草混播时，它会最后成为优势种。如果细弱翦股颖中有匍匐型的翦股颖，并且修剪高度小于 2.5cm 时，频繁灌溉，多加施肥，细弱翦股颖的这种优势性会发生得更快；虽然它不像匍匐翦股颖那样广泛地用于果领，但有时也用。

（三）小糠草

小糠草（*A. alba* L.）原产于欧洲。分布于欧洲、亚洲和北美洲的温带地区。在我国华北、长江流域和西南均有分布。由于其花序为红色，又名红顶草。

1.植物学特征

多年生草本，具根状茎。茎直立，常簇生。叶鞘圆形，光滑，开裂，边缘透明；叶舌膜质，长 2～5 mm，锐尖到钝形，为撕裂状；叶片浅绿色，扁平，宽 3～5 mm，叶面粗糙，叶脉明显，边缘粗糙、透明，顶端渐尖；无叶耳；叶环明显，中等宽度，呈分开状。花序为红色，金字塔形的圆锥花序，花期分枝开放，有时后期收缩。

2.生态适应性

小糠草主要生长在寒冷潮湿的气候条件下，偶尔也生长在过渡地带和温暖潮湿的地带。它不耐高温和遮荫。高温下，小糠草枯萎变黄。不耐践踏。它适应潮湿条件和很广的土壤范围，甚至可以在干燥的粗壤上生长。小糠草比较适宜生长在肥力较低的酸性细质土壤上，适应的土壤 pH 值比其他翦股颖要高一些。

3.栽培与管理措施

小糠草几乎全靠种子直播建坪,建坪速度中等。小糠草最适于中等或低水平的管理,但在频繁低修剪下,不能生存。修剪高度为 3.0~5.0 cm,植株密度可以保持相当长的一段时间。氮肥需求量每个生长月纯氮 2.5~5.0 g/m²。虽然小糠草能适应酸性和贫瘠土壤,但在 pH 值较高、肥沃的土壤上可更好地生长。如有灌溉条件,沙壤上生长最好。小糠草较易染镰刀菌枯萎病及其他病害,包括长蠕孢菌病、红丝病、条黑粉病、币斑病和褐斑病。

4.使用特点

小糠草形成的草坪质量不是很高,因此限制了其广泛使用。但由于它对土壤 pH 值、土壤质地和气候条件有较大范围的适应性,使得它常与其他种子混播用做路旁、河渠堤坝防止水土流失的材料。小糠草以前用于优质草坪的混播,但随着草地早熟禾、羊茅和翦股颖的进一步发展,用于这一目的的小糠草正在逐渐减少。

五、冰 草 属

冰草属(*Agropyron* L.Gaertn.)中共有约 150 个种,最常用于草坪的是扁穗冰草和蓝茎冰草。尤以扁穗冰草应用较广泛。扁穗冰草[*A. cristatum*(L.)Gaertn.]又名冰草、野麦子、公路冰草,原产于俄罗斯和西伯利亚的寒冷、干旱的平原地区,在我国黄土高原地区有野生种分布。

1.植物学特征(图 2-22)

多年生丛生型草本。叶片扁平,挺直,宽 2~5 mm,近轴面具脊且有短柔毛,远轴面光滑;叶舌膜状,长 0.1~0.5 mm,具短茸毛和平截形的边缘;叶耳狭窄,呈爪状;叶环宽,分裂;穗状花序扁平,颖具芒。

2.生态适应性

扁穗冰草适宜生长在寒冷、干旱的平原和山区。须根系侧向扩展的范围广,接近土壤表面,这使得它能与杂草竞争土壤水分。它极抗旱、耐寒、耐频繁的修剪。在炎热干燥的夏季,扁穗冰草可成为优势种,但过高温度和干旱可能使其

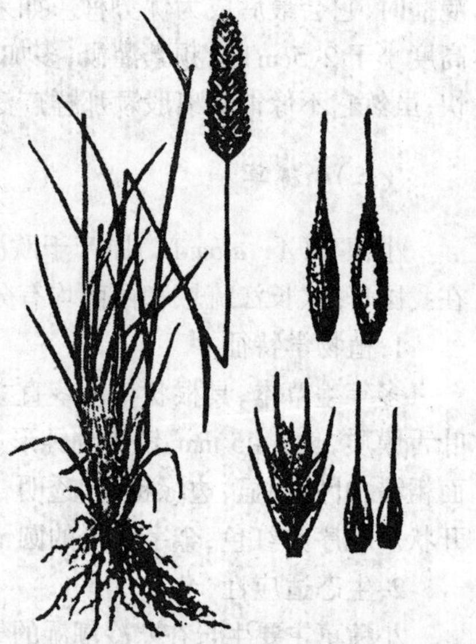

图 2-22 扁 穗 冰 草
[*A. cristatum* (L.)Gaertn.]

失去生活力。有足够的水分时，恢复生长较快。扁穗冰草不耐长时间的水淹和潮湿土壤，适于肥沃的砂壤土和黏土。

3.栽培与管理措施

种子直播建坪。种子的萌发和建坪速度很快，即使种子撒在没有准备的坪床上，也会很好地生长。扁穗冰草仅需中等偏下的养护水平，可耐 3.8～6.3 cm 的频繁修剪，不需浇灌，不存在芜枝层的问题。

4.使用特点

扁穗冰草建坪快、极抗旱的特点使它成为少雨地区最重要固沙草种之一。它也可以有效地与杂草竞争，防止水土流失。用做草坪的扁穗冰草主要用于寒冷半潮湿、半干旱区的路旁和其他管理较粗放的地方。它也用做寒冷半潮湿、半干旱区无浇灌条件地区的运动场、高尔夫球场球道、发球区、高草区和一般用途的草坪。

六、猫尾草属

猫尾草属（*Phleum* L.）约 15 个种，分布于西半球温寒带，我国有 4 个种，大部分植物为优良牧草。在猫尾草属中的一些草种很早就被用于草坪建植，应用最广的为梯牧草。我国近几年才开始引进和推广。

梯牧草（*P. pratense* L.）又名猫尾草。原产欧洲，我国新疆也有分布，国内一些地区还有引种栽培。野生者多见于海拔1 800 m之草原及林缘，在欧亚两洲的温带地区有分布。梯牧草形成的草坪很粗糙，但欧洲现在有改进的梯牧草品种，坪用性状好，可用做运动场草坪。

1.植物学特征（图 2-23）

多年生草本。须根稠密，有短根茎。秆直立，基部常球状膨大并宿存。叶鞘松弛，短于或下部者长于节间，光滑无毛；叶舌膜质，长 2～5 mm；叶片扁平，两面及边缘粗糙，长 10～30 cm，宽 3～8 mm。圆锥花序圆柱状，灰绿色。

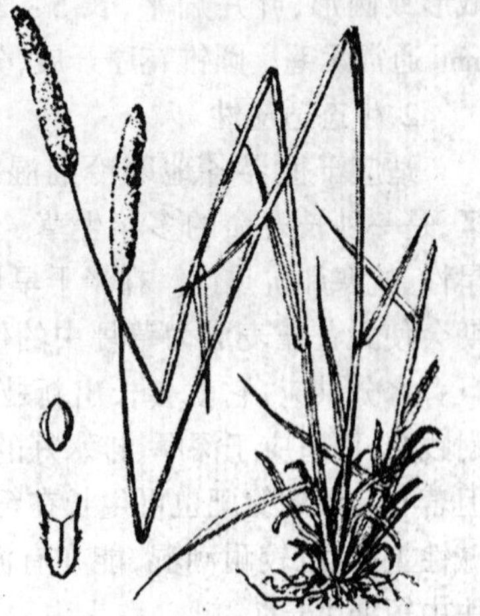

图 2-23　梯牧草（*P. pratense* L.）

2.生态适应性

梯牧草适于寒冷潮湿地区。较耐寒，耐旱性和耐热性不如高羊茅和草地羊茅，受仲夏的炎热和雨水影响后恢复时间过长。梯牧草的再生能力较好，其改进型的品种也较耐践踏。它适应较广的土壤范围,最适于高肥力、潮湿、pH 值为 6~7 的细壤或酸性土壤。梯牧草应保持一定的修剪高度,若修剪过短并受高温和干旱的胁迫,会很快死亡。

3.栽培与管理措施

种子直播建坪,建坪速度快。草坪型梯牧草的修剪高度为 4~8 cm,需氮量较高,每个生长月纯氮 2.5~5.0 g/m^2。干旱条件下需灌溉。不存在结芜枝层问题。

4.使用特点

梯牧草的使用限制在低质量的草坪,如路旁等管理粗放的地方。改进的草坪型的梯牧草用于低修剪的运动场草坪,尤其用于寒冷潮湿气候下的欧洲北部地区。

七、雀 麦 属

雀麦属(*Bromus* L.)中可作草坪草的仅有无芒雀麦(*B. inermis* Leyss.)。

无芒雀麦原产于欧洲、西伯利亚和中国,现在它广泛地分布于世界各温带地区。由于叶质地粗糙,故仅用于水土保持和管理粗放的草坪。

1.植物学特征(图 2-24)

多年生草本,具短横走根状茎。叶鞘通常无毛,近鞘口处开展;叶舌膜状,长 1~2 mm,平截形或圆形;叶片扁平,长 5~25 cm,宽5~10 mm,通常无毛。圆锥花序开展,分枝细长。

2.生态适应性

适应于世界各地寒冷潮湿地区和过渡地区,是一种长寿命的多年生草。它有较强的抗旱性、抗寒和抗热性。在半干旱地区,较长的旱期会使无芒雀麦成为草坪中的优势种,并且一旦有水分供应,它就会长出新枝。无芒雀麦不耐践踏,而适应于深厚、排水好的、肥沃的细壤,但若有足够的氮肥也可生长在粗沙壤。它较耐碱性土壤,也较耐潮湿,能在有淤泥、淹水的地块中短期生长。

图 2-24 无芒雀麦
(*B. inermis* Leyss.)

3.栽培与管理措施

一般为种子直播建坪,有时也用根茎繁殖。耐粗放管理。无芒雀麦不耐频繁低修剪。

4.使用特点

无芒雀麦由于质粗、植株密度小,只能在路旁、堤坝等边坡防护和其他草坪质量要求不太高的地方使用。

以上所介绍的冷季型草坪草均属于禾本科，除此之外，在其他科中，如豆科、莎草科等也有许多植物可用于草坪草，下面选取常用的种类加以介绍。

八、苔　草　属

苔草属（*Carex* L.）属于莎草科，属下有 1 300 多个种，我国约 400 个种，广布于各省区。苔草属中有许多种可以用做草坪草，但使用较广泛的有：卵穗苔草、异穗苔草和白颖苔草。莎草科与禾本科在营养体上的主要区别为：禾本科的秆圆柱形，叶呈两列着生；莎草科的秆为三棱形，叶呈三列着生。

（一）卵穗苔草

卵穗苔草（*C. duriuscula* C. A. Mey）俗称寸草。分布于前苏联、蒙古部分地区。我国华北、东北有天然分布。常见于干旱草地、沙地、路旁、湖边和山坡地，是一种较为优良的草坪草。

1. 植物学特征

多年生草本。根状茎细长。秆丛生，高 5～15 cm，纤细、平滑，基部具灰黑色呈纤维状分裂的旧叶鞘。叶短于秆，宽 2～3 mm，内卷成针状。穗状花序，卵形或宽卵形。

2. 生态适应性

竞争力强。适于寒冷潮湿区、寒冷半干旱区及过渡地带，对土壤肥力的要求较低，适宜的土壤 pH 值为 6.0～7.5，耐旱、耐寒、耐荫，适应性强，返青较早。质地柔弱，叶细，耐践踏性差。

3. 栽培与管理措施

利用种子直播建坪或分根种植均可。在生产中通常用匍匐茎分根繁殖建坪。管理较为粗放，对病虫害的抵御力很强。氮肥需要量每个生长月纯氮 0.94～2.92 g/m^2，修剪高度 2.5～5 cm。

4. 使用特点

在北方干旱地区是良好的细叶型观赏草坪，也是干旱坡地理想的护坡植物。耐荫性极佳。

（二）异穗苔草

异穗苔草（*C. heterostachya* Bge.）又称黑穗草、大羊胡子草，分布于东北、华北、河南、陕西、甘肃等地，朝鲜也有分布。多见于山地、路边、水边。与卵穗苔草相似，是一种较好的观赏草坪。

1.植物学特征(图2-25)

多年生丛生型草本。具节间很短的细长根茎。秆纤细，直立茎高5～20 cm，基部具灰色呈纤维状分裂的旧叶鞘。叶片卷折、针状、刚硬，早期短于秆，后期则伸长，长8～15 cm，宽2～3 mm，茎叶早期黄绿色，后期灰绿色。穗状花序卵形或宽卵形，褐色。

图2-25 异穗苔草
(*C. heterostachya* Bge.)

2.生态适应性

竞争性一般。适应性较强，一般土壤均能生长。喜光，耐荫，在20%正常日照的弱光下，仍能正常生长。耐旱，又极耐寒，特别是抗盐碱，能在含盐量1.36%、pH值为7.5的土壤中正常生长。

3.栽培与管理措施

种子直播与营养繁殖方式建坪均可，但多用营养体穴植或条植。异穗苔草的匍匐茎生长较慢，因此没有卵穗苔草成坪快。异穗苔草形成的坪面较美观，但要维持这种整齐美观的坪面必须经常修剪。建坪初期杂草的防除也很重要。氮肥需要量每个生长月纯氮0.94～2.92 g/m^2。

4.使用特点

耐荫不耐践踏，故宜用于园林建造封闭式观赏草坪。此草的防尘作用较强，因此是工厂、矿山及城市中极好的防尘植物，在我国北方，尤其是华北地区有广泛的应用。

(三)白颖苔草

白颖苔草[*C. rigescens* (Franch.) V. Krecz.]别名小羊胡子草。原产于前苏联、日本、蒙古和我国的东北、华北、西北、内蒙古等地区。常见于温带和寒温带的干燥坡地、丘陵岗地、干旱草原、沟边路旁等地。

1.植物学特征

多年生草本，具细长横走的地下茎，其末端呈束状密生成丛。茎为不明显的三棱形，高10～15 cm。叶狭，宽0.5～1.5 mm，长5～15 cm，叶色浓绿。穗状花序，卵形或椭圆形。

2.生态适应性

白颖苔草喜冷凉气候,耐寒能力较强,在 -25℃下能顺利越冬,不耐热,夏季生长不良,36℃以上时停止生长,并出现夏枯现象。抗瘠薄,耐旱性强。由于该草无匍匐枝,故覆盖性差,不耐践踏。

3.栽培与管理措施

采用播种和营养繁殖2种建坪方法。播种前需进行处理,可将种子用水冲洗,一般4天后摊开晾干,然后拌入细沙播种。营养繁殖可用铺草皮及栽植根状茎等方法。由于生长慢,覆盖性差,无论播种或营养繁殖,都必须勤灌溉、勤除草。通常剪草高度以3~4 cm为宜。

4.使用特点

该草耐荫性强,叶绿、纤细,外形整齐美观,是很好的疏林游乐草坪植物,中国北方地区多用做观赏和装饰性草坪,也可用做人流量不多的公园、庭院、街道、花坛等的绿化材料。

九、三 叶 草 属

三叶草属(*Trifolium* L.)是豆科的一个属,植物学上一般称为车轴草属。约360个种,分布于世界各地的温带地区。我国原产及引种栽培的有7个种,其中用做草坪草的主要有白三叶。

白三叶(*T. repens* L.)又称白车轴草,原产欧洲,广泛分布于温带及亚热带高海拔地区。我国云南、贵州、四川、湖南、湖北、新疆等地都有野生分布,长江以南各省有大面积栽培。白三叶在我国一直作为牧草,近几年才用做草坪草,并逐渐得到人们的认可。它形成的草坪美观、整洁,具有很好的观赏价值。

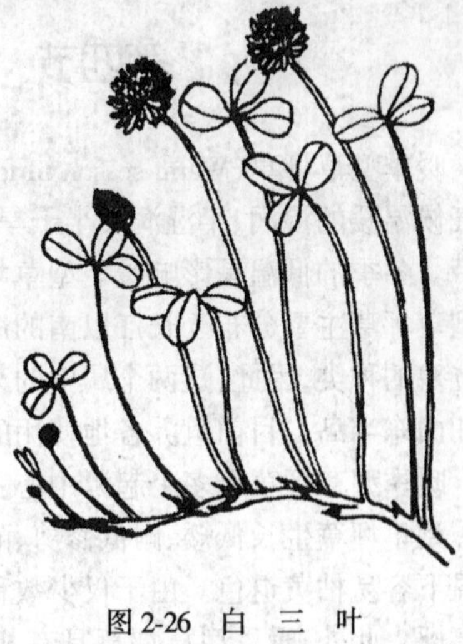

图2-26 白 三 叶
(*T. repens* L.)

1. 植物学特征(图2-26)

多年生草本。茎匍匐,长30~60 cm,无毛,节上生根。掌状复叶,互生,具长柄;小叶3,宽椭圆形、倒卵形至近倒心脏形,长1.2~3 cm,宽0.8~2 cm,先端圆或凹陷,基部楔形,边缘有细锯齿,两面几乎无毛;小叶无柄或极短;托叶卵状披针形,抱茎。花密集成球形的头状花序,从匍匐茎伸出,总花梗长15~30

cm;花萼筒状,萼齿三角状披针形,较萼管稍短;花冠白色或淡红色;子房线形,花柱长而稍弯。荚果卵状长圆形,长约3 mm,包被于膜质、膨大、长约1 cm的宿萼内,含种子2~4粒;种子褐色,近圆形。

2.生态适应性

喜温凉湿润气候。生长最适温度为19~24℃,适应性较其他三叶草广。耐热耐寒性比红三叶、杂三叶强,也耐荫,在部分遮荫的条件下生长良好。为簇生草坪草,靠匍匐茎蔓延。对土壤要求不严,耐贫瘠,耐酸,最适排水良好、富含钙质及腐殖质的黏质土壤,不耐盐碱。

3.栽培与管理措施

主要为种子直播建坪。种子细小,播前务须精细整地,并且要保持一定的土壤湿度。白三叶不耐践踏,应以观赏为主。它再生能力强,较耐修剪,修剪高度一般为7.5~10 cm。苗期生长缓慢,易受杂草侵害,应注意及时除草。易染锈病。

4.使用特点

作为观赏草坪或作为水土保持植被,也可用于草坪的混播种,可以固氮,为与其一起生长的草坪草提供氮素营养。

第四节 暖季型草坪草

暖季型草坪草(Warm-seáson turfgrass)的最适生长温度为26~32℃,广泛分布于气候温暖的湿润、半湿润及半干旱地区。有些暖季型草坪草也可应用在过渡地带。冬季的低温是影响暖季型草坪草的分布与应用的关键因素。在我国,暖季型草坪草主要分布于长江以南的广大地区。狗牙根和结缕草是暖季型草种比较抗寒的种类,因此,这两个属中的某些种能向北延伸到比较干旱寒冷的辽东半岛和山东半岛。目前世界各地使用的暖季型草坪草大约有14种。

暖季型草坪草有多个起源中心:非洲、南美和亚洲。与冷季型草坪草相比,暖季型草坪草生长低矮、耐低修剪、耐旱、耐热、耐践踏,但它们抗寒能力较差,在低温下容易枯黄退色。由于仅少数种可以获得种子,暖季型草坪草主要用营养体建坪。此外,暖季型草坪草具有相当强的竞争力和侵占力,草坪群落一旦形成,其他草种很难侵入。所以,暖季型草坪草多单播,混播草坪很少。

以下就常见暖季型草坪草作以介绍。其中,除沿阶草、马蹄金外都为禾本科植物。

一、狗 牙 根 属

狗牙根属(*Cynodon* Rich.)约 10 个种,分布于欧洲、亚洲的亚热带及热带。我国产 2 个种及 1 个变种。用做草坪草的一般指狗牙根,近年来常用的还有杂交狗牙根。

(一)狗牙根

狗牙根[*C. dactylon* (L.) Pers.]是最重要的,也是分布最广的暖季型草坪草之一,又名百慕大草、绊根草、爬根草、行义芝、地板根。广布于温带地区。我国黄河流域以南各地均有野生。新疆的伊犁、喀什、和田也有分布。多生于村庄附近、道旁河岸、荒地山坡。欧洲和非洲也有广泛分布。

1.植物学特征(图 2-27)

多年生草本,具根茎和匍匐茎。秆细而坚韧,下部匍匐地面蔓延甚长,节上常生不定根,直立部分高 10~30 cm,直径 1~1.5 mm,秆壁厚,光滑无毛,有时略两侧压扁。叶片线条形,长 1~12 cm,宽 1~3 mm,先端渐尖,通常两面无毛。叶鞘微具脊,无毛或有疏柔毛,鞘口常具柔毛;叶舌为纤毛状。穗状花序,小穗灰绿色或带紫色。

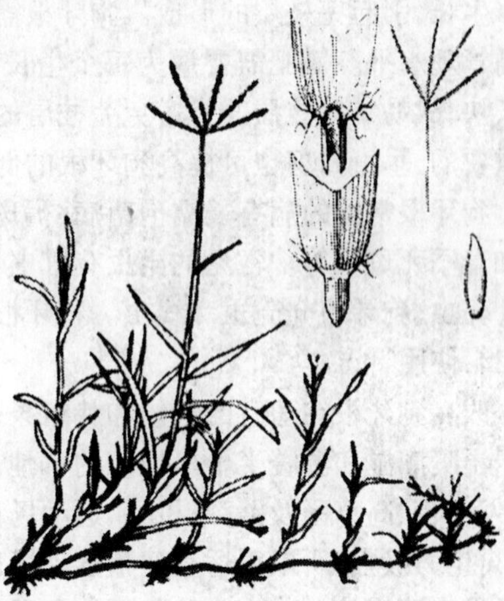
图 2-27　狗牙根[*C. dactylon* (L.) Pers.]

2.生态适应性

狗牙根一般包括普通狗牙根和改良后的狗牙根,具有很多品种,其生态特性有一定差别。普通狗牙根是最初从狗牙根属中选择出来并被广泛应用的草坪型狗牙根。质地较粗,颜色、生长速度、密度均中等,耐荫性很差,耐践踏;改良后的草坪型的狗牙根可形成茁壮的、侵袭性强、高密度的草坪,叶宽由中等质地到很细的质地不等。某些狗牙根品种具有多叶的节,草坪的颜色从浅绿色到深绿色,具有强大的根状茎、匍匐茎,可以形成致密的草皮,须根系分布广而深。

狗牙根是适于世界各温暖潮湿和温暖半干旱地区长寿命的多年生草,极耐热和抗旱,但不抗寒也不耐荫。狗牙根随着秋季寒冷温度的到来而退色,并在整个冬季进入休眠状态。叶和茎内色素的损失使狗牙根呈浅褐色。当土壤温度低于10℃时,狗牙根便开始退色,并且直到春天高于这个温度时才逐渐恢复。引种到过渡气候带的较冷地区的狗牙根,易受寒冷的威胁,4~5年就会死于低温。狗牙根适应的土壤范围很广,但最适于生长在排水较好、肥沃、较细的土壤上。狗牙根要求土壤 pH 值为 5.5~7.5。它较耐淹,水淹下生长变慢;耐盐性也较好。

3.栽培与管理措施

主要通过短枝、草皮来建坪。普通狗牙根是惟一的可用种子来建坪的狗牙根。狗牙根是生长最快、建坪最快的暖季型草坪草。再生力很强,耐践踏。需要中等到较高的养护水平。耐低修剪,用做一般草坪时的修剪高度为 1.3~2.5 cm。为保持草坪的质量,需频繁的修剪。修剪高度高于 3.8 cm 会使植株直立,茎干生长,引起芜枝层的形成。狗牙根需要施肥和浇灌,故要得到最优草坪必须提高管理水平。氮肥需要量为每个生长月纯氮 2.43~7.30 g/m^2。由于狗牙根生长快,故易结芜枝层。为避免芜枝层的积累,周期性的施肥和频繁垂直修剪是很重要的,垂直修剪也可提高狗牙根的低温保绿性。

狗牙根常见的病有长蠕孢菌病、褐斑病、币斑病、穗赤霉病、腐霉枯萎病、锈病和春季死斑病等。常见的昆虫有草皮蛴螬、黏虫、蝼蛄、狗牙根螨类、无茎虎尾草介壳虫、狗牙根介壳虫和线虫。狗牙根不耐去莠津除草剂。

4.使用特点

改良狗牙根在适宜的气候和栽培条件下,能形成致密、整齐的优质草坪,它用于温暖潮湿和温暖半干旱地区的草地、公园、墓地、公共场所、高尔夫球道、果领、发球台、高草区及路旁、机场、运动场和其他比较普通的草坪。狗牙根极耐践踏,再生力极强,所以很适宜建植运动场草坪。许多大型的暖季型球场都是采用狗牙根来建植的。进入晚秋狗牙根足球场很容易由于过度践踏而稀疏,这时可通过覆播冷季型草来弥补。由于狗牙根具有强大的匍匐茎,所以能在翌年春天重新生长形成一个完善的草坪。在用做果领时它形成的运动表面不如翦股颖。普通狗牙根有时与高羊茅混播作一般的球场和运动场。

休眠的狗牙根冬季退色可以通过使用草坪着色剂来缓和,也可在狗牙根草坪中覆播冷季型草坪草如黑麦草、紫羊茅和粗茎早熟禾等。由于狗牙根既有根茎,又可不断地匍匐生长,故在某些草坪中狗牙根会成为杂草,例如,当狗牙根用做翦股颖果领四周的缓冲地带时,它会侵入到果领里,影响草坪的表面,它也能成为苗圃、灌丛和停车场中的杂草。

(二)天堂草

天堂草(*Cynodon dactylon* XC. transvadlensis)是近年来人工培育的杂交草种,又称为杂交狗牙根或杂交百慕达,是美国杂交狗牙根梯弗顿(Tifton)系列的简称。其名称源于该系列的育种地,位于左治亚州 Tifton 镇的美国农业部的海岸平原实验站。它是美国草坪育种家把非洲狗牙根(*Cynodon transvadlensis*)与狗牙根(*Cynodon dactylon*)杂交后,在其子一代的杂交种中分离筛选出来的。该草除了保持狗牙根原有的一些性状外,还具有叶丛密集、低矮,叶色嫩绿而细弱,茎略短等优点,又能耐频繁的刈割,践踏后易于修复。长江流域以南绿色观赏期为280天,华南略长一些。它不仅具有一定的耐寒性,病虫害少,而且能耐一定的干旱,十分适合于华中地区生长。

天堂草没有商品种子出售,仍用营养枝无性繁殖,国外可直接向草种供应商购买商品化种茎。国内多采用将草皮切碎后撒放坪面,覆土压实后浇水,保持湿润来进行建坪。由于此草匍匐枝生长力极强,因此繁殖系数较高,扩大推广甚易。一般形成的草坪均需精细养护,方能保持其平整美观。尤其夏秋生长旺盛期内,必须定期勤剪,高度为1.3~2.5 cm,则有利于控制其匍匐枝的向外延伸。由于修剪次数的增加,增施氮肥和满足所需水分,亦应相应跟上。

天堂草是较好的运动场及休息活动场地理想的绿化材料,广泛适用于足球、垒球、高尔夫球、草地滚木球、曲棍球、草地网球、马球等体育活动用草地。中国栽培天堂草是最近几年才开始推广应用的,北起洛阳,南到广州与昆明,草坪质量均比当地狗牙根表现优良。

二、结缕草属

结缕草属(*Zoysia* Willd.)约10个种,分布于非洲、亚洲和大洋洲的热带和亚热带地区。美洲有引种。我国有5个种和变种。本属的大部分种类是优秀的草坪草种,有结缕草、沟叶结缕草(马尼拉)、中华结缕草、细叶结缕草(天鹅绒草)和大穗结缕草。其中大穗结缕草较少使用。

(一)结缕草

结缕草(*Z. japonica* Steud.)又称锥子草、日本结缕草。分布于我国东北、山东、华中、华东与华南的广大地区,生于平原、山坡或海滨草地上。日本和朝鲜也有广泛分布,北美有引种栽培。

1.植物学特征(图 2-28)

多年生草本,具横走根茎和匍匐枝,须根细弱。茎叶密集,植株高 15 ~ 20 cm,基部常有宿存枯萎的叶鞘。叶片扁平或稍内卷,长 2.5 ~ 5 cm,宽 2 ~ 4 mm,表面疏生柔毛,背面近无毛;叶鞘无毛,下部松弛而互相跨覆,上部紧密裹茎;叶舌纤毛状,长约 1.5 mm;总状花序呈穗状,长 2 ~ 4 cm,宽 3 ~ 5 mm;小穗柄通常弯曲,长可达 5 mm;小穗卵形长 2.5 ~ 3.5 mm,宽 1 ~ 1.5 mm,淡黄绿色或带紫褐色。

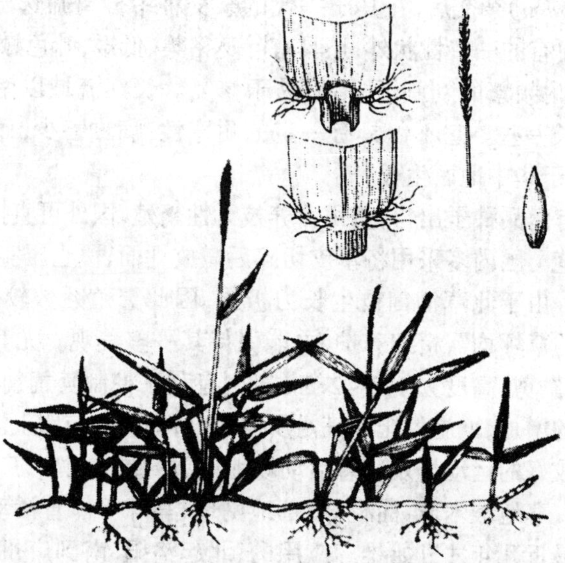

图 2-28 结缕草(*Z. japonica* Steud.)

2.生态适应性

结缕草广泛用于温暖潮湿、温暖半干旱和过渡地带。它靠强大的匍匐茎和根茎蔓生,形成致密的草坪。抗杂草侵入。结缕草比其他暖季型草坪草耐寒。低温保绿性比大多数暖季型草坪草强。在气温降到 10 ~ 12.8℃之间时开始退色,整个冬季保持休眠。

结缕草的抗旱性和抗热性极好。虽然较耐寒,但它不能在夏季短或太冷的地方生存。它最适合于温暖潮湿地区,耐荫性很好。由于结缕草有强大的根茎,粗糙、坚硬的叶子,故很耐践踏。结缕草适应的土壤范围很广,耐盐。最适于生长在排水好、较细、肥沃、pH 值为 6 ~ 7 的土壤上。不适应排水不好、水渍的土壤条件。

3.栽培与管理措施

所有结缕草的栽培种均可靠短枝、草皮建坪。结缕草所生产的种子数目不多,且硬实率高,为避免其低的发芽率,需对种子进行处理。由于植株尤其是侧枝生长缓慢,结缕草建坪速度很慢。

结缕草需要中等养护水平。作庭园草坪时修剪高度为 1.3~2.5 cm。由于低矮、匍匐的生长习性,使它耐低修剪。0.8 cm 的频繁修剪有利于阻止芜枝层的积累和不整齐草坪表面的形成。叶片坚硬,很难修剪。锐利、可调的滚刀式剪草机可提高修剪质量。结缕草需要施肥和灌溉,尤其当生长在粗壤上或半干旱地区时。氮肥需要量为每个生长月纯氮 1~2.5 g/m^2。

结缕草不易染病。但在某些条件下,如高温潮湿,可能染上锈病、褐斑病和币斑病。线虫对草坪的危害也很大。黏虫、草皮蛴螬、蝼蛄也能引起病症,但结缕草比大多数暖季型草坪更抗这些害虫的伤害。同时结缕草也耐大多数草坪除草剂,包括西玛津和阿特拉津等。

4.使用特点

在适宜的土壤和气候条件下,结缕草形成致密、整齐的优质草坪。广泛用于温暖潮湿和过渡地带的庭园草坪、操场、运动场和高尔夫球场、发球台、球道及机场等使用强度大的地方。结缕草生长慢,可用于翦股颖果领和狗牙根球道的缓冲带,也可种在沙坑附近阻止狗牙根的侵入。在日本,结缕草用做高尔夫球道,而细叶结缕草(天鹅绒)用做果领。上海市也有用沟叶结缕草作高尔夫球道和果领的。由于结缕草具有极好的弹性和管理粗放的特点,在我国大部分地区是一种极佳的运动场草坪草种,在某种程度上无与伦比。结缕草冬季枯黄的颜色可以通过应用草坪草着色剂或覆播冷季型草坪草来改善。

(二)细叶结缕草

细叶结缕草(*Z. tenuifolia* Willd.ex Trin.)俗称天鹅绒草或台湾草,产于我国南部地区,其他地区亦有引种栽培。分布于亚洲热带,现欧美各国已普遍引种,是铺建草坪的优良禾草。因草质柔软,尤其适宜铺建儿童公园,是我国南方应用较广的细叶型草坪草种。

1.植物学特征(图 2-29)

多年生草本。具匍匐茎。秆纤细,高 5~10 cm。叶鞘无毛,紧密裹茎;叶舌膜质,长约 0.3 mm,顶端碎裂为纤毛状,鞘口具丝状长毛;总状花序顶生,小穗窄狭,黄绿色,有时略带紫色。

2.生态适应性

细叶结缕草喜光,不耐荫,耐湿。耐寒能力较结缕草差。与杂草竞争力极强, 夏秋生长旺盛, 油绿色, 能形成单一草坪, 且在华南地区冬季不枯黄。比结缕草易发生病害。其他生态适应性基本与结缕草相同。

3.栽培与管理措施

细叶结缕草利用营养体建坪。方法是将取自草皮切断的匍匐茎,置于疏松泥土上,保持一定湿度,约7天即能生根出芽,达到繁殖建坪的目的。此外也可行种子直播建坪,但由于种子采收不易,故一般不采取此法。细叶结缕草的养护管理与一般草稍有差异。该草较为低矮,茎密集生长,杂草较少,因而剪草次数可大大减少,但必须修剪,若不修剪,将产生球状坪面凸起,降低草坪质量。因此,在生长旺盛的夏秋应适当修剪1次,以草坪高度不超过6 cm为宜。初春萌发幼嫩时期,不宜重踏。该草易感锈病,应注意使用石硫合剂、波尔多液进行防治。干旱时应经常浇水,春夏应各施氮肥1次,每个生长月施用量纯氮1~3 g/m^2。

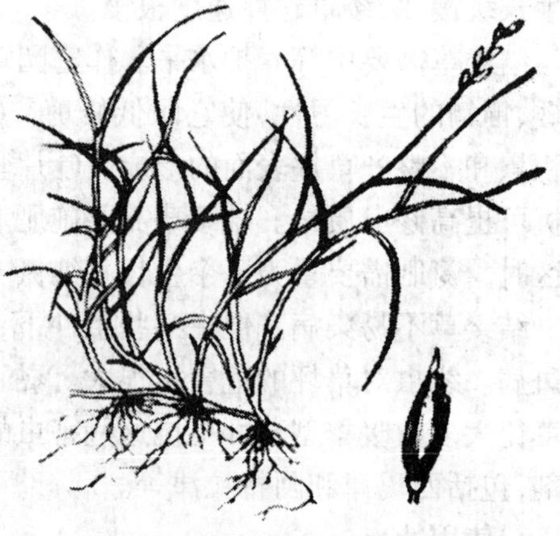

图2-29 细叶结缕草
(*Z. tenuifolia* Willd. ex Trin.)

4.使用特点

该草茎叶细柔,低矮平整,杂草少,具一定弹性,易形成草皮,故常栽培于花坛内作封闭式花坛草坪或塑造草坪造型供人观赏。又因耐践踏,也用于医院、学校、公园、宾馆、工厂的专用绿地,作开放型草坪。细叶结缕草除用来建专用草坪外,也常植于堤坡、水池边、假山石缝等处,用于绿化、固土护坡,防止水土流失。

(三)沟叶结缕草

沟叶结缕草[*Z. matrella* (L.) Merr.]俗名马尼拉草,产于台湾、广东、海南省等地,生于海岸沙地上。亚洲和大洋洲的热带地区亦有分布,它的叶子质地、植株密度、耐寒性介于结缕草和细叶结缕草之间,是一种优良的草坪草。

1.植物学特征(图2-30)

多年生草本。具横走根茎,须根细弱。直立茎高12~20 cm,基部节间短,每节具一至数个分枝。叶片质硬,内卷,上面具沟,无毛,长可达3 cm,宽1~2 mm,顶端尖锐。叶鞘长于节间,除鞘口具长柔毛外,余无毛;叶舌短而不明显,顶端撕裂为短柔毛状;总状花序呈细柱形,小穗卵状披针形,黄褐色或略带紫褐色。

2.生态适应性

沟叶结缕草的耐寒性介于日本结缕草和细叶结缕草之间,分布的北界比细叶结缕草更靠北,可适用于山东、济南、天津等地。在北京地区也有冻害发生。其他生态适应性基本与细叶结缕草相同。

3.栽培与管理措施

基本与细叶结缕草相同。

4.使用特点

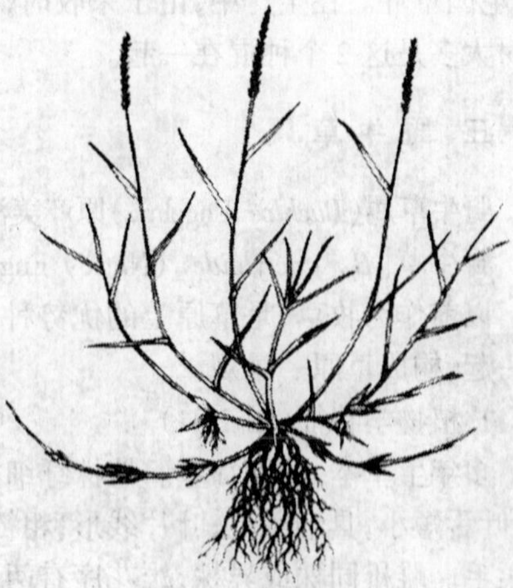

图 2-30　沟叶结缕草
[*Z. matrella*(L.) Merr.]

沟叶结缕草比细叶结缕草抗病性更强,生长更为低矮,叶片弹性和耐践踏性更强,质地比日本结缕草细,因而得到了广泛的应用。沟叶结缕草草坪质地适中,颜色深绿,对杂草有极强的竞争能力。可用于温暖潮湿和过渡地带的专用绿地、庭园草坪、操场、运动场和高尔夫球场的发球台、球道、果领及机场等使用强度大的地方;也常植于堤坡、水池边,用于绿化、固土护坡,防止水土流失。

(四)中华结缕草

中华结缕草(*Z. sinica* Hance.)产于辽宁、河北、山东、江苏、安徽、浙江、福建、广东、台湾等省;生于海边沙滩、河岸、路旁的草丛中,日本也有分布。在野生状态下,与日本结缕草共生。

1.植物学特征

多年生草本。具横走根茎。秆直立,高 13~30 cm,茎部常具宿存枯萎的叶鞘。叶片淡绿或灰绿色,背面色较淡,长可达 10 cm,宽 1~3 mm,无毛。质地鞘坚硬,扁平或边缘内卷。叶鞘无毛,长于节间或上部叶鞘短于节间,鞘口具长柔毛;叶舌短而不明显;总状花序穗形,小穗排列稍疏,黄褐色或略带紫色。

2.生态适应性

基本与结缕草相同,比结缕草更耐热,分布较靠南。

3.栽培与管理措施

可参照结缕草,注意应经常修剪。

4.使用特点

中华结缕草较结缕草密度大,叶片也较窄,耐践踏性好,可作为运动场、庭园、宅园草坪。在生产中，由于采收时，很难区分结缕草和中华结缕草，因此，使用时大多是这 2 个种混在一起。

三、野牛草属

野牛草属（*Buchloë* Engelm.）原产美洲，本属仅有 1 种即野牛草。我国有引种。

野牛草［*B. dactyloides*（Nutt.）Engelm］生长于北美大平原半干旱、半潮湿地区。以前作为牧草，是草原上的优势种之一，它常与格兰马草、侧穗格兰马草长在一起，构成草原一景观。

1.植物学特征（图 2-31）

多年生草本，具匍匐茎。植株纤细，高 5 ~ 25 cm。幼叶卷叠式，叶鞘疏生柔毛，叶舌短小，具细柔毛；叶片线形，粗糙，长 3 ~ 10(20) cm，宽 1 ~ 2 mm，两面疏生白柔毛。雌雄同株或异株，雄花序有两三枚总状排列的穗状花序，长 5 ~ 15 mm，宽约 5 mm，草黄色；雌花序常呈头状，长 6 ~ 9 mm，宽 3 ~ 4 mm。

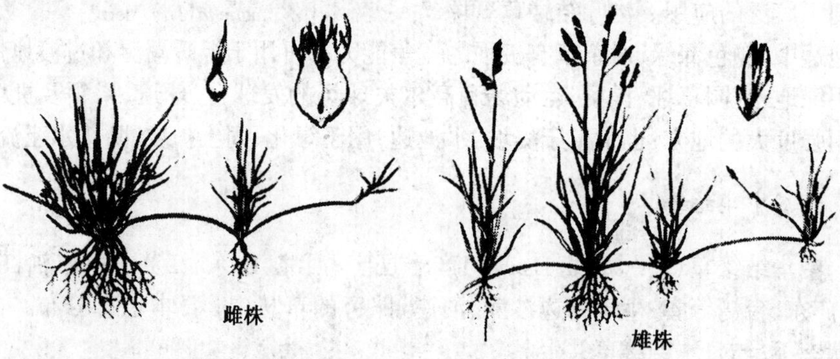

图 2-31 野牛草［*B. dactyloides*（Nutt.）Engelm］

2.生态适应性

野牛草适于生长在过渡地带、温暖半干旱和温暖半湿润地区。极耐热，与大多数暖季型草坪草相比较耐寒，春季返青和低温保绿性较好。野牛草的强抗旱性是它最突出的特征之一。它生长最适宜的地区每年降水量为 256 ~ 266 mm。野牛草能利用充足的光照和降雨迅速水平蔓生，在极端干旱时休眠。过了干旱期后，它又很快重新生长。野牛草适宜的土壤范围较广，但最适宜的土壤为细壤。它耐碱，耐水淹，但不耐荫。

3.栽培与管理措施

通过营养体或种子直播建坪。由于种子缺乏和昂贵，故常以营养体建坪为主要方式。种子硬实率较高，常通过冷冻和去壳来提高发芽率。修剪高度为

1.3~3.0 cm。由于垂直生长慢,故修剪间隔略长。野牛草植株稠密,需肥和需水量都较小。氮肥需要量为每个生长月 0.5~2 g/m²,很少结芜枝层。建坪速度中等,但浇水可提高成坪速度。

4.使用特点

野牛草最适合用于温暖和过渡地区的半干旱、半潮湿地带的公园、墓地、运动场、路边和体育场,是管理最为粗放的一种草坪草,非常适宜作固土护坡材料。

四、地 毯 草 属

地毯草属(*Axonopus* Beauv.)约 40 个种,大都产于热带美洲。我国有 2 个种,其中用于草坪草最广泛的为地毯草。它在我国南方有一定的分布面积,但不如狗牙根和结缕草分布广。坪用性状一般。

地毯草[*A. compress* (Sw.) Beauv.]原产热带美洲,世界各热带、亚热带地区有引种栽培。我国台湾省、广东省、广西壮族自治区、云南省有分布。常生于荒野、路旁较潮湿处。经过引种驯化后坪用性状有所提高。该种的匍匐枝蔓延迅速,每节上都生根和抽出新植株,植物平铺地面呈毯状,故称地毯草。

1.植物学特征(图 2-32)

多年生草本,具长匍匐枝。秆压扁,高 8~60 cm,节密生灰白色柔毛。叶片扁平,质地柔薄,长 5~10 cm,宽 6~12 mm,两面无毛或上面被柔毛,近基部边缘疏生纤毛。叶鞘松弛,压扁呈脊状,边缘较薄,近鞘口处常疏生毛;叶舌长约 0.5 mm;总状花序 2~5 枚,长 4~8 cm,最长 2 枚成对而生,呈指状排列在主轴上。

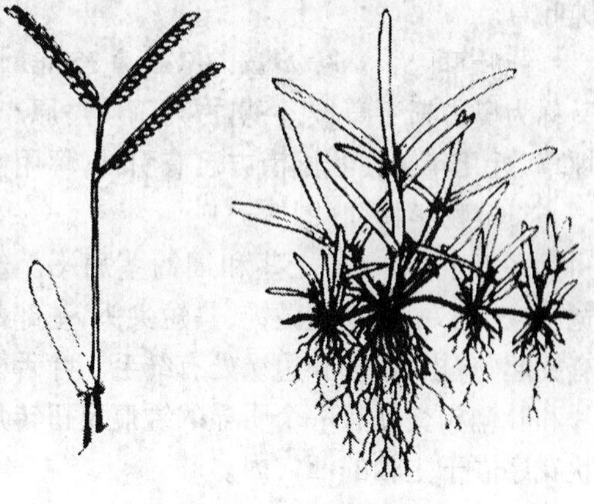

图 2-32　地　毯　草

[*A. compress* (Sw.) Beauv.]

2.生态适应性

地毯草适于热带、亚热带地区较温暖地方。不耐寒,抗旱性比大多数暖季型草坪草差,耐荫性不如钝叶草和结缕草,而与假俭草类似。不耐践踏。地毯草适于潮湿、沙质或低肥沙壤上。最适宜的 pH 值为 4.5~5.5。它喜欢潮湿土壤,但在水淹条件下生长不好且不耐盐。

3.栽培与管理措施

地毯草靠种子直播或匍匐茎建坪,建坪速度中等。由于种子建坪容易,且花费少,较倾向于种子建坪。地毯草不利的特征是在整个夏天能产生许多种子,因此要低修剪。

地毯草耐低养护,庭园草坪的修剪高度为2.5~5.0 cm。由于垂直生长慢,故修剪频率比狗牙根和结缕草低,但需用剪草机来去掉整个夏季令人讨厌的种穗。氮肥需求量为每个生长月纯氮1~2 g/m^2,应避免使用过多的肥料。芜枝层较少。

4.使用特点

地毯草形成很粗糙、致密、生长低矮、淡绿色的草坪,在外观上与钝叶草相似,但颜色比它浅,用于庭园草坪和类似不践踏的草坪。由于它能耐酸性土壤及较贫瘠的土地环境,常把它作为控制水土流失及路边草坪的材料。在我国南方常用做运动场和遮荫地草坪,这是因为它叶宽,弹性好,耐荫性强。

五、钝 叶 草 属

钝叶草属(*Stenotaphrum* Trin.)约8个种。分布于太平洋各岛屿以及美洲和非洲。我国有2个种,产于南部海岸沙滩、草地或林下。而最常用做草坪的种是钝叶草。

钝叶草[*S*. *secundatum* (Walt.) Kuntze]英文名称为St.Augustine grass,所以,又称为奥古斯丁草或圣·奥古斯丁草。原产印度,是一种使用较广泛的暖季型草坪草,近几年来在我国南方已有引种,坪用性状良好。

1.植物学特征(图2-33)

多年生草本,直立茎和匍匐茎扁平。幼叶折叠式,叶片常扁平,4~10 mm宽,长5~17 cm,顶端微钝,具短尖头,基部截平或近圆形,两面无毛。叶鞘压缩,有突起,疏松,顶端和边缘处有纤毛。叶舌极短,顶端有白色短纤毛,无叶耳。叶片和叶鞘相交处有一个明显的缢痕及扭转角度。花序主轴扁平呈叶状,具翼,穗状花序嵌于主轴的凹穴内。

2.生态适应性

钝叶草适于温暖潮湿、气候较热的地方生长,它是常用的暖季型草坪草中最不抗旱的。它在低温下退色,变成棕黄色,休眠以度过整个冬天。冬天保绿性能和春季返青性能不如结缕草。在温暖潮湿气候较热的地方,它可以全年保持绿色。抗旱性较好,但不如狗牙根、结缕草和巴哈雀稗。就其耐荫性而言,它是很优秀的暖季型草坪草。它适宜的土壤范围很广,但最适于在温暖潮湿、有机质含量高的土壤上生长。它适宜的土壤pH值为6.5~7.5。喜排水好、潮湿、肥沃、沙质的土壤,耐盐。

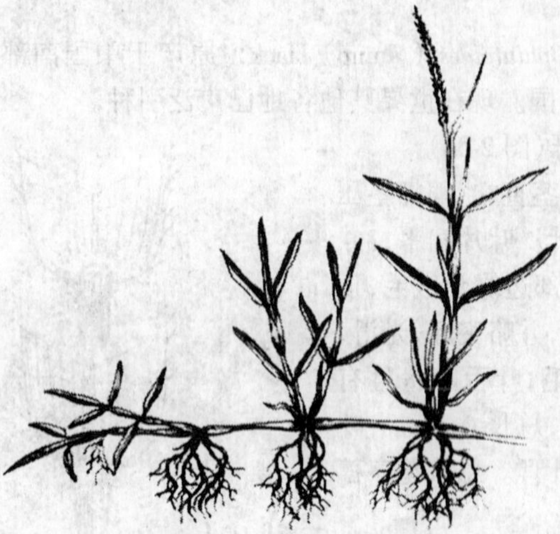

图 2-33　钝叶草[*S. secundatum*（Walt.）Kuntze]

3.栽培与管理措施

可用种子直播和营养体建坪,但主要依靠营养体建坪。钝叶草有很强的蔓生能力,建坪较快。虽然耐践踏性不如狗牙根和结缕草,但再生性很好。钝叶草需要中等到中等偏下的养护水平。作为庭园草坪的修剪高度为 3.8～6.3 cm。为保持合适的草坪质量,频繁修剪是很必要的,但低于 2.5 cm 的修剪易于造成杂草的侵入。需要施肥和浇灌,尤其在沙壤和干旱气候下。氮肥需要量为每个生长月纯氮 2.5～5.08 g/m^2。钝叶草常缺铁,使叶子失绿变成黄色,可通过施用硫酸铁和铁的混合物来调整。芜枝层是一个严重的问题。为保持草坪的质量,应经常修剪和施肥。

钝叶草尤其易染褐斑病、灰叶斑病、币斑病,在某些地区钝叶草的 SADV 病毒是很严重的。在温暖潮湿地区它不耐含砷的和含苯氧烃的有机除草剂,如 2,4-D。但它耐西玛津和阿特拉津。钝叶草对长蝽有很强的抗性。

4.使用特点

钝叶草主要用于温暖潮湿地区的庭园草坪和不要求细质地的草坪,可广泛用于遮荫地。钝叶草还是用于商品草皮生产的最主要的暖季型草坪草之一,不常用于操场或运动场。

六、蜈蚣草属

蜈蚣草属(*Eremochloa* Beuse)约 10 个种,仅假俭草用于草坪。主要分布于热带和亚热带。

假俭草[*E. Ophiuroides*（Munro）Hack.]原产于中国南部，被称为中国草坪草，1916年引入美国。现在世界其他各地已广泛引种。

1.植物学特征(图2-34)

多年生草本，茎直立，匍匐茎压缩较短，厚实，多叶。叶片扁平，3～5 mm宽，光滑，基部边缘具绒毛，顶端钝形；叶鞘压缩，并略突起，光滑，在基部有灰色纤毛；叶舌膜状且有纤毛，纤毛比膜长，总长0.5 mm；叶环连续，较宽；无叶耳。总状花序穗状。

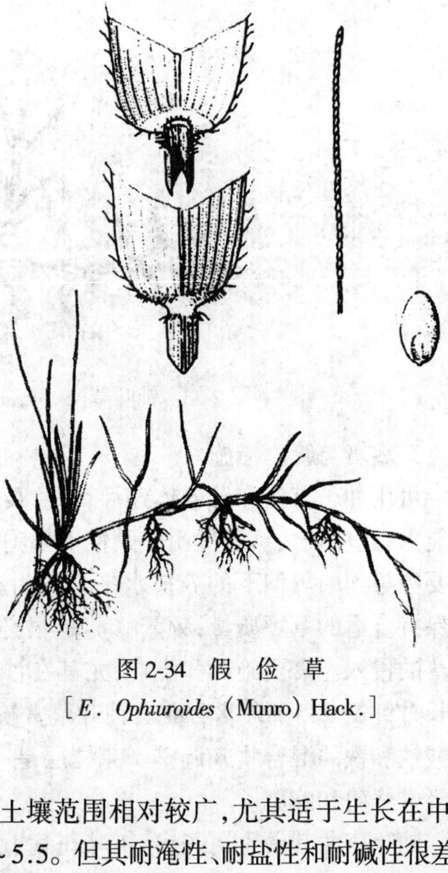

图2-34 假 俭 草

[*E. Ophiuroides*（Munro）Hack.]

2.生态适应性

假俭草与钝叶草一样，适于温暖潮湿气候的地区。它的耐寒性很差，介于狗牙根和钝叶草之间。它适应于海滨平原地区，低温下保绿性比钝叶草差。抗旱性比狗牙根和钝叶草差，这与它有限的根系有关。它的耐荫性介于钝叶草和狗牙根之间。由于根系较少，因此与狗牙根、结缕草相比耐践踏性较弱。

除了粗质的沙壤外，假俭草适应的土壤范围相对较广，尤其适于生长在中等酸性、低肥的细壤上，土壤pH值为4.5～5.5。但其耐淹性、耐盐性和耐碱性很差。

3.栽培与管理措施

假俭草能够利用种子直播或营养体建坪。由于种子直播建坪速度慢，主要靠短枝、草塞和草皮建坪。除了结缕草外，它的建坪速度和再生力比大多数暖季型草坪草慢。假俭草需要低强度的管理，作为庭园草坪的修剪高度为2.5～5.0 cm，低于2.5 cm的修剪会使植株密度变小。由于垂直生长缓慢，故其修剪的频率比大多数暖季型草坪草少，但也应保证一定修剪次数，因为假俭草很易结芜枝层。假俭草能在肥力较低的酸性土壤上生长。在肥力高或pH过高的土壤上，假俭草会死亡。氮肥需要量为每个生长月纯氮0.1～1.94 g/m^2。假俭草缺铁症比钝叶草更明显，叶片常为黄色，尤其施过氮后更明显，应施用一点铁来调整一下。

假俭草与大多数暖季型草坪草相比,不易受到昆虫和疾病的侵袭。但在一定条件下,褐斑病、币斑病可以引起很大的伤害。线虫和棉蚧也可能造成很大危害。假俭草不耐有机砷,但它耐西玛津、阿特拉津和苯辛型除草剂。

4.使用特点

假俭草适于用做庭园草坪和其他类似的践踏少、管理水平较低的草坪。在最少管理的情况下,可收到令人满意的质量。不常用做运动场、操场和类似的高频度使用的草坪。

七、雀 稗 属

雀稗属(*Paspslum* L.)约300个种,分布于全世界的热带与亚热带,美洲最丰富。我国有7个种,以前多被用做牧草,近几年开始用于草坪建植。其中常用的有巴哈雀稗、海滨雀稗和两耳草。巴哈雀稗应用最广泛。近年来,海滨雀稗越来越受到人们的重视。

(一)巴哈雀稗

巴哈雀稗(*P. notatum* Flugge.)又称为美洲雀稗、百喜草、金冕草,原产南美东部的亚热带地区,它用于草坪的范围有限。但在低的养护强度下,巴哈雀稗是优秀的暖季型草坪草。

1.植物学特征(图2-35)

多年生草本。具粗壮、木质、多节的根状茎。秆密丛生,高约80 cm。叶片扁平,宽4~8 mm;叶鞘基部扩大,长10~20 cm,长于其节间,背部压扁成脊,无毛;叶舌膜质,极短,紧贴其叶片基部有一圈短柔毛。总状花序具2~3个穗状分枝。

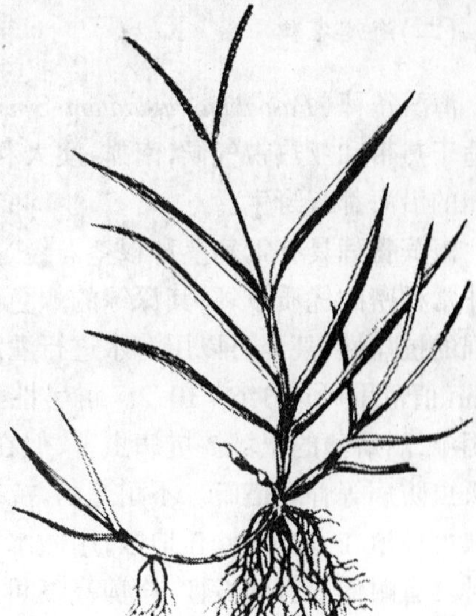

图2-35 巴哈雀稗
(*P. notatum* Flugge.)

2.生态适应性

适于温暖潮湿气候较温暖的地区,不耐寒,低温保绿性比钝叶草、假俭草和地毯草略好。耐荫,极耐旱,干旱过后其再生性很好。它适应的土壤范围很广,从干旱沙壤到排水差的细壤。它尤其适于海滨地区的干旱、粗质、贫瘠的沙地,适于 pH 值为 6.0 ~ 7.0 的土壤。耐盐,但耐淹性不好。

3.栽培与管理措施

巴哈雀稗种子产量高,主要通过播种建坪。它的种子发芽率很低,但可通过对种皮适当处理来提高发芽率,种子发芽后成坪速度快。

巴哈雀稗仅需低强度的管理水平。修剪高度 3.8 ~ 5.0 cm。修剪有利于去除花序。巴哈雀稗的叶片粗糙,修剪时要保证剪草机刀片锐利。氮肥需要量为每个生长月纯氮 0.5 ~ 2 g/m^2。秋季的氮肥尤其重要,很少有芜枝层问题。

巴哈雀稗染病率和受昆虫侵害较少,币斑病和褐斑病有时引起伤害。蝼蛄是其草坪中最常见的害虫。某些常见的草坪除草剂,如有机砷、西玛津和阿特拉津也会伤害巴哈雀稗。

4.使用特点

巴哈雀稗形成的草坪质量较低,故适用于粗放管理、土壤贫瘠的地区,它尤其适于用在路旁、机场和类似低质量的草坪地区。

(二)海滨雀稗

海滨雀稗(*Paspalum vaginatum* Swartz.)最早在澳大利亚作为草坪草应用。它适于热带和亚热带气候,南非、澳大利亚的海滨和美国从得克萨斯州至佛罗里达州的沿海都有野生。

海滨雀稗具有匍匐茎和根茎。经过修剪留茬高度 4.5 cm 或更低时,可以提供非常稠密的优质草坪,其深绿的颜色可与早熟禾媲美。它的突出特点是具有很强的抗盐性,甚至可以用海水进行灌溉。生长于盐湖周围,不同品种适应的土壤 pH 值范围可达 3.6 ~ 10.2。耐旱性强于大多数暖季型草坪草;同时耐水淹,耐阴湿,耐瘠薄的土壤。抗病虫害,但在高养护过程中也需要利用化学制剂、除草灭虫防病等管理措施。不耐遮荫,抗寒性比狗牙根差。

可种植在海滨的沙丘地区,用做水土保持。近年来培育出的海滨雀稗的新品种具有耐低修剪的特性,修剪高度可达 3 ~ 5 mm。可以用于高尔夫球场的球道、发球台和果领。

八、马蹄金属

马蹄金属(*Dichondra* Forst.)属于旋花科(Convolvulaceae),约 8 个种,主要产于美洲。我国只产马蹄金 1 个种。

马蹄金(*D. repens* Forst.)是一种较好的观赏性草坪草,俗称马蹄草、黄胆草、九连环、小金钱草、小霸王等,生于海拔 180 ~ 1,850 m 的田边、路边和山坡阴湿处。我国长江以南各省区均有分布,是除禾本科、豆科、莎草科以外用得较多的草坪草种。

1.植物学特征(图 2-36)

多年生匍匐小草本;茎纤细,被灰白色柔毛,节上生不定根。单叶互生,叶片马蹄状圆肾形,长 4~11 mm,宽 4~25 mm,顶端宽圆形,微具缺刻,基部宽心脏形,边缘圆,上面微被毛或脱落无毛,下面贴生短柔毛;叶柄细长,为 1~5 cm,被白毛。花小,通常单生于叶腋,稀 2 朵腋生;花梗纤细,短于叶柄,丝状,被白毛;萼片 5 深裂,离生,近等长,通常倒卵状矩圆形,至匙形,顶端钝形,长 2~3 mm,外面及边缘被柔毛;花冠宽浅钟状,淡黄色,花瓣矩圆状披针形,无毛;雄蕊 5,着生于花瓣之间凹缺处,花丝短,等长;子房密被白色长柔毛,2 室,各具 1 或 2 颗胚珠。果瓣 2,圆形,果皮薄,被柔毛,每果瓣具 1 粒种子;种子小,直径 1.5 mm,略呈扁球形,一面稍凹,黄色至黄褐色,干燥后呈紫黑色,光滑无毛。花期 5—8 月份,果期 9 月份。

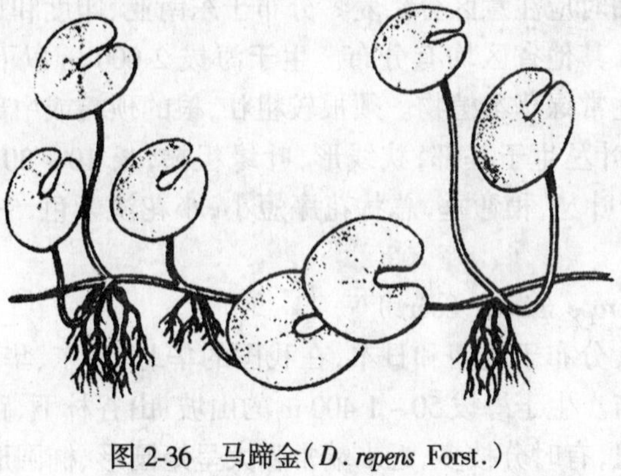

图 2-36　马蹄金(*D. repens* Forst.)

2.生态适应性

马蹄金主要适于温暖潮湿气候带的较温暖地区。不耐寒,但耐荫,抗旱性一般。适于细质、偏酸、潮湿、肥力低的土壤,不耐紧实潮湿的土壤,不耐碱;具有匍匐茎可形成致密的草皮,有侵占性,耐一定践踏。

3.栽培与管理措施

马蹄金可用种子或营养体建坪,需要中等偏高的养护管理。在其适应范围和合理养护条件下,可以形成致密整齐的草坪。修剪高度为 1.3~2.5 cm。需氮量为每个生长月纯氮 2.5 ~5 g/m^2,仲夏用量少些。在有足够灌溉条件下生长很好。在某些低修剪的草坪上,易感叶斑病。在潮湿气候下,可能引起的虫害有跳甲、苜蓿蠹、蠕虫、线虫和刺蛾。

4.使用特点

可用于管理粗放的低质量草坪及公园的观赏草坪。

九、麦 冬 类

麦冬类包括了百合科的多种植物,如麦冬、土麦冬和阔叶麦冬。严格地说,麦冬类植物并不完全符合草坪草的特征,它介于典型的草坪草和其他地被植物之间,有很多人也把它们作为草坪应用。由于该类植物具有比较广泛的适应性,在园林绿地建设中得到了比较广泛的应用。麦冬类植物耐低养护管理,在密度要求不高的情况下也能形成较好的地面覆盖。

(一)资源分布和形态特征

1.麦冬[*Ophiopogon japonecus*(L. f.)Ker-Gawl.]

又名沿阶草。但它与植物学上的沿阶草(*Ophiopogon bodinieri* Levl.)并不是同一种植物,应用时应注意区分。麦冬分布于东南亚、印度和日本。在我国除华北、东北、西北外,其他省区均有分布。生于海拔 2 000 m 以下的山坡林下或溪旁等地,为多年生常绿草本植物。须根较粗壮,根的顶端或中部常膨大成为纺锤状肉质小块根。叶丛生于基部,狭线形,叶缘粗糙,长 10 ~ 30 cm, 宽 1.5 ~ 3.5 mm。花茎常低于叶丛,稍弯垂,总状花序短小,小花淡紫色,5—9 月份开花。果蓝色。

2.土麦冬(*Lirope spicata* Lour.)

又名山麦冬,分布于越南和日本,在我国的华北、华东、华中、华南、陕西、四川、贵州广泛分布。生于海拔 50 ~ 1 400 m 的山坡、山谷林下、路旁湿地。为矮小簇生草本,根稍粗,有时分枝多,近末端常膨大呈矩圆形、椭圆形或纺锤形的肉质小块根。根状茎短、木质,具地下匍匐茎。叶基生成丛,禾叶状,长 25 ~ 60 cm,宽 4 ~ 6 mm。花茎长于叶丛或与叶丛等长,少数短于叶。总状花序长 6 ~ 20 cm,花淡紫色或淡蓝色。花期 5—6 月份,果 10—11 月份成熟,果黑色下垂。

3.阔叶麦冬(*Lirope platyphylla* Wang et Tang)

又名大叶麦冬,阔叶沿阶草。分布于广东、广西、福建、江西、安徽、浙江、江苏、山东、河南、湖南、湖北、四川、贵州等省区。日本也有分布。生于海拔 100 ~ 1 400 m 的山地林下或潮湿处。为多年生长绿草本,株高 30 cm。根细长,分枝多,有时局部膨大呈椭圆形或纺锤形的肉质小块根。根状茎短、木质。叶基生密集成丛,禾叶状,长 25 ~ 65 cm, 宽 10 ~ 35 mm,革质。花茎长于叶丛。总状花序长25 ~ 40 cm, 花紫色或红紫色。花期 6—9 月份,果 9 月中旬成熟,果紫蓝色。

(二)生态适应性和栽培应用

麦冬类植物抗性均强,既可生长在光照充足的地方,也可在荫处生长,在阴湿处生长叶面有光泽。喜肥沃排水良好的土壤,但亦能耐瘠薄的土壤。在种植早期应增施肥料,可加快其生长,尽早覆盖地面。在麦冬类3种植物中,土麦冬最耐寒,而麦冬和阔叶麦冬在较低温度下(-15℃)不能安全越冬。

一般采用分株法建植草坪,于4月上旬将母株挖起,切去块根后分植。也可播种育苗,于10月份果熟时收种即播,约50天可出苗。出苗率通常达80%,1~2年培育成大苗后即可用做地被。播种苗长势好,整齐繁茂。

麦冬类植物,四季常绿,生态适应性广,我国各地资源丰富,荫处阳地均能生长良好,繁殖又容易,是理想的观叶地被植物。可片植、丛植,应用于绿地,古典庭院中的山石旁、石缝隙中、台阶两侧,起到较好的防护作用。

习　题

2.1　绘图说明成熟的根茎型草坪草各组成部分。

2.2　绘图说明草坪草小花的各组成部分。

2.3　举例说明草坪草种子萌发的过程。

2.4　草坪草的茎有哪些类型,它们有什么区别?

2.5　何为草坪草的分蘖,它对草坪草的生长发育有何作用?

2.6　什么是小穗,它在总状花序、圆锥状花序和穗状花序上是如何排列的?

2.7　简述草坪草开花的过程。

2.8　试区别禾本科草坪草3个亚科的特征。

2.9　说明下列早熟禾亚科中几种草坪草的特征和用途:高羊茅、草地早熟禾、多年生黑麦草、匍匐翦股颖。

2.10　说明下列画眉草亚科中2种草坪草的特征和用途:狗牙根和结缕草。

2.11　说明下列黍亚科中几种草坪草的特征和用途:美洲雀稗、钝叶草、假俭草。

2.12　试列举5种冷季型和5种暖季型草坪草,并根据它们的耐寒、耐热、耐荫、耐旱和耐瘠薄能力进行排序。

第三章　草坪与生态环境

【教学目标】

1. 了解气候要素对草坪草生长发育的影响。
2. 理解温度三基点的概念及对草坪草生长发育的影响。
3. 理解水分对草坪草生存和生长发育的意义。
4. 掌握土壤理化特性及其对草坪生态的重要性。

草坪与周围环境有着密切的关系(图 3-1)。它既受到周围环境条件的制约,也在一定程度上影响周围的环境。影响草坪草的各种环境因子称做生态因子,主要包括气候、土壤和生物 3 个方面。这些因素决定了草坪草的适应性和生长状况。气候因子包括光照强弱、日照长短、光谱成分、温度、降水量及分布、空气湿度、蒸发量、风速等;土壤—地形因子包括土壤结构、有机质、土壤温度、水分、养分、土壤空气、土壤反应、海拔高度、坡向与坡度等。生物因子包括人类影响、植物因子、动物因子和微生物因子。

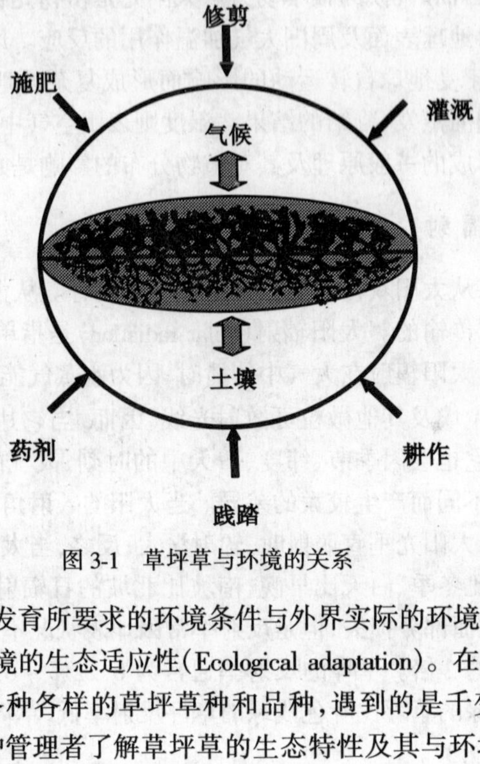

图 3-1　草坪草与环境的关系

草坪草本身生长发育所要求的环境条件与外界实际的环境条件之间的吻合程度称为草坪草与环境的生态适应性(Ecological adaptation)。在草坪的建植和养护过程中,我们应用各种各样的草坪草种和品种,遇到的是千变万化的环境条件,这就要求草坪养护管理者了解草坪草的生态特性及其与环境条件之间复杂的相互关系,采取正确的养护管理措施,使草坪草与环境之间能够更好地相配合。养护管理措施有些是直接作用于草坪草,如修剪、切边等,而更多的则是用于改善草坪草的环境或生活因子,如打孔通气、灌溉、施肥、病虫草防治等。在环境保护越来越受到重视的情况下,草坪养护管理各项措施的环境友好性变得越来越重要。它甚至在很大程度上决定了世界草坪养护管理的发展方向。当我们采取某一措施以获取期望中的草坪质量时,不仅要知道怎样做,而且要从环境友好的角度明白为什么这样做。因此,了解草坪与环境的关系,是成功的草坪养护的基础，也是成功的草坪养护管理者的必备素质。

第一节 草坪与气候

天气或气候因素包括光照、气温、风等气象因子对草坪草的生长和发育有很大影响。天气(Weather)是某一地区各气象要素在某一短时期内的综合。气候(Climite)则是某一地区各气象要素长期的特征，即其平均状况和变异程度。太阳辐射是形成天气和气候的根本动力。太阳光是植物光合作用的能量来源。温度是太阳辐射对地球表面及周围大气加温作用的反应。风是地球表面不均匀加热的结果，风由于受地球自转运动的影响而形成复杂的地带性气压系统。降水是水汽从江海湖河蒸发、凝结的结果。湿度则表示空气中水汽的丰富程度。

了解气候形成的一般原理及其对植物分布的影响是必要的。

一、太阳辐射

草坪草依靠从太阳获得的能量来维持生长发育。从太阳到达地球的能量是通过辐射的形式传输的。太阳辐射(Solar radiation)是指单位水平面积上所受到的太阳照射量。太阳辐射在大气中传播时，因为水蒸气能吸收红外线，臭氧(O_3)能吸收紫外线，尘埃及其他微粒可散射光线，因而，当它达到地面之时已被大大地减少。此外，它也会因季节、纬度、一天中的时刻、大气的透明度、天气的变化和地形、海拔的不同而产生较大的差异。当太阳的入射角变化时，辐射量也会发生大的变化。当太阳光垂直照射时，辐射量大；反之，当太阳倾斜照射时，辐射量小。因此，夏季比冬季、白天比早晚、南坡比北坡的日辐射量都大。入射光线常受地球表面反射而部分损失，但是反射率常因地表状况不同而异，一般裸地比草地高，二者相差约 2 倍。草坪的反射率通常为 0.22% ~ 0.26%。新叶比老叶反射率高，叶色深绿的草坪比叶色浅绿的草坪反射率低；草坪刚刚灌溉或有露水时反射率高，可达 0.37。

草坪表面接受日辐射量是由直射光和散射光 2 部分组成。草坪冠层中太阳辐射的分布受草坪草密度、叶片伸展角度、修剪高度的影响。横向排列的叶片更有效地吸收太阳辐射。修剪低矮的草坪，光线可一直透射到草层的下部。但是，像不常修剪的路边草坪，如高羊茅，当光线到达冠层的 30% ~ 40% 以下时，就被强烈减弱。

太阳辐射是由不同波段的光谱所组成的。人的眼睛所能感受的部分称为可见光。草坪草与其他绿色植物一样，能够吸收太阳光能，同化二氧化碳和水，制造合成糖类、淀粉等碳水化合物并释放氧气,这一过程称做"光合作用"(Photosynthesis)。草坪草通过光合作用吸收和转化成化学能的太阳辐射只占入射太阳辐射能的1%~2%,而多数吸收的能量又通过较长的波长重新辐射以降低自身的温度。光是地球上一切植物的能量来源,它对草坪草的影响是多方面的,光谱质量、光照强度、日照长度与草坪草的生长发育有着密切的关系。

(一)光质

光质(Light quality)是指不同波长的光。大于720 nm的相当于远红光,720~610 nm为红橙光,610~510 nm为绿光,510~400 nm为蓝紫光,小于400 nm的是紫外线。草坪冠层接受的是完全光谱,但光谱中不同成分对草坪草的生长发育和生理功能的影响是不一样的。红光有利于碳水化合物的合成,蓝光则促进蛋白质和非碳水化合物的合成。高海拔地区紫外线强烈,在紫外线影响下,植物呈现出小型化、根部发达、贮藏物质增加、色彩鲜艳的现象。反之,在多阴的不良天气,紫外线减弱时,常会导致植物的徒长。草坪草反射光主要是黄、绿光,这就是草坪草呈现的颜色。太阳光对植物的效应,可按波长划分为几个光谱带,各光谱带对植物的影响见表3-1。

表3-1 草坪植物对不同波长辐射的反应

波长范围/nm	颜色	植物的反应
大于1 000	远红外线	对植物生理无效,具有热效应
1 000~720	红外线	引起植物的伸长效应,有光周期反应
720~610	黄橙光	为植物叶绿素所吸收,具有最大的光合活性,光合作用的主要来源,有强烈的光周期反应
610~510	绿 光	植物无特别有意义的反应,活性小,主要为反射光
510~400	蓝紫光	为叶绿素和叶黄素强烈的吸收带,光合辐射效率比黄橙光差2倍,有造型作用,促进蛋白质合成
400~310	紫外线	具有矮化植物与增叶的作用,可提高组织中蛋白质及维生素E的含量,提高种子发芽类,促进种子成熟
310~280	短紫外线	对植物具有损毁作用
小于280	短紫外线	对植物具有致死作用

在自然条件下,除非在明显的遮荫情况时,由于晨昏和季节变化引起的光质变化对草坪草的生长发育并不会产生明显的影响。因此,光质对草坪草的影响不如光强和日照长度大。

(二)光照强度

植物正常生长发育要求一定的光照强度(Light intensity)进行光合作用,获得能量和有机物,维持生命,完成生活史。充足的光照对于草坪草的生长发育是必不可少的。

植物对光照强度的要求通常用“光补偿点”(Light compensation point)和“光饱和点”(Light saturation point)来表示。在光照条件下,植物既有光合作用也有呼吸消耗。光合作用实际同化二氧化碳的速率称为实际光合强度,实际光合强度与呼吸消耗之差为净光合强度。植物在整个生长发育过程中始终都有呼吸消耗。在黑暗的条件下,植物只有呼吸消耗,没有光合积累,净光合强度为负值。随着光照强度的增强,吸收二氧化碳逐渐增加,实际光合强度也逐渐增加,到某一光照强度,实际光合强度与呼吸强度相等,净光合强度为零,这时的光照强度即为光补偿点(Light compensation point)。随着光照强度的进一步增加,光合强度先是快速增加,然后增幅逐渐减缓,当达到一定值后,光合强度不随光照强度增加,此时的光照强度即为光饱和点(Light saturation point)。大部分草坪草单叶的光补偿点为全日照光强的2%~5%,大约为0.126 $J/(cm^2 \cdot min)$;大部分草坪草单叶的光饱和点可达到全日照光强的1/3,约为1.256 $J/(cm^2 \cdot min)$;个别C_4植物的草种(品种),如狗牙根单叶的光饱和点可达到全日照光强的40%~50%,约为1.88 $J/(cm^2 \cdot min)$。

在群体条件下,草坪草的光补偿点与光饱和点和单叶情况相差很大。群体枝叶繁茂,当外部光照很强,上部叶片达到光饱和点时,冠层内部的光照强度仍在光饱和点以下,中下部叶片只能利用群体中的透射光和散射光,所以草坪群体通常测不到光饱和点。在自然光照条件下,光照越强,群体的光合强度越大。不同草坪草的光饱和点不同,狗牙根、结缕草等C_4植物光饱和点高,而蓟股颖、马蹄金等C_3植物光饱和点低。

绝大部分草坪草为喜光植物。如果光照不足,草坪草的生长和发育将受到影响。当光照强度降低时,草坪草通常在生理上表现为叶绿素含量升高,呼吸速率降低;光补偿点降低,贮藏碳水化合物减少,碳氮比降低;蒸腾速率下降,组织内含水量增加,渗透势下降。在形态发育上,植株呈弱光形态,表现为叶片变薄,叶片宽度变小,叶片变长,单位面积叶的重量降低;密度降低,分蘖减少,茎节间伸长,茎变得细弱;出叶速度减慢,进行垂直生长。同时,由于贮藏物质的减少,草坪草抗病性减弱,容易感染病害,造成斑秃。在长期阴雨的和荫蔽条件下,常会因为光照强度的下降,使草坪草密度变稀,垂直生长显著,特别是狗牙根,这种现象非常明显。某种原因引起的草坪闭光,如过厚的草屑遗留在草坪上或粘霉病发生时,会严重损害草坪质量。在草层过高、修剪不及时的情况下,也会伤害草坪质量。由于内部光照不足,草坪中下部叶片发黄,修剪后的草坪就会呈现黄褐色,影响美观。

草坪环境中的许多因素,如云、高大建筑物、树木及其他自然物能通过遮荫改变光照强度而对草坪产生影响。适度的遮荫,能使草坪草叶片角度变小,表现出典型的直立生长的趋势。光照的减弱将促使叶片变长、变薄,植物体内碳水化合物贮量降低。因此,遮荫导致草坪娇嫩,耐磨性、抗病性及对外界不良环境条件的抗性减弱。由于建筑物、屏障物或树木等的遮荫作用,使草坪草接受日光量受到限制,因此在进行草坪建植、管理和选择草坪草种类时,要充分考虑光照条件。

在由树木造成的遮荫区,许多因素可使问题变得更复杂(图3-2)。树木可以与草坪草竞争土壤有效水分和养分。某些树木根系释放出的化学物质对草坪草有毒。树木的叶片不仅拦截阳光,降低树下草坪草的受光量,而且也会消耗光合作 用有效波长的光照。也就是说,穿过树木叶片到达草坪上的光照,对草坪光

图3-2 生长在树木遮荫区的草坪

合、生长来说价值降低。另外,秋季落叶在草坪上累积,可以造成草坪闭光损伤。因而,在由树木遮荫的草坪上,为保证草坪正常生长及较好的质量,应该采取特别的管理措施,包括树木根系修剪控制,以减少其根系与草坪的竞争;较低树干的修剪、树冠修剪,使光线穿透量增加,同时注意及时清除落叶。遮荫对草坪微环境的影响包括缓冲昼夜和季节温度变化、限制空气流动、增加相对湿度,这对

草坪来说可能是有益的，也可能是非常不利的因素，主要取决于这些因素的组合及强度。一般来说，在夏季干、热胁迫的条件下，部分遮荫的草坪比无遮荫的草坪表现更为强健。当空气流动严重受阻时，相对湿度提高，草坪非常容易受到病害侵染，特别是在地势低、排水不畅的地方，这种现象表现突出。

光照强度也不是越大越好，当光强超过光饱和点时，植物不仅不能利用，反而会使光合作用受到抑制。如果强光持续时间较长，会使光合色素发生光氧化而使光合膜受到损害。

另外，许多草坪草种子和杂草种子的萌发也需要光，这些种子被称为喜光种子。它们有翦股颖属的各个种、草地早熟禾、加拿大早熟禾、冰草、高羊茅、多年生黑麦草、狗牙根和结缕草的各个种。杂草的马唐、蟋蟀草种子萌发也需要光。在进行种子发芽率测定时，这些草坪草的种子需有光照。喜光种子播种后覆土要薄，一般不超过 5 mm。在健康的、生长稠密的草坪中，马唐、蟋蟀草被显著抑制。在强烈遮荫的树荫下，也没有这类杂草。

而另一方面，虽然草坪草都是喜光的，但对光照的不足具有一定的适应能力，称为耐荫性(Shade tolerance)。草坪草的耐荫性依草种而异，在品种间也存在着差异。在冷季型草坪草中，紫羊茅、小糠草、细弱翦股颖等耐荫性较强，黑麦草较弱；而暖季型草坪草中，钝叶草耐荫性最强，结缕草耐荫性也较强，狗牙根最弱。在考虑林下草坪、疏林草坪及城市高层建筑间草坪的布置时，耐荫性是一个十分重要的因素。

(三)日照长度

在空旷的平地上能够接收到太阳辐射(包括直接辐射和散射辐射)的时间间隔称为日照长度(Light duration)，即白天的长短。日照长度不仅影响光量，而且能影响植物花芽分化与开花，这就是植物的光周期(Photoperiodism)反应。植物必须经过光周期才能从营养生长阶段进入生殖生长阶段。根据植物不同的光周期反应，可将植物分为长日照植物、短日照植物和中间型植物。长日照植物必须在日照长度大于临界日长时才能诱导花芽分化，开花结实；而短日照植物则必须在日照长度小于临界日长时才能开花；中间型植物开花对日长的要求不严格。

日照长度依季节和纬度而异，对植物的地理分布有很大影响。一般长日照植物起源于高纬度地区，短日照植物起源于低纬度地区，但传播过程中，有些植物经过逐渐适应，对日长要求已不太严格。在中纬度地带，短日照发生在生长季节的初期和末期，长日照发生在生长季中期。短日照下的草坪草与长日照下的草坪草相比较，明显地表现出密度和分蘖增加，叶、枝条、根状茎、匍匐枝变短，表现出较平卧生长的习性。如早熟禾在长日照下(每天 16 h 光照)是直立型的,而在短日照下(每天 8 h 光照)则表现更多的匍匐生长的特性。

日照长度对草坪草生长、开花和繁殖也有很大影响,它对一年生丛生型草坪草的影响要比多年生以营养繁殖的草坪草更为重要。草坪草尽可能地保持营养生长是理想的,因为草坪草出穗会损害草坪质量,破坏草坪的整齐度,增加修剪的困难。改良的草坪草新品种在正常的养护管理条件下并不会形成大量的种穗,但在种子生产时又能有较高的产量。

光和温度对草坪草花芽分化的影响见表 3-2。草坪草对光周期的要求不是绝对的。某些草种如高羊茅和多年生黑麦草,它们对光周期的要求可以部分或完全由低温处理代替,但翦股颖对光周期的要求则不能由低温处理代替。同一种草坪草中,日长反应也不一样,如早熟禾同时具有长日、短日和中性三种类型。

表 3-2　草坪草花芽分化盛期对光照和温度的要求

草坪草种类	拉丁文名	花芽分化盛期对光照和温度的要求	
		光周期性(日照长短)	温度*
一年生早熟禾	*Poa annua*	短+	低
狗牙根	*Cynodon dactylon*	长+	高
球茎早熟禾	*Poa bulbasa*	长	低
加拿大早熟禾	*Poa compressa*	长	低
细弱翦股颖	*Agristis tenuis*	短	低
匍匐翦股颖	*Agristis palustris*	短	低
冰　草	*Agropyron cristatum*	短	低
草地早熟禾	*Poa pratensis*	短	低
沟叶结缕草	*Zoysia matrella*	短	高
草地羊茅	*Festuca elatior*	短	低
多年生黑麦草	*Lolium perenne*	短+	低
紫羊茅	*Festuca rubra*	短	低
小糠草	*Agristis alba*	短	低
普通早熟禾	*Poa trivialis*	短	低
羊　茅	*Festuca ovina*	短	低
高羊茅	*Festuca arundinacea*	短	低
绒毛翦股颜	*Agristis canina*	短	低
日本结缕草	*Zoysia japonica*	短	高

* 低是指 4.4～10.0℃的温度范围;高是指 23.9～29.3℃的温度范围。

+ 对光周期要求不严格的种类,可以在日照长度很宽的范围内开花。

(自 James B. Beard ,1973)

一年生早熟禾和狗牙根以及许多多年生黑麦草品种对光周期要求不严格，可以在日照长度很宽的范围内开花。因此，这类草坪草常常形成大量种穗。大量的果穗使得草坪不再保持均一的外观，降低了草坪的观赏品质。

在草种生产上，光周期反应是能否引种的条件之一。研究草坪草对光周期的反应对草坪种子生产有重要意义。

二、温　度(热量)

温度(Temperature)是影响草坪草生长发育和分布的关键因素。温度的规律性或节奏性的变化以及极端温度的出现，都会对草坪草产生极大的影响。

草坪草生长发育需要一定的热量，而温度是热量的直观表示。讨论热量与植物的关系时，一般都用温度表示，因为用温度比热量更能反映气候条件的综合影响；而且，从理论上说，植物化学反应的速率与温度的关系比与热量的关系更为密切。因为生化反应主要决定于活化分子的数目(浓度)，而不是反应物质的平均动能的变化，活化分子数主要随温度的变化而变化。

草坪表面的温度实质是可测定的太阳辐射的热量，是由一系列热量平衡过程所决定的。如果草坪草叶片接触到的太阳辐射能量不散失的话，其叶片温度会在很短的时间内上升到足以使之致死的程度。其运动转化方式主要包括蒸发、辐射、传导、对流和平流。上述诸作用的结果，使草坪的温度接近其周围的空气，它们对草坪的影响程度一般是辐射大于对流，对流大于蒸腾，蒸腾大于传导和平流。

(一)温度的三基点

草坪草只能在一定的温度范围内才能正常生长。温度过低，草坪草生命活动停止，生长受到抑制或处于休眠状态；温度过高，光合作用受到抑制，呼吸作用旺盛，植株变弱；在适宜的温度范围内，草坪草生长旺盛。所以，植物的生长发育对温度的要求有最低温度、最适温度和最高温度之分，称为温度的三基点(Three fundamental points of temperature)。在最低和最高温度下植物停止生长发育，但仍能维持生命。如果温度继续降低或升高，就会发生不同程度的危害直到死亡，所以在三基点温度之外，还可以确定最高与最低受害、致死温度指标，统称为5个基本温度指标。

不同草坪草、发育期与不同生物学过程的三基点(或5个基本温度指标)是不同的。一般原产于低纬度地区的植物，生长的三基点温度较高，耐热性好，抗寒性差；原产于高纬度地区的植物，生长的三基点温度低，耐热性差而抗寒性好；

其间有一系列中间类型。相应地,暖季型草坪草生长的三基点温度高,耐热性好而抗寒性差,最适的生长温度为25~35℃,最低生长温度为10~15℃;冷季型草坪草生长的三基点温度低,耐热性差而抗寒性好,适宜的生长温度为15~25℃,最低生长温度甚至可达到4℃以下。其间也有一系列过渡类型。

不同的生理过程也有不同的三基点温度。比如,生长的最适温度是指生长速度最快的温度,但往往不利于形成健壮的植株,所以要形成良好的草坪,要求的最适温度略低于生长最适温度。草坪草光合作用的最低温度为0~5℃,最适温度为20~25℃,最高温度为40~50℃。而呼吸作用则分别为:-10℃、36~40℃和50℃。对不同草坪草种或品种,光合作用和呼吸作用的三基点温度有所变化,而且光照强度、二氧化碳浓度、土壤水分含量及管理措施的不同也会对三基点温度产生一定影响。

草坪的不同生育时期的温度三基点不同。在营养生长时期,对温度的要求不严格,适应范围广;而在开花结果期,要求的温度范围窄,尤其是花粉母细胞减数分裂期比一般生育过程要求更为严格的温度值。

草坪草的不同器官的温度三基点也不同。

1.草坪草滋生芽的生长

株体低矮的草坪草生长点通常分布于近地表的地下,因此,在草坪草滋生芽(Shoot)的发育过程中,这里的温度是非常重要的。草坪草滋生芽生长最适宜的温度因草坪草的种类而异。对草地早熟禾、加拿大早熟禾、羊茅、细弱翦股颖、匍匐翦股颖、猫尾草、多年生黑麦草、一年生黑麦草、冰草、一年生早熟禾等冷季型草坪草,最适宜的生育温度是15~25℃。而像细叶结缕草、结缕草、狗牙根和假俭草等暖季型草,适宜的滋生芽生长温度为25~35℃。低于或高于此最适宜生长的温度范围,草坪草滋生芽的生长就将减弱,特别在高于最适温度范围时,这种倾向更明显。此时,草坪草滋生芽的生长减少、密度变低,叶卷曲而呈暗绿色。草地早熟禾、加拿大早熟禾即使在4.4℃的低温下,其草坪草滋生芽也能生长。春季返青的开始时间与生育型有关,如像意大利黑麦草那样的丛生型草类,在早春返青时间要早于像匍匐翦股颖和草地早熟禾那样具匍匐茎型的草类在早春返青要早。

分蘖、组织含水量、叶片数、叶宽、叶长、叶面积和出叶速度的适宜温度与滋生芽的生长适宜温度相近。分蘖的最适温度比滋生芽生长最适温度略低。较低的夜温有利于草坪草增加分蘖。结缕草在28℃的情况下,滋生芽生长、叶片生长、节间生长和匍匐茎生长都比在21℃时要大。Emerald(品种名)结缕草和马尼拉结缕草的滋生芽生长的最低温度是 12.8℃，而 Meyer(品种名)结缕草约为15.6℃。在狗牙根的品种中，U-3 普通狗牙根在日平均土壤温度为 10℃左右时，滋生芽停止生长；而某些改进的狗牙根品种，如 Ormond 和 Tifgreen 滋生芽生长的最低温度可低于 10℃。当白天温度达到 21℃时，狗牙根能够在夜温低到 1.1℃时，仍然保持适当的滋生芽生长和颜色。

2.根的生长

只要土温比较适宜，即使空气温度较高，草坪草的根系仍然能够良好生长。大部分冷季型草坪草根的生长均以土壤不冻结为限，即使在深秋也能继续生长。温度略高于 0℃时，根尖就可进行细胞分裂。而生长的最适温度范围为 10～18.3℃，各草种之间根生长的适宜温度也有所差异，暖季型草坪草根生长的最适温度比地上部生长的最适温度低，大致在 24～29.5℃之间。

草坪草地下茎生长的最适温度与滋生芽生长的最适温度相近。

(二)温周期现象

温度对草坪草的生长影响，还表现为温周期现象。在自然环境中，温度处在不断变化之中。温度昼夜间有规律的变化称做温周期。在平均温度相同时，草坪草的生长发育在昼夜变温的条件下表现得更好的现象称为温周期现象(Thermoperiod effect)。碳水化合物的生产是在白天进行的，而最优植物生长则是在夜间温度较低的情况下进行。昼夜温差大，有利于草坪草的物质积累，使得草坪草生长健壮，抗逆性好，草坪质量高。如果昼夜温差小，夜温很高，则有相当一部分日间的光合产物被夜间的呼吸作用所消耗，物质积累少，植株将变得弱小并容易感病。

(三)草坪草的耐热性和耐寒性

当环境温度超过生长发育的最低或最高温度时，草坪草将受到低温或高温胁迫，但还能维持生命而不死亡。草坪草对不良环境温度有一定的耐性和适应性。当温度继续降低或增高时，对草坪草的危害逐渐加重。在致死温度界限，草坪草遭受到永久性的损伤，导致死亡。这两个极限温度值随持续时间的长短而有所变化。如果持续时间短暂，草坪草可耐非常高和非常低的温度；但同样的温度条件，时间一长，草坪草可能会死亡。草坪草对短期内的极端温度是可以躲避的，它们会丢弃敏感结构(地上部)或将营养体缩为地下器官，从而躲过不利季节，在适宜的生长季节到来时重新萌发。草坪草的地下茎或分蘖节的温度界限是草坪草生存的临界值。

高温对草坪草的伤害主要是造成植株过度蒸腾失水，引起细胞脱水，形成一系列的代谢失调。耐高温的草坪草一般起源于干旱和炎热环境，其蛋白质对热相对稳定，在高温下仍能保持一定的正常代谢。不同草坪草的耐热性不同(表3-3)，相差很大，而不同器官的耐热性也不相同。

表 3-3　草坪草种与耐热性(据 James B. Beard, 1973)

耐热性等级	草坪草的种类
极好	结缕草、狗牙根、野牛草、假俭草、地毯草、钝叶草
好	高羊茅、草地羊茅
中等	细弱翦股颖、匍匐翦股颖、草地早熟禾
尚可	加拿大早熟禾、邱氏羊茅、紫羊茅、一年生早熟禾、
很差	多年生黑麦草、小糠草、意大利黑麦草、粗糙早熟禾

适宜的栽培措施也可以增加草坪草的抗热性，使其安全越夏。如在夏季高温季节，在早晚进行灌溉，既提供草坪草生长所需水分又能通过蒸发降低草坪温度，从而为草坪草创造一个较为适宜的小环境。

草坪草由于起源不同，对低温的耐受性极不相同。暖季型草坪草在10℃时就表现出冷害，随着温度的降低，地上部逐渐枯死而以地下部根茎越冬。狗牙根有很多生态型，某些耐寒的狗牙根地下茎在－20℃低温下仍能安全越冬。选育抗寒性强的暖季型草坪草新品种，拓宽其应用范围，延长其绿色期，是草坪草育种的重要方向。

冷季型草坪草虽然在零度以上的低温仍可以生长，但当气温达到冰点以下时，仍然会受到不同程度的伤害。降温的幅度越大，持续的时间越长，解冻越突然，对草坪草的危害越大。受冻害的组织或细胞由于结冰而受到伤害，导致叶片萎蔫、卷曲，叶色变黄终至干枯死亡。有资料表明，在－9℃时，翦股颖、多年生黑麦草、草地早熟禾、高羊茅的植株伤害率达50%，但这只是地上部器官的表现，其分蘖节仍具有活性，即植株仍然存活着，一旦温度回升，还可以发出新芽。冷季型草坪草抗寒性好，这是其越冬表现好、早春返青早而快、绿色期长的遗传基础。

表3-3、表3-4是一些草坪草耐热性和耐寒性的大致分级，仅供参考。经过草坪育种家们的努力，新品种层出不穷，各草种中都有一些耐寒性、耐热性强的品种，以适应不同气候条件，扩大了草坪草的应用范围。

表 3-4 草坪草种与耐寒性(据 James B. Beard, 1973)

耐寒性等级	草坪草的种类
极好	粗糙早熟禾、匍匐翦股颖
好	猫尾草、草地早熟禾、加拿大早熟禾、细弱翦股颖、小糠草
中等	紫羊茅、草地羊茅、一年生早熟禾、高羊茅、结缕草
差	多年生黑麦草、马尼拉结缕草、狗牙根
很差	意大利黑麦草、雀稗、假俭草、地毯草、钝叶草

(四)温度对开花结实的影响

温度与某些草坪草开花结实密切相关,表现在花芽的形成必须具备一定的温度条件。某些冷季型草坪草必须经过一段时间的低温刺激才能诱导花芽形成,这种现象称为春化作用(Vernalization)。一些多年生冷季型草坪草只有通过春化阶段才能开花;而一年生的冷季型草坪草,如一年生草地早熟禾及一年生黑麦草则对春化作用要求不明显。暖季型草坪草开花不需要经过春化作用。事实上,温度低于 12.8℃时,对暖季型草坪草的花芽诱导形成不利。春化作用与光周期在诱导花芽形成时常常相互作用。春化作用在草坪管理上无特别重要的意义,甚至有些负面影响,开花的种穗会影响草坪草的均一性,但它在育种与种子生产中被广泛应用。在一年生早熟禾的改良育种中,选择春化作用弱的变种进行杂交,可以不受季节的限制,全年都可进行。在草种生产中,必须春化的草坪草有小糠草、紫羊茅、黑麦草与草地早熟禾等。

种子成熟后往往不能立即发芽或发芽率不高,需经过后熟作用,种子内部发生一系列生理生化过程才真正成熟能够发芽。低温处理是打破休眠、促进种子发芽的有效手段之一。在做发芽率测定时,通常将种子在 5 ~ 10℃条件下进行 7 ~ 10天的冷处理,提高种子的发芽率。需要预先进行冷处理的草坪草有野牛草、匍匐翦股颖、细弱翦股颖、黑麦草属、草地早熟禾等。

(五)温度与草坪草的分布

原则上说,草坪草本身的体温最能直接反映温度与生物的关系。有时为了特殊目的,需要研究植物体温,特别是研究辐射平衡、热量平衡、光合、呼吸、蒸发以及极端温度的危害等过程时,许多问题直接与叶温有关。然而,气温与地温是比较容易获得的环境指标。通常,植物体温、气温与土温有密切的相关关系,气温较能概括反映温度与生物的一般关系。

气温是影响植物生长发育的重要因素。草坪草内在的生态特性与环境温度条件的相互作用在很大的程度上决定了具体的场地上适宜种植何种类型的草坪草。

气温与地表辐射量的收支有关，凡是能影响辐射平衡的因素都可以影响气温。重要的因素有太阳辐射日变化、纬度、海拔、地形地势、水陆分布、气流、洋流等。

在自然环境中，温度处在不断变化之中。日最高温度一般是在午后，而最低温度则出现在日出之前。土壤裸土表面温度一般比地上1.5 m以上空气温度变化大。白天土壤表面温度高于大气温度，夜间则略低于大气。由于草坪草蒸腾降温和其他热交换过程的差异，草坪覆盖的地面热积累要少得多，温度日变幅小。草坪表面和草坪上面空气的温度一般低于裸土、水泥地面、柏油路面等相应高度的温度。

当地球绕太阳旋转时，太阳直射地球的位置会发生变化，造成了气候条件的季节性变化。在北半球，夏季接受的太阳辐射最多，冬季最少，春、秋季介于两者之间。

温度除了昼夜和季节波动外，它也随纬度、地形的变化而有所变化。纬度的增加一般使温度随之降低，在北半球离北极越近，气候越寒冷，离赤道越近，气候越炎热。这一规律可在某种程度上受到地形、海拔高度和大水体的影响而改变。因为地形因素对气候的影响很大，使得对草坪草适宜区域的评价变得更加复杂。海拔高度的上升，可引起平均温度下降，所以在热带地区海拔较高的地方，冷季型草坪草仍可适宜生长。北半球，南坡比北坡接收的光照多，造成在南坡和西南坡上热量积累量大，温度较高，湿度则较小。即使地形变化较小，也可以引起温度和湿度有较大的变化。在某些地点，这一影响非常明显。如在高速公路两侧，南坡主要分布着狗牙根，而早熟禾和高羊茅在北坡表现良好。由于大水体对昼夜和季节性温度变化有较明显的缓冲作用，因而在其他条件相同时，滨海地区与内陆相比，显得冬暖夏凉。

我国幅员辽阔、地形复杂、气候类型多样，环境条件的差异是十分悬殊的，具气候复杂、变幅大的特点。在亚热带和温带的过渡区，冷季型草坪草在晚秋或春天可以生长旺盛，但夏天往往易发生枯萎，并且需要更多的水分进行养护管理；而种植暖季型草坪草，虽然能耐夏季的高温干旱，但其绿色期很短，而且在寒冷的冬季容易发生冻害。如北京地区，气温具夏季炎热、冬季严寒的特征，这种气温的年变化，给草坪草的选择和管理带来了困难，即暖季型草坪草在北京有难以越冬的问题，冷季型草坪草则存在夏枯现象。在我国华北平原以南地区，7、8月份的月平均气温通常都在25℃以上。因此，冷季型草坪草的夏枯现象是严重的,这与在欧洲诸国、澳大利亚、新西兰等国家草坪草能长期保持良好的状态形成明显的对照。

我国南方,细叶结缕草、狗牙根等暖季型草坪草有较长的绿色时期。但是在冬季,其地上部分几乎全部枯死,这样,只能在褐色的草坪上打高尔夫球和进行球类比赛。因此,延长暖季型草坪草的绿色期和解决冷季型草坪草的夏枯问题对我国草坪业的发展十分重要。

正确地运用栽培管理措施可以在某种程度上扩大某种草坪草品种的适宜范围。在不太适宜种植狗牙根的地区,越冬之前覆盖草坪可帮助其正常越冬。同样,一年生早熟禾在细心的水分管理下,可以安全越过酷夏。

三、水　　分

水是生命之源,没有水就没有生命。植物的一切正常生命活动,只有在一定的细胞含水量下才能进行,否则将会受阻,甚至死亡。植物从环境中不断吸收水分,以满足正常的生命活动需要,同时,又不断散失水分到大气中,形成了植物的水分代谢。

(一)草坪草对水分的需求

1. 草坪草的含水量

水分是植物体的重要组成部分,草坪草的含水量可达其鲜重的65%～80%。含水量与草坪草种类、组织器官及生长环境有关。通常冷季型草坪草含水量比暖季型草坪草高。正常生长的草地早熟禾叶片的含水量为75%～80%;而日本结缕草和野牛草叶片的含水量可低至60%～65%。在暖季型草坪草中,野牛草的含水量很低,在接近休眠的野牛草叶片中,含水量可低至鲜重的50%。同种草坪草生长在不同的环境中,含水量也有差异。生长在荫蔽、潮湿环境中的草坪草,含水量要比向阳、干燥环境中的要高。养护管理水平高、肥水充足的草坪草的含水量稍高一些。同一植株中,不同器官和不同组织中的含水量差异甚大,根的水分含量最高,叶中等,茎最低。一般生长活跃部分,如根尖、幼苗、幼叶等含水量较高,可达70%～90%,休眠芽约40%,休眠种子仅为5%～15%。

2. 水分的生理作用

水分在生命活动中的作用,不但与其数量有关,也与其存在状态有关。水分在植物细胞内通常呈束缚水和自由水2种状态。自由水参与各种代谢作用,其数量制约草坪草的代谢强度。自由水比例高,则代谢旺盛。束缚水不参与代谢作用,但与抗性有密切关系。

水分含量的变化密切影响草坪草的生命活动，其生理作用主要有以下几个方面：

(1) 水是细胞原生质的主要成分。原生质的含水量一般在70%～85%之间，使原生质呈溶胶状态，保证了旺盛的代谢作用正常进行。如果含水量减少，原生质呈凝胶状态，则生命活动大大减弱。当细胞失水过多，原生质中水分减少到临界点以下时，就会导致原生质脱水，细胞死亡。致死的水分含量依草坪草种及其生理状态而异。在极度缺水的情况下，草坪草很难生存。

(2) 水分是代谢作用过程的反应物质或反应介质。水在活细胞的多种代谢活动中起着触媒或溶剂的作用，有输送植物养分或有机物质的作用。植物一般不能直接吸收固态的无机和有机物质，它们必须溶解在水中才能被植物吸收。同样，各种物质只有溶解在水中，才能随着水分的运动而被运输到植株的各个部分。许多的生化反应都是在水中才得以进行。同时，水也直接参与一些代谢过程，如光合作用、呼吸作用、有机物的合成与分解等许多生化反应都有水分子直接参加。水也是草坪草种子发芽、有机物质分解中微生物活动所必需的物质。

(3) 水还能维持细胞膨压，保持草坪草各组织和器官的固有姿态。植物各器官中有一定的机械组织起支持作用，但这对维持植物的正常形态还不够。细胞需含有大量水分，以维持细胞的紧张度，使草坪草叶片挺立，便于充分接受光照和交换气体。如果缺水，细胞饱满度差，叶片下垂、皱缩，发生萎蔫。细胞中的水分还通过影响气孔开闭，来控制水蒸气和二氧化碳交换。膨胀的细胞使草坪草具较高的抗踏压性。

(4) 水的理化性质有利于植物的生命活动。水的比热大，可缓和原生质温度变化的速度，这种特性可在温度剧烈变化的情况下保护草坪草。水的汽化热也很高，这在有高温危害的情况下是很重要的。因为可以在蒸散过程中消耗大量的能量，这样就可以冷却草坪草、抵抗高温胁迫。水的极性使之成为物质的良好溶剂，决定许多化合物特有的水合状态，保持原生质亲水胶体稳定。水的可透光性对光合作用和植物生长发育极其重要。

3. 草坪草对水分的吸收与散失

草坪草通过根系从土壤中吸收水分，再经过输导组织向地上部输送，满足生命活动的需要。草坪草体内水分从表面以气态水的形式向外界大气输送的过程称为蒸腾(Transpiration)。草坪草根系从土壤中吸收的水分，有1.5%～2%用于组成植物体本身，98%以上进入草坪草体内后，再通过叶面气孔，或者植物体表面散失到大气中去。草坪草在湿润空气中蒸腾水分不多。蒸腾包括了植物对水的吸收、传输和向大气中释放，形成土壤—植物—大气连续体。蒸腾是维持植物体内正常温度范围的主要方式。通过蒸腾,可以降低叶片温度,防止高温伤害。水蒸气的排出主要是通过分布在叶片表层大量小的气孔来完成的,也有少部分通过角质层进行。通过蒸腾作用,植物产生一种吸收水分的动力,使水分源源不断地被根系所吸收,这一过程是一个被动的过程。另一种吸水的动力是根压,这是一个主动的过程,需消耗能量。草坪草吸收水分的能力决定于其根系的活力和土壤中有效水含量。草坪草生长状况、土壤温度、土壤通气性制约着根系的生长发育,从而影响水分吸收。夜间根系通过根压力吸水,而将多余水分通过叶边缘的大量排水孔或新修剪叶片的伤口排出体外,清晨可以在叶尖看到小水珠,这种现象称做吐水。吐水现象表明草坪草生长良好。叶尖吐水是在蒸腾强度小、水分快速吸收、根部的水压增加的条件下产生的。吐出的液体内含有多种来自植物体内的矿质营养和简单的有机化合物。这些物质是真菌活动和生长良好的营养物质,因而,叶尖吐水可能增加真菌侵害草坪草的几率。显然,当叶尖吐出的液体蒸发后,其内的盐分在叶片表面浓缩,也可能引起叶面灼伤。

4. 草坪草的需水量

草坪草以蒸散的形式消耗土壤中的水分。蒸散（Evapotranspiration）是包括草坪土壤蒸发(Evaporation)和植物蒸腾的总耗水量,也简称蒸散量。草坪草需水量（Water requirement）是在正常生育状况和最佳水、肥条件下,草坪草整个生育期的蒸散量,也称潜在蒸散量(Potential Evapotranspiration),以毫米计。草坪草需水量是研究其水分变化规律、分析和计算灌溉用水量等的依据。

影响草坪草需水量的主要因素有:① 由大气干燥程度、辐射条件及风力大小所综合决定的气象条件;② 由土壤湿润程度和导水能力所决定的土壤供水状况;③ 草坪草种类及其生长发育状况;④ 养护管理水平等。气温高、空气干燥、风速大,草坪草需水量就大;生长期长、叶面积大、生长速度快、根系发达的草坪草需水量就大。多数 C_3 类草坪草需水量大于 C_4 类草坪草。因此,实际蒸散量是潜在蒸散量、土壤含水量及草坪草覆盖状况的函数。

蒸腾系数(Transpiration ratio)指草坪草形成 1 g 干物质需蒸腾的水分克数,其倒数称蒸腾效率。蒸腾系数的大小,反映草坪草对水分条件需要的程度,也表明草坪草对水分利用效率的高低。一般而言,草坪草的蒸腾系数为 500 ~ 700,即生产 1 g 干物质,需消耗 500 ~ 700 g 水。

草坪草对水分的需求可以从生理需水和生态需水两方面考虑。直接用于草坪草生命活动与保持植物体内水分平衡所需水分称做生理需水。如前所述,蒸腾耗水占生理需水的绝大部分。生态需水是为了达到所需草坪质量,保持良好的草坪生态环境所需消耗的水分。如盐碱地灌水有洗盐、压碱的作用;草坪灌冻水有防御冻害的作用；另外，有时一定的渗漏对草坪草的生长也是有利的。

5. 草坪草的耐旱性

在某些条件下，植物失水快于根系吸水，这样，在植物体内形成了水分亏缺。这对植物可能有利也可能有害，这主要取决于水分失衡的数量和时间的长短。小心控制下的水分亏缺，可以促使植物生长和其他形态学上的改进，从而改善草坪草对环境胁迫的抗性。当土壤水分严重缺乏时，植物组织的水分过度亏缺，从而对植物造成伤害，这就形成了干旱。而当大气相对湿度过低时，使得植物蒸腾加剧，远大于植物吸水的速度，从而破坏水分平衡，也会造成干旱。干旱条件下，植物失水超过吸水，植物细胞水势下降，叶片与茎的幼嫩部分下垂，发生萎蔫。轻度和中度缺水引起暂时萎蔫，严重缺水引起永久萎蔫，植物会死亡。暂时萎蔫与永久萎蔫的区别在于原生质是否脱水。前者只是叶肉细胞临时的水分减少，减少蒸腾和通过灌溉即可恢复，而后者即使灌溉也无法恢复。

不同草种的耐旱性见表 3-5。

表 3-5　草坪草的耐旱性(据 James B. Beard, 1973)

耐旱性	草坪草种
极强	野牛草、狗牙根、结缕草、雀稗
强	冰草、硬羊茅、羊茅、高羊茅、紫羊茅
中	草地早熟禾、小糠草、猫尾草、加拿大早熟禾
尚可	多年生黑麦草、草地羊茅、钝叶草
弱	假俭草、地毯草、一年生黑麦草、匍匐翦股颖、普通早熟禾、绒毛翦股颖

6. 草坪草的耐淹性

在某些情况下，水分过多也会对草坪造成危害，尽管水分过量对草坪造成的危害比水分亏缺对草坪造成的危害要少见得多。水分过多的原因有地表或地下排水不良、降水过多、灌溉过量、地下水位过高或者发生洪水等(图 3-3)。水淹对草坪草的危害与其说直接由水而引起，不如说更多地由于水淹减少了土壤中的氧气而引起的。草坪草根系处在缺氧的环境中，大大降低了其生理活性，抑制了根系的生长。随着水淹时间延长，草坪草的根系会窒息死亡。同时，在地上部分受到水淹时，由于水中通常含有大量的泥沙，它们附着在草坪草的茎叶上，会极大地妨碍其光合、呼吸等生理活动。这一切，导致了草坪草活力下降、质量降低，甚至整个草坪被毁坏。公园、高尔夫球场、草坪娱乐场的低洼地，在湿润地区降水集中的季节，常常发生水淹现象。不同的草坪草种耐水淹的能力不同。水温对草坪草耐水淹时间长短影响很大。水温越高,对草坪草危害越大。不同草种的相对耐淹性见表 3-6。

图 3-3 受到水淹的草坪

表 3-6 草坪草的耐淹性(据 James B. Beard, 1973)

耐淹性	草坪草种
极强	野牛草、狗牙根、匍匐翦股颖
强	猫尾草、普通早熟禾
中	草地羊茅、草地早熟禾
尚可	冰草、一年生早熟禾、多年生黑麦草
弱	假俭草、紫羊茅

(二)对草坪草水分的供应

在草坪草的生长发育中,水分的需求由大气中的水汽和土壤中的水分提供,其中又以土壤水分为主。水分的来源有大气降水、灌溉等。大范围的降水分布特征在很大程度上影响了草坪草种的区域生态适应性及其分布。在某些地区,耐旱的草坪草种即使不灌溉也能生存,而在另外一些地区仅靠天然降水是不行的。

1. 土壤水分及其有效性

土壤水分对草坪草生命活动十分重要。土壤中的水分以各种各样的形态存在着,其有效性是不同的。相关内容将在下一节有关土壤水分及其有效性中加以详细介绍。

2. 空气湿度

空气湿度是指大气中含有水蒸气的量,通常用绝对湿度或相对湿度来表示。绝对湿度是指 1 m^3 的空气中含水蒸气的克数。而相对湿度是指在某一温度下,单位体积空气中可含的最大水蒸气量与实际水蒸汽含量的比值。在实际中,通常多用相对湿度来表示空气的湿度。

对于草坪草的水分供应而言,大气中的水汽不如土壤水分重要,但空气湿度作为环境要素,对蒸腾有很大影响。

湿度与降水量、太阳辐射、温度、风速等有密切关系。空气中可以保持的水汽量与空气温度成正比。大气温度从17℃上升到30℃,可保持的水汽含量能够增加一倍。相反,湿润的空气在温度下降时,可造成水汽在凝结核或植物表面凝结。草坪草因叶片具蒸腾作用,其湿度比裸地高。空气湿度通过影响病原微生物的发育、繁殖而影响草坪草病害的发生。在高温、高湿的条件下,微生物的活动旺盛,草坪的病害易于发生。

3. 降水

降水(Precipitation)是大气中的水分以液态或固态的形式降落到地面的现象,包括雨、雪、雹、冻雨等形式。降水是草坪土壤水分的重要来源,对于没有灌溉条件的地区,如公路护坡草坪,它几乎是草坪土壤水分的惟一来源,是草种选择的决定因素。

雨是降水的主要形式。不同的降水强度对地面的浸润与冲刷程度不同。大雨或暴雨常常来不及渗入土壤而在地表形成径流,造成水土流失。草坪草可以截留雨水并减少对土壤的冲刷,保持水土。

雪是仅次于雨的另一种主要的降水形式。一定厚度的积雪可以降低草坪草表面的辐射,具有保温作用。它不仅有利于草坪草的安全越冬,而且为第二年草坪草的返青积累了水分。积雪过多也会对草坪草造成危害,减少了太阳辐射,还会导致雪霉病等病害的发生。因此,实践中常在下雪之前在果领上喷杀菌剂。

冷凝是当叶片的温度下降,低于周围空气温度时,空气中的水汽在叶片表面凝结成露珠的现象。冷凝是蒸发的相反过程,露水一般是在夜间形成的,特别是在晴朗无风的夜晚,辐射散热的速度很快,更易形成露水。条件适宜时,叶片表面形成大量的露珠而掉到土壤表面,但这种形式得到的水量毕竟有限。适宜条件下,一夜形成的露水相当于0.1~0.3 mm的水量,全年10~50 mm。在干旱地区,这些露水对草坪草生长可起到一定作用。露水有时对草坪有益。早晨可以延迟蒸腾的开始时间,从而保持土壤水分。夏季露水蒸发可防止叶片温度提高。露水可以降低各种各样农药的作用效果,所以一般等露水消失以后才使用农药。露水的不利方面是增加病害的发展,特别在高尔夫球场的果领和其他修剪低矮的草坪上更加明显。传统去露水的方法是在清晨用竹竿或绳子拖掉,晨灌也是一种好的办法。

在寒冷季节，当夜间温度下降至冰点以下时，露水则变成霜。霜形成时，可在草坪草叶片和细胞间结冰。此时，在霜融化消失以前要禁止践踏和碾压，否则可造成草坪草叶片严重损伤。

降水与气温一样是决定土壤类型和植被分布的重要环境因子。在草坪养护管理中，降水也是决定草坪草种选择、管理方式的重要依据。

降水是植物生长所必需的，但过多或过少的降水对植物的生长都是不利的。降水一方面有助于植物肥料的吸收，但另一方面，养分也会随降水而流失。大量的降水往往是病害发生的诱导因素。过高的土壤湿度，也不利于根系生长。在草坪的建立和养护管理中应该考虑降水的时期及雨量等。

我国降水主要受季风影响，总的来说是由东南向西北逐渐减少。雨季的起止与季风的进退相一致，主要出现在夏季，而其他季节则降水相对较少。降水的地区和季节分配不均。在降水集中的地区和时段，如江淮一带的梅雨季节往往形成草坪渍害；而在降水少的地区和时段，则往往形成干旱。雨量较少的地方，在整个生长季节都需要灌溉，以保证良好的草坪质量；而在雨量较多的地方，只需在夏季高温时进行灌溉，春季和秋季则不需灌溉。同时，在夏季高温干旱时，蒸腾强烈，可以喷施抗蒸腾剂，关闭气孔，减少蒸腾，使根系吸水能与蒸腾失水相平衡。

4. 灌溉

灌溉（Irrigation）是草坪需水的另一个重要来源，也是草坪养护管理的重要内容。当降水不足以提供草坪草的需水时，应该进行灌溉。耐旱性强的草种，在长期干旱的条件下，不灌溉也不会死亡，但草坪质量会下降。在要求不高的地方，如道路沿线，可以种植耐旱性强的草种而给以较少的维护，包括灌溉，但在要求高的地方，则必须灌溉，以保证草坪质量。在遇到严重干旱时，也必须灌溉。对于不耐旱的草种，则必须灌溉，使其能够生存下去。没有长成的草坪草或幼苗必须定期浇水，直到它们良好发育并具有大量根系。有些匍匐型草坪草，由于干旱少雨、土壤干硬，匍匐枝茎节上的不定根不能扎入土壤，使草坪显得蓬松，犹如生脱发病，易于扯下，及时灌溉即可恢复。多数多年生草种，如果生长良好，植株健壮，长期缺水也能适应。而一些一年生草种，可能由于干旱而休眠或死亡。

有关灌溉的更详细的内容，将在第八章中讨论。

四、风

风（Wind）是空气流动形成的。一般而言，因为草坪面较低，风对草坪草无明显的危害。风对草坪的影响有益或有害，主要取决于风的强度。风加强了空气的湍流交换,使草坪与空中的温度差异降低。风速在 2 m/s 以下的空气流动对草坪是有利的,在夏季能加快叶片蒸腾,降低叶片温度,避免灼伤。炎热多雨的夏天,风能促进草坪面上高温、高湿空气的转移,可以大大降低草坪的湿度与温度,进而减少草坪褐斑病、腐霉菌病的发病和蔓延。一般情况下,在空气流动受阻的地方,草坪病害较为严重。风引起叶的运动,可以减小二氧化碳进入植物体内的阻力,增强光合作用。

在某些情况下,风也会给草坪造成不良影响。冬季凛冽的寒风穿过无雪覆盖的草坪,能导致草坪草的脱水。夏初的干热风使冷季型草坪提前进入休眠。在高尔夫球场地形高的部位,常因通风太好,导致土壤干燥太快,需要较多的灌溉。特别是大风会引起植物机械或生理的危害。风还是杂草种子、真菌孢子、盐雾和有害气体的运送者,也常会给草坪造成直接与间接危害。空气中的工业及其他类型的污染物也是依靠风来扩散的。空气中的二氧化硫、氟化物、臭氧及其他含氧气体,可以直接危害草坪,使草坪退化和抗性减弱。另外,风也可以带来土壤颗粒或其他杂物,造成草坪叶片磨蚀和损害。一般来说,少量的土壤颗粒不会对草坪产生损伤,反而可作为地表覆土,有益于枯草层的分解。但是,风沙大的地区,大量尘土覆盖草坪叶片,可直接影响植物的光合作用与呼吸作用,从而对草坪产生危害。

五、空气和大气污染

空气(Air)是地球表面覆盖的一层气态物质。空气不仅存在于地球表面,也存在于土壤孔隙中。空气中的主要成分是氮气(78%)、氧气(21%)、二氧化碳(0.03%)和一些惰性气体(0.93%),另外还有水汽、灰尘、微生物、烟尘、工业气体等不固定成分。草坪草通过光合作用,吸收二氧化碳、放出氧气;通过呼吸作用吸收氧气、放出二氧化碳。

在草坪栽培管理中,地上部被大气所笼罩,除非在淹水情况下,通常不可能发生缺氧问题。而在土壤内部,情况有所不同。土壤孔隙被水分和气体占有,适宜的水汽比例可以同时满足根系对水分与氧气的需要。一旦水分充满土壤间隙,土壤空气被排出地表,根系因缺氧而活性降低,从而阻碍对水分和养分的吸收,影响其生长,造成“湿害”。

大气中除正常组分外,还含有二氧化硫、一氧化碳、硫化氢、氟化氢等有毒气体以及粉尘等。当它们的含量达到一定程度时,就会对人和生物造成危害,称做大气污染(Air pollution)。大气污染之初,草坪可吸收和吸附污染物。污染物一旦超过草坪的自净能力,草坪草也会出现受害症状,直至死亡。

不同草坪草对某一污染物的敏感性与净化能力不同,我们可以筛选出对某种污染物敏感的草种作为污染程度的指示和监测植物,也可以筛选出对某个污染物能大量吸收而不受害的草种,作为空气净化植物来栽培。

第二节　草坪与土壤

无论是公园、庭院绿地还是高尔夫球场草坪,一旦建成后都要保持多年,并希望草坪能够持续地保持良好的质量。因此,创造一个良好的土壤环境以保证草坪草健康生长是十分必要的。因为在草坪生长过程中,土壤(Soil)不仅供给草坪草生命活动所需的水分、养分和供根呼吸的氧气,维持着适宜的温度和热量条件,还对草坪草起着机械支撑和固定作用。此外,土壤也是可塑性最大的环境因子,人们可以通过各种措施,改善土壤的理化性质和肥力水平,使之更适应草坪草的生长。但是不适当的管理也可破坏土壤,使之不利于草坪草生长。所以土壤对于草坪草来说是至关重要的,必须给予足够的重视。在草坪建植前或在草坪养护管理过程中,只有对土壤的物理特性、化学特性、生物学特性等有一个清晰而全面的认识,才能得到高质量的草坪。

一、土 壤 组 成

在土壤的发育过程中,由于母质、气候条件、所处地形以及土壤上发育的植被类型不同,所形成的土壤类型和土壤特性有很大差别。但无论哪种类型土壤,其基本物质组成均不外乎下面这些成分(图 3-4):

- 土壤
  - 固体土粒
    - 矿物质—由岩石风化而来,占土壤固体部分重量的95%以上,就土体容积而言,约占38%以上
    - 有机质—由生物残体及腐败物质组成,占土壤固体部分重量的5%以下,就土体容积而言,约占12%
  - 粒间孔隙
    - 土壤空气——部分由地上大气层进入,主要为 O_2、N_2 等。另一部分由土壤内部产生,主要为 CO_2、水汽等
    - 土壤水分—实际上是浓度不等的土壤溶液
  - 各种生物—包括各种昆虫、原生动物和各种微生物。其中微生物数量特别多

图 3-4　土壤基本物质组成

以上各组成成分在土壤中并不是孤立的,而是相互依赖、相互制约的。矿物质颗粒组成了土壤的基本骨架,腐解的有机质与之形成复合体。但不同土壤,各

组成成分在数量组合上通常有较大差别。有机质土壤，如泥炭土，有机质含量可以高达百分之二三十以上，反之，很多砂质土壤其有机质含量可以低至千分之几。至于土壤中水分和空气的变化则更大，因为它们同时存在于土壤的孔隙里，不但因土壤的松紧程度不同而有很大的变化，而且还随着土壤的干湿变化互为消长。一般情况下，土壤固体物质与土壤孔隙体积各占一半。

(一)土壤矿物质

在多数土壤中，矿物质颗粒占土壤重量的95%以上，构成土壤的基本骨架。土壤矿物质的组成与性质，决定了土壤的理化性质及生物学特性，是影响土壤肥力的重要因素。

1. 土壤粒级

即便在同一类土壤中，土壤颗粒的大小很不均一，直径范围可大至几个毫米以上，或小到1 μm以下(表3-7)。粒径不同性质也各不相同：>0.01 mm的土粒无可塑性和胀缩性，其吸湿力、保肥力和粘结力等都很微弱，但有一定的透水性能；<0.01 mm的土粒具有明显的黏结力、吸湿力和保肥力，可塑性和胀缩性很强，但无透水性。

表3-7　土壤中土粒的大小和表面积

粒级名称	单粒直径/mm	表面积/($cm^2 \cdot g^{-1}$)
极粗砂粒	2.00～1.00	11
粗砂粒	1.00～0.50	23
中砂粒	0.50～0.25	45
细砂粒	0.25～0.10	91
极细砂粒	0.10～0.05	227
粉　粒	0.05～0.002	454
黏　粒	<0.02	8 000 000

土壤学中把土粒的大小级别称为粒级。不同粒级各有其特性，这些特性对土壤肥力产生一定的影响。

(1) 砂粒。砂粒的矿物组成以石英为主。由于可塑性、胀缩性和黏结性均较差，因而砂粒多的土壤是松散的，常被用于草坪地的土壤改良以防土壤紧实。由于砂粒的表面积较小，所以持水性和保肥性均较差，但透水容易，排水快，通气性好。

(2) 黏粒。黏粒的矿物组成以次生矿物为主。它们颗粒细小，粒间孔隙很小，通气、透水性差，排水困难。由于黏粒有很强的黏结力，可塑性和胀缩性显著，黏粒常结成土块和土团，湿时泥泞，干时龟裂，因此黏粒含量太高的土壤，由于践踏后易于紧实，不利于草坪草生长。但黏粒有较大的表面积，土粒的吸肥力和保肥力都较强，有高的阳离子交换量(CEC)。

(3) 粉粒。颗粒大小和理化性质介于黏粒和砂粒之间。

2. 土壤质地

各种土壤均是由许多粒径不同的土粒，以不同比例组成的。其各个粒级所占的百分含量称做土壤的机械组成。机械组成相似的土壤常具有类似的一些肥力特征。土壤质地是按不同机械组成所产生的特性而划分的土类(图 3-5)。质地不同对土壤的水、肥、气、热和其他理化特性均有很大影响。

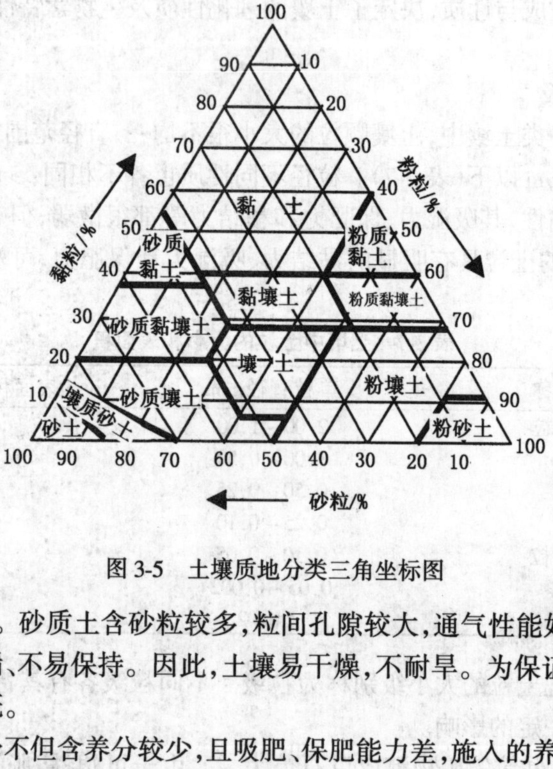

图 3-5　土壤质地分类三角坐标图

(1)砂质土。砂质土含砂粒较多，粒间孔隙较大，通气性能好，土质疏松，但水分很容易渗漏、不易保持。因此，土壤易干燥，不耐旱。为保证草坪草正常生长必须经常灌溉。

砂质土本身不但含养分较少，且吸肥、保肥能力差，施入的养分易随水淋失；砂质土通气性好，好气微生物活动旺盛，养分转化快，施肥后劲不足。因此，在砂质土上建植的草坪施肥时氮肥和钾肥应少量多次或施用缓效氮肥。

(2)黏质土。黏质土含黏粒多，粒间孔隙很小，孔隙相互沟通形成曲折的毛管孔隙和无效空隙。水分进入土壤时，渗漏很慢，透水性差；且土体内排水慢，易受渍害，造成通气不良，易积累有毒还原物质。在草坪管理上，应注意排水措施以利于草坪草生长。

黏质土黏粒含量越高,阳离子交换量(CEC)越大,其吸肥能力与保肥能力越强。黏土的保水性好,蓄水量和热容量也大。在早春或遇寒流后土温不易回升,草坪草幼苗常因土温低、养分供应不足而生长缓慢。

(3) 壤质土。壤质土的性质介于砂土和黏土之间,其中的砂粒、粉粒和黏粒比例适当,在性质上同时具有砂土和黏土的优点。壤质土既有一定数量的大孔隙,又有相当多的小孔隙,通气、透水性能好,保水、保肥的能力也强,土壤含水量适中,土温较稳定。

由前面讨论可以看出,土壤质地对土壤性质和肥力有着重要影响。但土壤质地并不是决定土壤肥力的惟一因素,质地上的缺点可以通过土壤改良而得到改善。通常认为,壤质土和砂质土是建植草坪较理想的土壤质地。但是当我们考虑建植草坪选用何种土壤质地时,最重要的还要看草坪的用途和土壤所担负的功能。对于运动场和高尔夫球场等经常强烈践踏的草坪的土壤来说,砂质土壤并结合充足的灌溉对草坪草的生长是较适宜的,而对于践踏较少的庭院草坪或观赏性草坪来讲,适宜的土壤质地则是持水性、保肥性较高的粉砂壤土或粉质黏壤土。

(二)土壤有机质

土壤有机质是土壤的重要组成部分。对调节土壤的理化性状和生物学特性,改善土壤结构,提高土壤肥力,保证草坪草的正常生长,提高草坪的质量起着十分重要的作用。

1. 土壤有机质的主要组成

土壤有机质主要包括土壤中的各种动植物残体、微生物及其分解合成的物质,还有施入土壤中的有机肥料。

草坪土壤中表层土壤的有机质含量通常较高。草坪草衰老的根、茎、叶以及修剪过程中留在土壤表层的草屑,经过土壤微生物的分解和部分分解,在土壤表层形成的大量的植物残留积累,构成了草坪土壤的枯草层(Thatch)。这些植物残体的元素组成主要包括碳、氢、氧、氮、磷、钾、钙、镁、硅以及铁、硼、锰、铜、锌、钼等微量元素。待枯草层分解后不仅可以为草坪草的生长提供丰富的营养元素,而且还利于土壤形成良好的结构,改善土壤通气性和持水性以及抗板结能力。有研究表明,枯草层的覆盖,减少了水分的蒸发,使土壤墒情得到了改善。但也有报道,枯草层内微生物频繁的活动,在某些情况下会导致草坪病害的发生,给草坪草带来负面影响。

在草坪草的建植过程中,人们为了改善土壤理化性状、培肥地力、调节土壤

pH 等,经常以有机肥料作为底肥施入土壤中,来增加土壤有机质含量。常用的有机肥有经过处理的畜禽粪、处理后的城市生活垃圾、淤泥以及其他有机质复合肥料(如腐植酸复合肥)等等。

土壤微生物是土壤中活的有机体,不仅个体小,可广泛分布于土壤的各个部分,而且数量多,1 g 土壤中的微生物高达几千万至几十亿个。土壤中的微生物主要包括细菌、真菌、放线菌、藻类及各种原生动物等。有的微生物适宜在通气良好的条件下活动,称为好气性微生物;有的适宜在通气不良的条件下活动,称为嫌气性微生物;还有的既可在通气良好的条件下,又可在通气不良的条件下活动,称为兼气性微生物。这些微生物在适宜的条件下,活动旺盛,繁殖迅速,对土壤有机质进行分解,把无效态的养分转化为有效态的养分,从而改善了土壤的理化性质,提高了土壤肥力,对草坪草的生长十分有益。

2. 土壤有机质的作用

土壤有机质在提高土壤肥力和草坪草营养水平方面具有重要作用。主要表现在以下几个方面:

(1) 草坪草营养物质的重要来源。土壤有机质中含有丰富的营养物质。有机质经过矿化作用,释放出草坪草生长所需的有效养分,来满足草坪草生长的需要。

(2) 改良土壤的理化性状。腐殖质是土壤有机质的主要成分,具有良好的胶结性,可将分散的土粒胶结成团聚体,形成水稳性团粒,改善土壤结构。有机质可降低黏土的黏结力,增加砂土的黏结力,从而调节土壤水、肥、气之间的矛盾,为草坪草生长发育创造良好的条件。另一方面,腐殖质是一种有机胶体,具有巨大的吸收交换性能和缓冲能力,能够有效地调节土壤的保肥、供肥性能及土壤 pH,在砂性或有盐碱的土壤上种植草坪,有机质的作用不可忽视。

(3) 提高土壤保水、保肥和保温能力。有机质含量高的土壤,蓄水力大、保肥力强。黏土颗粒的吸水率一般为 50%~60%,而腐殖质的吸水率为 500%~600%,是黏土的 10 倍,其保肥力也可达到黏土的 6~10 倍之间。有机质是一种棕色或黑褐色物质,吸热能力强,可提高土壤温度,改善土壤的热状况。

我国绝大多数地区土壤有机质含量不高,特别是用做绿化建植草坪的土壤,无论从其物理性状还是从其肥力上看都比作物耕作土壤差。因此,增加土壤有机质是提高坪床土壤肥力、改良坪床土壤结构、补充草坪草所需营养的重要途径。

3. 土壤有机质的转化

土壤有机质的转化是在土壤微生物的作用下,将土壤有机质分解为简单的无机化合物和经过土壤微生物的作用后重新形成新的有机化合物—腐殖质的过程。

(1) 土壤有机质的矿质化过程。在微生物的作用下,土壤中有机物质分解为简单的无机化合物,同时释放出矿质养料的过程被称为有机质的矿(质)化。有机质的矿化分为2种类型:

①不含氮有机物的分解和转化。这些有机质如淀粉、纤维素、木质素等碳水化合物,它们在细菌、真菌等微生物的作用下,首先分解为单糖,进而又在不同条件和微生物的作用下,或分解为二氧化碳和水,或分解为各种有机酸等,同时释放出一定的能量。这一过程直接或间接地为草坪草提供了碳素和能量来源。

②含氮有机物的分解和转化。土壤中含氮有机质主要是蛋白质、氨基酸等。这些含氮有机质在微生物的作用下,经过氨化过程、硝化过程,形成易被植物吸收的氨态氮(NH_4^+-N)和硝态氮(NO_3^--N),在土壤氮素养分供应上具有重要意义。

(2) 土壤有机质的腐殖化过程。土壤有机质在分解矿化的同时,还进行着另一种十分复杂的生物化学过程,即土壤有机质的腐殖化过程。土壤有机质在微生物的作用下,经过矿质化作用,一部分转化为 CO_2、NH_3、H_2O 等,另一部分则转化成较简单的有机化合物,如芳香族化合物和含氮化合物等。这些简单的有机化合物再经过微生物的作用,形成新的高分子化合物——腐殖质(Humus)。腐殖质一般主要包括胡敏酸和富啡酸两大类,前者于北方土壤中含量较高,后者在南方土壤中含量较高。腐殖质呈胶体悬浮状,难溶于水,易凝聚,可增强土壤的吸收性能,促进团粒结构的形成。

土壤有机质的矿质化和腐殖化过程是两个既相互联系、又相互对立的过程,有意识地、合理地控制和调节土壤有机质的矿质化和腐殖化,可以保证草坪草养分的不断积累和持续供应,改善土壤的理化性状,提高土壤肥力,对建植理想的草坪是十分有益的。

(三)土壤空气

土壤空气既是土壤的重要组成部分,又是影响土壤肥力的因素之一。土壤空气主要是由大气进入土壤中的气体和土体内部生物化学过程产生的气体所组成(表3-8)。由于微生物和草坪草根系的生命活动,土壤中的氧气不断被消耗,CO_2 不断产生,使得土壤中的 O_2 含量明显低于大气,CO_2 的含量则比大气中的含量高出10倍到几十倍。反硝化作用也使得土壤空气中氮的浓度有所增加。土壤空气的变化受季节和土壤有机质含量的高低影响较大。

表 3-8 北方土壤空气与大气组成(容积)比较 %

气 体	氧	二氧化碳	氮	惰性气体
近地面空气	20.94	0.03	78.08	0.95
土壤空气	20.03~10.35	0.14~1.24	78.8~80.24	-

土壤空气中的水汽含量高于大气,经常为水汽所饱和。在通气不良的情况下,嫌气性微生物在对有机质分解过程中还会产生甲烷、硫化氢等还原性气体,这些气体对草坪草根系的生长会产生不利影响。

土壤空气的好坏与土壤的通气性有着直接的关系。在通气良好的土壤中,土壤空气容易与大气交换而进入较多的氧气,使草坪草根系氧气供应充足,根系生长健壮,易形成高质量的草坪。当土壤紧实、渍水、通气性差时,土壤中不但易使有毒气体积累,而且会使 CO_2 含量增高,与大气进行气体交换的可能性减小,土壤氧气含量降低,使草坪草根系生长发育受阻,无法为地上部叶片提供足够的营养,从而影响草坪质量。在草坪管理上,通过打孔通气等措施可以有效地改变土壤的通气状况。

(四)土壤水分

土壤水分(Soil moisture)是土壤生态环境中的"血液"。一方面,它是草坪草需水的主要来源;另一方面,土壤中的无机营养必须溶解在水中才能被植物所吸收。而且土壤中水分的多少决定着土壤的通气状况,二者在体积上是相互消长的。土壤水分是土壤中固体、气体、液体三相平衡中的决定性因素(图 3-6)。此外,土壤水分对土壤温度、养分转化、微生物活动以及理化性质都有显著影响。所以说,水是土壤肥力诸因素中最重要、最活跃的因素,是调节土壤肥力的关键因素。

土壤中的水分以各种各样的形态存在着,其有效性是不同的。按照土壤中水与土壤颗粒吸附作用力性质不同,可将土壤水分划分为吸湿水、膜状水、毛管水和重力水,分别代表在吸附力、弯月面力和重力下的土壤水。吸湿水是干土在接近饱和湿度的空气中所能吸附的水,相当于风干土中所含的水量。吸湿水的厚度仅为 4~5 nm,具有固态水的性质,无溶解能力,不能被植物所利用,是无效水。膜状水是土壤颗粒吸附的气态和液态的水,包括吸湿水和外围靠分子引力吸附的部分液态水,它们决定于土壤的比表面积。黏土比表面积大,膜状水的含量就高。膜状水一般情况下是无效的,在干旱条件下可部分被植物利用,但补给困难。盐分浓度大时,膜状水含量增加,所以植物在含盐量大的土壤很难良好生长。

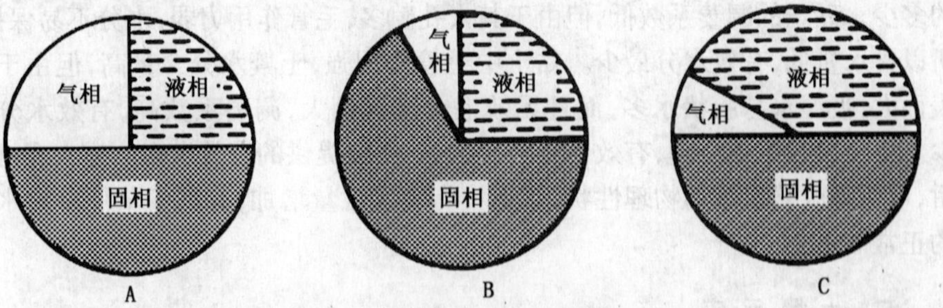

图 3-6　土壤固、液、气三相图

图 A 为正常土壤　图 B 为紧实土壤　图 C 为排水不良土壤

土壤水分主要存在于土壤孔隙中。土壤孔隙一般分为无效孔隙、毛管孔隙和通气孔隙 3 大类。无效孔隙的孔径 < 0.002 mm，一般为水所充满，但其中的水分被土壤强烈地束缚，对草坪草生长是无效的。另外，由于无效孔隙孔径很小，植物根系不能深入，其水分和养分得不到有效利用。毛管水存在于土壤毛细管中，由毛管表面张力所保持的水分，它是可以移动的水分，并在水势梯度作用下以液态的形式向各个方向运动，对草坪草吸水和补给有利。毛管水易于被植物吸收，是土壤有效水分（Available soil moisture）的主要形式。在地下水位较深的情况下，土壤中所能保持的毛管悬着水的最大量为田间持水量（Field capacity）。在地下水位较高的地方，水分通过毛管作用上升到土壤表层而使之保持湿润。如果地下水位过高，则会使植物受到渍害。毛管孔隙的孔径介于 0.002 ~ 0.02 mm 之间。在黏性土壤中，存在着大量极细的毛管孔隙，水分被牢牢地吸附，也是无效的。

在土壤孔隙中，超过田间持水量部分水分为重力水。重力水存在于大孔隙中，它不能为毛管力所保持，在重力作用下，沿土壤中的大孔隙向土壤深层运动。重力水只短暂存在于降水和灌溉之后，可被植物利用。当土壤孔隙完全为水分充盈时的土壤含水量称为饱和持水量。当土壤水分处于饱和状态，空气不足时，草坪草易受渍害。通气孔隙的孔径 > 0.02 mm。

当土壤中的水分含量在吸湿水和膜状水之间时，植物根系将不能从土壤中吸收水分，从而导致植物凋萎，此时的土壤水分含量称做凋萎系数（Wilting moisture）。界于田间持水量与凋萎系数之间的水分是有效水分的范围。土壤中实际水分含量与凋萎系数之差即为土壤实际有效水。即：

土壤最大有效水量（%）= 田间持水量（%）- 凋萎系数（%）

土壤有效水量的多少主要取决于土壤的质地、结构、松紧状况和有机质含量的多少。砂土的凋萎系数低,但由于其大孔隙多,毛管作用力弱,水分不易保持,所以含水量低,有效水分最少。黏土中毛管作用强,土壤水分含量高,但由于比表面大,吸湿水与膜状水多,而且无效毛管水比例大,凋萎系数高,有效水分亦少。壤土颗粒组成合理,有效毛管水比例高,所以提供的有效水多。施入有机质后,可明显改善土壤的物理性状,使土壤有效水含量增加,有利于草坪草对水分的正常需求。

二、土 壤 反 应

土壤反应是指土壤的酸度和碱度,一般用土壤 pH 值来表示。土壤 pH 值是土壤溶液中氢离子(H^+)浓度的负对数。pH 值范围从 14 到 0,每改变一个单位,即等于 H^+ 浓度增加或减少 10 倍。例如土壤 pH 值由 6.0 降为 5.0,表明土壤溶液中 H^+ 浓度增加了 10 倍。当 pH < 7 时,土壤溶液呈酸性反应,pH > 7 时,土壤溶液呈碱性反应,pH = 7 时,土壤溶液呈中性反应。根据土壤 pH 值大小,土壤酸碱性的强弱可分为 5 个等级(表 3-9 所示)。

表 3-9 土壤酸碱度分级

土壤 pH	< 5	5.0 ~ 6.5	6.5 ~ 7.5	7.5 ~ 8.5	> 8.5
等级	强酸性	酸性	中性	碱性	强碱性

影响土壤 pH 值高低的因素有许多。南方高温、高降雨量的气候条件最有利于土壤形成过程中的一些盐基成分随渗漏水移出土体,使土壤呈酸性反应。土壤含有机质过高时,经微生物分解后也可产生多种有机酸,或经常施用酸化肥料(如硫铵)等也会加快土壤酸化。相反,在干旱的气候条件和富含钙、镁、钾、钠等盐基物质的母质情况下,易形成偏碱土壤,过量施用石灰和用碱质污水、海水灌溉,也利于盐碱土壤的形成。

(一)土壤反应对草坪草生长的影响

土壤反应可直接或间接地影响草坪草生长,其影响主要表现在以下几个方面:①土壤养分的有效性;②土壤微生物活性;③草坪根系生长和抗性大小;④草坪的群体构成。

土壤 pH 值高低对草坪草生长所必需的营养元素的有效性影响大,尤其是磷和微量元素(图 3-7)。例如在强酸性条件下,土壤溶液中铁、铝溶解度和浓度增大,可以和磷形成不溶性化合物;而在碱性土壤中,磷与钙、镁等反应形成难溶性磷酸盐,从而降低了磷的有效性。土壤中磷的有效性只有在土壤 pH 6 ~ 7 时最高。其他营养元素受pH值影响也较大,铁、锰、铜、锌等微量元素在碱性土壤条件下,易形成氢氧化物沉淀,使有效性降低,但在强酸性条件下由于溶解度增加,会对草坪草根系产生毒害。一般来讲,各种营养元素在土壤pH 6.5时有效性最高,而且在pH 6.5~7.5范围内,土壤微生物活动旺盛。而当偏离这一区域时,大部分微生物生命活动受到抑制,从而影响土壤养分的转化与草坪草对养分的吸收。

大多数草坪草在土壤pH 6.0~7.0范围内生长良好。在酸性条件下,草坪草根系变短、颜色呈褐色,根系生长发育受阻,使草坪草对环境胁迫的抗性降低,尤其耐旱力下降。但是,草坪草种类不同对土壤反应的耐性有差异(表3-10所示)。如假俭草和地毯草在pH值较低的土壤上生长良好,而扁穗冰草和格兰马草能耐较高的碱性。又如由草地早熟禾与紫羊茅混播的草坪,在土壤pH值接近中性时,草坪中以草地早熟禾为主,而pH值在6以下时则以紫羊茅为主。可见草坪草的群体构成受土壤pH值影响较大。土壤pH值并不是一成不变的,过酸或过碱的土壤均可通过土壤改良的方法,使其适宜草坪的栽培与生长。

表3-10 各种草坪草的适宜土壤pH值范围

适宜土壤pH值	草种类型	适宜土壤pH值	草种类型
7.5~6.5	钝叶草	6.5~5.5	一年生早熟禾
	巴哈雀稗		高羊茅
7.0~6.0	草地早熟禾		匍匐翦股颖
	结缕草		细弱翦股颖
	粗径早熟禾		紫羊茅
	多年生黑麦草	6.0~5.0	地毯草
	意大利黑麦草	5.5~4.5	假俭草
	狗牙根		

(二)酸性土壤改良

对于不适宜草坪草生长的过酸土壤的改良,一般采用施用石灰的方法。施用时主要考虑以下几个因素:石灰的选择;适宜用量;施用时间。

最常用的改良材料是磨细的石灰石粉,而且粉末越细,施用后与酸的中和速度越快。含镁量较低或缺镁土壤,应施用白云石粉,它含有钙和镁,可以弥补镁的不足。由于白云石的作用比较缓慢,应用时应当磨得很细。熟石灰有时也用于酸性土壤改良,但由于其易溶于水,施用不当会灼烧草坪草,因此除了在建坪前整地时施用外,很少用于成坪的草坪或砂质土壤的草坪。

适宜的石灰用量最好通过测定土壤pH值和土壤盐基饱和度以后再来决定。主要考虑:土壤酸度大小;土壤缓冲能力;土壤盐基饱和度;草坪草种类;石灰磨细程度等。表3-11列出了不同条件下的石灰石推荐用量。相同pH值下的土壤,由于阳离子交换量和土壤缓冲能力的不同,石灰用量也不相同。

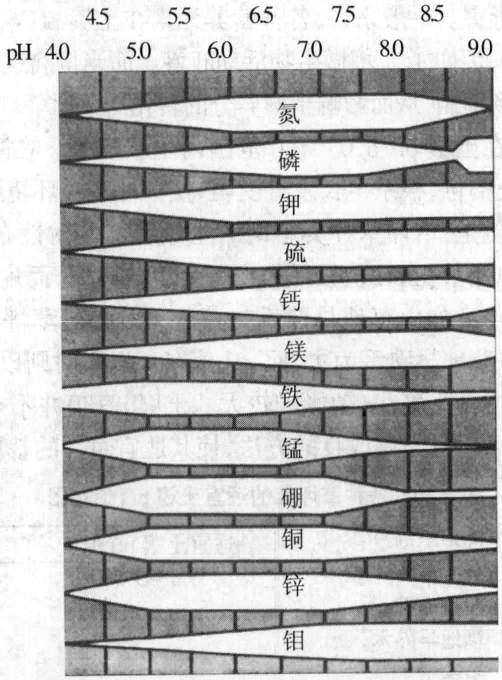

图3-7 土壤pH值与养分有效性的关系

表3-11 改良酸性土壤的石灰施用推荐量 g/m²

土壤pH值	高羊茅或翦股颖草坪		早熟禾、狗牙根或黑麦草草坪	
	砂土或砂壤土	壤土或黏土	砂土或砂壤土	壤土或黏土
6.3~7.0	0	0	0	0
5.8~6.2	0	0	122	170
5.3~5.7	122	170	244	366
4.8~5.2	244	366	366	488
4.0~4.7	366	488	488	732

由于石灰在土壤中移动很慢,施用时最好选在能将石灰与土壤充分混合的时间较好。因此,在草坪建植前结合整地撒入石灰与土壤混匀较为适宜。但要指出的是,石灰施用时间与氮肥或磷肥的施用时间要错开,也不要与含砷的除草剂同时施用。如果一起施用,会发生氮素的损失,钙和镁也会与固定施入的磷形成难溶性化合物,从而使肥料的有效性大大降低。对于建成的草坪,适宜施用时

间可选择在初秋、入冬时节或早春其他草坪管理活动少的季节，在雨前施用或施入后灌水效果更佳。

(三)盐碱土壤改良

盐碱土壤改良常采用施入硫或石膏及磷石膏的方法。在草坪建植前将硫充分混于土壤中，用量可以表3-12作参照。但对于成坪的草坪，可将硫与沙子混合或混于覆沙材料中施用，注意施用量一次不要超过25 g/m^2，且不要在盛夏时分施用。

表3-12 改良碱性土壤硫的推荐施用量 g/m^2

土壤pH值	砂土	黏土
7.5	50～73	98～122
8.0	122～170	170～244
8.5	170～244	195～244

第三节 草坪与生物

草坪是一个小型的，但仍然是一个足够复杂的生态系统。草坪草的生长除了受气候、土壤等自然生态因子的影响外，还与周围的生物环境有着密切的关系。这些生物因子主要有动物、植物、微生物和人类活动等。在所有这些因素中，人类活动对草坪生态影响最大。草坪群落中，除草坪草以外，还有其他一些植物种类，如树木、灌木、花卉、杂草等。草坪还是许多小型动物的栖息地，草坪中的动物种类如，昆虫等比植物种类要丰富得多。草坪中还有大量的原生动物、线虫、细菌、真菌、放线菌等微生物。这些生物以草坪为生活环境，相互作用，相互影响，相互竞争与共存，构成了草坪生态系统中的重要因素。

作为一种受到强烈人为干预的植被，草坪无疑受到人类活动的重要影响。人们通过修剪、灌溉、施肥、杂草和病虫害防治等措施使草坪的外观和群落结构达到或维持人类所希望的状态。另外，人类活动对草坪质量也常有不良影响，最主要是践踏(Traffic)造成草坪草的磨损和土壤紧实。在本节中，不可能对这些问题加以详述，因为它们正是在随后的草坪建植与养护管理各章中要加以详细讨论的内容，是本书的重要构成部分。

在草坪与周围植物的关系中，首先是树木和草坪草之间的共存和竞争关系。乔木和灌木在幼苗生长时与草坪草之间的相互竞争较小。在草坪上的大型树木,其枝叶占据了上层空间,遮挡了日照,改变了树冠下小气候环境,从而对草坪草的生长发育产生影响。这种情况与树木类型(常绿、落叶)、树高、分枝、种植密度等因素有关。其次,在草坪草中生长的杂草,与草坪草具有强烈的竞争作用。有关草坪杂草及其防除的内容,将在第十一章中讨论。

有关土壤微生物的部分已在前面土壤环境一节中讨论过了。对草坪草病害发生有重要作用的一些病原物将在草坪病害一章中更详细地讨论。

无论是在天然草地还是人工草坪,昆虫都要比耕地中丰富得多。在草坪中从地上到地下有大量的昆虫栖息和活动,附近森林、耕地、荒地栖生的昆虫也常常在草坪中出现。在这些昆虫中,有危害草坪的害虫,捕食害虫的益虫和无害他人的一般昆虫。草坪害虫在地下吃食草坪草的根系,在地上吸取汁液或采食茎叶,传播疾病。有关草坪害虫及其防治的内容在第十章中论述。

习 题

3.1 影响草坪根际和冠层温度的因素有哪些?

3.2 温度通过哪些途径影响草坪草的生长与发育?

3.3 光对草坪草有何作用?当光强降低时,草坪草会产生什么反应?

3.4 简述草坪草对水分的吸收与散失。

3.5 风和大气污染对草坪草有何影响?

3.6 土壤质地和结构如何影响草坪草的生长?

3.7 什么是土壤反应?

3.8 说明土壤中各种类型水分的特征,并解释它们对草坪草生长的有效性。

3.9 简述土壤有机质的作用。

第四章　草坪质量及养护管理强度

【教学目标】

1. 了解草坪质量评价的基础。
2. 掌握草坪外观质量评价的要素。
3. 熟悉 NTEP 草坪质量评分法。
4. 掌握草坪功能质量评价的内容。
5. 掌握如何确定不同草坪的养护管理强度。

第一节 草坪质量评价概述

草坪质量(Turf quality)是评价草坪优劣的综合指标。无论是草坪品种评价还是养护管理措施对草坪质量影响的田间试验,都涉及草坪质量评定(Turf quality evaluation)。草坪质量的优劣似乎是一目了然的事情,而事实上并非如此。草坪质量评价实际上是一个复杂的、困难的问题。它是随着草坪的种类、一年中的不同时期、个人的主观喜好、草坪的使用目的不同而不同。因此,评定方法到目前尚未完全统一。

首先,草坪质量不但是草坪生态功能的反映,而且也是景观质量的反映。草坪不仅提供绿量、氧气等,也给我们提供舒适和美的环境。而舒适和美是带有很强主观性的。草坪质量不能用和其他农作物一样的方法来衡量,正在生长的草坪的质量也不能以产量、颜色、果实或饲料的营养来衡量。

其次,草坪质量应根据草坪的用途和目的要求来评定。草坪的建坪目的不同,功能就不同,质量要求也不尽相同。就某种使用目的或某个人而言,可接受的、甚至是优质的草坪,对另外的使用目的草坪而言则可能是低劣的。家庭草坪的户主对草坪质量的评级标准与专业的草坪研究者所使用评级标准相比要简单得多。草坪质量要素的相对重要性与草坪的使用目的有关。例如,草坪的平滑性对高尔夫球场进球区和草坪保龄球果领区来说是非常重要的,但对家庭草坪而言则远没有那么重要。以水土保持为目的的设施草坪要求草坪草具有发达的根系和较强的固持土壤能力,适应性广,抗性强,耐粗放管理。观赏草坪则要求在外观上均匀一致,坪面平整,生长致密,颜色漂亮。运动场草坪应具有耐践踏,耐频繁修剪,缓冲性能好,并应满足不同运动项目的特殊要求。足球场草坪应具备高的回弹力、抗践踏性强和损坏后再生能力强等性质。高尔夫场球果领上的草坪应平滑一致,对多方向来球和推球无阻碍作用。当你在高速公路上以每小时 80 km 以上速度行驶时,高羊茅草坪看起来就非常漂亮。但在庭院中,则以草地早熟禾草坪更好一些,因为高羊茅质地粗糙,植株不大致密。而污染严重的地方的草坪,则需要具有抵抗和净化污染的能力。

因此,草坪的质量与所需草坪的功能和使用目的密切相关,这也是草坪质量评定的基础。

尽管草坪质量评定方法在特定条件下重点不同,然而构成草坪质量的基本因素是一致的。因此,这就为草坪的客观评定提供了可能。通过多年的探索,优质草坪应具备的特征通过草坪应用者的喜好和需要已经得到了初步的总结。评价一块草坪质量的高低，一般考虑外观质量或功能质量。外观质量比较公认的因素包括均一性、密度、质地、颜色等，功能质量有关的因素包括刚性、弹性、平滑性和恢复力等。

第二节　草坪外观质量评价

草坪质量评定应用得最广泛的是草坪外观质量评价（Visual estimates）。草坪外观质量评价通常采用目测法或称视觉评估法。这种视觉评估或得分方法由评估者来判断，考虑草坪的颜色、密度、质地和草坪的均匀性或综合质量。目测评定时，把草坪质量划分为不同的等级，有5分制、10分制、9分制等。普遍使用的评分系统是9分制评分法。以9代表可能的最高得分，以1作为最差的得分，或者反之。研究各种草坪草的专家通常要了解草坪从细弱的、稀疏的、退色的植被到茁壮的、稠密的、绿色的植被之间较大的质量变化范围。对于草坪质量的数据收集，目测法长期以来就是草坪专家们关注和谈论的主题。在草坪评比中，目测评分方法是非常有用的，尽管该评分方法还需要进一步完善，但目前在对大量的品种进行评比时，其简便、快速、有效性没有其他方法可以代替。虽然所有的评估者的打分不尽相同，但一般来说他们都能基本达成共识，评估者之间打分的相关性表明这种方法是可行的。而且越是有经验的研究者，越能够较可靠地通过这种方法评价出不同草坪的质量差异。

一、草坪外观质量评价要素（图4-2）

草坪的颜色、密度、质地和草坪的均匀性是评价草坪外观质量4个最重要的指标。它们是4个相对独立的变量，从不同的方面反映了草坪的质量特征。通过给各个草坪质量要素分配权重系数而后加权平均的方法来得到草坪质量总分的评价。权重系数的分配是根据各个要素的相对重要性而确定的，其分配方法取决于草坪建植和使用的目的以及草坪生长的环境。

但是，用这4个指标不能得到像草坪的抗践踏性、耐磨性、草皮强度、草坪的生长速度等指标。这些指标需要一些特定的测定方法，只对一些特定草坪才需要加以强调，如运动场草坪。

（一）密度

密度（Density）表明小区内草坪植株的稠密程度，是草坪质量最重要的指标之一。草坪的密度可以通过测定单位面积上草坪植株或叶片的个数而定量测定。高密度的植株对优质草坪而言是很需要的,因为它可以增强草坪对杂草侵袭的竞争力。

草坪的密度随不同的草种、不同自然环境和不同的养护措施而有很大的不同。草坪滋生芽的密度与草坪草种和品种有关。同一种内,不同的变种或品系,其密度也有差异。同一品种播种量不同,密度也表现不同。增加播种量,可以使密度增加。同时,任何一种草坪品种的滋生芽密度也与草坪种植方式、环境条件及一年中的不同时期有关。对于没有匍匐生长特性的草种而言,草坪播种时的播量及播后的不同时期对草坪的密度也是很重要的影响因素。但是,草坪最后的密度取决于养护管理水平和环境条件。即使是大播种量,也会因种间竞争而固定在某一密度范围。充足的土壤水分、较低的修剪高度和施用氮肥通常会增加草坪的滋生芽密度。修剪低矮、管理适当的翦股颖和狗牙根草坪密度非常大。在结缕草中,沟叶结缕草密度最高,细叶结缕草低。有报道说,在匍匐翦股颖果领草坪上,每平方厘米的草坪上,草坪的滋生芽密度高达 1 700 株。密度也是草坪草对各种条件适应能力的尺度,不耐遮荫的草坪草种在树下不能形成高密度草坪,稀疏的草坪很难成为优质运动场草坪。一个种不能抗病或适应外界刺激,那它也不可能形成高密度草坪,而具有强壮匍匐茎、地下茎的草坪草则可形成一个较好的草坪。

(二)质地

质地(Texture)是表示草坪叶片的细腻程度,是人们对草坪叶片喜爱程度的指标。取决于叶片宽度和触感。通常认为叶片越细,质地越好(图 4-1)。1.5~3 mm宽是大多数人所喜爱的草坪草质地。具有良好质地的草坪草,如草地早熟禾等具有狭窄的叶,而高羊茅和地毯草则为质地粗糙的草种类型。紫羊茅和粗茎早熟禾是细质地的草坪草。宽叶的草坪草通常触感硬,窄叶的质地较软。但是,羊茅属则叶细且硬,沟叶结缕草与细叶结缕草也有相似的倾向。野牛草叶片细,但由于叶片上被有大量的毛,触感不好。钝叶草叶片宽但触感很柔和。

养护管理措施,如修剪高度、施肥水平、表层覆沙等都会影响草坪草的质地。例如,匍匐翦股颖和一年生早熟禾当修剪高度从 3.8 cm 下降到 0.8 cm 时,叶片的宽度会降低 50%,叶片的质地也会随着植株的密度和环境胁迫而发生变化。对同一品种来说,密度和质地有一定相关性,密度增加,质地则变细。质地也影响草坪种间混合播种时的兼容性。在进行草坪混播和混合配方时,要使用叶片质地相近的草种和品种,粗质地草种不宜同细质地的草种混合播种,因为两者相结合外观表现不一致,会破坏草坪的均一性。

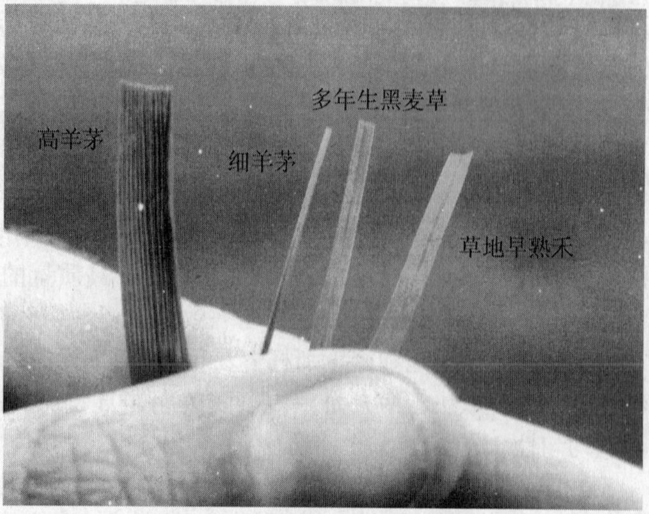

图 4-1　草坪草叶片的质地

（三）颜色

颜色(Color)是人眼对草坪反射光的光谱特征做出的评价。当辐射能投射到草坪表面的时候,某些波长的辐射能被草坪草吸收,而其他一些波长的辐射能被反射。波长范围在 380 ~ 760 nm 的反射光谱作为草坪的颜色被人眼所感受。草坪颜色是表征草坪总体状况最好的指标之一。

不同草坪和品种在颜色上深浅不一,从浅绿、深绿到浓绿。在草坪草发育的早期和晚期,这些差异将更为明显。一年生早熟禾和草地早熟禾在夏季难以在颜色上把它们区分开来,但早春一年生早熟禾的浅绿色很易与草地早熟禾的暗绿色区别开来。假俭草和结缕草的某些品系,秋季叶呈红色,使草坪别具一格。

草坪颜色失绿可能是缺乏营养、病害、虫害、线虫危害、过量的水分、枯萎或其他的环境胁迫的反映。不正常的暗绿色可以是施肥过量或草坪草将发生萎蔫或是患某些疾病的早期征兆。修剪质量也可以影响草坪的颜色,修剪不当,引起叶片顶端参差不齐。修剪频率过低,一次修剪量过多,草坪草只留下钝老的叶片,将给草坪草留下一个参差不齐的茎叶末端,使草坪出现灰白色到灰褐色的坪面。生长抑制剂对草坪生长的控制、修剪次数的减少、草坪含枯叶比率很高、新鲜嫩叶减少,均使草坪魅力降低。

草坪草的颜色是很难定量测定的。因为草坪中含有大量绿色的、棕黄色的、褐色的草叶。草茎以及草屑并不是单一的、均匀的绿色,叶绿素含量指标是在每单位平方分米的面积中测定叶绿素的毫克数的定量指标。这个指标在测定某些植物营养的反应时是有效的,但不能反映诸如修剪、灌溉或遮荫对草坪颜色的影响。草坪草的颜色评价与个人喜好有关。例如,美国人喜欢深绿色,日本人喜好淡绿色,英国人则喜好黄绿色。在我国,大多数人比较喜欢深绿色。

(四) 均匀性

均匀性(Uniformity)是草坪外观上均匀一致的程度,是对草坪草颜色、生长高度、密度、组成成分、质地等几个项目整齐度的综合评价。高质量的草坪应是高度均一,不具裸露地、杂草、病虫害斑块,生育型一致的草坪。相对而言,均匀性的评分较困难。虽然它不像质地和密度那样容易度量,但草坪的均一性是外观质量重要的特征。均一性取决于两方面,一方面是草坪群体特征,另一方面是草坪草着生表面的均匀性。

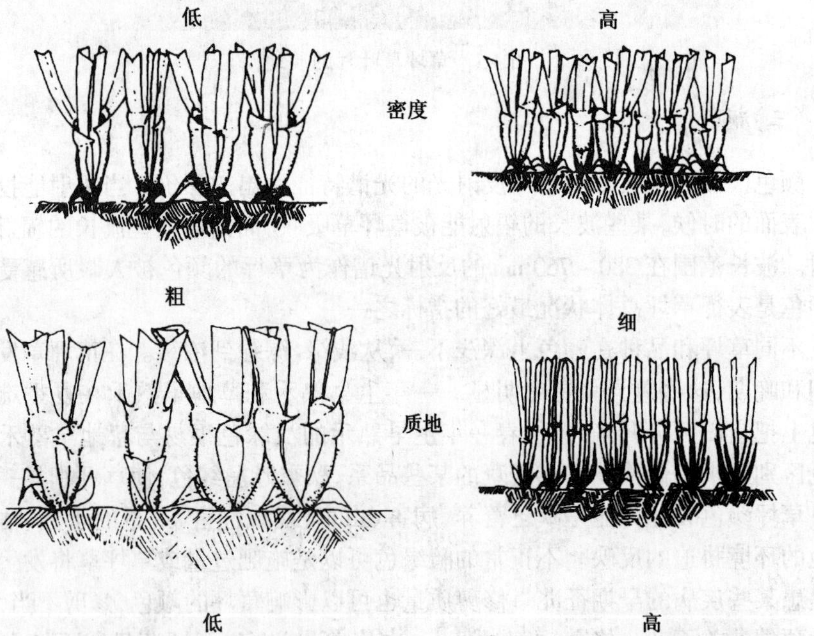

图 4-2 草坪外观质量评价要素

上述的草坪质量要素中的任何一个都会随着草种、品种及栽培措施的不同而变化。任何单个的要素都不能反映草坪的整体质量。例如，草坪仅有高的滋生芽密度并不能说草坪的整体质量就高。同样，某个质量要素的相对重要性是随着草坪建植和使用目的而变化的。由于草坪质量的这些特殊性，到目前为止，草坪质量的外观评分法仍然是最实际、快速并能反映草坪质量的评价方法。

由于表观视觉评分方法具有一定的主观性，所以质量评定最好由几个评价者相对独立地做出。最终的评分等级取这几个评价者结果的平均。这种方法的可靠性与评价者的经验和技艺有关。视觉评分法在一个测试区中有一定的定量性，但要比较不同的地方、不同的年份、不同的评价者之间的结果在某种程度上来说是不太可靠的。尽管有这种限制，到现在为止还没有更好的定量方法可以替代这种方法，所以，在草坪质量评价中，它还会作为主要的方法继续使用。

二、NTEP 草坪外观质量评价法

(一)NTEP 简介

NTEP 是美国国家草坪评比项目(The National Turfgrass Evaluation Program)的简称。随着草坪业的发展，草坪草新品种越来越多，品种性能不断改进。如草地早熟禾由 1968 年的 6 个品种增加到 1990 年的 90 个品种。随后，对这么多品种的颜色、质地、密度、对病虫害的抗性以及对不同的环境胁迫(寒冷、炎热、干旱、遮蔽)的忍耐力和抗践踏能力等众多特性做出评价变得越来越困难。加上不同地区环境条件不同，对草坪品种的评价就更复杂了。尽管统计学上的分析表明，品种之间存在着显著的差异。但是在普通绿化草坪和运动场草坪中，同一草种的不同品种表现很相近。因此，在不同的环境条件下，考察草坪品种对逆境的忍受力时需要一些控制严格的试验。NTEP 项目正是这样的一种试验。

美国国家草坪品种评比项目 NTEP 是在美国全国范围内的草坪品种测试。它是由美国农业部(USDA)农业研究局(Agricultural Research Service)和国家草坪基金会 National Turfgrass Federation (NTF)共同合作的项目。开始于 1980 年，目的在于评价草坪品种在不同的环境条件、养护管理措施和应用情况下的表现。经过 3～5 年的评比才得到参试的草坪品种在不同的区域和养护管理条件下质量的正确评价，不同地区的用户可根据品种比较结果选择草坪草种和品种。到 1993 年，有 550 个以上的品种正式参加了 12 个试验评比项目，涵盖 17 个草坪草种，分别在全美 15～50 个试验点上进行。

NTEP 项目已经成为世界范围内最知名的草坪研究项目之一。涵盖美国 40

个州和加拿大6个省，由大学和研究机构承担。NTEP项目有良好的组织和协调机制，在实验布置、资料收集、分析和形成报告上有基本统一的格式。这些保证了NTEP数据的公正性，因而NTEP的数据被认为是很可靠的。世界上有30多个国家的个人、公司和单位广泛使用NTEP的报告作为草种选择的参考。NTEP的测试结果使我们对草坪草种的表现有了更明确的了解。

(二)评分标准

NTEP评分法是一种外观质量评分法。评分因素考虑草坪颜色、质地、密度、均匀性和总体质量。NTEP采用9分制评价草坪质量。9代表一个草坪能得到的最高评价，而1表示完全死亡或休眠的草坪。

用9分制评分法，1~2分为休眠或半休眠草坪；2~4分为质量很差；4~5分为质量较差；5~6分为质量尚可；6~7分为良好；7~8分为优质草坪；8分以上质量极佳。

以上仅为NTEP评分法的一般原则，实际评分时可以进一步参照以下标准。

1. 密度

在评估正在建植的草坪时，其密度和盖度是紧密相关的。从草坪上方垂直往下看，小区完全为裸地、枯草层或杂草组成时，为1分；盖度<50%时，为1~3分；盖度50%~80%时，为3~5分；盖度80%~100%时，为5~6分；盖度达到100%，由较稀疏到很稠密，为6~9分。

2. 质地

它表示草坪叶片的细腻程度，是人们对草坪叶片喜爱程度的指标。手感光滑舒适、叶片细腻的草坪质地最佳。手感不光滑、叶片宽、粗糙的草坪质地最差。对手感光滑舒适的草坪，叶片宽度为1 mm或更窄，为8~9分；1~2 mm，7~8分；2~3 mm，6~7分；3~4 mm，5~6分；4~5 mm，4~5分；5 mm以上，1~4分。虽然叶片较窄，但对手感不好的草坪，在以上评分的基础上，略减。

3. 颜色

颜色表明整个小区内草坪的绿色状况，是草坪表观特性的重要指标。枯黄草坪或裸地为1分；小区内有较多的枯叶，较少量绿色时，1~3分；小区内有较多的绿色植株，少量枯叶或小区内基本由绿色植株组成但颜色较浅时，为5分；草坪从黄绿色到健康宜人的墨绿色为5~9分。

4. 均匀性

草坪草色泽一致，生长高度整齐，密度均匀，完全由目标草坪草组成，不含杂草，并且质地均匀的草坪为9分；裸地、枯草层或杂草所占据的面积达到50%以上时,均匀性为1分。

5. 总分

在将各要素的评分综合成总分时,通常按以下的标准给不同的项目分配权重:颜色2分;密度3分;质地2分;均匀性2分(表4-1)。

表4-1　草坪外观质量评分标准

指　标	盖度分等	评分	指　标	叶宽分等	评分
草坪密度	<50%	1~3	叶片质地	5~10 mm	1~4
	50%~80%	4~5		3~5 mm	4~6
	80%~100%	5~6		1~3 mm	6~8
	盖度100%,较稀疏到很稠密	6~9		<1mm	8~9
颜　色	休眠或枯黄	1	均匀性	十分均匀	9
	较多的枯叶,少量绿色	1~3		50% 斑秃	1
	较多的绿色,少量枯叶	3~5			
	浅绿到较深的绿色	5~7			
	深绿到墨绿	7~9			

当被评价的小区内草坪生长健康时,通常评分比较易掌握,但是当小区内因病害、虫害、杂草清除后留下斑秃时,评分会变得较不易掌握。如果小区内出现斑秃、枯黄的百分比为 d,健康部分的草坪某一项的得分为 s,则可以用以下线性变换公式得到有斑秃草坪质量 s'。

对于颜色、质地、密度3项,有:

$$s' = 1 + \frac{(s-1)(100-d)}{100}$$

即,当 $d=0$ 时,$s'=s$,

当 $d=100$ 时,$s'=1$

对于均匀度而言,有

$$s' = \begin{cases} 1 + \dfrac{(s-1)(50-d)}{50} & \text{当 } s'>1 \text{ 时} \\ 1 & \text{当 } s'<1 \text{ 时} \end{cases}$$

即当 $d=0$ 时,$s'=s$,当 $d=50$ 时,均匀度为1。这样,线性变换的结果与表4-1的标准一致。

(三)草坪质量评估的原则和技巧

由于目测法是主观评分方法,因此,如果要想获得有意义的评估结果,掌握一些原则和观测技巧对确保评估标准的一致性是很重要的。首先,观测者必须经常巡视需要评价的草坪,从总体上把握它们的质量变化。其次,在观测前,应该参照上一次的评分结果和巡视记录,确定颜色、质地、密度、均匀性等项表现最佳、最差、中等的小区的得分,这样比较容易掌握好一致的标准。草坪在阴影和反光最小的时候,即在阴天进行草坪评估最好。在修剪之前,处理的不同通常是比较明显的。在评估前标出小区的轮廓是有帮助的。如小区很多,通常应集中1天评估以确保评估过程中的一致性。

对于草坪研究人员来讲,照相机也是很重要的工具。相机能记下人眼所观察到的东西,并且这些照片可用做将来参考。在生长季节一般每月记录一次草坪质量评估结果,理想情况是在每月的同一天进行记录。其他资料如冬季颜色、春季返青时间、发病率和虫害都应在适当的时间做好记录,可以在每个季节记录1次或几次。草坪评估和测定必须按照项目计划中的规定进行。

表 4-2 在高养护管理条件下位于美国新英格兰的草地早熟禾国家品种评比试验结果(1994 年)

品种名	颜色	春季返青	草坪质量						
			4月	5月	6月	7月	8月	9月	平均
Limousine	5.0	1.7	6.3	6.7	7.0	6.7	6.3	6.7	6.6
BA-77-279	6.7	3.3	6.0	6.3	6.7	6.7	6.7	6.7	6.5
PST-A7-1877	6.3	6.3	6.7	6.3	6.0	6.0	6.7	6.7	6.4
Cynthia	5.3	5.3	5.3	6.0	7.0	6.7	6.7	6.7	6.4
Barsweet	6.0	3.7	6.7	6.3	6.3	6.3	6.3	6.3	6.4
PST-B8-106	6.0	6.0	6.3	6.3	6.3	6.3	6.3	6.3	6.3
Opal	5.3	4.0	6.0	5.7	6.7	6.7	6.3	6.3	6.3
Livingston	6.3	6.7	6.3	6.3	6.3	6.3	6.0	6.3	6.3

由于我国草坪草育种工作比较落后,草坪品种评价研究起步也较晚。在1988 年,参照 NTEP 形式,对从美国引进的 76 个主要冷季型草坪草品种(包括草地早熟禾、高羊茅、多年生黑麦草等种)进行了生长性能、草坪质量评价,为北方城市发展冷季型草坪新品种提供参考。1998 年开始,在美国 NTEP 专家的帮助下,开展了一个由南京农业大学和中国农业大学共同主持的中国草坪品种试验项目。该项目在国内布置了 12 个试验点,主要依托农业科研院校进行评比,有110 多个参试品种,包括草地早熟禾、高羊茅、翦股颖、多年生黑麦草、紫羊茅、狗牙根等主要草种。另一个是中国种子集团公司主办草坪品种联合评比项目(UTEP),有 8 个试验点,主要依托草坪公司进行,已有参评草坪品种 50 余个。

这些评比项目的开展,对我国草坪品种评价与国际接轨以及了解国外优质草坪新品种在我国不同地区的适应性是很有帮助的。

第三节　草坪功能质量评价

如前所述,草坪的评价依利用目的而不同。作为运动场草坪要考虑其运动功能。如高尔夫球场对草坪的密度和均一性要求甚高,叶宜细而柔软,对平滑度也颇为重视。足球、橄榄球等比赛场的草坪,有鞋底尖钉的践踏;赛马场的跑道,有马蹄踏铁的践踏,因此,这类草坪的耐践踏性是很重要的。草坪的功能质量不仅受以上讨论的外观特性的影响,而且也受到草坪的刚性、弹性、回复力、再生力等的影响。

一、刚　　性

刚性(Rigidity)是指草坪叶片对外来压力的抗性,它与草坪的耐践踏能力有关,是由植物组织内部的化学组成、水分含量、温度、植物个体的大小和密度所决定的。结缕草和狗牙根草坪的刚性强,可以形成耐践踏的草坪;草地早熟禾和多年生黑麦草草坪刚性则差一些;而匍匐翦股颖和一年生早熟禾刚性更差;粗茎早熟禾最差。

刚性的反面是柔软性。只要具备一定的耐践踏能力,柔软则也许是某些草坪所希望的特征。这主要取决于草坪的用途和使用强度。

二、弹　　性

弹性(Elasticity)是指草坪叶片受到外力作用下变形、在消除应力后叶片恢复原来状态的能力。这是草坪的一个重要特性指标。因为大多数情况下,由于管护和使用等活动的原因,草坪不可避免地有不同程度的践踏。在初冬季节,在清晨有霜冻发生时,草坪叶片的弹性急剧降低,此时应禁止一切草坪上的活动,此时践踏草坪的脚印造成的损伤是无法恢复的。当温度升高以后,草坪草的弹性会得到恢复,早上喷灌可加快这一进程,尤其在高尔夫球场果领上。

三、回　弹　力

回弹力(Resiliency)或韧性是草坪吸收外力冲击而不改变草坪表面特性的能力。草坪的回弹力部分受草坪草叶片和滋生芽特性的影响,但主要受草坪草生长介质特性的影响。如草坪上保留适当的枯草层和类似草垫层的物质能增加草坪的回弹力。土壤类型和土壤结构也是影响草坪回弹力的重要因素。高尔夫场果领的草坪应具有足够的回弹力,以保持住一个恰当的定向击球。足球场草坪的回弹力对防止运动员受伤是非常重要的(图 4-3)。

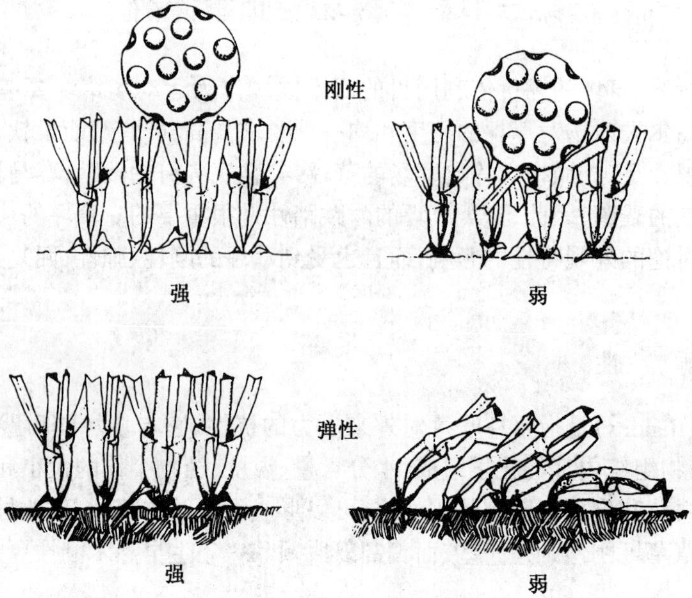

图 4-3　草坪功能质量评价的刚性

四、再　生　力

再生力(Recuperative capacity)是指草坪受到病害、虫害、踩压及其他因素损害后,能够恢复覆盖、自身重建的能力。它受植物遗传特性、养护措施、土壤与自然环境条件的影响。土壤板结,施肥、灌溉不足或过量,温度不适宜,光照不足及土壤存在有毒物质和病害都可影响草坪草的再生能力。有利于草坪草生长的环境条件也有利于草坪草的再生与恢复。

由此可见,运动场草坪对功能质量如刚性、弹性、回复力和再生力有特殊要求。通常所说的耐践踏性是以上几个指标的综合反映。

第四节　其他的测定要素

一、草 皮 强 度

草坪强度(Sod strength)是指草皮耐机械拉力而不被撕裂的能力。它是草皮卷生产中最重要的特征指标。在草皮生产中，如果草皮的根系、地下茎或者匍匐茎还没有充分发育，就无法铲取进行装卸和移栽。对业余人士来说，测试草皮强度的办法通常是抓住草皮块的一头提起离开地面看草皮是否会撕裂。更定量化的测定草皮强度的方法是可用草皮强度计。这种草皮强度测定法是给草皮块施加一个均匀一致的拉力直到将草皮撕裂。它可以用来比较不同的草种、品种及某种特定的草皮栽培措施对草皮强度的影响。

二、平　滑　度

平滑度(Smoothness)是草坪的表面特征，是运动场草坪品质的重要因素，对果领而言尤其重要。果领上应该没有使球滚动发生偏移的障碍和凹陷。平滑度差的草坪将降低球滚动的速度和持续时间。草坪草叶片生长特性和平滑度可以根据表观评估看球滚动的距离及是否偏向来评价。关于草坪平滑度，还没有完善、快速、准确的测定方法。但有一些试验性的方法用于测试草坪表面的摩擦度。较准确的方法是斜面法。这种方法是在一定的坡度、长度和高度的助滑道上，把球向下滚动，记录滑过草坪表面球运动状态以确定草坪平滑性。该方法仅限于测试有相似的、均匀坡度的草坪果领表面，它对风速的影响和方向很敏感。然而，具有相同表面的场地是很难获得的，试验用球也不可能完全一致，因此这种方法也有一定的局限性。

三、生　长　型

生长型(Growth habit)是描述草坪草枝条生长特性的指标，包括丛生型、根茎型和匍匐茎型3种类型。严格地说，生长型并非草坪质量的独立指标，而是影响草坪质量的一个重要因素。

丛生型草坪草主要是通过分蘖进行扩展，在播种量充足的条件下，能形成一致性强的草坪。但在播量偏低时，则形成分散独立的株丛，导致不均一的坪面。多年生黑麦草、高羊茅、早熟禾均属此例。

根茎型草坪草是通过地下茎进行扩展，由于根茎末端是在远离母株的位置长出地面，地上枝条与地面趋于垂直，因此强壮的根茎型草坪草可形成均一的草坪。

匍匐茎型草坪草是通过匍匐茎的地上水平枝条扩展。匍匐茎在某些部位常产生与地面垂直的枝条，因此，在修剪度较高的条件下，修剪会产生明显的“纹理”现象，进而影响草坪的质量。

叶片的直立或水平伸展对草坪质量也有一定影响。直立型草坪草能形成小波状起伏的草坪,因此,草坪外观不乱,不改变足球的旋转方向,对于运动场草坪来说是较为理想的。狗牙根、匍匐翦股颖是匍匐型的草种,其抗修剪性强。草坪中出现斑秃时,在含有匍匐茎草种的情况下,可因匍匐茎的扩展而得到修复。

四、生长速率

生长速率(Growth rate)指生长期间草坪草干物质积累的快慢。生长期内草坪草干物质的产量并不真正代表草坪的质量。干物质的产量可以反映草坪滋生芽的生长速率以及它对肥料施用的反应或环境要素状况的反应,但它并不是草坪叶片质地、滋生芽密度的可靠指标。一块草坪可能有很高的干物质产量,但其滋生芽的密度、草坪草叶片质地以及根系却很差。生长速率快,并不表明草坪就具备抵抗杂草侵袭后从损害中恢复的能力很强。实际上,如果在草坪密度、颜色和均一性不受损害的情况下,中等程度的生长速率是最好的。草坪具有中等程度的生长速率比具有快速生长速率的草坪处于更健康的状况。因为过多滋生芽的生长消耗了植物碳水化合物的积累,削弱了根系生长及再生的潜力。

在某些情况下,还包括其他的草坪质量测定项目。如根系深度、根量、植物组成、植株高度、修剪量、病害和裸地斑块的比例等,也可以提供关于草坪质量及活力的附加信息。

第五节　草坪质量的影响因素

在特定的条件和养护管理措施下,通过了解草坪质量的表现,可以了解草坪草的许多特性。草坪的其他重要特性,如抗寒能力、抗旱能力、抗热性、抗病性、建植速度等都可以通过表征草坪质量的一个变量或几个变量得到反映。但它们本身不是草坪质量指标,而是草坪质量的影响因素。

草坪质量的各个要素是:①草坪草植物遗传特性的表现;②受环境条件控制的;③是内部生长发育、生理过程、生物化学过程的外部表现。这些遗传的或者环境的因子都可以称之为草坪草质量的影响因素,大体可以分为两大类因子。

第一类控制因子是草坪草品种的遗传特性。包括①对病害、虫害、线虫的敏感性;②耐磨性;③对高温、干旱、水淹、遮蔽、盐分等的耐受性;④受损后的再生能力等。专业草坪工作者应该考虑草坪草的这些遗传特性以便选择适应不同的气候环境、土壤、使用目的以及养护管理程度的恰当的草坪草种或品种。不同的种或同种的不同品种之间,耐性或抵抗力的程度有很大的不同。这些遗传特性的变异范围给我们进行草坪草种的改良提供了种质资源或基因库。

第二类影响草坪草质量表现的因素包括环境中的大气、土壤以及生物因素，它们影响草坪草品种的生长和生存。这些因素包括光照、温度、水分、营养水平、土壤孔隙和践踏强度。

这些影响因素至少部分地可以通过养护管理得到控制。本书的主要篇幅正是要致力于详细讨论控制草坪质量的各个因素的作用。

第六节 草坪养护管理水平

建植和维持一定质量水平的草坪所包括的所有栽培管理措施与活动统称为草坪管理(Turfgrass management)。一个草坪管理方案是主要管理措施、辅助管理措施、病虫害防治、草坪建植方法技术等的综合。草坪质量不如意一般是由于管理不善造成的。如选择的草种不适合当地的气候和土壤条件；选择的草种不适合某种特定用途；草坪建植水平低；主要的养护管理措施如修剪、施肥、灌水等养护方案不合理；辅助栽培管理措施不适当；选择和施用农药有错误等。

一、养护管理强度的影响因素

不同类型的草坪需要不同的养护管理强度(Management intensity)。选择什么样的管理措施及管理强度取决于以下几个方面：草坪的用途；要求的草坪质量水平；当地的环境条件；实施管理计划可用的资金。

应用管理措施和管理强度的一个最重要的决定因素是修剪高度(图 4-4)，其他养护管理措施是否应采用及其强度也主要取决于修剪高度。一般来说，随着养护管理强度的增加，修剪高度降低，修剪频率增加。当修剪高度降低时，养护

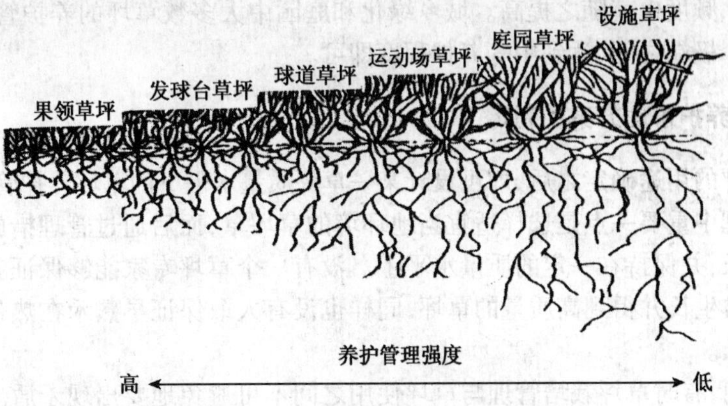

图 4-4 草坪修剪高度与管理强度的关系

管理强度会增加或者增加新内容，包括施肥、灌溉、耕作、辅助管理措施、病虫杂草控制、建坪前土壤特别处理、精心选择草坪草种等。草坪的用途不同，在修剪高度上有很大差异。一些功能性设施草坪（如高速公路和堤坝护坡草坪）一年中修剪三四次，高度在 15 cm 左右或更高；而高尔夫球场果领的草坪务必剪割得极低，以便高尔夫球员击球，其修剪高度可低于 0.5 cm，需要每天修剪。要得到这样好的草坪，需要经常修剪、灌溉、施肥和用农药处理，还必须定期采取其他养护措施。高尔夫球场果领草坪是养护管理强度最高、最精细的草坪。在公路两旁的草地，通常很少管理。它的主要功能不是审美而是实用，是为了防止土壤侵蚀。当车以时速 90 km 的速度经过草坪，人们根本意识不到草坪的密度和均匀性。这种实用类型的草坪通常一年只剪割 2 或 3 次，几乎从不施肥和浇水，可以说是粗放的草坪养护地区，通常不必提高养护强度以获得更好的质量。

在确立一个草坪栽培管理系统之前，首先要明确所建草坪的用途。如果草坪是用做水土保持的，所需的管护措施和管理强度相对较低。例如公路沿线的护坡草坪，建坪后只需要偶尔修剪。如果要求草坪显得更加美观，如庭园草坪，则需要增加管理强度，以保证草坪达到一定的质量水平。许多观赏性草坪，一般每周都要修剪，整个生长季节需要施用几次肥料；需要经常灌溉以保证草坪颜色和正常生长；每年进行耕作以控制枯草层，必要时需喷洒农药以控制病虫、杂草的危害。最后，如果草坪的用途是用做人们的娱乐活动，这类活动的性质就在很大程度上决定了草坪的养护管理强度。因为体育活动的强度和对草坪的践踏利用强度不同，管理措施也就有所不同。运动场草坪包括高尔夫球场果领、发球区、球道和其他用于体育活动的草坪。它们通常需要更低矮、更频繁的修剪，比起观赏型庭院草坪来说，它们受到的践踏也更强烈，相应地，各种栽培措施的数量、强度、频度也就随之提高。城乡绿化和庭园中大多数草坪的养护管理强度，介于两个极端之间，达到中等养护程度即可。

二、养护管理方案的制定

草坪的用途确定之后，即可设计某一草坪质量水平下的草坪养护管理方案。草坪管理中重要一点是选择适宜当地环境的草坪草，而后通过管理措施来维持草坪生长，并保持在一定的质量水平上。没有一个草坪专家能够保证狗牙根在寒带正常生长并得到高质量的草坪，同样也没有人敢保证早熟禾在热带气候下正常生长。

然而，有时草坪栽培管理与草坪使用之间不可避免地要出现矛盾。草坪在通气良好、水分充足、营养丰富的土壤中生长最好。然而许多草坪（如运动场草坪）不可避免地遭受践踏，践踏造成了土壤紧实并引起草坪草的磨损。若要草坪低矮，使用后快速恢复生长，并成为致密的草坪，往往会导致植物不抗胁迫，易得病害。降低修剪高度，达到较高植株密度也需要加强施肥、灌溉、病虫防治、清除杂草和耕作管理。每一项措施的增加，是由于草坪生长中遇到的问题及其严重程度增加了，因而养护管理出现错误的可能性也增加了。所以，草坪管理也包括了根据现有的条件，确定能够达到的草坪质量水平，制定能够达到和维持这一水平的综合养护管理方案。在已建成草坪的地方，需要重新考虑原有的草坪是否适应将要进行的养护管理强度。如不适应，则进行补播适当的草坪草种或全部更新。

要测试草坪种植点的环境条件以评价是否符合所需的用途。用原土壤建造的果领可能不能承受相应践踏强度，特殊的建造技术和精细的土壤混合比例对保证果领草坪维持其运动与功能质量是必要的。

如果选择的地点合乎要求，选择的草坪品种适宜，就可以设计出任何管理强度下的草坪养护管理方案来。要得到一块质量合格的草坪，关键取决于管理人员的技能。随着养护管理强度的增加，对管理人员的技术水平和实际能力的要求也就会提高。一个专业管理人员必须有丰富的实践经验、坚实的理论基础和较强的实际操作技能，在大型的草坪管理事务中，还需要有一定的人事管理能力，才能达到所需的目标。但是，有时由于严格的预算限制，即使草坪管理人员技术熟练，也不能获得期望的质量。

习　题

4.1　草坪外观质量的评价要素包括哪些？

4.2　什么是 NTEP？其草坪评分标准是什么？

4.3　至少列举并解释 4 种草坪质量功能标准。

4.4　影响草坪质量的因素有哪些？请简要叙述。

4.5　影响草坪养护管理强度的因素有哪些？

4.6　如何在不同的条件下制定合理的草坪养护管理方案？

草坪建植与养护管理篇

第五章 草坪建植

【教学目标】

1. 掌握草坪草种及品种选择的依据。
2. 掌握种子质量和标签认证的内容。
3. 掌握草坪混播的原则和方法。
4. 熟悉草坪的各种建植方法。
5. 掌握新建草坪的养护管理要点。
6. 熟悉草坪更新的步骤和方法。
7. 掌握草坪覆播的原则和方法。

在草坪管理中遇到的许多问题常常与草坪建植过程中的失误或疏忽有关，如草坪中杂草、病害严重、排水不良、修剪秃斑、草坪退化等，有时是由场地准备或建坪步骤不当引起的。草坪建植包括草种选择、场地准备、种植和植后管理4个阶段。

第一节 草坪草种选择

草坪草种的选择(Turfgrass variety selection)是建坪时需要考虑的首要问题，它不仅对草坪建植有重要影响，而且还将关系到未来养护管理的一系列问题。草坪草的质量表现及对杂草、病虫等危害的抗性往往反映了某个草种的遗传特性及其对环境的适应程度。

一、草坪草种的选择依据

影响草坪草种或品种选择的因素很多。首先要在了解各类草坪草种生态习性的基础上，再根据当地的气候、光照、用途及管理水平等条件，进行综合考虑后加以选择。一般来说，需要考虑以下5个方面：

(1) 对草坪的质量要求。它主要由草坪的使用目的决定，包括草坪的颜色、质地、均一性、绿色期、高度、密度、耐磨性、耐践踏性和再生力等。

(2) 各草坪草种的特性。要了解满足建坪质量要求或者草坪使用目的的候选草种。

(3) 环境适应性。其中主要包括气候适应性和土壤适应性。前者主要指抗热、抗寒、抗旱、耐淹、耐荫等性能，后者主要指耐瘠薄、耐盐碱、抗酸性等性能。

(4) 对病虫害的抗性。

(5) 所需的养护管理强度、预算等。养护管理包括修剪、灌溉、排水、施肥、杂草控制、病虫害控制、生长调节剂使用、打孔通气、滚压、枯草层处理等许多措施。必须考虑所需的养护管理水平与现实的养护管理水平是否协调，以此作为对设定的草坪质量要求是否合适的评判依据。图5-1给出了草坪草种选择应该遵循的流程和方法。

对草坪的质量要求或者草坪的使用目的是草坪草种选择的出发点；而各草坪草种的特性，包括对病虫害的抗性是实现草坪使用目的的生物学前提；草坪草的环境适应性是其生态学前提；所需的养护管理强度、预算或者养护管理成本是实现草坪使用目的的经济基础。它们之间是相互影响、紧密联系的。科学的草坪草种选择必须将它们作为相互关联的统一体看待。

选择草坪草种首先要考虑草坪的用途。用于水土保持的草坪,要求草坪草速生,根系发达,能快速覆盖地面,以防止土壤流失,同时还要粗放管理。而运动场草坪草则要求有低修剪、耐践踏和再生能力强的特点。观赏性草坪则选择质地细腻、色泽明快、绿期长的草坪草。高尔夫果领必须选择能承受 5 mm 以下的修剪高度。因此,在我国北方通常选用匍匐翦股颖,而南方则选用杂交狗牙根来建植果领。

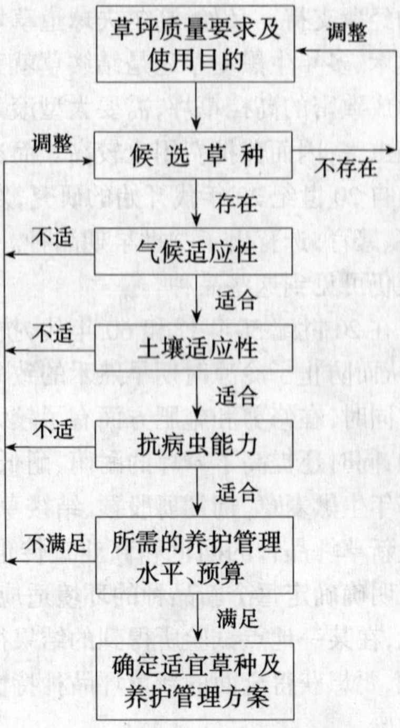

图 5-1 草坪草种选择的一般原则和方法

气候条件是影响草坪草适应性最重要的生态因素。例如,在冷季型草坪草中,草坪型高羊茅抗热能力较强,在我国东部沿海可向南延伸到上海地区,但是向北达到黑龙江南部地区即会产生冻害。多年生黑麦草的分布范围比高羊茅要小,其适宜范围在沈阳和徐州之间的广大过渡地带。草地早熟禾则主要分布在徐州以北的广大地区,是冷季型草坪草中抗寒性最强的草种之一。正常情况下,多数紫羊茅类草坪草在北京以南地区难以度过炎热的夏季。暖季型草坪草中,狗牙根适宜在黄河以南的广大地区,但狗牙根种内抗寒性变异较大。结缕草是暖季型草坪草中抗寒性较强的草种,沈阳地区有天然结缕草的广泛分布。野牛草是良好的水土保持用草坪草,同时也具有较强的抗寒性。

光照对草坪草的选择也有重要影响。一般来说,多年生黑麦草、草地早熟禾、狗牙根、日本结缕草不耐荫,高羊茅、匍匐翦股颖、马尼拉结缕草在强光照条件下生长良好,但也具有一定的耐荫性。钝叶草、细羊茅类草坪草则适宜在树荫下生长。

管理水平对草坪草种的选择也有很大影响。管理水平包括技术水平、设备条件和经济水平 3 个方面。许多草坪草在修剪低矮时需要较高的管理技术,同时需要用较高级的管理设备。例如,抗旱、抗病的狗牙根在管理粗放时外观质量较差,但如果用于建植体育场,在修剪低矮、及时的条件下,可以形成档次较高的草坪。此时,也需要有档次较高的滚刀式剪草机和较高的管理技术,还需要有足够的经费支持。又如,高尔夫球道草坪草是选择匍匐翦股颖、耐低矮修剪的草地早熟禾、多年生黑麦草还是结缕草就完全取决于经费支持。匍匐翦股颖质地细,可形成致密的高档草坪,需要大型滚刀式剪草机,需要较多的肥料及时灌溉和防治病虫害,因而养护费用也较高。而选用结缕草时,养护管理费用会大大降低。

自20世纪20年代开始的研究,发现了较为适宜果领的草坪品种,后经试验观察、繁育,选育出了一批早期品种。目前,在早期建植的高尔夫球场和其他草坪上仍可见到这些品种。

在20世纪50年代和60年代,抗病性强的草地早熟禾品种用于草坪建植中,从而防止了冷凉时期早熟禾的致命病害,对草坪的栽培与发展产生了重大影响。同时,在修剪和施肥方面有了较大的灵活性。近年来,培育了很多新的抗病品种,同时还提高了草坪的耐荫、耐低修剪、耐踩踏等特性。其他类型的草坪草如多年生黑麦草、匍匐翦股颖、结缕草、狗牙根等也有了更优良的栽培品种。但大量新草坪品种的问世和商业宣传也引起了某些混乱,使得很多人眼花缭乱。为了明确确定每个新品种的环境适应性和栽培条件,需要大量的资料。更进一步说,在某一地点试验所得到的结果往往和几百里外的其他地点的结果不一致。因此,要想获得全面的新草坪品种特性资料,需要做大量的工作和多年的品种评价试验。

对于草坪草的生物学特性,国外的研究者进行了大量的研究,这些研究结果对草坪草种的选择有重要的参考价值,它们在许多出版物上均可得到。在进行我国的草坪草种选择时,对其生物学和生态型特性的了解,可以直接借鉴和引用这些研究成果。而对于草坪草对我国生态环境(气候、土壤)的适应性,则需要更多的试验研究,如引种、筛选以及品种评价等。

有关常见草坪草种的主要生物学和和生态学特性比较,请参见附表2。

二、草坪草混播

草坪草混播是指把2种或2种以上的草种混在一起(Mixture)或同一草种的不同品种混在一起 (Blending)的播种方法。在技术上,合理混播可以提高草坪的总体抗性,如可提高草坪的耐荫、耐踏、耐磨、耐低矮修剪等特性,还可延长绿期、提高草坪受损后的恢复能力。生产上,在不了解草坪生态特性的情况下,采用混播可以实现草种间的优势互补,提高草坪建植的成功几率。近年来,我国草坪业发展很快,混播草坪越来越多,但常常出现很多问题,不能达到所期望的目的。例如,习惯上采用草地早熟禾、紫羊茅和多年生黑麦草混播可迅速覆盖地面,起到保护作用。但最后结果常常形成以黑麦草为主的草坪,有时草坪中几乎见不到早熟禾的存在。下面是草坪草混播的原则、依据以及草坪草混播中应注意的问题。

(一)草坪草混播原则

草坪草混播不是简单地把草种混在一起播种,而应有一定的原则和依据标准。在选择混合草种时应遵循下列原则:

1. 目的性

为了提高草坪的抗病性,常把对不同病害抗性较好的草坪草种或品种放在一起混播。如某些草地早熟禾品种抗褐斑病较好,但抗锈病能力差,秋季易发生锈病,可以选择另外的抗锈病品种混合建坪,这样可提高草坪的总体抗病性。再如,在疏林下建坪时,由于树木分布不匀,树冠大小、遮荫不同,单一草坪草种很难适应各种场合,因而可在某一主导草种内加入耐荫种。例如,紫羊茅是常见的耐荫草坪种,在草地早熟禾或黑麦草内加入一定比例的紫羊茅可提高草坪耐荫性。

2. 兼容性

不同草坪草混播后形成的草坪应该在色泽、质地、均一性、生长速度等方面相一致。即不同混合草种之间要有相互兼容的特性。例如,参与混播的草坪草在叶片颜色(遗传色)上深浅要基本一致。从美国进口的大多数改良早熟禾品种颜色较深,与老的早熟禾品种如公园、新港的浅绿色很难一致,两者混播后,草坪草色泽深浅不一,影响观赏质量。

草坪草的叶片质地也有较大差异,如很粗与很细的草坪草混播则不适宜,特别是以细质地为主的草坪中有少数粗质地的草坪草,则粗质地草坪草在草坪中很像是杂草。

3. 生物学一致性

混播草坪的生态习性如生长速度、扩繁方式、分生能力应基本相同。有的草坪草分生能力很强,如翦股颖、马尼拉、狗牙根等,与其他类型的草坪草如黑麦草、早熟禾混播,最后会出现块斑状分离现象,使草坪的总体质量下降。生长太快与生长太慢的草种混播也易产生参差不齐的感觉,使草坪的观赏性大大降低。

4. 主导性

在考虑草坪草混播时,应该首先确定最终结果是什么,得到的草坪应该以什么样的草坪草为主。一般情况下,早熟禾类草坪草发芽速度慢,建坪期间管理难度大,较易出问题。如果用少量的黑麦草(占20%以下)混播,黑麦草先出苗、速生,可以起到保护作用,有利于早熟禾在草坪中的发芽出苗,但最终成坪应以早熟禾草坪草占主要比例。

(二)草坪混播的依据

在草坪混播原则的基础上,主要应依据草坪草的生态特性选择混播品种。其主要依据有:

1. 分生方式与竞争能力

高羊茅与黑麦草主要靠分蘖来扩繁,其竞争能力是有限度的。要得到以高羊茅和黑麦草为主的草坪必须加大播种量。但某些草坪草的分蘖能力和竞争力很强,参与混播时,所占比例不应太高。匍匐翦股颖类、狗牙根类草坪草地下根茎和地上匍匐茎较发达,分生能力特别强。因而单播时播种量较少,与其混播时也难以达到预期目的。

2. 叶片质地

草坪草种和品种不同,叶片质地有较大差异,参与混播的草坪草的质地应该接近,否则难以兼容。

3. 遗传色

一般情况下,老的草坪品种色调较浅,新的品种色调较深。从欧洲进口的草坪草的颜色较浅,从美国进口的草种颜色则较深。深浅不一的草种不应混播建坪。

4. 耐荫性能

草坪草的耐荫性在某些情况下是选择草坪草的主要依据之一。耐荫草坪草参与混播,可适应树下及背荫的环境。

5. 其他

其他指标如绿期、抗性(抗病、抗旱)、耐践踏等指标,在某些情况下也应该考虑。

总之,要建好混播草坪,首先要选择好混播草坪草种并确定其比例。这应该在了解草坪品种及品种特性的基础上进行。而草坪草的特性评价应该通过定点试验获得,商业公司提供的宣传资料仅供参考。

(三)草坪混播中的问题

1. 高羊茅类草坪草与其他类草坪草混播建坪

高羊茅类草坪是冷季型草坪草中较抗热、抗旱、抗虫、抗践踏的草种。但其缺点是质地较粗、生长较快、丛生,同其他类型草坪草混播并不能明显提高草坪抗性。由于竞争力较强,又具丛状生长特性,高羊茅比例少时,在草坪上常表现出植株高大、丛生,而使草坪均匀性及感观质量降低,形成草坪上的"杂草"。某些情况下,高羊茅也同其他类型的草坪草如黑麦草、早熟禾等混播,用做体育场草坪,可以提高草坪的抗践踏性能。利用早熟禾较强的蔓延能力可以填补踢球在草坪上留下的秃斑,这时播种量要加大。

2. 早熟禾与黑麦草混播

黑麦草与早熟禾的质地较接近,为两者混播提供了条件,使黑麦草的速生与早熟禾的慢生达到互补效应。实际上,两者混播的最终目的是为了得到均匀一致的、高质量的早熟禾草坪。然而,在实践中有时难以达到目的。这主要是管理措施失误和混播比例不当引起的。一般情况下,黑麦草所占比例(重量比)不能超过20%,对某些分蘖能力强的黑麦草品种则不能超过15%。否则,黑麦草比例太高,初期比早熟禾生长得快,易使早熟禾被挤掉或在成坪中占的比例很少。另外一个关键环节是对黑麦草提前进行低矮修剪(2.5 cm以下),以保证早熟禾幼苗正常发育所需要的光照条件。

3. 紫羊茅与黑麦草或早熟禾的混播

紫羊茅具有很强的抗旱及耐荫能力,但不耐高温且怕湿。与黑麦草和早熟禾混播则可提高草坪的耐荫性能。但是,在强光照、高温、高湿条件下紫羊茅则难以生存。因而,在无遮荫的广场绿地上建植草坪,加入紫羊茅是一种浪费。

4. 翦股颖与其他类型草坪草混播

翦股颖质地纤细,分生能力极强,特别是在大肥、大水的情况下,能很快成坪,但要求及时修剪且修剪低矮。如同其他类型草坪草混播易产生斑块状,使草坪观赏质量降低甚至成为杂草。早熟禾、黑麦草和高羊茅在翦股颖草坪中都是杂草。

5. 暖季型草坪草同冷季型草坪草混播

尽管为了保持暖季型草冬季绿色,常用黑麦草覆播,但这都是在暖季型草基本进入冬季休眠状态下进行。冷季型草坪一般难与暖季型草坪混播。夏季暖季型草一般生长很好,并要求施用足够氮肥,此时冷季型草则处于不适期,一般不可施过量氮肥。因为高羊茅与结缕草质地相似,有人提出用两者混播建坪。

6. 暖季型草坪草间的混播

马尼拉、结缕草和狗牙根生态习性差异很大,竞争能力也有很大不同,在草坪中易分离成斑块状。因而不易混植或混播,否则会严重降低草坪的总体质量。

（四）单一种植与混合种植

单一种植指单一品种的草坪建植方式。混合种植即同类草坪草不同品种之间的混播建植草坪。对于单一种植，可以达到较高的草坪均一性，人们所关心的是它的环境适应性。在同一草坪上，不同位置的光照、湿度、温度、施肥、土壤通气性和践踏等变化很大，任何一种草坪草在某一地方超过了适应范围，草坪的质量都会不可避免地下降。由于草种的遗传特性是异质的，不同品种对病害的抗性不一样，因而疾病对单一草坪质量会有严重的影响。为了解决这一问题，最好选用不同品种之间的混播。

当不同品种混播时，要选择对当地主要病害具有抗性的栽培品种；保证所选择的各品种间外表特征相近，如可能的话，竞争也要相近；至少要选择一种可适应于当地立地条件的栽培品种（如中度耐荫、耐碱性土壤等），最好 3 个栽培品种予以混合。

三、种子质量和标签认定

种子质量和质量监督体系是确保市场上获得高品质草坪草商品种子的关键，这对整个草坪业的发展至关重要。在美国、加拿大、欧洲等发达国家和地区，都制定和完善了相应的草坪草种子质量检测、监督体系和法规。

影响种子质量的主要因素是纯度和活力。纯度（Mechanical purity）是指某一种或某一栽培品种种子中含纯种子的百分率。当纯度小于 100%时，另外的就是杂质（谷粒、砂粒等）、杂草种子和其他作物种子等。活力（Viability）是指活种子的百分率或在某一标准实验室条件下的发芽率。纯度和活力的乘积就是纯活种子百分率。例如，某一种子纯度是 90%，活力是 75%，则纯活种子是 67.5%。用每千克种子的费用除以纯活种子百分率，然后再乘以 100，则可得到每千克种子中纯活种子实际费用。利用这些简单的计算可以比较种子的实际价格。

表 5-1 中列出了不同草种允许的最低纯度和发芽率。另外，还列出了每克种子的大约粒数。用每千克种子的数量乘以纯活种子百分率可得到每千克种子中纯活种子数量。例如，某一草地早熟禾每千克的种子数是 4.9×10^6，纯活种子百分率是 67.5%，则每千克种子中实际活种子数是 3.3×10^6。如果以 97.5 kg/hm^2 的比率均匀播种种植的话，每平方米则有 31 935 个能存活的种子。但是，这并不意味着能长出 31 935 株幼苗，还要考虑称为苗期致死率的因子。如前所述，种子的活力是在标准实验室条件下所获得的，大田中种子出苗和活力一般要比实验室内低。其原因是在种子测定到播种期间存在种子活力下降的问题；另

外，播种太深不适于种子发芽和幼苗生长；或温度不适宜和水分不足所引起的幼苗死亡；在幼苗期由于病害、土壤侵蚀、踏踩或杂草等因素也可引起幼苗死亡。

表 5-1 草坪种子质量特征和播种量

草坪草	每克种子数/（粒）	播种量/（$kg\cdot hm^{-2}$）	最低纯度（以重量计）/%	最低发芽率（以数量计）/%
斑点雀稗	360	291.6～388.8	70	70
细弱翦股颖	18 000	24.3～97.2	95	85
匍匐翦股颖	14 000	24.3～72.9	95	85
红顶翦股颖	11 000	24.3～97.2	90	85
绒毛翦股颖	24 000	24.3～72.9	90	85
普通狗牙根（未去壳）	3 900	48.6～72.9	95	80
加拿大早熟禾	5 500	48.6～97.2	85	80
草地早熟禾	4 800	48.6～97.2	90	75
粗茎早熟禾	5 600	48.6～97.2	90	80
野牛草	110	145.8～291.6	85	60
地毯草	2 500	72.9～121.5	90	85
假俭草	900	12.2～24.3	45	65
紫羊茅	1 200	145.8～243	95	80
细羊茅	1 200	145.8～243	90	80
高羊茅	500	194.4～388.8	95	85
一年生黑麦草	500	194.4～291.6	95	90
多年生黑麦草	500	194.4～388.8	95	90
球道无花雀稗	700	145.8～243	85	80

（一）种子纯度

不同类型的草种允许的最低纯度相差很大。种子纯度是以重量为基础的，表 5-1 中的种子纯度最低是 45%，最高是 95%。种子的纯度受生产种子的方式、种子清理和加工工艺的影响很大。

杂草和其他作物种子对草坪种子的污染是值得重视的问题。污染程度取决于杂草种子的种类和数量。虽然大部分阔叶杂草发芽后对草坪的外观质量影响很大，但在苗期很容易用除草剂来控制。至于一年生杂草，如必要时也可通过施用芽前和芽后除草剂控制。但是用除草剂控制多年生禾本科杂草则难度很大。因而，匍匐翦股颖、高羊茅、黑麦草在其他草坪品种中即使数量不多也可以是恶性杂草，特别是一年生早熟禾和翦股颖会大大降低草坪质量。

种子中其他杂质的量可反映出从田间收获种子后选种的细心程度。种子通过适宜孔径的筛网和吹风机械后几乎不含杂质。处理过程中所遇到的最大困难是把大小相同或小于草坪种子的杂草种子清除掉。由于一年生早熟禾和粗茎早熟禾与草地早熟禾种子大小相似,很难把它们从草地早熟禾中清除掉。由于翦股颖种子体积小得多,可夹在草地早熟禾的外颖之间,也很难与早熟禾分离开。要想得到纯度高的种子,最好的方法是田间对杂草进行细致监测与控制。

(二)种子的活力

具有活力的种子是指那些能正常发芽出苗的种子。因此活力与发芽能力是相一致的。种子的活力在生理成熟期最高(收获后几个月内),随着时间的延长活力下降。活力下降的速率取决于环境条件,干冷条件下贮存有利于延长种子的活力。活力下降还与下列因素有关:收获和处理过程中所造成的机械损伤、处理中是否已把发育不良的种子除掉、生长条件是否适宜、有无病虫损伤等。

不同草种和品种活力种子的百分率差异很大。表 5-1 中列出了各草种的最低发芽率。发芽率不像纯度那样以重量为基础,它是以某个供试样品中发芽的种子数量来计算的。

(三)种子标签

附在包装袋上的标签对于评价种子质量具有非常重要的作用。标签上标明了袋内每个草种或栽培品种的重量,种子纯度与杂草种子、作物种子、其他杂质的百分数,这些数据相加之和必须是 100。这些数据是通过抽样检测得到的。草坪草种不同抽样的数量也有所不同。一般翦股颖的抽样数量为 0.25 g,草地早熟禾为 1 g,细羊茅为 3 g,高羊茅和黑麦草为 5 g。对于进口种子,如果种子公司所在地政府法律没有明确规定,一般标签上不列出特殊杂草种子和其他作物种子的数量。如果必须标明时,恶性杂草数量是用以上取样数量的 10 倍进行测定而得的。对农作物有害的杂草,对草坪不一定有害。由于把翦股颖、黑麦草和高羊茅也归到其他作物种子内,所以要特别注意这类杂草种子。它们可对草坪质量产生严重影响。种子用户一般难把有害杂草和有害其他作物种子区分开来,只有通过取样经详细分析后才能确定哪些是潜在的有害的杂草种子,哪些是无害的杂草种子和其他作物种子。因而,要制定明确的法律,来保障消费者的利益。

(四)种子监督

种子监督是一项为确保种子质量而对种子田间生产和精选包装进行监视的

过程。种子监督机构是独立的、受政府管理的行政部门，对监督过程负有责任，以保证进入市场的草坪种子具有一定标准。由种子监督机构所定标准的4个级别的种子是：育种种子（Breeder seed）、基础种子（Foundation seed）、注册种子（Registered seed）和许可种子（Certified seed）。育种种子是所有许可种子（商业化种子）的基础。育种种子是育种人员或研究单位提供的，作为基础种子的基本种源。基础种子是用育种种子在大田种植生产出来的种子，这类种子包装袋上带有白色许可标签。注册种子则是用基础种子在田间生产出来的，主要目的是为了提高供应量，注册种子包装上带有紫色许可标签。消费者购到的是许可种子，许可种子是用基础种子或注册种子生产出来的，这类种子包装袋上带有蓝色标签。种子标签的颜色不能保证种子的质量是最好的，但能保证标签上所列的栽培品种是真的。

第二节 营养体建坪材料

利用草坪草的营养繁殖体（无性）建植草坪是常用的建坪方法。营养建坪材料必须具备能重新再生形成草坪的能力，包括草皮、单株草坪草和草坪草的一部分（不包括种子）。对那些不能产生有活力种子或者用种子建成的草坪不能保持原草坪草基因性状的草坪草，常通过无性繁殖材料来建坪。一种最普通的营养体建坪方法是铺草皮，它适用于所有的草坪草。铺草皮是建植草坪最快的方法。其他的建坪营养体包括草块、枝条和匍匐茎，能用这几种繁殖体建坪的草坪草种有匍匐翦股颖、钝叶草、杂交狗牙根和结缕草等。

一、草　皮

质量良好的草皮（Sod）均匀一致、无病、虫、杂草，根系发达，在起草皮、运输和铺植操作过程中不会散落，并能在铺植后1~2周内扎根。起草皮时，应该是越薄越好，根和必须的地下器官及所带土壤1.5~2.5 cm为宜。草皮中无或少量枯草层形成。可以把草皮上的土壤洗掉以减轻重量，促进扎根，减少草皮土壤与移植地土壤质地差异较大而引起土壤层次形成的问题。

典型的草皮块长度为60~180 cm，宽度为30~45 cm。通常是以平铺、折叠或成卷运送草皮（图5-2）。为了避免草皮（特别是冷季型草皮）受热或脱水而造成损伤，起皮后应尽快铺植，一般要求在24~48 h内铺植好。草皮堆积在一起，由于草皮植物呼吸产出的热量不能排出，使温度升高，能导致草皮损伤或死亡。在草皮堆放期间，气温高、叶片较长、植株体内含氮量高、病害、通风不良等都可加重草皮发热产生的危害。为了尽可能减少草皮发热,用人工方法进行真空冷却效果十分明显,但费用会大大提高。草皮长期暴露在外会干燥脱水。高温、土壤或空气中的湿度低、大风都可加重草皮脱水。堆放的草皮暴露的外部易脱水损伤,而在堆内未暴露的草皮易受热损伤,它们都能大大地影响草皮的外观、生长和生存。

图 5-2 草皮卷生产

二、草 块

草块(Plugs)是从草坪或从草皮分割成的小的块状草坪。草块上带有一定量的土壤。草块的发热和脱水问题与草皮一样,特别是小型的草块在贮藏和运输过程中应予以注意。收获草块时草坪草应生长健壮、无杂草。与所有的无性繁殖材料一样,用于草块建坪的草坪草应该是适宜无性繁殖的栽培品种,要求草块横向生长迅速,通常是那些匍匐生长能力强的草坪草才能用草块来建坪。但是近年来,许多人用草块法进行某些强根茎栽培品种的草地早熟禾建坪。值得注意的是,高羊茅和黑麦草类草坪草则不能用此法进行繁殖建坪。

三、枝条和匍匐茎

枝条和匍匐茎(Sprigs)是单株植物或者是含有几个节的植株的一部分,节上可以长出新的植株。通常其上带有少量的根和叶片。用这些材料建坪的草坪草主要有匍匐翦股颖和绒毛翦股颖、杂交狗芽根、结缕草和钝叶草等。

通常,为了防止草坪草生产的种子对草皮产生污染,在草坪草抽穗期间要以正常高度进行修剪。而后的几个月内不再修剪,以促进匍匐茎的发育。起草皮时带的土越少越好，然后把草皮打碎或切碎得到枝条和匍匐茎。

得到枝条或匍匐茎后应尽可能早栽植，以减少受热和脱水所造成的损伤。如果必须临时贮存，应把它们保存在冷、湿环境条件下。

第三节 场地准备

在草坪种植之前，要准备好种植草坪的场地，其目的是清除存在的障碍因素，避免将来可能发生问题。例如，在建筑施工过程中，挖出的肥力低、通透性差的生土覆盖在肥沃熟土上，一方面浪费了宝贵的土壤资源，另一方面在这样的土壤上草坪草难以长好。另外，埋藏的碎砖瓦块、建筑垃圾和大型施工设备产生的板结土壤也不适于草坪生长，并会给以后的草坪管理带来麻烦。因而，场地准备是非常重要的基础性工作，也是建植高质量草坪关键的第一步。

场地的准备包括各种清理工作，同时还有耕作、整地、土壤改良、施肥及排灌设施的安装等。

一、场地清理

清理(Clearing operations)是根除和减少影响草坪建植和以后草坪管理的障碍物。在有树木的场地上，要全部或者有选择地把树和灌丛移走。也要把影响下一步草坪建植的岩石、碎砖瓦块以及所有对草坪生长的不利因素清除掉，还要控制草坪建植中或建植后可能与草坪竞争的杂草。

(一)木本植物

木本植物包括树木与灌丛、树桩及埋藏的树根。生长着的树木可以根据其美学价值和实用价值来决定是否移走。乔木和灌木可增加草坪的美学价值，但只能起点缀的作用，数量太多，树木的遮荫及其对养分、水分的竞争对草坪生长与管理都不利。同时，在绿地规划中，乔木太多会使空间变小，有压抑感。这在大城市绿地建设中应予以考虑。

残留的树桩要挖掉。一方面树桩裸露在修剪草坪时可严重损坏剪草机的刀片或曲轴，另一方面，残留树桩会发生腐烂塌陷，对地形造成影响，有时在草坪上有仙环(蘑菇圈)病产生。

(二)石块

清除裸露岩石是必须做的工作。在 35 cm 以内表层土壤中，不应当有大的石块。50 cm以内如果存在大的岩石或巨石，灌溉或降雨后，前期土壤过湿，而后期由于下层土壤的水分不能充分向上供应，这些地方会变得干硬。

在10 cm表层土壤中，小岩石或石块可影响以后草坪的耕作管理（如打孔等），会严重破坏管理机械。另外，在草坪根系生长受阻的地方，杂草容易侵入。通常在种植前，大部分石块要清除，石块的量不太多时，等幼苗根系扎牢后可用手捡出，若石块太多，种植前应用网筛筛出。

（三）植前除草

坪床上的许多多年生杂草（如白茅草等）和莎草科杂草对新建植的草坪危害严重，即使在耕作后用耙耙除也难以清除这些杂草。残留在土壤中这类杂草的根、根茎、茎、块茎等仍会再次蔓延。控制杂草最有效的方法是使用熏蒸剂或当杂草长到7~8 cm高时施用非选择性、内吸型除草剂。为了使除草剂吸收和向地下器官运输，使用除草剂3~7天后再开始耕作。除草剂施用后休闲一段时间，有利于控制杂草数量。通过耕作措施让植物地下器官暴露在表层，使这些器官干燥脱水，也是消灭杂草的好办法。在杂草根茎量多时，待杂草重新出现后，需要再次使用除草剂。休闲最好是在夏季进行，否则某些多年生杂草仍会侵入新建草坪，但通常只在局部出现，采用局部处理即可防止大范围蔓延。

熏蒸（Fumigation）是应用强蒸发型化学药剂来控制土壤中的杂草、根茎繁殖器官、致病微生物、线虫和其他潜在有害生物的一种方法。有时表层覆土用的土壤也用熏蒸的办法防止杂草传播。熏蒸是一项费时、费力、花费高的方法，但如遇一年生早熟禾种子和多年生杂草或莎草科杂草根茎较多时，可能也是最好的办法。为使熏蒸剂的气体在土壤中充分扩散，在熏蒸前要深翻土壤。由于气体在溶液中扩散慢，而干土吸附大量熏蒸剂气体，从而限制了气体在土壤中的移动，降低药效。因此，熏蒸时要求土壤潮润，但不要太湿。土壤温度应在15℃以上，否则熏蒸效果会大大降低。用于草坪土壤的熏蒸剂主要是溴甲烷、三氯硝基甲烷等。溴甲烷是一种高毒、无味的气体。用聚乙烯布盖在处理场地上，然后进行熏蒸。通常它还与少量的三氯硝基甲烷（催泪气）混用。溴甲烷的用法有2种：大面积使用时，用带有自动铺布仪器的地面熏蒸设备；小面积时进行手工操作。手工操作包括：相距10 m一个支撑材料把塑料布撑起大约30 cm的高度，然后用土壤或板材封住塑料布的边缘，最后用聚乙烯管把气体通到覆盖区，24~28 h后移去塑料布，土壤通风48 h使毒气全部排除以后才能种植草坪。

二、翻　耕

翻耕是为了建植草坪对土壤进行的一系列耕作准备工作。面积大时，可先用机械犁耕，再用圆盘犁耕，最后耙地；面积小时，用旋耕机耕一二次也可达到同样的效果。耕作的目的是增加土壤渗透性和持水性，使土壤通气良好，利于根系下扎，减少表面侵蚀与提高土壤耐践踏能力。翻耕后，除砂土之外，土壤成为团粒状、粒状结构。耕作时要注意土壤的含水量，土壤过湿会使土壤产生硬坷垃或泥浆；土壤太干会破坏土壤的结构，使土壤成为粉状或高度板结。看土壤水分含量是否适于耕作，可用手紧握一小把土，然后用大拇指使之破碎，如果土块易于破碎，则说明适宜耕作。土太干会很难破碎，太湿则会在压力下形成泥条。

(一)犁地

犁地是通过犁耕翻动土壤，使之松散成颗粒状。犁过的表面不平，带有犁沟和垄，这些沟垄与犁的方向相平行。在耕作过程中，如有大量的植物残留物(枯草和青草)翻到下边时，要留有足够的时间让这些残留物分解，秋天犁地有利于有机残留物的分解。在底土中具有硬盘层(如犁底层、黏盘层等)的地方，要用深耕犁把它们破碎，以提高土壤通透性，并有利于草坪草根系的伸展。

(二)圆盘犁

在犁过的或松散的土壤上，再用圆盘犁把土块和表层结壳破碎，能够改善土壤结构，平整表土。圆盘犁耕作可在犁耕后不久或等有机残留物分解之后进行。夏天休闲时为了控制杂草，休闲后的土地也通常使用圆盘犁耕。

(三)耙地

在准备种植时，表土要平整，土块要细小。耙地就是为达到此目的而进行的一项措施。在犁和圆盘犁耕作过的场地上，仍具有较小的犁沟和垄，耙地可把它们整平。但是，草坪种植还需要进一步平整表土，这将在整地部分中再讨论。

(四)旋耕

旋耕是一项非常精细的耕作措施，主要用于相对较小的场地上，例如高尔夫球场的发球区和庭院草坪等(图 5-3)。一台大马力的旋耕机耕一二次就能把土壤耕细。但是，为了把表层的枯草层和其他有机残留物清除，最好在耕作之前把草块清除干净，否则，枯草层会在土壤中或土壤表层交织在一起，形成结块，影响以后的种植工作。旋耕是有机肥混合施用和打乱土壤成层性的好方法。

图 5-3 旋 耕

如果旋耕次数太多,会破坏土壤的结构,导致土壤严重板结。精耕细作应使土壤平整、通气良好,适宜于草坪建植。

三、整 地

整地(Grade)是按规划设计的地形对坪床进行平整的过程。因为整地有时要移走大量的土壤,因此建议在进行营造地形之前最好把表土堆放在一边。在开始进行各项施工之前,要仔细地测定表土层的厚度,然后再把表土移到事先设计好的贮存场地。在新住宅和其他建筑物建设场地周围,因为建设动土量很大,也应按上述方法去做,如果不这样做,表层土壤就会被建筑工程挖出的生土掩埋。整地工作可分为粗整和细整 2 种情况。

(一)粗整

粗整(Rough grade)是指表土移出后按设计营造地形的整地工作,包括把高处削低、低处填平。为了确保整出的地面平滑,使整个地块达到所需的高度,按设计要求,每相隔一定距离设置木桩标记。填充土壤松软的地方,土壤会沉实下降,填土的高度要高出所设计的高度,用细质地土壤充填时,大约要高出 15%;用粗质土时可低些。在填土量大的地方,每填 30 cm 就要镇压,以加速沉实。

适宜的地表排水坡度大约是2%,即直线距离每米降低2 cm。在庭院草坪设计中,为了防止水渗入地下室,坡度的方向总是要背向房屋。为了使地表水顺利排出场地中心,体育场草坪应设计成中间高、四周低的地形。高尔夫球场的果领、发球区以及球道也应多个方向倾斜于障碍区。

草坪中地形设计较为流行,它使得景观更富有变化,增加美感。为了避免在草坪建植过程中和草坪建植后管理时遇到麻烦,应尽量避免陡坡设计。潜在的土壤侵蚀和种子、肥料的损失直接与坡度相关。在陡坡上建植的草坪,特别是向阳和半向阳坡,在夏季比平地上的草坪更容易受高温和干旱的危害。同时,坡陡修剪也困难,并容易出现"揭盖"现象。坡上流下来的降水和灌溉水也易把施用的肥料和农药冲走,坡度越陡冲失就越严重。在较为干旱的北方,地形有变化的草坪应配置喷灌系统。否则,灌水质量难以保证,草坪质量也随之下降。鉴于上述问题,在不能避免出现陡坡时,建议修筑阻墙来限制草坪的坡度,或栽植其他地被植物。

表土重新填上后,地基面必须符合最终设计地形。因此,一定要有地形高度和需土量的木桩标记。一般要求地形之上至少需要有15 cm厚的覆土,因为还要考虑与土壤质地有关的土壤沉实问题。在亚表层土壤的质地和结构与表土相差很大的地方,建议把5 cm的表土与亚表层土壤混合,这样可起到表土向亚表层土壤逐渐过渡的效果,改善亚表层土壤板结状况,减少表底土界面突然过渡所引起的许多问题。

(二)细整

细整(Fine grade)是为了达到精细播种而进一步整平地面种床,同时也可把底肥均匀地施入表层土壤中。在种植面积小、大型设备工作不方便的场地上,常用铁耙人工整地(图5-4)。为了提高效率,也可用人工拖耙耙平。如果种植面积大,则应用专用机械来完成。

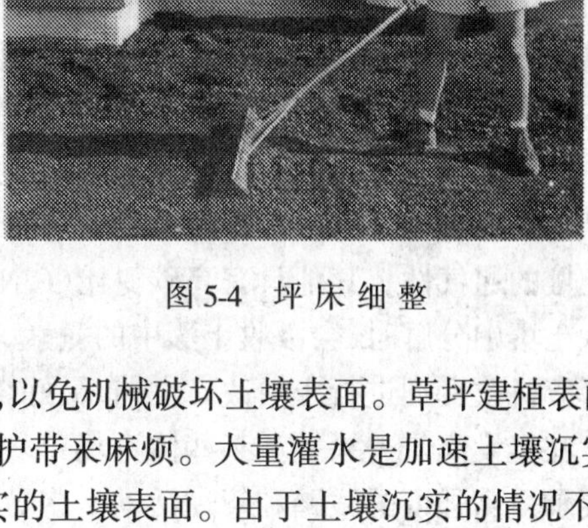

图5-4 坪床细整

在细整之前,要让土壤充分沉实,以免机械破坏土壤表面。草坪建植表面过于粗糙、凹凸不平会给将来的草坪管护带来麻烦。大量灌水是加速土壤沉实的好方法。镇压也可以帮助获得较紧实的土壤表面。由于土壤沉实的情况不同,在某些地方也会出现高低不平。为了使地面平整、平滑一致,在开始种植前必须进一步细整。与耕作一样,要在适宜的土壤水分范围内进行,以保证良好的效果。

细整地一般是在播种之前进行,否则时间一长,土壤表面会产生结壳,种植时仍需再整。

四、土壤改良

土壤改良(Soil modification)是把改良物质加入土壤中,从而改善土壤理化性质的过程。水分不足、养分贫乏、通气不良等都可以通过土壤改良得到改善。但是,改良物质选择不当或使用不当都会导致土壤改良效果不好。例如,有人设想用砂改善黏质土壤的通气状况,把少量的砂加入细质土中,反而得到了相反的结果,就像混凝土中加砾石一样。根据研究,用少量的细土与砂混合比用少量的砂与细土混合效果好得多。当砂加入细质土时,单砂粒对改良土壤通气状况的作用并不明显,因为砂粒只是占据相邻粉砂粒或黏粒之间的孔隙。只有当砂粒之间直接接触时通气孔隙才会增加,显然这需要大量的砂。要改良细质土的通气性,只有当砂的加入量比需要改良的黏质土的量还要多时才能达到目的。因此,除非已有试验证明用一定比例的砂土混合时能起到好作用,否则应避免用砂作为黏质土的改良物。

大量的矿质改良剂,例如珍珠岩和蛭石被广泛应用于盆栽植物基质中。但是,一般认为对草坪土壤不太适宜,因为它们承受不了人踩车过所产生的压力;珍珠岩易碎而蛭石易扁。有时可使用当地其他有机改良物作为土壤改良剂,但必须证明它们具有良好效果时才能选择使用。

使用最广泛的改良剂是泥炭,因为泥炭轻,施用方便。但施用量大时,投资较高。覆盖 5 cm 厚需要泥炭 500 m^3/hm^2。泥炭施到细质土中能减少土壤黏性,促进土壤团聚体的形成,同时改善了土壤通气状况;在砂质土中,泥炭能提高土壤的持水性和改善土壤养分状况,同时可改善草坪的回弹力。

其他有机改良物也有很好的效果。但是,在选择使用之前要鉴定其质量,因为某些腐解有机物中含有相当数量的分散性黏粒或粉砂,能够阻塞土壤孔隙,减少土壤的通气性。其他具有高碳氮比(C/N)的有机物,例如稻壳或未腐解锯末,施入土壤中分解时,会吸收土壤中的氮素,从而对草坪的生长产生不利影响。在选择有机改良剂进行土壤改良之前,最好咨询当地有关科研机构。

在建设高尔夫果领和某些体育场草坪时,对土壤有特殊的要求。配制的土壤要承受高强度的践踏和管理活动。多数情况下是移走当地土壤,用专门设计的特殊土壤混合物来取代,而不是进行土壤改良。关于特殊草坪场地的建设将在另外章节中讨论。

五、排灌系统

安装排灌系统一般是在场地粗整之后进行。因为安装排灌系统施工中挖坑、掩埋管道会引起土壤沉实问题。在覆土之后镇压或灌水,使其充分沉实,但填上表土后再安装则会引起较大麻烦。在土壤内部排水不良的情况下,要把排水管安置在45~90 cm的深度,管间距为4.5~18 m。在半干旱气候区,如有地下水上升引起表层土壤盐化时,排水管埋藏深度可达1.8 m。如果在填表土之前安装,埋置深度要把表土深度计算在内。

排水管安放要呈羽形或格状,甚至可以简单地放置在表面径流集汇处。要有适宜的排水设施,其容量也要足以容纳某一地区所遇到的极端雨量。下水道、湖泊、河流等经常用做排水出路。

传统上排水管是用陶瓷或混凝土制造的,但是近年来广泛使用带孔的塑料管,它重量轻,安装方便。所购买的塑料管有硬质管和成卷的软管。一般在排水管的周围还要放置砾石来防止细土粒阻塞渗水孔,在某些需要的地方砾石可达土壤表层,这样可以在集水区起到收集地表径流的作用。还可以用水泥修建从表层到排水管的圆柱型集水道。为了在集水道上种植草坪,圆柱型集水道上面可盖上带孔的金属盖或塑料盖,其上覆上土壤,种植草坪。

在填入表土和细整地之前安装灌溉系统会引起某些问题。在整地时要时刻小心并保证不会破坏系统的任何部件。为了保险起见,可先安装部分地下输水管道,其他部分可等到填完表土,最终地形整地完成之后再安装全部系统。

六、施　肥

在土壤养分贫乏和pH值不适时,在种植前有必要施用底肥和土壤改良剂。底肥主要包括磷肥和钾肥,但有时也包括其他中量和微量元素。由于在上述各项准备工作中基本上不把肥料和土壤改良剂施用到草坪根际范围内,因此要用耙、旋耕和其他方法把肥料和改良剂翻入土壤中。如有可能,应根据土壤测定结果来确定施肥量。

在细整地时一般还要施一些氮肥,以促进草坪幼苗的发育。苗期浇水频繁,速效氮肥容易淋洗。为了避免氮肥在未被充分吸收之前出现淋失,一般不把它翻到深层土壤中。施用速效氮肥时,一般种植前施氮量为40~50 kg/hm^2;或减半施用,出苗2周后再追施25 kg/hm^2。施用氮肥要十分小心,用量过大会把子叶烧坏,导致幼苗死亡。喷施时要等到叶片干后进行,施后应立即喷水。如果施的是迟效性氮肥,施肥量一般是速效氮肥用量的2~3倍,也没有必要几周后二次追施。

第四节 草坪建植程序

建植草坪的主要方法是种子建植和营养体(无性)建植。选择使用哪种建植方法依费用、时间要求、现有草坪建植材料及其生长特性而定。种子建植费用最低,但速度较慢。无性建植材料包括草皮、草块、枝条和匍匐茎。其中直铺草皮费用最高,但速度最快。对于某些草种,例如匍匐翦股颖,用上述任何方法建坪都可。而另外某些草种由于得不到纯正或具有活力的种子,则不能通过播种种子的方法建坪。某些草坪草,由于草块和匍匐茎缺乏足够的扩展能力,则不能使用无性建植方法。

一、种子建植

大部分冷季型草能用种子建植法建坪。暖季型草坪草中,假俭草、斑点雀稗、地毯草、野牛草和普通狗牙根均可用种子建植法来建植,也可用无性建植法来建植。马尼拉结缕草、杂交狗牙根则一般常用无性繁殖的方法建坪。

(一)播种时间

冷季型草适宜的播种时间是初春和晚夏,而暖季型草最好是在春末和早夏之间播种。这主要考虑播种时的温度和播后2~3个月内的温度状况。晚夏,土壤温度适中,非常有利于种子发芽。此时,冷季型草发芽很快,如果温度、土壤肥力和光照不受限制,出苗后幼苗能旺盛生长。同样,此时也有利于杂草种子发芽,但秋季冷凉温度和霜冻会限制恶性杂草的生长和生存。如在早夏播种,冷季型草幼苗因受热和干旱而不易存活。同时,夏季一年生杂草也会与冷季型草发生激烈竞争。反之,如果播种延误至晚秋,温度会不利于种子的发芽和生长。幼苗越冬时出现的发育不良、缺苗、霜冻和随后的干燥脱水会使幼苗死亡。最理想的情况是:在冬季到来之前,新种植草已成坪,草坪植物的根和匍匐茎纵横交错,这样才具有抵抗霜冻和土壤侵蚀的能力。植株苗期发育不良,就会经受不起踏踩而死亡。

如果在早春和仲春播种冷季型草,那么仲夏之前草坪就可形成良好覆盖。但是,由于土壤温度低,草坪早期通常也要比晚夏播种生长得慢。如不采取适当措施控制一年生杂草和阔叶杂草,同样也会引起特别严重的问题。另外,冷季型草坪草幼苗通过夏季胁迫期时,比健壮的成苗更易染病。在有树遮荫的地方建植草坪时,由于光线不足,会使草坪稀疏或导致建坪失败。在此条件下,春季播种建植比秋季要好。可以在落叶树叶子较小、光照较好时进行播种建植。当然在有树遮荫的地方种植草坪,所选择的草坪品种必须适于弱光照条件,否则生长将受到影响。

暖季型草适宜的生长温度要比冷季型草高。因此,当春秋天气对冷季型草生长有利时,此时的暖季型草生长缓慢。当晚春或夏季气温增高时,有利于暖季型草的种植。为了快速成坪,播种后须有很长一段时间的温暖天气。因此,晚夏播种虽有利于暖季型草的发芽,但形成完整草坪所需的时间往往不够。播种晚了,草坪草根系发育不完善,植株不成熟,冬季常发生冻害。在建植暖季型草坪时,可能会出现夏季一年生杂草,但由于暖季型草在夏季竞争力很强,不会引起大的问题。如有必要的话,可使用选择性除草剂来控制杂草。建植暖季型草坪最担心的一个问题是在冷凉的秋天会出现冬季一年生杂草,特别是一年生早熟禾。因此,在越夏之前就要形成致密的草坪,这样才可抵御这些杂草的入侵。

在晚秋之前整地不能进行时,有时可用休眠(冬季)播种的方法来建植冷季型草坪。这种方法是否成功取决于冬季气温能否抑制种子发芽,因为发芽的种子非常容易受到冻害。休眠播种遇到的一个普遍的难点是种子要在表土中停留很长一段时间,地表径流会把种子冲走。因此,必须用适当的地面覆盖物来进行保护。农用地膜可用于某些晚播草坪建植,山东农业大学在泰安的试验结果表明,11 月底仍可应用地膜覆盖播种建植草坪型高羊茅草坪草,并取得了良好效果。

(二)播种量(Seeding rate)

播种所遵循的一般原则是要保证足够量的种子发芽,每平方米出苗应在 10 000 ~ 20 000 株。根据这项原则,如果草地早熟禾种子的活种子为 72%(纯度 90%,发芽率 80%)、每千克种子 4×10^6 粒时,每公顷应播种 36 ~ 72 kg 种子。这个计算是假定所有的纯活种子都能出苗。但是,由于种子的质量和播后环境条件的影响,幼苗的致死率可达 50% 以上,因此,每公顷要播 97.5 kg 以上才能达到要求的出苗数。

影响播种量的其他因素还有幼苗的活力、所播草坪草品种的生长习性、要求的建坪速度、种子价格、杂草竞争能力、潜在的病害以及建坪后的栽培管理强度。每个草坪草品种的生长特性各不相同。匍匐茎型和根茎型草坪草一旦发育良好,其蔓伸能力将强于母体。因此,相对低的播种量也能够达到所要求的草坪密度,速度也要比种植丛生型(非匍匐型)草坪草形成草坪的速度快得多。由于草地早熟禾具有较强的根茎生长能力,在草地早熟禾草皮生产中,播种量常低于推荐的正常播种量,因为目标是尽可能获得根茎和根系发达的草皮,此时的播种量可减少为 30~45 kg/hm^2。

有人研究了播种量对草地早熟禾种植后 8 个月内植株种群密度的影响。在播种后较短时期内,枝条密度与播种量成正比。每公顷播种 45 kg 种子的地块内,大约有 15 000 株/m^2。播种量为 360 kg/hm^2 的地块内达 120 000 株/m^2,两者相差约 8 倍。但是,在接下来的几个月内,苗的种群密度有所调整,到第 8 个月底所有的地块中枝条密度大约相近,平均为 35 000 株/m^2。结果表明(至少对草地早熟禾来讲),成坪的草坪草群落枝条密度是由环境的承载能力所决定,而不是由播种量来决定。苗稀疏时,密度最终会增加。苗密时,密度最后会降低到主要环境条件所能保持的一般水平。"足够苗数"这个概念主要是基于两个短期的目标:建坪和与杂草竞争的最优枝条数量。因为很多草坪是用于体育和娱乐目的而建植的,这无疑要求成坪期要尽可能短。虽然很低的幼苗密度最终也会长成所希望的密度,但通常要求幼苗的密度大致要等于成坪的枝条密度。在存在杂草种子的地方,杂草随着草坪草苗密度的增加趋向减少。因此,"足够苗数"这个概念同样也是对能否与正在萌发的杂草种子进行竞争来讲的。

在播种量很高的地点,出苗非常致密,可使单株植物生长不良,发病率增高。这可能是由于在高度竞争的压力下,幼苗更易受到病菌的侵染,形成有利于疾病发生的微环境所致。

较大的种子易形成较强壮的幼苗。相同栽培品种的草地早熟禾,大种子要比小种子的苗强壮。相同重量时,虽然大种子的粒数比小种子的粒数少,但在田间种植时,其幼苗的致死率也小。大种子与小种子播种量相同时,大种子幼苗的生存力要比小种子的生存力强。

费用对播种量也是一个重要的影响因素。假俭草一般播种 1.2~2.4 g/m^2,这与出苗 10 000~20 000 株/m^2 的要求相差甚远,但这类种子价格昂贵,播种量不能再高。

表 5-1 中所提供的播种量仅适用于种植单一品种。2 种或 2 个以上的品种混合播种时,应减少每个品种草坪草的播种量,以利于混合种子中主要草坪草品种的生长。例如,由于树木、建筑物和其他物体的不同遮荫程度引起光照变化的场合,可选择草地早熟禾与细羊茅 1:1 的混合,因为混合种子中栽培品种通常是以草地早熟禾为主,播种量应根据这种草坪草的推荐播种量范围来决定(5~10

g/m²)。为了确保不同微环境条件下所播草坪草的适应性，也可采用另一种方法，即分别来播种不同的栽培品种。通常在普通地方播种草地早熟禾，而在有遮荫的地方播种细羊茅。

如果为了迅速覆盖地面，把保护草(例如多年生黑麦草)加到混合种子中，其比例不能太高，否则会把生长缓慢的主要草坪草排挤掉，而本身成为主要草坪草。旧的规则是，在混合的种子中，多年生黑麦草的比例不能超过20%。但是，随着新型多年生黑麦草栽培品种的出现，这条规则不再适用。例如，一种多年生黑麦草的竞争力很强的栽培品种与竞争力一般的草地早熟禾混合播种时，5%～10%的比例就可使形成的草坪群落以黑麦草为主。反过来讲，一种竞争力一般的多年生黑麦草与竞争力强的草地早熟禾按1∶1混合时，所形成的草坪也仍以草地早熟禾为主。由于新品种的出现和品种太多，使得草坪草混合播种更加复杂和困难，需要做大量的更细致的研究工作。

草坪的栽培管理强度对播种量影响也很大。一般情况下，高羊茅草坪的播种量至少25 g/m²。但是对于沿公路两侧的水土保持草坪，由于修剪高度较高，管理粗放，播同一品种，播种量仅需10 g/m² 或更少。在高尔夫球场上，在果领和球道中播种相同的草坪草，由于果领上的草坪超低矮修剪、要求枝条密度大，播种量要比球道高得多。

(三)播种

草坪草播种(Seeding)要求是把大量的种子均匀地撒于种床上，并把它们混入6 mm深的表土中。播得深或者没把它们混入土壤中都会导致出苗减少。如播得过深，在幼苗进行光合作用和从土壤中吸收营养元素之前，胚胎内贮存的营养不能满足幼苗的营养需求而导致幼苗死亡。播得过浅，没有充分混合时，种子会被地表径流冲走，或发芽后干枯。

表土疏松，播种后易于把种子混入土壤中，发芽出苗均匀一致。播种后，应对坪床滚压，以便使种子与土粒紧密接触。如不滚压，应覆盖地面覆盖物，以减少水分损失及防止发生土壤和种子侵蚀。

播种的关键技术是把种子均匀地撒于坪床上，只要能达到均匀播种，用任何播种方法都可。很多草坪是用人工播种的方法建成的（图5-5)。但是，这要求播种者技术熟练，这种方法适宜小面积的播种。大面积播种时应用机械完成，这样质量才得以保证，效率才得以提高。

经过校正的施肥器可用于小面积草坪定量播种。由于下落式播种机播种时受风及种子大小的影响小而优于旋转式播种机，但效率低于旋转式播种机。

大面积播种最好使用大型播种机。不但效率高、播种质量高,还能实现播种、滚压一次完成。

(四)喷播

喷播(Hydro-seeding)是一种把草坪草种子加入水流中进行喷射播种的方法。喷播机上安装有大功率、大出水量单嘴喷射系统,把预先混合均匀的种子、黏结剂、覆盖材料、肥料、保湿剂、染色剂和水的浆状物,通过高压喷到土壤表面。施肥、覆盖与播种一次操作完成,特别适宜陡坡场地如高速公路、堤坝等大面积草坪的建植。该方法中,混合材料选择及其配比是保证播种质量效果的关键。喷播使种子留在表面,不能与土壤混合和进行滚压,通常需要在上面覆盖植物(秸秆或无纺布)才能获得满意的效果。当气候干旱、土壤水分蒸发太大、太快时,应及时喷水。

图 5-5 人工播种

(五)植生带

草坪植生带是指把草坪草种子均匀固定在两层无纺布或纸布之间形成的草坪建植材料。有时为了适应不同建植环境条件,还加入不同的添加材料,例如保水的纤维材料、保水剂等。要求生产植生带的材料为天然易降解有机材料,如棉纤维、木质纤维、纸等。植生带具有无须专门播种机械、铺植方便、适宜不同坡度地形、种子固定均匀、防止种子冲失、减少水分蒸发等优点。但费用会增加;小粒草坪草种子(例如早熟禾和翦股颖种子)出苗困难;运输过程中可能引起种子脱离和移动,造成出苗不齐;种子播量固定,难以适应不同场合等。某些生产厂家为了降低成本、降低种子用量,使草坪草基本苗数难以保证,常造成草坪质地变粗、杂草增加等问题。

二、营养体建植

用于建植草坪的营养体繁殖(Vegetative planting)方法包括铺草皮、栽草块、栽枝条和匍匐茎。除铺草皮之外,以上方法仅限于在强匍匐茎和强根茎生长习性的草坪草繁殖建坪中使用。营养体建植与播种相比,其主要优点是见效快。对于某些草坪草来讲,由于不能生产出活性种子或者不能通过种子生产出所需的基因型,营养体建坪是很好的建植草坪的方法。无论是种子建植还是无性建植,草坪草的健壮生长都要求良好的土壤通气条件、水分和矿质营养。因而,无论采用哪种建植方法都应细心准备坪床。

(一)铺草皮

虽然铺草皮(Sodding)是最昂贵的草坪建植方法,但它能在一年中任何时间内都能生成"瞬时草坪"。新铺就的草坪不能承受踏踩或娱乐活动,需要几周或几个月的时间重新扎根生长。铺上草皮后,看起来同已建成的草坪一样。在较短的时间内要求看到草坪的场合,铺草皮是最理想的方法(图 5-6)。铺草皮的坪床要求同播种建植一样,要认真准备好,否则将会给以后草坪管理带来麻烦。

铺草皮时,要求坪床潮而不湿。如果过于干燥,特别是在高温下,即使铺后立即灌水,草坪草根系也会受到伤害。草皮应尽可能薄,以利于快速扎根。搬运草皮时要小心,不能把草皮撕裂或过分拉长。

图 5-6 铺草皮建植草坪

用人工或用机械铺草皮都是可行的方法。铺设时应把所铺的草皮块调整好,使相邻草皮块首尾相接,尽量减少由于收缩而出现裂缝。要把各个草皮块与相邻的紧密相接,并轻轻夯实,以便与土壤均匀接触。当把草皮块铺在斜坡上时,要用木桩固定,等到草坪草充分生根,并能够固定草皮时再移走木桩。

在草皮块之间和各暴露面之间的裂缝用过筛的土壤填紧,这样可减少新铺草皮的脱水问题。添缝隙的土壤应不含杂草种子,这样可把杂草减少到最低限度。

(二)直栽法

直栽法(Plugging)是种植草坪块的方法。由通气打孔机打出草坪束和用打孔杯取出的草坪块,大小相差很大。最常用的直栽法是栽植正方形或圆形的草坪块,草坪块的大小约为 5 cm×5 cm。栽植行间距为 30~40 cm,栽植时应注意使草坪块上部与土壤表面齐平。常用此方法建植草坪的草坪草有结缕草,但也可用于其他多匍匐茎或强根茎草坪草。直栽法除了用在裸土建植草坪外,还可用于已经存在新品种的草坪中。例如,用直栽法能把草地早熟禾草坪转变成狗牙根或结缕草草坪。通常,这种更换过程相当缓慢,但可通过调整管理措施,加速引入草坪草生长的方法来加速更换。

第二种直栽法是把草皮切成小的草坪草束,按一定的间隔尺寸栽植。这一过程一般可以用人工完成,也可以用机械。机械直栽法是采用带有正方形刀片的旋筒把草皮切成草坪草束,通过机器进行栽植,这是一种高效的种植方法,特别适用于不能用种子建植的大面积草坪中。

人工切成的直径为10~20 cm的大块草皮可用来修复破损果领、发球区、体育场草坪。

最后一种直栽法是采用在果领通气打孔过程中得到的多匍匐茎的草坪束(如狗牙根和匍匐翦股颖)来建植草坪。把这些草坪束撒在坪床上,经过滚压使草坪束与土壤紧密接触,使坪面平整。由于草坪束上的草坪草易于脱水,因而要经常保持坪床湿润,直到草坪草长出足够的根系为止。

(三)插枝条

不像直栽草块和铺草皮那样,草坪草枝条上不带土,因此它们在干、热条件下易于脱水。插枝条法(Sprigging)主要用来建植有匍匐茎的暖季型草坪草,但也能用于匍匐翦股颖草坪的建植。通常,把枝条种在条沟中,相距15~30 cm,深5~7 cm。每根枝条要有2~4个节,栽植过程中,要在条沟填土后使一部分枝条露出土壤表层。插入枝条后要立刻滚压和灌溉,以加速草坪草的恢复和生长。也能用上述直栽法中使用的机械来栽植枝条,它能够把枝条(而非草坪块)成束地送入机器的滑槽内,并且自动地种植在条沟中。有时也可直接把枝条放在土壤表面,然后用扁棍把枝条插入土壤中。

(四)匍茎法

匍茎法是指把无性繁殖材料(草坪草匍匐茎)均匀地撒在土壤表面,然后再覆土和轻轻滚压的建坪方法。一般在撒匍茎之前喷水,使坪床土壤潮而不湿。用人工或机械把打碎的匍匐茎均匀地撒到平床上,而后覆土,使草坪草匍匐茎部分覆盖,或者用圆盘犁轻轻耙过,使匍茎部分插入土壤中。轻轻滚压后立即喷水,保持湿润,直至匍茎扎根。

三、覆 盖

覆盖(Mulching)是为了减少土壤和种子冲蚀,为种子发芽和幼苗生长提供一个更为有利的微环境条件,而把外来物覆盖在坪床上的一种措施。在灌溉条件良好,如有喷灌设施时,可以不进行覆盖,但在斜坡地上或依靠天然降水的场合必须铺覆盖物。

一种好的覆盖材料要具有以下几种功能:①使土壤和种子免受风和地表径流的侵蚀;②调节土壤表层温度变化,保护已发芽的种子和幼苗不受温度急剧变化的伤害;③减少土壤表层水分的蒸发,并提供土壤内或土壤表层较湿润的微环境;④缓冲来自降水和灌溉下降水滴的能量,以减少土壤表层结壳,从而使之具有较高渗透率;⑤夏季可起到遮荫作用,使表层土壤保持凉爽,在冬季覆盖可起保温和减少冻、融的影响。

并非所有的覆盖材料都具有上述各项功能,只是某些比另一些效果好而已。具体选择覆盖材料时,要因地点的特定要求、费用和能否就地取材而定。

(一)覆盖材料

某些覆盖材料是经过特殊制造的,也有的是工农业的副产品。应用最为广泛的一种覆盖材料是植物秸秆,如小麦、水稻秸秆等。每公顷使用量一般在3 750~4 950 kg。如有可能的话,应使用不含杂草的秸秆以减少杂草的危害。只要覆盖率不是太大(覆盖率不超过50%),出苗后不必把秸秆移掉。

松散的木质材料包括木质纤维素、木质碎片、刨花、锯末、碎树皮等也可用做覆盖材料。由于锯末分解能自土壤中吸收氮素,可与草坪草竞争养分,最好不要使用它。如果木质碎片和碎树皮颗粒很小的话,施用后有利于减少土壤侵蚀,但它们在为种子发芽和幼苗生长提供有利的微环境方面不如秸秆或干草。木质纤维泥浆的作用与木质碎片和碎树皮相似,但木质纤维泥浆的另外一个优点是它能够加入草坪种子,用于喷播。当把木质纤维放置在土壤表层并湿润时,木质纤维会膨胀,具有类似于秸秆的覆盖效果。可把细刨花制成松散物或垫状物,作为覆盖材料施用。细刨花与秸秆相比,还具有不含杂草种子的优点。

其他大田作物秸秆经过腐解后也可用做覆盖材料。例如豌豆荚、碎玉米芯、甘蔗渣、甜菜浆、花生壳和烟草茎等。它们在减少潜在侵蚀方面效果很好,但在提高种子发芽和促进幼苗生长方面远远不如小麦秸秆。

常有人用草帘作为覆盖材料用在建植草坪上,覆盖快速方便,可连续使用两三次,但比秸秆价格高,透光率一般较低并不稳定。此外,还应密切监测草坪草的出苗情况，如揭开草帘的时间晚了，柔弱的幼苗会被强的太阳光灼伤或被干热风损伤。

人工合成的覆盖材料包括玻璃纤维丝、透明聚酯膜和弹性多聚乳胶。玻璃纤维是用压缩空气枪来铺的，铺上后坚固耐用，由于能影响以后的修剪工作，使用效果时常不能令人满意。在天气冷凉时，为了促进种子发芽，有时可使用透明聚酯膜，但在坪床上使用时，可产生温室效应。虽然土壤表层的温度提高了，但同时相对湿度也提高了，相对湿度可达到饱和，如果覆盖的时间太长，可使幼苗生病死亡。冬季播种可选择这类覆盖材料。弹性多聚乳胶是可喷洒的物质，它能够稳固坪床，使之不受侵蚀，但没有促进种子发芽和幼苗生长的效果。

无纺布包括人工合成的或棉纤维，也是比较好的覆盖材料。此类材料集透光、透气、保湿于一身，克服了其他覆盖材料的许多缺陷，并能重复使用。

在诸如陡坡和排水沟这些关键的地方可通过放置麻布网来稳固坪床。由麻制成的麻袋片效果也非常好。但为了避免使幼苗过分遮荫，在种子发芽后要把它们去掉。

(二)使用方法

在小型场地上，可用人工来铺秸秆和干草。在多风地区，用绳网来稳固覆盖物。在大型场地上，通常要用专门机械来完成铺覆盖材料的工作，这种机械可把覆盖材料剁碎并吹到坪床上。为了坪床上覆盖材料的稳固，在覆盖之后，还要把一种乳化沥青喷到覆盖材料上。对于松散的木质覆盖材料和有机残留物也可采用上述同样的方法来进行固定。

木质纤维素和弹性多聚乳胶是通过水撒铺到坪床上的。木质纤维素在喷灌中与水形成糊状物并经常与种子和肥料混合后同时使用。此种覆盖材料一般使用量是 30 000 ~ 45 000 kg/hm^2。把弹性多聚乳胶与水稀释成 9:1 用喷枪来喷播，以便均匀地铺在种床上。适宜的使用量可通过使用后场地的颜色来决定。由于弹性多聚乳胶能密封土壤表面，妨碍出苗，因此要避免过量使用。如果覆盖影响幼苗生长时，有必要在种子发芽后把它揭掉。由于某些覆盖材料是聚乙烯类，滞留时间太长可导致热损伤或疾病。当幼苗长到大约 2.5 cm 高时，要把过量的秸秆和干草用耙子轻轻除掉，但在有 50%的土壤裸露的地方可留下这些覆盖材料让其自然分解。

第五节 植后管理

播种或栽植后，必要时应加覆盖材料，然后灌溉，使坪床充分湿透。除铺草皮法之外,其他的无性建植法在灌水前应该覆土,以防止草坪草脱水。同时频繁轻轻喷水,以防止草坪草干枯脱水和促进幼苗的发育生长以及无性繁殖材料扎根。在此期间应禁止践踏,等到草坪草完全覆盖地面成坪后才能够允许人员进入。

随着草坪草开始生长,为了确保草坪的正常生长发育,新的管理方案也应开始实施。这些措施包括修剪、施肥、灌溉、覆土和病、虫、杂草的控制等。

一、修　剪

依据草坪的种类和计划管理强度,当新枝条至少长到 2 cm 或更高时再开始修剪。将在第六章中讨论的草坪草修剪 1/3 原则不仅对成坪的草坪适用,对尚未成坪的草坪草也适用。通常,新建的高尔夫果领,在草坪草完全覆盖地面之前保持修剪高度 1.25 cm。随着草坪群落趋向成熟,逐渐降低修剪高度,最后达到 5 mm左右。无论是种子建植还是无性建植的果领草坪都应当如此。对于修剪高度较高的草坪,建坪期草坪修剪高度通常和成坪后的修剪高度一致。

用钝的或未调整好修剪高度的修剪机来修剪草坪幼苗时容易把它们连根拔起,特别是当土壤潮湿时这种现象会更严重。因此等土壤干燥、紧实后再修剪。所有的修剪刀片要锋利,如果是滚刀式剪草机,要精确调整修剪机以避免撕碎或挫伤幼嫩的植物组织。如有可能的话,在最初几次修剪苗期草坪时,不要使用重型修剪设备,以避免损伤草坪幼苗和压实土壤。如果必须使用重型设备时,应让草坪土壤充分干燥、紧实,以便能够支撑住重压。

二、施　肥

在某些情况下,为了使幼苗、枝条和匍匐茎能快速成坪,少量多次的施肥方法非常有效、也是非常重要的。每次施用少量的化肥,一方面可确保氮素和其他营养物质的充分供应,另一方面又不致因施氮肥太多而直接损伤植株或者阻碍根的生长和侧枝的形成。对于出苗期草坪草来讲,适宜的施用量大约是 25 kg/hm^2速效氮肥或者 50 kg/hm^2 缓效氮肥。对于用无性繁殖的草坪草,施用量可以高些。由于苗期喷水频繁,土壤表层养分易发生淋洗,导致表层土壤上部养分缺乏,因此有必要苗期施肥。第 1 次苗期施肥应在第 1 次剪草之前进行,它对于补充幼苗根部表层土壤中的养分起重要作用。

以后施肥的次数则依据土壤质地和草坪草的生长情况而定。速效性养分在粗质土中比在细质土中更易于流失。因此,粗质土上新种植的草坪需要经常施肥。施用缓释氮肥可部分地补偿流失损失。通常根据草坪的颜色和生长情况决定是否需要再施肥,草坪颜色变黄、生长缓慢表明氮素不足。其他营养元素缺乏也可限制草坪植物的生长。由于从一次观察中难以决定是否出现缺素,因而需要经常观察、监测草坪的生长情况,用这种方法来确定植物的颜色变化和生长趋势。

虽然多数情况下最有可能发生缺氮,但其他必需营养元素缺乏也能限制新种草坪草的生长。在坪床准备时,适当施用底肥是非常必要的。如有需要,施用含有微量元素的全素肥料可足以防止和补偿严重的营养缺乏。

三、灌　溉

对刚播种或栽植的草坪,灌溉是一项重要的措施。无论降水是否充足,它都有利于种子和无性繁殖材料的扎根和发芽。水分供应不足是造成草坪建植失败的主要原因。随着新建草坪草的逐渐成长,灌溉次数应逐渐减少,强度也应逐渐加强。随着单株植物的生长,其根系占据更大的土壤空间,枝条变得更加健壮。只要根区土壤持有足够的有效水分,土壤表层不必持续保持湿润(图 5-7)。另外,随着新生草坪草的进一步成熟,除灌溉之外,其他的管理措施(修剪、施肥、施用农药)也逐渐变得更加重要。因此,在建坪后期,土壤表层有时需要足够干燥,这样才能支撑住修剪、施肥等机具的重量。

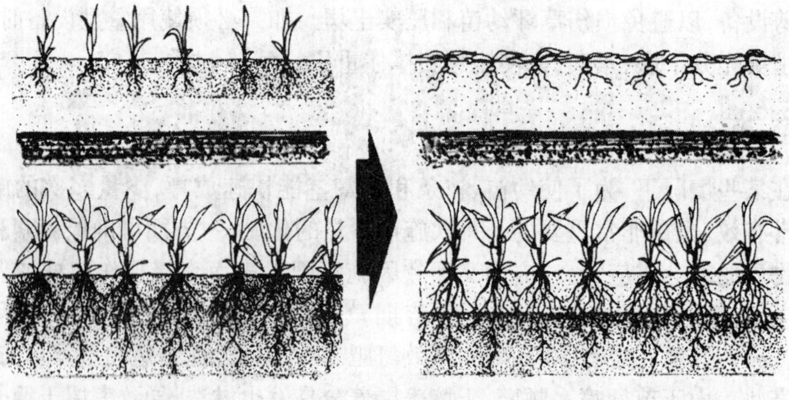

图 5-7　草坪草幼苗和大苗所需灌溉频率示意图(上:幼苗,下:大苗)

随着灌溉次数的减少,土壤通气状况得到改善,当水分蒸发或排出时,空气进入土壤中。生长发育中和成熟的草坪植物根区都需要有较高的氧浓度,以便于呼吸。

四、表层覆土

并非所有的新建草坪都需要覆土。这项措施主要是用来促进具匍匐茎的草坪草的生长。覆土有利于根的发育和促进由匍匐茎上长出的地上枝条的生长，覆土对高尔夫果领和发球区形成光滑、平整的草坪表面起着非常重要的作用。

地表覆土施用土壤的质地应与草坪土壤的质地相同。否则，土壤会形成一个妨碍根区内空气、水和营养物质运动的分层现象。

由于土壤沉实深度不同，常造成草坪表面不平整，对草坪的使用和修剪质量产生不利影响。不断地覆土具有填充凹坑的效果。操作时要仔细，避免土壤过分地把植物组织盖住，从而使它们因得不到充足的光线而受到损伤。

五、病虫及杂草控制

在新建植的草坪中，通常杂草是最大的问题。正像前面在建植程序中所讲的那样，播种时期对减少杂草至关重要。除热带气候外，秋天的霜冻能有效地把大部分一年生杂草从草坪群落中清除出去。要确保草坪草种子、无性繁殖材料和覆盖材料中无杂草种子，这对建坪后杂草的控制是非常重要的。如果必要的话，对坪床土壤和覆土进行熏蒸，可根除大部分潜在的杂草。夏季休闲一段时间，出现杂草后，喷洒非选择内吸型除草剂（如草甘膦），能够大大地减少杂草的竞争。最后，在播种冷季型草坪草之后，立即施用萌前除草剂（Preemergence herbicide）环草隆（Siduron），可有效地控制大部分夏季一年生杂草和某些类型的阔叶杂草。但是，即使这些措施都已采用了，某些杂草仍能出现并与生长中的草坪植物产生竞争。因此，在草坪建植过程中，必要时可以施用萌后除草剂（Postemergence herbicide）。

大部分除草剂对幼苗的毒性比成熟草坪草的毒性大。某些除草剂能够抑制或减慢无性繁殖材料（包括草皮）的生长。因此，大部分除草剂要推迟到绝对必要时才能施用，以便留下充足的时间使草坪成坪。在第1次修剪前，对于耐受能力一般的草坪草也不要施用萌后型的2,4-D、二甲四氯和麦草威等。由于阔叶杂草幼苗期对除草剂比成熟的草敏感，使用正常量的一半就可以了，并且对草坪草的危险性也小。例如，对于草地早熟禾来讲，每公顷用562.5 g 2,4-D + 14.625 g麦草威即可。对于控制马唐和其他夏季一年生杂草，施有机砷化物时要推迟得更晚一些（第2次修剪之后），并且也要施用正常量的一半。在新铺的草坪中，必须施用萌前除草剂来防治在春季和夏季出现于草坪卷之间缝隙中的马唐草。但是，为了避免抑制根系的生长，要等到种植后3～4周才能施用。如果有恶性多年生杂草出现,但不成片时,在这些地方就要尽快地用草甘膦点施。如果蔓延范围直径达到 10~15 cm 时,必须在这些地方重新播种。在亚热带气候下,用冷季型草坪草品种来覆播暖季型草坪草。

过于频繁的灌溉和太大的播种量造成的草坪群体密度太大,易引起病害。因而,控制灌溉次数和控制草坪群体密度可避免大部分苗期病害。在某些情况下,建议使用拌种处理过的种子。一般是用甲霜灵处理过的种子来控制枯萎病病菌。当存在有利于诱发疾病产生的条件时,可于草坪草萌发后施用农药来预防或抑制病害的发生。

在新建草坪中,发生虫害的可能性不大。但是,蝼蛄常在幼苗期危害草坪。当这种昆虫处于活动期时,可把苗株连根拔起,以及挖洞导致土壤干燥,严重损坏草坪。可用辛硫磷控制它。蚂蚁的危害主要限于移走草坪种子,使蚁穴周围缺苗。常用的方法是播种后立即掩埋草种或撒毒饵驱赶。

第六节 草坪更新

某些管理措施不当,例如,修剪过高或过低、杂草蔓延、大面积病害等也可能引起草坪退化。过度践踏也是草坪发生退化的重要影响因素之一,特别是体育场草坪的退化往往是由于过度践踏造成的。然而,一个严重退化的草坪不一定需要重新建植,可以通过某些措施进行更新。

一般情况下,只要地形设计良好、表层以下 5cm 的土壤结构良好,通过草坪的更新,即可获得满意的效果。草坪更新是指不通过正常的坪床准备过程,不耕翻原有草坪,进行部分或全部重新建植,从而达到草坪改良的目的。在下列情况下可以考虑进行草坪的更新:①草坪群落中布满杂草,而这些杂草可以用选择性除草剂来控制;②草坪群落大部分由多年生杂草构成;③草坪受病、虫危害严重;④草坪质量差,枯草层大量积累;⑤表土质地不一或表层 2~5 cm 的土壤严重板结;⑥所有以上部分情况都存在的草坪。

在开始更新之前,首先要找出草坪退化的原因,而后制定合适的改良措施。原因可能有如下几个方面:初建草坪时使用了含有大量杂草的种子;施用了含有大量杂草种子的有机肥;没有使用适当的防制杂草或害虫的措施;误用了农药;选择了不适应当地土壤与气候环境的草坪品种;采用的主要或辅助管理措施不当等。在这些情况下,要根据建植优质草坪的原则和措施来进行草坪草的管理。那么,在以后的更新中就可采用正确措施来防止以上情况重现。在更新之前,必须对某些引起退化的原因进行细致的分析,有时需要施行较重大的措施才能加以改正，如表层和亚表层土壤排水不畅，土壤中有大量的树根、石块、垃圾、石灰、水泥渣等。如果这些问题不解决，草坪更新就不会成功。

退化草坪的更新程序包括场地的准备、草坪草品种的选择、建植和植后管理。

一、场地准备

场地准备包括准备更新退化草坪而进行的各项措施。要对场地进行详细调查和评价，确定杂草的类型、现有枯草层的厚度和表层以下土壤的物理性质及草坪更新程序。

如果出现大量的杂草，要下决心使用选择性或非选择性除草剂清除。通常使用哪种除草剂的决定因素是多年生杂草在草坪中的分布情况。如仅含有一年生杂草和阔叶杂草，大部分能用除草剂有选择地控制。与此同时，希望保留的草坪草在草坪中大量分布时，也能够被保留住。但是，如有大量的多年生杂草存在时，就必须用非选择性除草剂来处理。

草坪一旦用除草剂处理过，必须等待几天或几周的时间让目标植物充分吸收，把除草剂输送到杂草的各个部位，并且还要让土壤中有毒的除草剂残留失效。在大部分土壤中，草甘膦和有机砷无残留，但它们需要 2～3 周的时间来控制目标植物。百草枯是一种非选择触杀性除草剂，用于控制一般草本植物见效最快，但对于控制多年生杂草其效果不如草甘膦。虽然百草枯一旦与含黏粒的土壤结合就会失去活性，但它的残毒会长期残留在枯草层中，如不把枯草层除掉或把它们翻入土壤中，它就会阻碍草坪草发芽出苗。用来控制阔叶杂草的除草剂主要是 2,4-D、二甲四氯和麦草威，它们可残留在土壤表层中达数周之久。通常，喷后杂草需要 2～3 周的时间开始死亡。

当把杂草杀死和有毒除草剂残留消失之后，场地即可进行耕作。在大量枯草层存在时，要用深度纵向修剪来清除，同时要把碎石杂物挑出。在无枯草层或有少量枯草层存在的草坪上，通常需要几次纵向修剪或采用通气打孔办法来准备坪床。在表层土壤严重板结或表层 5 cm 土壤中质地不一，出现成层现象时，需要强度打孔耕作，打出的土条等干燥后进行破碎，使之进入草坪。

在整地前，要施用全素化肥，如果必要的话，还要施石灰。如有条件的话，最好根据土壤化验结果确定施用量，一般 45 kg/hm^2 速效氮可以保证草坪草的苗期生长，如果施用缓释性化肥，施用量应该更高一点。

二、草坪品种选择

虽然能用无性繁殖法来建植新草坪,但是,草坪更新一般常用播种建植的方法。只要坪床准备精细,采用播种法可建成优质的草坪。草坪品种选择不当,也是草坪退化的原因之一。因此,可通过草坪更新,更换成适应当地自然环境和栽培条件的草坪品种。具体哪种草坪品种适宜,应咨询当地有关科研机构。

三、建 植 方 法

更新草坪有 2 种基本的播种方法,即撒播和圆盘耙播种机播种。撒播法,采用标准的播种量,在播种之后,把种子拖耙于土壤中,而后滚压。圆盘耙播种机可把种子直接送入机械前端纵向修剪机犁成的沟槽中。与撒播法相比,它使用的播种量较低,一般效果也比撒播好。圆盘耙播种机播种后不必再进行拖耙和滚压。

四、植 后 管 理

更新后草坪出苗期的管理与普通草坪建植的管理大致相同。但如有原来草坪草群落保留时,应在原来草坪草生长到适宜修剪的高度时进行修剪。

第七节 冬季临时覆播草坪的建植

亚热带地区,在暖季型草坪草秋季枯黄的时候,为了获得良好的外观和正常娱乐的需要,习惯把冷季型草坪草覆播(Over seeding)于暖季型草坪草之上。另外,冷季型草坪草的覆盖减少了践踏对暖季型草坪草的伤害。这项措施常用于高尔夫球场果领、发球区草坪及其他运动场草坪上。用于球道和其他各类草坪上也是可行的。大部分情况下,狗牙根草坪覆播效果最好,也可覆播钝叶草、斑点雀稗和假俭草等草坪。

一、场 地 准 备

过去为了确保成功地建植冷季型草坪草的群落,在覆播前需要做大量的场地准备工作。为了除去枯草层、减少暖季型草坪草竞争和精细准备坪床,常采用不同的处理方法,包括低矮修剪、纵向修剪、打孔耕作和覆土等。但近年来,果领覆播准备程序在几个方面进行了重要修改:在整个生长季节中均进行枯草层控制,而不只是在覆播前;在不妨碍覆播的草坪草萌发的情况下,细心地确定萌前除草剂的施用时间,控制一年生早熟禾杂草;施肥要有利于减少暖季型草坪草的竞争,同时还要促进覆播草坪草的生长。

(一)枯草层控制

枯草层不利于覆播的冷季型草坪草的生长和存活。在枯草层中生长的幼苗比在土壤中生长的幼苗更易受冷冻、践踏和其他逆境的损伤。为了有利于幼苗生长,减少枯草层的厚度和改善残存枯草层状况,要采取措施确保冷季型草坪草的生长发育。

在覆播时,暖季型草坪草群落应均匀一致,没有杂草,草坪草生长开始减慢。如果这时暖季型草坪的质量差,到来年春季暖季型草坪草复苏生长时会影响冷季型草坪向暖季型草坪的过渡。在温度适宜的生长阶段,经常覆土和轻度纵向修剪有助于控制枯草层和保持高质量的草坪。在覆播之前 50 ~ 60 天时就应安排本年最后一次打孔耕作,覆播前临时打孔可导致草坪草集中于孔中丛生,造成幼苗分布不均。

(二)施肥

为了减少暖季型草坪草的竞争,在覆播前 2 ~ 4 周内不能施肥。但是,覆播程序也应包括施肥,以便能够满足氮、磷、钾供应,使冷季型草坪草迅速生长。

(三)杂草控制

在低矮修剪的狗牙根草坪中,秋天一年生早熟禾可发芽出苗,与覆播的冷季型草坪草进行激烈竞争,其结果会降低覆播草坪的外观和功能质量。为了解决这个问题,通常是在覆播前 50 ~ 90 天时,在打孔耕作和覆土后立即施用一次萌前除草剂,常用的除草剂有地散灵、氟草胺和拿草特。拿草特对一年生早熟禾进行苗后处理具有极佳的效果。覆播期间,在除草剂有毒残留的地方,要使用活性炭,避免除草剂抑制覆播的草坪草的萌发和生长。

二、草坪品种选择

过去大部分是用一年生黑麦草来进行覆播。在果领草坪中,为了形成致密的、细致的、适宜推球的临时草坪草群落,播种量常高达 290 g/m^2。一年生黑麦草覆盖快,但易受到亚热带冬季的霜害,从而造成草坪质量严重降低。由于它在强度低修剪下耐热性差,在狗牙根自冬季休眠完全复苏之前,一年生黑麦草常常在春季过渡时期出现非常突然的枯黄。

后来，开始用几种冷季型草坪草的混合取代一年生黑麦草或添加到一年生黑麦草中进行覆播。这些参与混合的草坪草包括细羊茅、翦股颖、粗茎早熟禾、草地早熟禾和多年生黑麦草。单独种植上述草坪草时，细羊茅形成具有良好推球质量的细纹理草坪。它比一年生黑麦草耐冻，但在春季变枯时表现不稳定，有时在草坪中出现病斑。翦股颖发芽快，但由于幼苗的活力低，草坪形成慢，且翦股颖能生长到早春，因此阻碍了狗牙根的生长。草地早熟禾发芽和幼苗生长都非常慢，当最终形成草坪时，经常产生蓬松的推球表面。粗茎早熟禾能形成良好的果领草坪表面，并具有良好的耐霜能力；但由于在春季温暖时退化快，因而过渡不好。多年生黑麦草成坪果领表面既快又好，但速度不如一年生黑麦草。随着引入改良草坪型多年生黑麦草新品种，覆播时能够获得高质量的几个特征，如良好的抗枯萎病性能、极好的耐践踏性能、良好的耐霜性和平缓的春季过渡能力。由于叶片具有很多纤维，特别是在春季温暖气候下，多年生黑麦草某些栽培品种的顶部常被磨损，使得果领草坪质量下降。

近年来一般用匍匐翦股颖或草坪型多年生黑麦草单独或与细羊茅混合用来对狗牙根草坪草覆播。播种量要比在温暖气候下建造永久草坪的播种量大很多。对于多年生黑麦草，典型的播种量是 120 ~ 200 g/m^2。在狗牙根或其他暖季型草坪中，由于一年生黑麦草价格较低，具有兼容性质地，仍然被普遍用于覆播，播种量一般为 24 ~ 50 g/m^2。

三、建 植 程 序

覆播时间是覆播建坪成功的关键。时间合适，暖季型草坪草的竞争达到最小，同时有利于冷季型草坪草的萌发和幼苗生长。时间安排得太迟，由于气温较低，建植速度大大变慢。建议在初霜到来之前 20 ~ 30 天时进行覆播。但是，每年初霜的时间不同，因而覆播结果每年也有所不同。一般情况下，日平均气温低到 23℃时可以开始进行覆播。

决定了覆播时间后，为了能获得满意的结果，还有 3 ~ 6 项或更多的工作需要做。最简单的程序是播种、播后拖耙和灌溉。如果暖季型草坪草太密，覆播的草坪草种子难以落到草坪土壤上，因而有必要用重型拖耙，使所有种子进入草坪，落到土壤上。灌水可以使草坪草种子在草坪中下沉，到达后土壤表层便开始萌发。某些高尔夫球场管理员在播种第一次灌溉时，喜欢用人工方法灌溉而不用喷灌，这样更有利于直接把草坪种子冲洗进草坪中。

如果在不含枯草层的草坪覆播时，上述步骤能很好地使种子进入草坪中。但是，当存在大量的枯草层时，通常在播种前要进行不同方向的纵向修剪。如果枯草层大于 0.6 cm 时，还要进行覆土处理。

播种后覆土同样使枯草层内有了更为有利的萌发条件。在用覆土也难以改善枯草层影响的草坪上，种子虽然能够萌发，但在踏踩和冷凉气温下，幼苗的生存力下降，幼苗生长发育不良，难以达到预期的目标。

四、播后管理

覆播后最大的问题有病害、暖季型草坪草的竞争和幼苗冻害。覆播时要使用杀菌剂处理种子。为了把以后的病害（特别是枯萎病菌）减少到最低程度，应喷洒预防性的杀菌剂。在前 4 周内病害通常不是大问题。

暖季型草坪草与冷季型草坪草之间的激烈竞争是难免的，特别是当出现了与季节不符的温暖气候时，这种竞争将会持续一段时间。施肥技术在减少竞争方面起重要作用，要避免过量施用氮肥，这样可大大降低竞争，但施肥量要足以能维持冷季型草坪草生长的需要。

冻害对覆播幼苗的影响也很大。特别是覆播的第 1 个月，如出现低温，将会对刚刚出苗的草坪草产生不利的影响，在北亚热气候带常遇到这类情况。提高修剪高度是减少冻害的一个办法。例如，果领覆播后 3 周内把修剪高度从 0.5 cm 提高到 0.8 cm，等到第一个分蘖出现后，在冬季逐渐降低修剪高度，使植株变得健壮，抗冻能力增强。

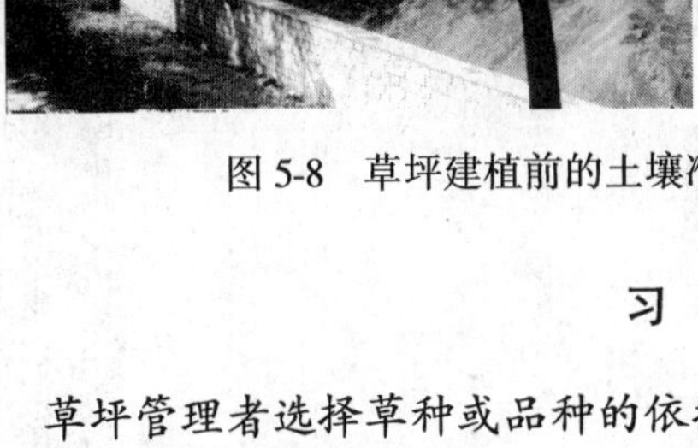

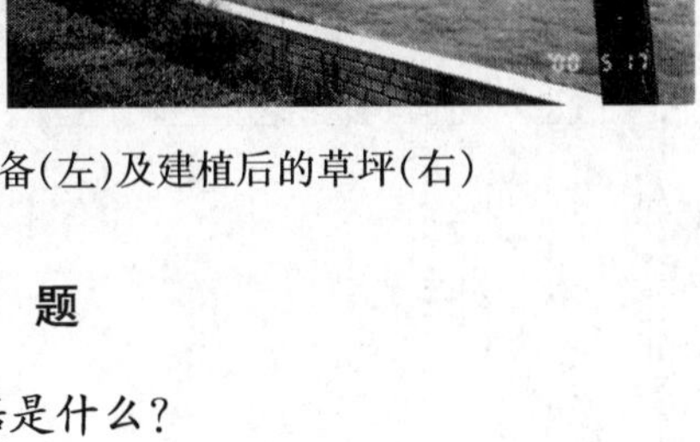

图 5-8　草坪建植前的土壤准备(左)及建植后的草坪(右)

习　题

5.1　草坪管理者选择草种或品种的依据是什么？

5.2　种子质量包括哪些内容？

5.3　混播有什么优点？其依据和原则是什么？存在哪些主要问题？

5.4　一年内什么时间最适宜建植草坪？

5.5 建植草坪前如何准备坪床？在建造和操作灌溉系统时应注意什么问题？
5.6 如何用种子直播法建植草坪？
5.7 营养体建坪材料有哪些？它们之间有何区别？
5.8 怎样养护新建草坪？如何更新草坪？
5.9 怎样进行暖季型草坪的覆播？

第六章　草坪的修剪

【教学目标】

1. 理解修剪对维持草坪质量的重要性。
2. 熟悉不同草种和不同用途草坪的适当修剪高度。
3. 掌握确定适宜留茬高度和修剪频率的方法。
4. 熟悉剪草机的正确使用方法。

修剪、灌溉、施肥是3项最主要的草坪管理措施。合理运用这些管理措施是获得优质草坪的有效途径。其中修剪是草坪管理中工作量最大的一项作业,修剪的高度及频率直接影响施肥、灌溉的频率与强度。

第一节 概　述

修剪,又称剪草、轧草或刈割,是指为了维护草坪的美观或者为了特定的目的使草坪保持一定高度而进行的定期剪除草坪多余枝条的工作。它是保证草坪质量的重要措施。

通常情况下,草坪应定期修剪。在草坪草能忍受的修剪范围内,草坪修剪得越短,草坪越显得均一、平整和美观。草坪若不修剪,长高的草坪草将干扰运动的进行,使草坪失去坪用功能,降低品质,进而失去其经济价值和观赏价值。

草坪草的修剪一般都是短刈,即剪去枝叶的上半部分。修剪会去掉部分叶组织,对草坪草是一种伤害,但它们又会因很强的再生能力而得到恢复。如矮生百慕大在生长季节里,草高4 cm,修剪到2 cm,经过3~4天的生长就可以恢复。草坪草的再生部位主要有:一是剪去上部叶片的老叶可继续生长;二是未被伤害的幼叶尚能长大;三是基部的分蘖节可产生新的枝条。又由于根与留茬具有贮藏营养物质的功能,能保障再生对养分的需要,所以草坪是可频繁修剪的。

适当的修剪,可抑制草坪的生殖生长,从而获得平坦均一的草坪表面,促进草坪的分枝,利于匍匐枝的伸长,增大草坪的密度。据测定,一年未修剪的草坪,翌年返青时每100 cm^2 有8片叶子,盖度仅有10%;而经过8次修剪的则有50片叶,盖度达80%。在一定范围内,修剪次数与枝叶密度成正比。

修剪会使叶片的宽度变窄,提高草坪的质地,使草坪更加美观。如在运动场经过定期修剪的高羊茅叶片只有2~4 mm宽,而在一般的绿化地不常修剪的高羊茅叶片可宽达6 mm(图6-1)。

另外,定期修剪,还能抑制杂草的入侵,提高草坪的美观性及其利用效率。因为一般双子叶杂草的生长点都位于植株的顶部,通过修剪可以去除杂草的顶部生长点,使其经常处于受抑制状态,最终就会被消除。单子叶杂草的生长点虽剪不掉,但由于修剪后其叶面积减少,从而降低其竞争能力。多次修剪还可能防止杂草种子的形成,减少杂草的种源。

任何事物都有两面性,同样修剪也存在不利的影响。对草坪草而言,修剪毕竟是被强加的外力伤害。修剪改变了草坪草的生长习性,由于分蘖增多,使地上部分密度大大增加,却减少了根和茎的生长。因为产生新茎叶组织需要营养,这就减少了供给根和根状茎生长的养分。同时,植物贮存营养的减少,也会对草坪生长产生不利影响。

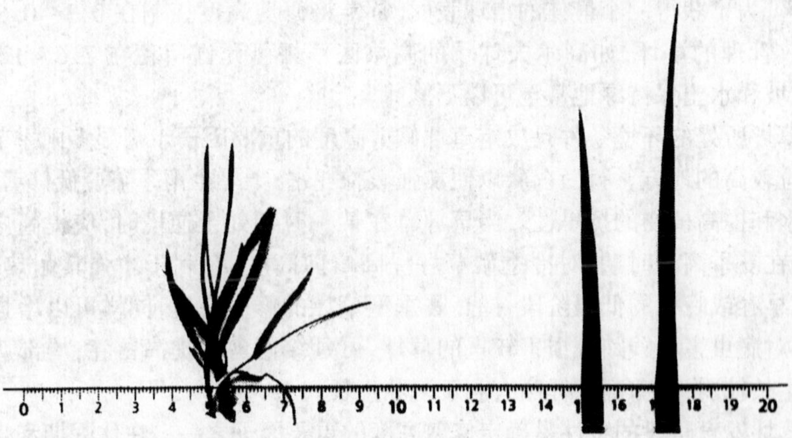

图 6-1　在运动场定期修剪的高羊茅叶片(左)和不常修剪的高羊茅叶片(右)

修剪使叶片变窄,增加了叶子的多汁性,也给虫害的发生造成了有利环境。另外,剪草往往会发生病害问题,这是因为剪去茎叶组织,留下切开的伤口,会大大增加病菌侵染的机会。

总之,修剪,尤其是不正确的修剪,如留茬太低、修剪次数太少、使用的刀片钝等,都会引起草坪质量的严重下降,为了减轻修剪对草坪草带来的不利影响,草坪应适当修剪并辅之以施肥、浇水、打药、覆沙等作业。

第二节　修剪的高度和频率

一、修剪高度的确定原则

修剪高度即留茬高度,每次修剪时,剪掉的部分不能超过草坪草茎叶自然高度的 1/3,这就是草坪修剪必须遵守的 1/3 原则。草坪实际修剪高度是修剪后的茎叶高度,在许多情况下,草坪的实际修剪高度与剪草机设置修剪高度不同。因为剪草机工作时行走在草坪茎叶上,致使剪草机被垫得稍高,实际修剪高度就高于设置高度;而在有些情况下,如由于土壤较疏松或厚而有弹性的枯草层使剪草机的轮子陷进草坪中时,实际修剪高度又会低于设置高度。

选择最适宜的修剪高度常受草坪草种及其品种、草坪质量要求、环境条件、发育阶段、草坪利用强度等多因子的影响。一般的草坪草种及其品种根据其生长特性,都有其适宜的修剪高度。草坪的质量要求是影响修剪高度的最重要因素,草坪质量要求越高,修剪高度就越低。高质量要求的草坪,如高尔夫球场的果领区,为了获得一个最佳的击球表面,常常将修剪高度控制在 0.3~0.64 cm;而粗放管理的草坪,如高尔夫球场的高草区草坪可允许留茬在 7.6~12.7 cm 内,护坡和水土保持绿地甚至可以不修剪。

草坪所处的环境条件是决定草坪修剪高度的重要因子。潮湿多雨季节或地下水位较高的地方,留茬宜高,以便加强蒸腾耗水;干旱少雨季节应低修剪,以节约用水和提高植物的抗旱性。当草坪草在某一时期处于逆境时,应提高修剪高度,如在夏季高温时期,对冷季型草坪提高修剪高度,有利于增强其耐热、抗旱性;而早春或晚秋的低温阶段,提高暖季型草坪的修剪高度,同样可以增强其抗寒性;对病虫害和践踏等损害较重的草坪,可延缓修剪或提高留茬;局部遮荫的草坪生长较弱,修剪高度提高有利于复壮生长。

草坪发育阶段的特性是确定修剪高度的重要因子之一。在休眠期和生长期开始之前,可剪得很低,并及时清除修剪物,对草坪进行全面清理,以减少土表遮荫,达到提高土壤温度、降低病虫害等寄生物宿存侵染的机会,促进草坪快速返青和健康生长。

利用强度也是影响草坪修剪高度的要素之一。此时首先应考虑草坪承受的创伤破坏力,其次考虑草坪高频率利用时的美观和使用要求。像足球场、橄榄球场受强烈践踏的运动场草坪,修剪高度可适当提高。对于像高尔夫球场、保龄球场等轻型运动的草坪而言,为保证运动成绩,必须严格控制修剪高度,以形成光滑的坪面质量。

二、修剪高度对草坪草的影响

草坪草的修剪是有限度的,大多数草坪管理者喜欢把草坪剪到草种或品种能忍受的最低限度。因为修剪低矮的草坪比较美观,不过草坪被修剪得太低,将会产生不良影响。首先是使草坪草根茎受到损伤,大量生长点被剪掉,从而损伤草坪草的再生力。其次是大量叶组织被剪除,减弱了植物的光合作用,导致根系变浅(图 6-2),从而降低了草坪草从土壤中吸收营养和水分的能力,消耗了大部分贮存养分,致使草坪逐渐衰退。草坪管理者把极度去叶的现象称为“脱皮”或“剃头”。草坪严重“脱皮”后,草坪只留下褐色的残茬和裸露的土壤。许多人常喜欢把自己的草坪剪得像高尔夫球场果领区那样短,但是多数草坪不耐这种修剪,这样做会导致草坪过早退化。

图 6-2　修剪高度对草坪草根系的影响

留茬太高也有不利的影响。较高的草坪给人一种蓬乱、粗糙、不整齐的外观，同时引起枯草层的加厚问题也给管理者带来很多麻烦；另外，茎叶因过长而下垂，顶端过分弯曲，叶片质地变得粗糙，草坪密度也随之减小。

三、不同草种的修剪高度

每一种草坪草根据其生长特性、遗传特点、气候条件和栽培管理水平可以大致确定一个特定的耐修剪高度范围（表 6-1），在这个范围之内，草坪可以获得令人满意的草坪质量。

表 6-1　主要草坪草的参考修剪高度（个别品种除外）

草　种	修剪高度/cm	草　种	修剪高度/cm
巴哈雀稗	5.0~10.2	细弱翦股颖	1.3~2.5
普通狗牙根	2.1~3.8	细羊茅	3.8~7.6
杂交狗牙根	0.6~2.5	草地早熟禾	3.8~7.6*
地毯草	2.5~5.0	多年生黑麦草	3.8~7.6*
假俭草	2.5~5.0	高羊茅	3.8~7.6
钝叶草	5.1~7.6	沙生冰草	3.8~6.4
结缕草	1.3~5.0	野牛草	1.8~5.0
匍匐翦股颖	0.5~1.3	格兰马草	5.0~6.4

* 某些品种可忍受更低的修剪。

四、修剪时间和频率

草坪草的修剪时期与草坪草的生育期直接相关，因此，必须掌握草坪草季节的生长变化规律。为获得优质草坪，在草坪草生长旺盛时期高频率修剪是必要的。如暖季型草坪草日本结缕草在气温 25～30℃时生长量最高，15℃时生长量显著下降。而冷季型草坪草的翦股颖和草地早熟禾在 20～25℃时生长量最大。

一般来说，为了维持良好的草坪质量，在草坪草的整个生长季节都需要修剪。对于冷季型草坪而言，修剪主要集中在生长旺盛的春(4—6 月份)、秋(8—10 月份)两季；而暖季型草坪则主要在夏季(6—9 月份)。新建植的草坪初次修剪在草高达到计划留茬高度的 1.5 倍时进行，例如留茬高度为 6 cm，当草坪长到 9 cm 时就应该修剪。

草坪修剪的频率是指一定时期内草坪修剪的次数。草坪修剪频率决定于草坪草的种类、生长速度、草坪的用途、质量、养护水平等因素。多年生黑麦草、高羊茅等生长量较大，修剪频率高，一些生长较缓慢的草种如假俭草、细羊茅等则需要较低的修剪频率；草坪草的生长速度快，修剪频率高，反之则低；用于运动场和观赏的草坪，质量要求高，修剪高度低，修剪频率高，而一般绿化和水土保持草坪质量要求低，修剪高度高，修剪频率低；大量施肥、灌溉多的草坪生长较快，修剪频率比粗放养护的草坪要高。

春季温度适宜、雨量充沛，冷季型草坪草每周需要修剪 2 次，而在夏季，气候条件对冷季型草生长不利，每 2 周修剪 1 次即可；暖季型草夏季生长旺盛，需要经常修剪，其他季节，气温较低，草坪草生长缓慢，修剪的频率要适当降低。

在草坪管理中常用前面所述的 1/3 原则来确定修剪频率。草坪应经常修剪，以便保证适当的留茬高度，而每次剪下的茎叶不超过草高的 1/3(图 6-3)，如果多于这个量，将会由于叶面积的大量损失而导致草坪草光合作用的能力急剧下降，进而因仅存有效碳水化合物全部被用于产生新茎叶组织，使大量根系无足够养分维持而受损。

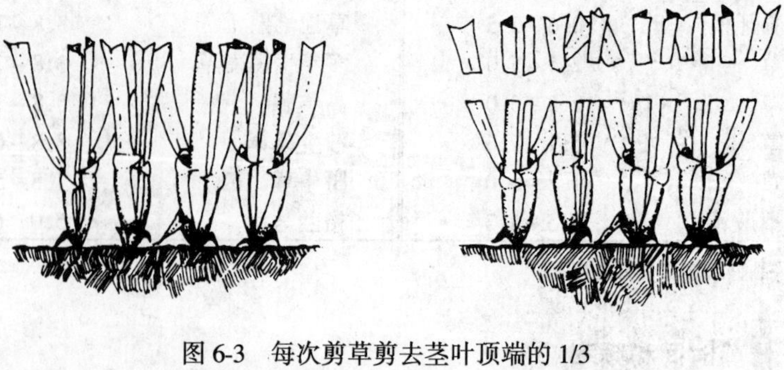

图 6-3　每次剪草剪去茎叶顶端的 1/3

为了遵守 1/3 原则，当草坪草高度达到修剪高度的 1.5 倍时，就应该修剪。例如，修剪高度为 2 cm，那么当草长到 3 cm 时就修剪，剪去 1 cm 的顶端为整个草高的1/3。草坪修剪得越低，剪草的频率就越高，如某一草坪假定每天生长0.25 cm，留茬高度为1 cm，草高1.5 cm时就要修剪，即平均2天剪1次。如果留茬高度为3 cm时，当草高长到4.5 cm时才需要修剪，也就是大约6天剪1次。

如果草坪草长得过高，不要1次将草坪修剪到正常的留茬高度，否则将使草坪草的根系在一定时期内生长停止。正确的做法是，定期间隔剪草，增加修剪次数，逐渐将草坪降到要求的高度。例如，草坪高度为12 cm，要求修剪到4 cm，首先把草坪剪到8 cm，经过几次修剪后，降到6 cm，最后再过一段时间剪到4 cm。这样做显然比较费时、费工，但能够保持良好的草坪质量。在粗放管理的草坪上，无所谓逐次修剪。

频繁的修剪，致使每次剪除的顶端部分远少于1/3时，也会出现许多问题。在草坪草未长到适宜高度之前修剪，常会增加修剪次数。过分频繁修剪将会影响根系、根茎、幼叶的减少，营养物质贮存量降低，叶组织汁液增加，同时由于修剪伤口的增加，也给病原菌的侵入增加了机会，间接增加管理费用的投入。

通常，草坪应定期修剪，如普通草坪，1个月修剪1次即可获得比较满意的草坪。不同用途的草坪修剪频率及次数见表6-2。

表6-2　草坪修剪的频率及次数

利用地	草坪草种类	修剪频率/(次·月$^{-1}$)			年修剪/次
		4—6月份	7—8月份	9—11月份	
庭　院	细叶结缕草	1	2~3	1	5~6
	翦股颖	2~3	8~9	2~3	15~20
公　园	细叶结缕草	1	2~3	1	10~15
	翦股颖	2~3	8~9	2~3	20~30
竞技场、校园	细叶结缕草、狗牙根	2~3	8~9	2~3	20~30
高尔夫球场发球台	细叶结缕草	1	16~18	13	30~35
高尔夫球场果领区	细叶结缕草	38	34~43	38	110~120
	翦股颖	51~64	25	51~64	120~150

第三节　剪　草　机

一、剪草机的类型

草坪剪草机，主要用于草坪的定期修剪，是草坪养护管理的常用设备。自

1830年布丁发明了第一台剪草机以来，随着草坪业的发展，剪草机的技术也得到了长足的发展。目前草坪管理中应用的剪草机根据工作装置、剪草方式不同可分为滚刀式(滚筒式)、旋刀式、连枷式和甩绳式。每种类型的剪草机所适应的草坪和草坪立地环境不尽相同。

(一)滚刀式剪草机

滚刀式剪草机的剪草装置由带有刀片的滚筒和固定的底刀组成，滚筒的形状像一个圆柱形鼠笼，切割刀呈螺旋形安装在圆柱表面上。滚筒旋转时，把叶片推向底刀，产生一个逐渐切割的滑动剪切而将叶片剪断(图6-4)，剪下的草屑被甩进集草斗。由于滚刀剪草机的工作原理类似于剪刀的剪切，只要保持刀片锋利、剪草机调整适当，其剪草质量是几种剪草机中最佳的。滚刀式剪草机主要有手推式、车式、牵引式等。

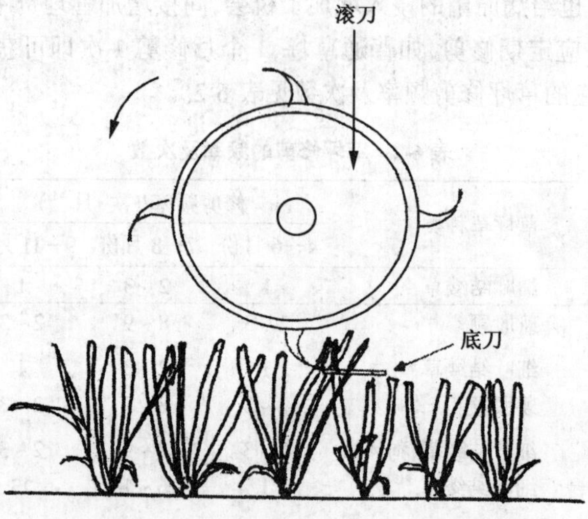

图6-4 滚刀式剪草机工作原理

滚刀式剪草机的使用调整主要有两个方面：一是剪草高度的调整，滚刀式剪草机的剪草高度是前滚轮和后滚筒的底切面与底刀之间的高度差，通过改变前滚轮相对于滚刀的高度来调节(图6-5)；二是滚刀与底刀间隙的调整，可以固定底刀，调整滚刀相对于底刀的位置，或者固定滚刀，摆动底刀来调整两者的间隙。调整刀片时注意平衡用力，判断底刀与滚刀间隙是否合适的方法是转动刀片切割报纸(图6-6)，在1 cm宽的切口上如果有两三根拉出的纤维间隙最合适，纤维少或无则间隙偏小，反之则间隙大。

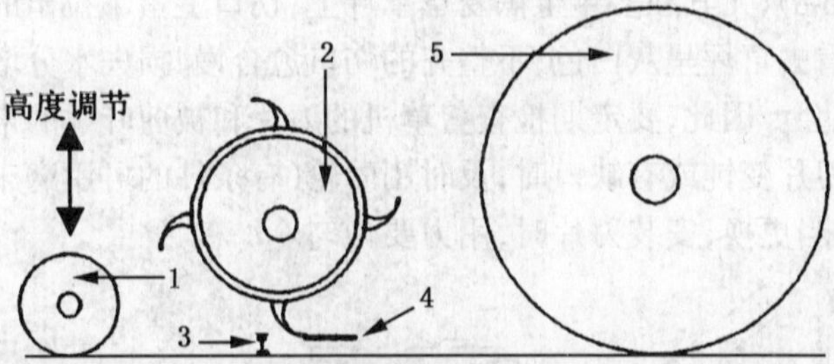

图 6-5　滚刀式剪草机剪草高度的调整

1.前轮　2.滚刀　3.修剪高度　4.底刀　5.后轮

图 6-6　用报纸测试滚刀与底刀的间隙

使用滚刀剪草机还应注意,由于滚刀与底刀之间是金属的接触,如果剪草机在空转时,滚刀与底刀摩擦生热会引起金属膨胀,从而使刀片出现严重磨损,因此,在 2 个剪草地点行走时,要把滚刀传动切断;若发现底刀和滚刀出现缺口或刀刃变钝时,应及时磨刀,磨刀使用金刚砂粉浆,刀片反转,注意磨刀时不要 2 个人同时操作,以免伤到手指。

(二)旋刀剪草机

旋刀剪草机的主要部件是横向悬挂在直立轴上的刀片。剪草原理是通过高速旋转的刀片将叶片水平切割下来,为无支撑切割,类似于镰刀的切割作用(图 6-7),修剪质量不能满足较高要求的草坪。旋刀剪草机主要有气垫式、手推式和车式。

使用旋刀剪草机的关键是要保持刀片锋利,不锋利的刀片修剪的草坪切伤口不整齐(图 6-8),尤其在多年生黑麦草草坪上,伤口上留下拉出的纤维丝,俗称“拉毛”,远处看去草坪呈灰白色;不整齐的伤口愈合慢,损失水分增多,也给病菌侵染增加了机会。因此,要定期检查剪草机的刀片和被剪叶子的末端,判断刀片是否锋利,若刀片变钝或有缺口时,及时用砂轮(有条件的可用磨床)打磨。严重损坏的刀片应当更换,安装刀片时,用力要均匀。

图 6-7　旋刀式剪草机的工作原理

图 6-8　钝刀剪切的叶片造成的拉毛现象

旋刀剪草机的优点是保养简单,用途广,对于管理较粗放、生长较高、质地粗糙、有杂草或生殖枝的草坪都可以适用。缺点是不能修剪低于 2.5 cm 的草坪;旋刀剪草机一般是四轮行走,在经过不平坦区域时,会出现修剪高度不均一的现象。旋刀剪草机功率较大,高速旋转的刀片碰到石子等,可能会高速弹起,比较危险。

(三)连枷式剪草机

连枷式剪草机的刀片铰接或用铁链连接在旋转轴或旋转刀盘上,工作时旋转轴或刀盘高速旋转,离心力使刀片崩直,端部以冲击力切割草坪茎叶。由于刀片与刀轴或刀盘铰接,当碰到硬物时可以避让而不致损坏机器。连枷式剪草机可适用于杂草和细灌木丛生的绿地,能修剪 30 cm 高的草坪。缺点是磨快刀片很费时间,而且修剪质量也较差。

(四)甩绳式剪草机

甩绳式剪草机是割灌机附加功能的实现,即将割灌机工作头上的圆锯条或刀片用尼龙绳或钢丝代替,高速旋转的绳子与草坪茎叶接触时将其击碎从而实现剪草的目的。

这种剪草机主要用于其他剪草机难以作业的区域。由于甩绳式剪草机工作头没有防护装置,剪草时一定要注意安全,操作时穿戴厚的工作服、工作靴、防护眼镜。更换甩绳或排除缠绕时必须先切断动力。

二、修剪质量

修剪质量的好坏决定于剪草机的选择以及修剪时的草坪状况。当草坪处于不良状态时,即使使用最好的剪草机也难以获得较好的剪草效果。若草坪状况良好,剪草机的选择与使用成为影响修剪质量的关键因素。

对于一块具体的草坪来说,想要选择最佳剪草机的类型往往要考虑许多因素,如草坪质量、修剪高度、草坪草的种类及品种、可利用的刀刃设备、修剪宽度及配套动力等。总的原则是在达到修剪草坪质量要求的前提下,选择经济实用的机型。通常运动场草坪和观赏草坪质量要求较高,修剪高度在 2 cm 左右,应选择滚刀式剪草机。选择滚刀剪草机时还应注意,其滚刀上的刀片数和滚刀的转速也影响修剪质量,滚刀上刀片数越多,单位长度上行进中切割的次数越多,切下的草叶就越细,滚刀的转速越高,切下的草叶也越细。一般绿化景观的草坪(如广场、公园、学校、工厂等绿化草坪),修剪高度控制在 4～15 cm 之间,常选用旋刀剪草机。而管理极为粗放的护坡地、公路两侧绿地,修剪高度超过 20 cm,草坪质量要求很低,则采用连枷式剪草机。甩绳式剪草机一般配合其他类型剪草机一起使用,修剪草坪的边缘和障碍物周围的草坪。

选择了最佳的剪草机,还要会正确使用,充分发挥其性能才能得到良好的修剪质量。首先刀片要保持锋利,对于滚刀剪草机像前面所述那样正确调整;其次剪草机每次使用前后要保养(诸如更换机油、摩擦部件加黄油、使用后及时清洗等),使剪草机经常保持在最佳状态。

图 6-9 使用滚刀剪草机修剪高档观赏草坪

第四节 其 他

一、修剪的样式

草坪的修剪应按照一定的模式来操作,以保证不漏剪并能创造良好的外观。假如你想要获得条纹效果,这就需要一台滚刀式剪草机,并且按下面所述的步骤修剪:先修剪草坪的边缘和不方便修剪或遮荫的区域;中心大面积草坪则采用一定方向上来回修剪的方式操作;注意修剪时要有稍许重叠,避免漏剪。

由于修剪方向的不同,草坪草茎叶倾斜方向也不同,导致茎叶对光线的反射方向发生变化,在视觉上就产生了明暗相间的条纹状(图 6-10)。这可以增加草坪美学外观。

同一草坪,每次修剪应变换行进方向,要避免在同一地点、同一方向的多次重复修剪,否则草坪将趋于瘦弱和形成纹理现象(草叶趋于同一方向的定向生长)。在高尔夫球场果领区,纹理将使草坪修剪不平整,出现层痕,严重情况下,会影响击球质量。变换修剪方向还可避免剪草机轮子在同一方向上对草坪的重压,形成压槽和土壤板结。

图 6-10　不同方向修剪形成的条纹

二、草屑处理

草屑即剪草机修剪下的草坪草组织。草屑内含有植物所需的营养元素,是重要的氮源之一,其干重的 3% ~ 5% 为氮素,1% 是磷,1% ~ 3% 为钾。研究发现,在草屑中的含氮量占草坪氮需要量的 1/3;施肥后前 3 次修剪的草屑中含有 60% ~ 70% 的有效养分。

对于草屑的处理主要有 3 种方案。第一,如果剪下的叶片较短,可直接将其留在草坪内分解,将大量营养返回到土壤中。这时遵守 1/3 原则就很重要,因为剪下的茎叶越短越容易落到土壤表面,不影响美观,草屑还能迅速分解,不会形成枯草层。第二,草叶太长时,要将草屑收集带出草坪。因为较长的草叶容易留在草坪表面,影响美观以及下面的草坪草的光合作用,滋生病害。收集的草屑可以用石灰腐熟后,作为有机肥施到草坪上。第三,发生病害的草坪,剪下的草屑应清除出草坪并进行焚烧处理。一般高尔夫球场果领区不宜遗留草屑,以免影响绿色景观和击球质量。

三、修剪安全问题

随着草坪业的发展,草坪管理的机械化程度也越来越高,由于操作不规范,因剪草机而受伤的人数每年都在增加。在这些事故中很多人被截去手指或脚趾。所以,任何人在操作剪草机以前都应该学习以下安全操作规程。

(1) 操作剪草机前,请认真阅读使用手册,了解正确使用机械的方法。

(2) 剪草前将草坪内所有的小石块、砖头、树枝等垃圾拣出去。

(3) 启动发动机前,首先要掌握如何迅速停止发动机运转,以便发生意外时紧急停车;其次要检查汽、机油是否需要添加。如需加油,请将剪草机移到草坪外,以免燃料溢出伤害草坪。

(4) 启动时,注意将手脚离开刀片;在相对平坦的地方启动机器;启动手推式剪草机时,一只脚踏在剪草机底壳上,另一只脚离开剪草机一段距离,踩在实地上。

(5) 机器启动后,不要让非操作人员(尤其是儿童)靠近剪草机。

(6) 当离开剪草机时,即使是 1 min,也要立即关闭发动机。

(7) 检查刀片前,先拔下火花塞,以防发动机意外启动。

(8) 剪草机工作时,不要移动集草袋(斗)。

(9) 操作剪草机时,应穿戴较厚的保护工作服和鞋子,带有安全尖的鞋最好,鞋尖应有良好的摩擦力,以防滑脱。

(10) 手推式剪草机一般向前推行,切忌向后拉,如果向后拉,有可能伤到操作者的脚。

(11) 在斜坡上剪草,手推式剪草机要横向行走,车式剪草机则顺着坡度上下行走。

(12) 草坪潮湿时,尽可能不修剪。因为经过湿草时,一方面操作者容易滑倒;另一方面剪下的草叶粘在一起,阻塞剪草机,造成收草困难。

(13) 发动机发热时,禁止向油箱里加汽油,要等发动机冷却后,再加燃料。

(14) 剪草时要保持头脑清醒,长时间操作剪草机,要注意休息,切忌操作时心不在焉。

新型的剪草机一般都安装了安全装置,当操作者松开控制手柄或离开座位时,发动机会立即停止,发动机关闭 3 s 后,刀片也随即停止转动。管理者在决定购买何种类型或样式的剪草机时,也常常会考虑其安全性。

四、生长调节剂

在草坪养护管理的费用开支上,修剪所占的比重最大。如果使用某种生长调节剂来抑制草坪草的生长,减少草坪修剪的次数,从而降低养护成本。

植物生长调节剂可通过阻止细胞分裂来抑制植物生长,但是它在抑制草坪茎叶生长的同时,也抑制了根系、根茎的生长以及分蘖的形成,当草坪草的所有生长都减弱或停止后,它的抗逆能力也大大降低,草坪受损伤后恢复时间也将延长,最终导致草坪品质下降。这个问题有待于进一步解决。

目前,生长调节剂主要用于粗放管理的草坪(如高尔夫球场障碍区等)和剪草困难(如高速公路绿化地)的地方。生长调节剂使用1次可使草坪草生长延缓5~10周,使用生长调节剂可使修剪次数比平时减少一半。因此,某些地方恰当地使用生长调节剂可能是一种良好的选择。但是某些阔叶杂草对生长调节剂不敏感,所以,在施用生长调节剂的同时还应注意杂草的防除。

习　题

6.1　修剪对草坪有哪些影响?

6.2　修剪高度和频率主要由哪些因素决定?

6.3　降低修剪高度对草坪质量会产生什么影响?

6.4　加大修剪频率对草坪质量会产生什么影响?

6.5　修剪时把草屑留在草坪内有什么利弊?

6.6　草坪剪草机有哪些主要类型?

6.7　在操作剪草机之前应掌握哪些安全操作规程?

第七章　草坪营养与施肥

【教学目标】

1. 理解各营养元素对草坪草生长发育的重要性。
2. 理解为什么氮素是草坪施肥计划中的关键营养元素。
3. 了解不同肥料类型的特性。
4. 掌握制订合理施肥计划的方法。

第一节　草坪营养概述

与其他植物一样，草坪草也需要营养才能生存。在草坪草的生长发育过程中，有 16 种元素被认为是完成其生命周期所必需的，称为草坪草必需的营养元素。它们分别是碳(C)、氢(H)、氧(O)、氮(N)、磷(P)、钾(K)、钙(Ca)、镁(Mg)、硫(S)、铁(Fe)、锰(Mn)、铜(Cu)、锌(Zu)、硼(B)、钼(Mo)、氯(Cl)。旺盛生长的草坪植株含有 75%～85%的水分，其余 15%～25%的矿物质主要由这 16 种营养元素组成的有机化合物构成。草坪草的生长对每一种元素的需求量有较大差异，通常按植物对每种元素需求量的多少，将营养元素分为 3 组，即大量元素、中量元素和微量元素(见表 7-1)。这 16 种必需营养元素中，碳、氢、氧来源于空气和水，其他 13 种元素由草坪草根系从土壤中吸收。其中，对氮、磷、钾的需求量比其他 10 种元素要大，它们是草坪草生长的重要矿质养分，故称为大量元素(Primary nutrients)。这些大量元素必需随肥料定期加入到土壤中，以满足草坪草生长的需要。在氮、磷、钾 3 种元素中，草坪草生长需要量最大的是氮，其次是钾，磷列第三。氮可以促进草坪草快速生长并表现出健康的色泽。可是氮在土壤中最易损失，因此，草坪推荐施肥时，氮的施用量最大，并且施肥量多少通常以氮的用量为基础。磷、钾养分的丰缺常与草坪质量、发病率及草坪在胁迫条件下的抗性有关。

表 7-1　草坪草生长所需要的营养元素

分　类	元素名称	化学符号	有效形态
大量元素	氮	N	NH_4^+，NO_3^-
	磷	P	HPO_4^{2-}，$H_2PO_4^-$
	钾	K	K^+
中量元素	钙	Ca	Ca^{2+}
	镁	Mg	Mg^{2+}
	硫	S	SO_4^{2-}
微量元素	铁	Fe	Fe^{2+}，Fe^{3+}
	锰	Mn	Mn^{2+}
	铜	Cu	Cu^{2+}
	锌	Zn	Zn^{2+}
	钼	Mo	MoO_4^{2-}
	氯	Cl	Cl^-
	硼	B	$H_2BO_3^-$

钙、镁、硫为中量元素(Secondary nutrients),草坪草生长对它们的需求量低于大量元素。而铁、锰、铜、锌、硼、钼、氯为微量元素(Micro-nutrients),尽管草坪草对它们的需求量很低,但微量元素对草坪草的生长与大量元素和中量元素同等重要。对于大多数土壤来说,一般不需要施用微量元素(铁除外),只有当土壤测试或草坪草表现出微量元素缺乏时才施用。否则,盲目施用即使是较低的水平微量元素也易产生伤害。

无论是大量、中量还是微量营养元素,只有在适宜的含量和适宜的比例时才能保证草坪草的正常生长发育。根据草坪草的生长发育特性,进行科学的、合理的养分供应,即按需施肥,才能保证草坪各种功能的正常发挥。

第二节 必需营养元素的贡献

各种营养元素无论在草坪组织中的含量高低,对草坪草生长均是同等重要的。任何一种元素的缺乏都会对草坪草生长造成不利影响,并在草坪草外观上表现出特有的缺素症状,极大地影响草坪质量。目前,在草坪草养分缺乏问题的快速诊断中,常常以缺素症状为依据,但值得注意的是,有时草坪草失绿或一些不正常的特征出现并非是源自养分的缺乏,而是由于病害或其他一些不相关的外部因素(如环境胁迫)所致。因此,应将外观诊断、草坪组织养分测定和土壤测试结合起来方可作为草坪草营养水平的判断。掌握必需元素的作用和缺素症状对在草坪管理中正确地选择肥料、合理施肥是十分重要的。

一、大量元素

(一)氮素

氮是草坪草生长除碳、氢、氧外需求量最多的元素。对于健康生长的草坪植株,其含量通常为3%~5%,在草坪草生长发育中,氮作为草坪草叶绿素、氨基酸、蛋白质、核酸及其他物质的构成成分,对草坪草的生长发育至关重要。氮也是施肥项目中最关键、且施用量最大的养分。

在草坪草生长过程中,氮的丰缺不但直接影响根、茎的生长、草坪色泽和密度,而且对抗高温、抗寒、抗旱和抗病性的大小,草坪草受损后恢复潜力的高低以及草坪群体构成等产生重大影响。当氮供应不足时草坪草的生长会受到抑制,草坪草色泽褪绿转黄,密度下降,使草坪变得稀疏、细弱、抗性下降,这时的草坪不但易被杂草侵占,还易感染某些草坪病害,如币斑病、锈病、红丝病等。

但是，草坪过量施氮有时比氮素缺乏带来的弊病更大。施氮过量会引起草坪草的一些变化，如细胞壁变薄、茎叶组织多汁、养分贮存减少等等，这些变化常使草坪抗性和耐践踏性下降、感病性增强，易导致叶斑病、褐斑病、镰刀霉病等病害的发生。草坪施氮过多也常导致地上部生长过旺、修剪次数增多，给管理上带来麻烦；并且草坪草的根及根茎生长也会受到抑制，使根系下扎深度和扩展范围缩小，影响水分和养分的吸收。因此缺氮和氮过量均对草坪产生不利影响。

氮的营养水平也影响草坪草的群体构成。例如草地早熟禾和紫羊茅组成的草坪，在高氮水平下草坪中以草地早熟禾为主，而在低氮营养下则以紫羊茅为主。同一草种不同品种混播的草坪也会出现同样的情况。如不同品种混播的草地早熟禾草坪，Merion 较喜欢高氮肥力，在高氮水平下表现突出，而 Kenblue 在低氮水平下表现更佳。因此保持适宜的氮素营养水平十分必要。

氮素吸收：对于多数草坪来说，草坪草吸收的氮虽部分来自土壤有机质分解，但更主要的是来自肥料的施用。在土壤溶液中，氮素是以 NH_4^+ 和 NO_3^- 形式被草坪草吸收，并直接进入有机氮库。其他形式的氮在被吸收之前需转化为 NH_4^+ 或 NO_3^-。通常情况下，氮素较其他 15 种元素更易缺乏。这一方面由于土壤中含量不丰富，另外当施用氮肥后还常发生由于 NO_3^- 淋溶和氨挥发造成的氮素损失。因此，在砂壤土上建植并常进行大量灌水的草坪，如将修剪掉的草屑带出草坪，则氮肥供应不及时极易导致缺氮。

缺氮症状：当氮素缺乏时，草坪草首先表现生长受阻，叶长和分蘖的减少使单个植株长势变弱，草坪密度明显下降。叶色表现为草坪草老叶首先褪绿，进而变黄。对于狗牙根草坪，缺氮首先表现出茎叶生长缓慢，接着变为金黄，如果氮素继续缺乏，叶色变为淡紫色，随之坏死。而且氮素缺乏，狗牙根易于结穗，极大影响草坪质量。

（二）磷

在草坪草组织中，磷含量一般为 0.15%～0.55%，平均 0.3%～0.4%，草坪草利用磷的量低于氮和钾，但不同草坪草在磷吸收上差异较大，草地早熟禾含量最高，而地毯草、海滨雀稗、狗牙根相对较低。据报道，结缕草叶片中含0.05%～0.1%的磷为正常含量。

磷在植物体内起着重要的作用。它不但是细胞质遗传物质的组成元素，在植物新陈代谢过程中，磷还起到能量的传递（以 ATP 形式）和贮存作用。大量的磷集中在幼芽、新叶以及根顶端生长点等代谢活动旺盛的部位。因此，在草坪草生长过程中，有效磷供应充分会促进草坪草根和根茎的生长，使草坪草生长迅速,分蘖增多,提高草坪的抗寒、抗旱和抗践踏能力。磷能促进根系的早期形成和健康生长,对于新建植草坪来说显得更为重要。因此,在建植草坪时应施足磷肥,且应施在离种子较近的土层,以保证草坪的快速建植成坪。

磷的吸收:植物对磷的吸收主要是以 $H_2PO_4^-$ 形式,其吸收过程受环境 pH 值影响较大,一般在土壤 pH 6~7 和草坪草快速生长阶段吸收最快。与在植物体内正好相反,磷在土壤中移动性较差,不易从根层中淋失。但是,当磷肥施入土壤后极易转化为难溶形态使其有效性降低。不过,可溶性磷与难溶性磷之间存在着动态平衡,当有效磷库因植物吸收而降低时,一些难溶性磷则以相当的速度转化成可溶性磷来维持作物的正常生长。有研究表明,如剪下草屑不移出草坪的话,只要前 1 次磷肥施用充足,可以在较长时期内不再增施磷肥。如果连续施用大量磷肥,磷可以在土壤中积累到较高水平,但也不致影响草坪草生长。如紫羊茅和草地早熟禾的生长可在土壤磷水平高达 1 700 kg/hm^2 时也未受伤害。但研究表明,当土壤中有效磷含量过高时,对杂草的防除效果有影响。因为在利用无机砷制剂防除一年生杂草的地方,随土壤有效磷浓度的提高,杂草根系吸收砷的量会下降。有效磷水平越高,就需要更高量的砷才能得到理想的除草效果。因此,土壤中有效磷含量不应过高,以便在较低的砷水平下得到较好的杂草控制效果,节省开支。

缺磷症状:在草坪建植过程中,如果土壤基质含磷量低(一般认为 < 5 mg/kg)时,草坪草在苗期即可表现出缺素症状。对于大多数成熟草坪,当草坪草叶片组织中磷含量为 0.08% 时,植株缺磷症状已相当明显。由于磷和钾一样,是植物体内易于移动的物质,当磷供应不足时,磷由老叶向新叶移动,使磷缺乏症首先在草坪草的老叶出现。老叶片变成深绿色,接着变成暗绿色,叶脉基部和整个叶缘变成紫色。从外形看,植株矮小,叶片窄细,分蘖少。但磷素缺乏时,不同草坪反应略有差异。对草地早熟禾草坪(品种 Merion),叶尖由紫色→暗红色→整个叶片变红→叶尖死亡→整个叶片死亡。而对于狗牙根草坪,草坪草叶片表现是由深绿色变为灰绿色,但茎生长受阻较轻。

(三) 钾

草坪草对钾的需求仅低于氮,草坪组织中钾含量为 0.9% ~ 4.0%,多为 2% ~ 3%。在生长快速的幼嫩部位含量会更高,但当植物接近成熟时,含量显著降低。

钾虽不是活细胞的构成成分,但钾在大量化合物合成(如氨基酸、蛋白质、碳水化合物等的合成)中起重要作用,在许多生理过程中起到了调节与催化剂的作用(如调节植物呼吸、蒸腾、催化大量酶促反应)。因此,尽管从草坪色泽、密度和生长中或许肉眼难以看出钾对草坪的影响,但实际上钾是维持草坪健康生长必不可少的养分。尤其在促进根与根茎的生长发育,提高草坪抗旱、抗寒、抗热能力和增强草坪草抗病性与耐践踏能力等方面,钾的作用相当重要。钾供给不足时,草坪草的氮代谢和碳水化合物的平衡被打破,蛋白质合成受阻,氨基酸等水溶性含氮化合物含量上升;水分含量提高,淀粉等高分子碳水化合物的合成停止,易溶于水的低分子糖类含量增高,这样就为病原菌活动提供了适宜的寄主。此外,缺钾可导致细胞壁变薄和易损,使草坪在修剪后更易为病原菌提供理想的侵入场所。当钾在植物体内浓度增加时,植物的吸水和持水等功能得以合理的协调,植物细胞壁增厚,叶片挺拔,减少萎蔫,从而增加草坪的耐践踏性。同时,在较高的钾含量下,草坪草还减少了褐斑病、币斑病、红线病、镰刀霉斑病、斑点病等病害的发生。有研究表明,草坪草叶片组织内氮:钾比例为2:1时是适宜含量水平,过多的钾也会影响植物对钙、镁及其他养分的吸收。

钾的吸收:钾通常以 K^+ 形式被草坪草吸收,并以离子态水溶性无机盐的方式存在于细胞及组织中。当土壤中钾含量高时,植物可吸收高于自身需求量很多的过量钾,并贮存在草坪草组织中,这种现象通常被称做钾的“奢侈吸收”。在这种情况下,如将草屑移出草坪,那么,同时也会有大量的钾随之带出。在土壤中,钾含量变化较大。虽然土壤中全钾量较高,但多为黏土矿物固定态钾,对植物生长是无效的,仅有少部分存在于土壤溶液中的有效钾才可被草坪草吸收利用。由于在土壤中由无效钾向有效钾的转换是一个缓慢的过程,而钾盐又易溶于水,也易于从土壤中淋失,尤其是在砂性土壤中,其淋溶较黏重土壤更为严重。因此,在草坪生长季节施入钾肥时也应本着少量多次的原则,特别是在砂性土壤上更应如此。

缺钾症状:钾素缺乏在匍匐翦股颖(品种 Seaside)和紫羊毛(品种 Pennlaw)上的最初表现为叶片下垂,倾斜方向更加水平。用手摸时叶片发软,且下部老叶片的叶尖和叶片脉间变黄,接下来叶尖卷曲、枯萎。如钾继续缺乏,叶脉也变黄。

当狗牙根缺钾时,最初特征是茎变细,随之老叶叶尖坏死,如继续缺钾,狗牙根和结缕草表现出生长缓慢,叶片变为棕色。

二、中量元素

(一)钙

在草坪草组织中,钙含量多为0.2%~0.5%,含量较高,仅次于氮和钾。钙主要存在于草坪草的叶片和茎中，是细胞壁的重要组成成分，并大量存在于分生组织中。有资料表明，充足的钙供应可促进根的生长，尤其是根毛的生长和发育。钙还具有中和细胞内毒素的功能，对钾和镁的吸收也有影响。缺钙常易导致草坪草感染红丝病和枯萎病。

钙的吸收：草坪草对钙的吸收通常以 Ca^{2+} 的形式。在不同母质、不同质地土壤中钙含量变化很大。质地粗、渗漏强的土壤中钙的含量偏低。钙对土壤酸度和土壤结构有强烈的影响，它可改善土壤结构，增强土壤通透性与持水性能。由于钙是石灰的主要成分，可使土壤 pH 升高，从而影响其他养分的有效性。

缺钙症状：钙在植物体内难以移动，当钙缺乏时，首先出现在幼嫩叶片，叶片边缘变为红棕色，并逐渐延伸到中脉。但缺钙常随植株年龄而异，在较老的植株上，首先是脉间部分变为红棕色，接着变为淡红色，再变为玫瑰红色，最后叶尖枯萎。

对于狗牙根草坪，缺钙表现出生长受阻，接下来新叶坏死，根茎的生长受阻。

(二)镁

在草坪草组织中，镁含量一般为 0.11% ~ 0.7%，不同草坪草含量有差异。匍匐翦股颖平均为 0.7%，草地早熟禾为 0.4%，紫羊茅则为 0.29%。在草坪草生长过程中，镁是叶绿素分子的重要组成成分，因此，它是草坪草生长和绿色保持所必需的。镁还作为许多酶系统的辅酶并参与植物体内磷的转运，有助于对磷的吸收。镁在植物体内活动性相对较强，可以由老叶转移到幼嫩组织再被利用。尽管在茎尖和根尖部位有镁的累积，但通常镁在叶片中的含量是最高的。

镁的吸收：镁在土壤中以 Mg^{2+} 的形式被草坪草吸收。它在土壤中不如 Ca^{2+} 含量高，也不如 Ca^{2+} 对土壤的理化性状影响大。Mg^{2+} 虽然被土壤胶体吸附，但并不增加土壤的团聚性；相反浓度过高还会引起凝聚作用下降。

缺镁症状：缺镁后草坪草的色泽变化有点像缺钙，但缺镁是发生在下部的老叶，叶片呈带状樱桃红色，最后叶片坏死。狗牙根缺镁时表现出叶片灰绿，茎生长减慢，如镁继续缺乏，则老叶片变黄、坏死。

(三)硫

在草坪草组织中，硫的含量与磷较为接近，但硫在植物体内多均匀分布。在草坪草生长过程中，硫是合成蛋白质某些氨基酸的组成成分，没有硫，植物则不能利用氮。因此土壤缺硫蛋白质合成受阻，会直接影响草坪草生长。对于草地早熟禾来讲会增加粉霉病的发生。

硫的吸收：硫被草坪根系主要以 SO_4^{2-} 形式吸收，少量以气体 SO_2 的形式通过叶片吸收进入植物体。虽同为中量元素，硫在土壤中的数量较钙、镁要低得多。大多数的土壤硫含在有机质中，有机质分解后硫才有效。因此，表层土壤含硫量较底层高。

缺硫症状：在匍匐翦股颖和紫羊茅草坪中，缺硫与缺氮症状相似。也是由下部的老叶首先出现，叶片由灰绿转为黄绿，叶缘枯萎，最后整个叶片枯死。

三、微量元素

微量元素主要包括铁、锰、铜、锌、硼、钼、氯等 7 种元素。“微量”一词并非意味着这些元素不重要，只表明植物所需要的量相对较少。由于植物需求量低，大多数土壤中一般不缺乏。但某些元素易受环境条件的影响，在土壤中的溶解性下降，对植物有效性降低，从而导致 1 种或几种元素的缺乏。这些因素主要包括：土壤磷水平、土壤有机质含量过高，枯草层积累过厚及土壤紧实、排水条件太差等。但是，如土壤中微量元素浓度过高，对草坪生长也会造成毒害，尤其是锰、铜、锌、硼。

（一）铁

在植物体内铁的含量不高，且难以移动。因此，在所有的微量元素中，草坪最易表现缺乏的是铁，尤其是假俭草。虽然铁不是叶绿体组成成分，但却是合成叶绿素所必需的。因此，草坪色泽受组织中有效铁水平的影响，当铁缺乏时最初表现是生长旺盛的叶片和幼嫩叶片脉间变黄（这与缺氮症状很相似，但缺铁首先出现在幼叶上）。如继续缺铁，叶片变白或象牙白色，并扩展到老叶片，但一般叶片不坏死。

（二）锰

草坪草组织中锰的含量相当低。锰不但参与叶绿素合成，还参与植物体内的一些氧化还原反应。在土壤中锰的有效性受溶解度制约，在酸性、排水性差或紧实的土壤中有效锰的含量较高，碱性或渗漏的土壤易发生缺锰。缺锰导致草坪草叶子下垂，叶片脉间失绿（似缺铁），并有些小的坏死斑点布满叶片，继续缺锰，整个叶片失绿、萎蔫、卷曲。

（三）锌

草坪草组织中锌的含量极低，高量则会产生毒害（尤其对匍匐茎）。锌在表层土壤中含量较高,但在板结、频繁灌溉及碱性的土壤条件下有效性降低。由于锌参与植物中某些生长促进物质的合成,因此,生长受阻是缺锌的首要症状。缺锌伴随着幼叶变薄、皱褶,同时叶片色泽变暗,脱水。在狗牙根草坪中,由于渗出液结晶,草坪草叶片上常出现白斑。

(四)钼

草坪草对钼的需求极低。在植物叶片和生长旺盛的部位含量较高。在土壤中上层较下层含量高。碱性土壤条件下,钼的移动性增大,有效性提高。钼作为某些酶的辅酶,对草坪草生长有一定影响。当钼缺乏之时,下部的老叶褪绿变灰,脉间有黄色斑点,最后叶片坏死,生长受阻。

(五)硼

在植物体内硼是难移动元素。在土壤中,硼的有效性受土壤反应影响很大,强淋溶的酸性土壤和在碱性土壤条件下,硼的有效性均较低。缺硼时草坪草生长点的发育受阻,叶片脉间失绿、变红。在狗牙根草坪中出现过缺硼现象,但在草地早熟禾与匍匐翦股颖草坪中很少发生。

(六)氯

虽然草坪草对氯的需求较低,但在植物体内氯的含量却是很丰富的,很难发现植物缺氯。

第三节 草坪肥料介绍

草坪肥是指那些含有1种或多种草坪草生长所必需的养分,将其施入到土壤后可增加有效的养分供应,以保证草坪理想质量的物质材料。由于草坪草对氮、磷、钾需求量最大,多数草坪肥主要含有这3种养分。下面将肥料中养分的常用表达方式和各种肥料的特性作一下介绍:

养分含量:指肥料中某种养分的重量百分比。传统上以元素氮的重量百分比(N %)来表示肥料的含氮量,用 P_2O_5 %表示有效磷、用 K_2O %表示有效钾的含量。表7-2列出了常用草坪肥料的养分含量。在肥料袋子上一般出现的3个数字,如20-5-10即代表此肥料以重量表示含有20%的N、5%的 P_2O_5 和10%的 K_2O。那么,1袋50 kg的肥料则含有:$50\times0.20=10$ kg N,$50\times0.05=2.5$ kg P_2O_5 和 $50\times0.10=5$ kg K_2O。

表 7-2　常用草坪肥料的养分含量

肥料名称	分子式	养分含量/%		
		N	P_2O_5	K_2O
硝酸铵	NH_4NO_3	33	0	0
硫酸铵	$(NH_4)_2SO_4$	21	0	0
尿　素	$CO(NH_2)_2$	45	0	0
磷酸铵	$(NH_4)H_2PO_4$	11	48	0
磷酸二铵	$(NH_4)_2HPO_4$	20	50	0
过磷酸钙	$Ca_n(H_nPO_4)_2 + CaSO_4$	0	20	0
重过磷酸钙	$Ca_n(H_nPO_4)_2 \cdot H_2O$	0	45	0
氯化钾	KCl	0	0	60
硫酸钾	K_2SO_4	0	0	50
硝酸钾	KNO_3	13	0	44

养分比例:是指肥料中 N、P_2O_5 和 K_2O 所占的份数比。如 30-10-10 的肥料其养分比例为 3∶1∶1,20-5-10 其比例为 4∶1∶2。当草坪专家推荐您选用 2∶1∶1 的肥料时,您可选用 20-10-10,10-5-5,14-7-7 或 18-9-9 的肥料。但选用何种比例的肥料较为适宜,多依赖于土壤测试得出的土壤有效磷和有效钾含量、植株的组织测定结果和营养诊断结果的综合。

一、氮　肥

氮肥是草坪管理中应用最多的肥料。按照肥料释放氮的速度快慢,常将氮肥分为速效氮肥和缓效氮肥。

(一)速效氮肥

速效氮肥(Fast release N fertilizer)是指速效和可溶性氮肥,主要包括:无机氮源硫酸铵、硝酸铵、磷酸铵、硝酸钾、氯化铵等和有机氮源尿素等(见图7-1)。它们多数是由大气中的氨与其他化合物反应而成。

速效氮肥具有以下特点:①高水溶性;②施用后草坪草反应迅速;③养分的有效性受温度影响较小;④可以溶解在水中作为叶面喷施;⑤施用后残效较短;⑥易于以 NO_3^- 的形式淋失;⑦易产生烧苗;⑧每单位纯氮的价格较低。由此可以看出,速效氮肥有优点也有缺点。其高水溶性可以快速有效地被草坪草根系吸收(只要土壤水分适宜),但施用后易造成草坪草徒长,肥效的持续期也短。因此,如想利用速效肥来获得均匀一致的草坪草生长,最好采用少量多次施肥。

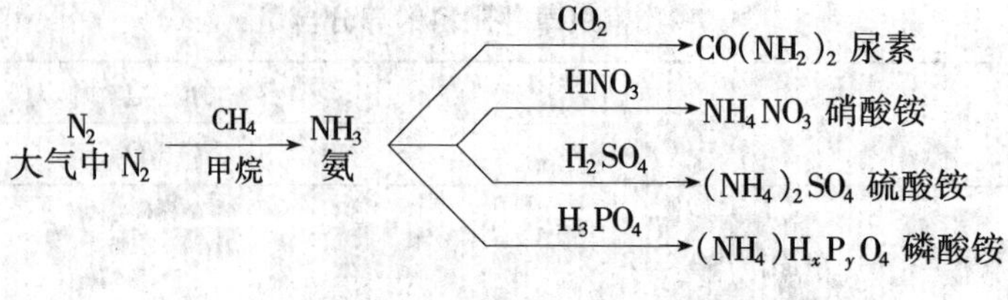

图 7-1

(二)缓效氮肥

缓效氮肥(Slow release N fertilizer)指在此类肥料中有一定比例的氮可不立即溶解于水,释放氮的时间相对较长的一类肥料。释放要经过微生物的分解或一些物理化学过程才能供给植物需要。缓效氮肥包括天然有机物和合成的缓释氮肥两大类。天然有机物主要有活性废弃物、饼肥、有机肥,发酵后的残渣等;合成的缓释氮肥,如 UF(尿甲醛)、IBDU(异丁叉二脲)、SCU(硫包衣尿素)、PCU(塑膜包衣尿素)等。这类氮肥的共同特点是:①释放氮的速度缓慢;②水溶性较低;③叶片灼烧力低;④每单位纯氮的成本较高;⑤氮素渗漏损失较低;⑥残效持久。

1. 天然有机物　天然有机氮源中的氮包含在复杂的有机化合物中,在水中不易溶解,其氮的释放依赖于微生物对有机化合物的分解以及温度的变化。因此,在温度适宜微生物活动条件下,某些氮源氮素释放较快,但当温度低于 10℃时分解受到抑制。所以,在春季希望草坪快速返青时,应用此类肥料效果不太理想。此种肥料除含氮以外,还常含有一定量的磷和钾及微量元素。

2. 合成的缓释氮肥　是由尿素与其他物质经过化学合成或物理合成过程形成的缓慢释放氮素的肥料(图 7-2)。

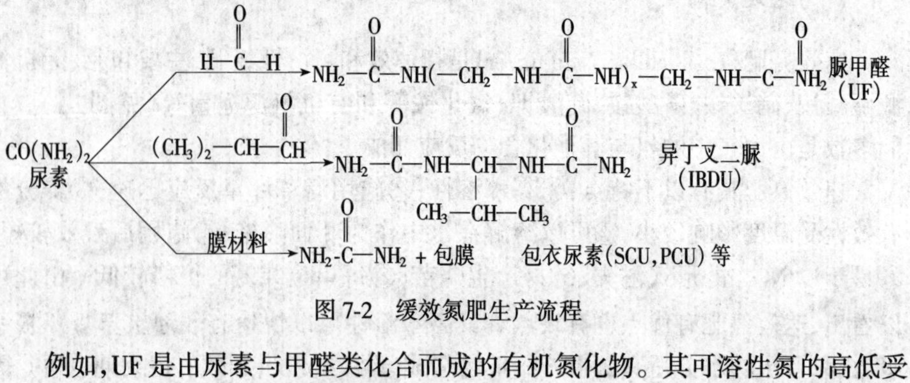

图 7-2　缓效氮肥生产流程

例如,UF 是由尿素与甲醛类化合而成的有机氮化物。其可溶性氮的高低受 U∶F 比例(尿素与甲醛类之比)的控制。UF 中氮的释放主要依赖于土壤微生物的水解酶活性，而土壤微生物受土温、土壤 pH 值、养分供应水平等影响，因此也影响 UF 中氮的有效性。

IBDU 的溶解度与 UF 相似，但其中氮的释放不是依赖微生物的分解。IBDU 的颗粒大小对溶解度有较大影响，小颗粒较大颗粒的溶解和氮素释放更快。因此，在应用中常根据草坪草需要，将不同粒径的 IBDU 混在一起以形成均匀供氮的肥料。

SCU 为水溶性的尿素颗粒被硫和蜡包衣所形成的肥料。目前也有用天然合成树脂、聚合物或塑料包衣的氮肥。当水分扩散至里面的尿素颗粒并将其溶解后，氮才可能释放。通过膜的厚度与膜上细孔的数量可以控制氮的释放和残效时间长短。因此，常将包膜厚度不一的颗粒混合起来达到氮的均匀释放。

二、钾　　肥

钾肥不如氮肥用的广泛。用于草坪的钾肥多数是通过钾盐开发后再经过处理所得。目前常用的钾肥有：氯化钾、硫酸钾和硝酸钾等。氯化钾由于价格相对较低，应用更为广泛，但一次用量过高可对植物产生灼烧。硫酸钾是草坪施肥的最理想钾源，不但供钾更为平稳，在钾施入的同时还可增加土壤硫的含量，但较氯化钾贵。硝酸钾含有 13% 的氮，水溶性高，由于其运输和贮藏不如前两者方便，应用不太广泛。

由于钾较易淋失以及植株的“奢侈吸收”，钾的施用也不可一次用量过高。目前，有报道将钾做成胶囊来减缓钾的释放，但未见生产上的应用效果报道。

三、磷　　肥

大多数磷肥源于磷矿石，矿石经磨碎、分选，再用酸处理后则成磷肥。如过磷酸钙、重过磷酸钙等，肥料中不但含有磷，还含有大量的可溶性钙和一定量的镁、硫等元素。磷酸二氢铵、磷酸二氢钾也是常用的化学磷肥。骨粉是商业上常用的有机磷源，其中磷的释放依赖于对有机物质的分解。由于磷肥施入土壤后有效磷易被固定、且在土壤中难以移动，为提高磷肥的施用效率，不宜于建坪前过早施入磷肥或施到离根层较远的地方。有条件的地方可于草坪施入磷肥前先打孔后施用，以利于磷肥进入根层。

四、钙、镁、硫肥

钙是许多化合物的主要组成成分。白云质石灰岩中含有钙也含有镁，但在土壤中镁的溶解性较低。一般情况下，钙、镁、硫肥很少单独施入，在氮、磷、钾肥施用时，常顺便加入土壤中。如过磷酸钙(含 0.3% Mg)、硫酸钾(含 0.6% Mg)、硝酸钙(含 1.5% Mg)，许多复混肥虽未在标签中注明，但常含有一定量的镁和硫。

在常用的草坪肥中含有大量的硫，如硫酸钾、硫酸铵、普通过磷酸钙。在城区因大量燃料燃烧，大气中的 SO_2 也可被草坪草直接吸收或被土壤吸附。

五、微量元素肥料

多数情况下，微肥的施用是不必要的。一方面土壤中的含量虽然少，但亦足够；另一方面这些元素常伴随其他肥料的施用进入土壤。只要草坪草未表现出缺乏症状，过多的微肥施用常常是有害而无益的。

目前，在市场上见到的草坪肥多为混合肥料。理想的草坪专用肥不但是按照草坪草生长的不同需求合理地调整氮、磷、钾等元素的比例，还会含有适量的水溶性氮与一定量的非水溶性氮，合理控制氮素的释放，以保证草坪既有较快的肥效反应，也有较长的肥效。如需添加微量元素，在混合肥料中，Fe、Mn、Cu、Zn可以硫酸盐的形式加入。有的还将杀虫剂、杀菌剂等掺入肥料中，使得非专业草坪管理人员在应用上更为方便。

第四节　草坪施肥理论与实践

草坪施肥是草坪养护管理的重要环节。通过科学施肥，不但为草坪草生长提供所需的营养物质，还可增强草坪草的抗逆性，延长绿色期，维持草坪应有的功能。修剪、灌溉和施肥等是改善和保持草坪质量的几大决定因素，并且施肥是草坪管理中维护理想草坪质量最省钱、省时的措施之一。

长期以来，国外草坪研究和管理人员为肥料的推荐与施用做了大量的试验和研究(包括肥料种类、施肥量、施肥时间等)，积累了丰富的经验。近年来，我国草坪施肥研究也有了一定的发展。但由于草坪施肥受诸多因素的影响，没有一种肥料是万能的，能够适合各种条件下的草坪应用。这就要求我们在掌握草坪草生长发育规律和养分需求特性的同时，还要掌握草坪施肥的基本理论，在具体条件下做具体分析，并根据日常的草坪管理经验对草坪施肥计划做适当的调整。只有这样，草坪施肥实践才会变得更科学、更简便易行。

一、草坪合理施肥的决定因素

一般说来，草坪施肥是否合理以及效果的好坏，不但取决于肥料本身，更主要的是取决于肥料的应用技术。如何进行草坪合理施肥应全面考虑以下几项因素。

(一)养分的供求状况

主要是指草坪草对养分的需求和土壤可供给养分的状况,这是判断草坪草是否需要肥料和施用何种肥料的基础。主要包括:①植株诊断;②组织测试;③土壤测试。实践中,常将这3项或其中的2项结合起来应用。

植株诊断在氮肥的应用上是非常重要的技术。上节中已经对氮的缺素症状做了详细的叙述。然而,在应用中还必须了解有些特征并非总是由于养分缺乏所致,不可忽略一些相关因素的可能性,如病害、虫害、土壤紧实或积水、盐害以及其他一些不适宜生长的环境条件,如温度、水分胁迫等。将这些因素排除之后,才可根据植株的表现症状来判断某种养分的丰缺。

组织测试的优点在于可以直接测定到草坪草实际吸收与转化的养分量。尤其对衡量草坪草微量元素的营养状况时采用更多。

土壤测试对草坪管理者在确定肥料的某些养分构成、元素间的适宜比例和肥料施用量时常起决定作用。尤其是磷、钾肥料的施用主要取决于土壤中的有效水平。但当与氮肥同时施用或组合含3种元素的混合肥料时,保证营养元素间适宜的比例和平衡至关重要。这样可保证所施用养分的最大限度吸收和在草坪上达到最理想的效果,尤其是氮和钾之间的平衡。因此,定期进行的土壤测试可帮助草坪管理者逐步完善其施肥计划。

(二)草坪草对养分的需求特性

草坪草种类或品种不同对养分需求也常存在一定的差异,此差异尤其表现在对氮素的需求。在保持理想草坪质量时,有的草种需氮量中等或较高,也有一些草种可耐受的肥力水平较宽。例如紫羊茅对氮需求较低,高氮水平下草坪密度和质量反而下降。结缕草虽然在高肥力下表现更好,但也能够耐受低肥力。狗牙根尤其是一些改良品种,对氮需求较高,而假俭草、地毯草、巴哈雀稗生长量较低,对肥力要求也低。同一草种的不同品种间也存在同样差异。对于需肥少的品种如过量施肥则不但会影响草坪质量,还会使肥料投入成本以及草坪管理费用提高(如修剪、灌溉、杀菌剂的增加等)。此外,草坪草品种间在根系深度、根生长特性和根分布范围等方面的差异也会影响到它们从土壤中吸收各种养分能力。

(三)具体的环境条件

当环境条件适宜草坪草快速生长时,要有充足的养分供应满足其生长需要。此时,充足的氮、磷、钾供应对植株的抗旱、抗寒、抗胁迫十分必要。但在胁迫到来之前或胁迫期间,要控制肥料的施用或谨慎施用。当环境胁迫除去之后,应该保证一定的养分供应,以利于伤害后的草坪草迅速恢复。如夏季高温来临前冷季型草坪的氮肥施用要相当小心。氮素促进草坪草生长、组织含水量增加,却降低了对高温、干旱的胁迫和抗病能力,夏季氮肥用量过高常伴随严重的草坪病害发生。

(四)要求的草坪质量

对草坪质量的要求决定肥料的施用量和施用次数。如高尔夫球场果领的草坪和作为观赏用草坪对质量要求和施肥水平均比一般绿地要高得多。

(五)肥料成本

在考虑肥料成本时,人们不应该仅看购买每吨肥料的价格,还要核算一下每单位养分的价格,另外也要考虑其他相关因素。如肥料对草坪草叶片的灼烧力大小、残效期长短、造粒特性是否易于撒施等,这几项因素对于没有太多施肥经验的草坪管理人员来说更应注意。

(六)要求草坪草的生长速度

在选择供肥水平时,尤其是氮肥水平,主要取决于当时的目的是为了维持现有高质量的草坪,还是为促进草坪生长改善其质量,或是为受损后的草坪快速恢复。如是前者,则更喜欢选择较低的供氮水平。相反,如若使密度较低、长势较弱或由于环境胁迫、病虫侵害的草坪尽快得到改善,则需要较高的氮水平。此外,新建草坪所需要的氮较成坪的草坪往往要高。

(七)土壤的物理性状

土壤的质地和结构对施入养分的保持影响很大,也直接影响肥料的施用。颗粒粗的砂质土壤持肥能力差,易于通过渗漏淋失。施肥时应该采用少量多次的方式或施用缓释肥料,以提高肥料的利用效率。

(八)采用的栽培管理措施

主要包括草屑是否移出草坪以及草坪灌溉量的大小。有报道表明,草屑的残留可减少草坪30%的施肥量。对于草屑移出的草地早熟禾草坪(品种为Merion),在草坪生长季内氮需求量每月要增加0.9~1.5 g/m²。频繁的灌溉也会增加草坪对肥料的需求。

二、肥料选择的一般常识

合适的肥料选择是制定高效施肥计划所要考虑的重要内容之一。一般说来,选择肥料要注意以下10个方面:①养分含量与比例;②撒施性能;③水溶性;④灼烧潜力;⑤施入后见效时间;⑥残效长短;⑦对土壤的影响;⑧肥料价格;⑨贮藏运输性能;⑩安全性。例如,肥料的物理特性好,不宜结块且颗粒均一,则容易施用均匀。肥料水溶性大小对产生叶片灼烧的可能性高低和施用后草坪反应的快慢也影响很大。缓释肥(包括天然的与合成的)残效较长,每单位氮的成本较高,然而高出的成本往往可以通过减少肥料施用次数以节约用工费用和保持平稳的草坪质量效果来得以补偿。因此,随着人们对草坪质量要求的提高,缓效肥在草坪上的应用市场愈加广阔。此外,在进行草坪施肥时,肥料对土壤性状产生的影响不容忽视,尤其对土壤pH值、养分有效性和土壤微生物群体的影响等。有些肥料长期施用后会使土壤pH值降低或提高,从而影响土壤中其他养分的有效性和草坪草根系的生长发育等。综上所述,在具体情况下选择肥料时,必须将肥料各特性综合起来考虑,才能达到高效施肥的目的。

三、施肥计划的制定

一个理想的施肥计划应该在整个生长季保证草坪草均匀一致的生长。尽管这一理想会由于温度和水分的波动难以达到,但是人们可以通过合理地选择肥料类型,制定适宜的施肥量和施用次数、施肥时间,采用正确的施肥方法等关键技术,使计划趋向于理想施肥。

(一)施肥量的确定

施肥就像给人用药一样,剂量适宜是非常有益的,过量服用或不经心的应用均会导致一系列问题。确定草坪肥料施用量应主要考虑下列因素:①草种类型和所要求的质量水平;②气候状况(温度、降雨等);③生长季长短;④土壤特性(质地、结构、紧实度、pH值、有效养分等);⑤提供的灌溉量;⑥草屑是否移出;⑦草坪用途等。

氮是草坪施肥首要考虑的营养元素。氮肥施用量常根据草坪色泽、密度和草屑的积累量来定。色泽褪绿转黄且生长稀疏、长满杂草的草坪;生长缓慢、草屑量很少的草坪是需要补氮的征兆。一般说来,每个生长季冷季型草坪草的需氮量为 20~30 g/m^2,改良的草地早熟禾品种与坪用型多年生黑麦草需氮量较此值稍高,而高羊茅和细羊茅略低些。暖季型草坪草较冷季型草坪草的需氮范围要宽。改良狗牙根需氮量最高,通常为 20~40 g/m^2,而假俭草、地毯草和巴哈雀稗平均需要 10~20 g/m^2,结缕草和钝叶草居中。施肥时如选用的是速效氮肥,一般每次用量以不超过 5 g/m^2 为宜,并且要结合施肥后立即灌水。但如果选用缓效氮肥,一次用量则可高达 15 g/m^2。

草坪使用目的和强度也会影响施用量。运动场草坪较庭院草坪需要更多的肥料,尤其是高尔夫球场的匍匐翦股颖和狗牙根等需求量更高,如高质量的狗牙根草坪施肥量可高达 50~80 g/m^2。这在运动场草坪相应章节中会有详尽的叙述。对于低要求养护管理的草坪每年施肥量要低得多,有的草坪每年仅施 5 g/m^2。

表 7-3 列出了草坪的建议施氮量与施用时间以供参考。在某块特定的草坪上应用时必须考虑具体情况,结合前面提到的诸多因素再做适当的调整。

表 7-3 不同草坪草种形成良好草坪所需氮量比较

冷季型草种	每年需氮量/(g·m^{-2})	暖季型草种	每年需氮量/(g·m^{-2})
细羊茅	3.0~12.0	美洲雀稗	3.0~12.0
高羊茅	12.0~30.0	普通狗牙根	15.0~30.0
一年生黑麦草	12.0~30.0	改良狗牙根	21.0~42.0
多年生黑麦草	12.0~30.0	结缕草	15.0~24.0
草地早熟禾	12.0~30.0	沟叶结缕草	15.0~24.0
普通早熟禾	12.0~30.0	假俭草	3.0~9.0
细弱翦股颖	15.0~30.0	野牛草	3.0~12.0
匍匐翦股颖	15.0~39.0	地毯草	3.0~12.0
冰　草	6.0~15.0	钝叶草	15.0~30.0
		格兰马草	3.0~9.0
1/3 仲春;1/3 初秋;1/3 仲秋		1/3 早春;1/3 晚春;1/3 仲夏	

注:冷季型草坪建议用 2-1-1~3-1-2 或相近比例的肥料;暖季型草坪建议用 4-1-2~4-1-3 或相近比例的肥料。

在草坪施肥中,钾肥和磷肥的施用量常根据土壤测试来确定。在一般情况下,推荐施肥中 N∶K_2O 之比经常选用 2∶1 的比例,除非测试结果表明土壤富钾。也有一些管理者为了增强草坪草抗性,有时甚至采用 1∶1 的比例。磷肥(以 P_2O_5 计)的施用对于众多成熟草坪来说,每年施入 5 g/m^2 即可满足需要。但是对于即将建植草坪的土壤来说，可根据土壤测试结果适当提高磷肥用量，以满足草坪草苗期根系生长发育的需要，以利于快速成坪。微量元素肥料在草坪草组织测试未发现缺乏时很少施用(除铁外)，但在碱性、砂性或有机质含量高的土壤上易发生缺铁。草坪缺铁可以喷3% $FeSO_4$ 溶液，每1～2周喷施1次。如滥用微量元素化肥即使用量不大也会引起毒害，因为施用过多会影响其他营养元素的吸收和活性的大小。通常，防止微量元素缺乏的较好方式是保持适宜的土壤pH值范围，合理掌握石灰、磷酸盐的施用量等措施。

至今为止，还没有一种肥料具有草坪需要的所有理想特性，它们往往具有某些优点，同时又有某些不足。这就需要草坪管理人员在草坪生长季作施肥计划时，要根据草坪养护管理中的经验和肥料用量的几项影响因素，将几种不同类型的肥料或不同肥源结合起来应用才能达到满意的效果。这就是为什么草坪施肥需要专业知识的原因。

(二)施肥时间

对于草坪适宜的施肥时间，有人说是春天，也有人推荐秋天，还有人认为在草坪草生长季内每个月均可。究竟哪个确切，可以说这几种说法都对也都不对。因为合理的施肥时间与许多因素相关联，例如草坪草生长的具体环境条件、草种类型以及以何种质量的草坪为目的等等。在实际中未有一个统一的模式可循。

根据草坪管理者多年的实践经验认为，当温度和水分状况均适宜草坪草生长的初期或期间是最佳的施肥时间，而当有环境胁迫或病害胁迫时应避免施肥。因此，对于暖季型草坪草来说，在打破春季休眠之后，以晚春和仲夏时节施肥较为适宜。第1次施肥可选用速效肥，但夏末秋初施肥要小心，以防止寒冷来临时草坪草受到冻害。对于冷季型草坪草而言，春、秋季施肥较为适宜，仲夏应少施肥或干脆不施。晚春施用速效肥应十分小心，这时速效氮肥虽促进了草坪草快速生长，但有时会导致草坪抗性下降而不利于越夏。这时如选用适宜释放速度的缓效肥可能会帮助草坪草经受住夏季的胁迫。

(三)施肥次数

理想的施肥方案应该是在草坪的整个生长季节根据草坪对施肥的反应，及时调整肥料的施用。实践中，草坪施肥的次数或频率常取决于草坪养护管理水平。

(1)对于每年只施用1次肥料的低养护管理草坪，冷季型草坪草于每年秋季施用；暖季型草坪草在初夏施用。

(2)对于中等养护管理的草坪,冷季型草坪草在春季与秋季各施肥1次;暖季型草坪草在春季、仲夏、秋初各施用1次即可。

(3)对于高养护管理的草坪,在草坪草快速生长的季节,无论是冷季型草坪草还是暖季型草坪草最好每月施肥1次。

当施用缓效肥时,施肥次数可根据肥料缓效程度及草坪反应作适当调整。

(四)施肥方法

由于单株草坪草的根系占面积较小,所以施肥均匀才能达到草坪理想的施肥效果。目前,草坪施肥方法主要有颗粒撒施、叶面喷施和灌溉施肥3种方式。

1. 颗粒撒施

一些有机或无机的复混肥是常见的颗粒肥。可以用下落式或旋转式施肥机具进行撒施(图7-3),在使用下落式施肥机时,料斗中的化肥颗粒可以通过基部一列小孔下落到草坪上,孔的大小可根据施用量的大小来调整。对于颗粒大小不匀的肥料应用此机具较为理想,并能很好控制用量。但由于机具的施肥宽度受限,因而工作效率较低。旋转式施肥机的操作是随着人员行走,肥料下落到料斗下面的小盘上,通过离心力将肥料撒到半圆范围内。在控制好来回重复的范围时,此方式可以得到满意的效果,尤其对于大面积草坪,工作效率较高。但当施用颗粒不匀的肥料时,较重和较轻的颗粒被甩出的距离远近不一致,将会影响施肥效果。

图7-3 下落式与旋转式施肥机具

2. 叶面喷施

将可溶性好的一些肥料制成浓度较低的肥料溶液或将肥料与农药一起混施时,可采用叶面喷施的方法。这样既可节省肥料,又可提高效率。但溶解性差的肥料或缓施肥料则不宜采用。

3. 灌溉施肥

经过灌溉系统将肥料与灌溉水同时经过喷头喷施到草坪上。目前仅在高养护管理水平下,如高尔夫球场上有时用到。

习　题

7.1　列出草坪生长发育所必须的16种营养元素并说明其作用。

7.2　养分含量与养分比例之间有什么区别?

7.3　氮肥不足与氮肥过量对草坪生长有何影响?

7.4　说明速效氮肥和缓效氮肥的特点。

7.5　草坪是否需要经常施用微量元素肥料?为什么?

7.6　影响草坪合理施肥的因素有哪些?

7.7　试论怎样才能做到草坪的合理施肥?

第八章　草坪水分与灌溉

【教学目标】

1. 掌握草坪的水分需求规律。
2. 理解水在土壤中的移动规律。
3. 了解灌溉水源和水质的重要性。
4. 掌握确定草坪灌溉方案的方法。
5. 了解灌溉系统的组成和设计。

草坪管理(Turfgrass management)的目的之一是要使草坪在生长季内保持稳定的生长，这意味着草坪必须定期得到水分供应。在我国，只有极少数地区的天然降水量比较充足、分布也比较适中，可以基本满足草坪对水分的需求，而大部分地区则必须进行灌溉(Irrigation)。同时，我国淡水资源比较贫乏，加之历来以种植业为主的生产经营方式，农业灌水的消耗是很大的。因此，淡水不足的矛盾在植物生长中表现得十分突出。草坪管理人员必须了解水、土壤、植物三者间的关系，以便有效地利用有限的水资源，达到预期的管理效果。

第一节　草坪的水分需求

水是植物的重要组成成分。草坪草生长发育的各种生理代谢过程中水起着非常重要的作用。草坪草主要通过根系从土壤中获得水分。水进入植物体后在蒸腾拉力的作用下经木质部向上运输，满足草坪草植物体生理代谢的需要并通过叶片的气孔散失到外界环境中。蒸腾耗水体现了草坪草对水分的需求量。相关的内容在本书的第三章已做阐释，在此不再赘述。以下从 2 个方面对草坪的水分需求予以介绍。

一、草坪土壤中水的运动和利用

草坪的水分库(Moisture pool)存在于浅层土壤中(图 8-1)。了解草坪如何从水分库中获取所需水分及水在土壤中的存在状态和怎样移动是十分重要的。土壤颗粒之间较大的孔隙通常充满空气。水经过这些大孔隙向下移动太快，不能

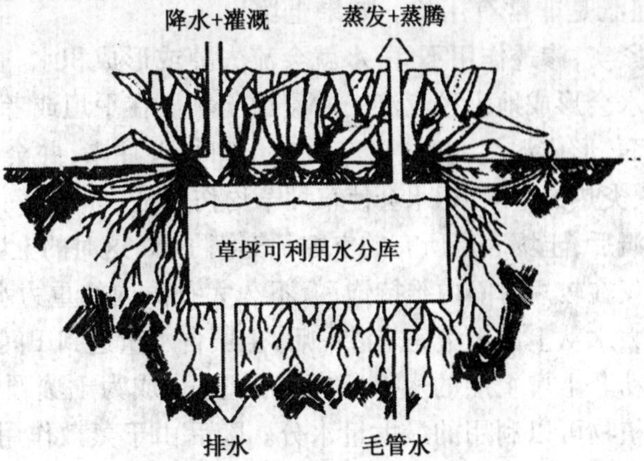

图 8-1　草坪水分平衡示意图

为植物利用。植物所能利用的水分主要存在于微孔隙中。土壤质地对水分移动、贮存和有效性具有重要的影响。粗质地的土壤排水好,但持水量有限。黏土排水较慢,但持水量多。壤土的排水和持水性均属中等。

土壤吸收水分的速率通常用渗透率(Infiltration rate)来表示,它是指单位时间内渗入土壤中的水量。由于沙土有许多大孔隙,7.6 cm 的水 1 h 就可以渗入粗沙中。而黏土大孔隙少,其渗透率通常为每小时 0.25 cm。土壤结构对水渗透的快慢也有很大影响。紧实的土壤,土壤颗粒紧紧地压在一起,大孔隙的数量变少,渗透率将减少。

渗漏(Percolation)是指水经过土壤向下移动。一般来讲,粗质地土壤的渗漏速度快,而细质地土壤则慢。水在砂质壤土中 30 min 可渗入 0.6 m 深,但在粘质壤土中,水渗到同样深度则需要 4 h。

土壤持水能力和质地也有直接的关系。作为一般的规律,黏土的持水量约为壤土的 2 倍,沙土的 4 倍或更多。各种质地土壤的持水能力是可以测试的。其方法是把各种土壤都湿润到同一深度,然后比较需水量。如湿润 30 cm 深,黏土需水 7.6 cm,壤土为 3.8 cm,沙土为 1.9 cm。另外,也可以通过测量同样多的水在各种土壤中的渗透深度来比较粗质地和细质地土壤的持水量(图 8-2)。在生长季节,生长在粗质地土壤上的草坪比细质地土壤上的需水量大,因为它排水和蒸发失水都比较多。

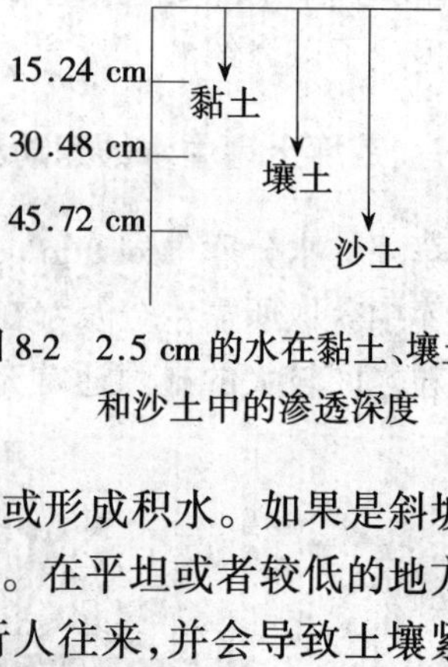

图 8-2　2.5 cm 的水在黏土、壤土和沙土中的渗透深度

了解大雨、灌溉期间及其后水的运动变化,对于指导灌溉是非常有用的。如果土壤质地细或结构紧实,渗透作用不好,水就会流失掉或形成积水。如果是斜坡,不能渗入土壤的水会形成地表径流流失并侵蚀土壤。在平坦或者较低的地方,水聚积在土壤表面,形成泥坑,会妨碍养护工作和行人往来,并会导致土壤紧实。在阳光辐射强、炎热的中午,积水会使草坪草灼伤焦枯。

大雨或灌溉后,土壤表层所有的空隙都充满了水,这时的土壤水分达到饱和状态。但土壤仅在较短时间内维持饱和,不久大孔隙内的重力水就会向下移动排入深层。重力水从上层土壤完全渗漏后,土壤含水量达到田间持水量。此时,水不再向下移动。土壤上层的水保留在小孔隙里,成为土壤颗粒周围的水膜。此时土壤含有植物可以利用的最大量水分。随后由于蒸散作用(Evapotranspiration)土壤含水量下降到田间持水量以下。土壤水分 85%的损失是由于蒸散引起的。由于这些损失,可利用的水量连续减少,直到下雨或灌溉后,土壤含水量再增加为止。

根系层的水不能完全被植物利用。这是因为土壤中的水有不同的存在状态。仅毛管水和部分膜状水可被植物利用。土壤水分张力的大小表明了土壤中水的可利用状态。土壤颗粒与水分子之间的吸引力越大,土壤水分张力就越高。含水量多的土壤比含水量少的土壤对水的吸引力小。水趋向于从含水量高的地方向含水量低的地方移动,这是由于含水量少的土壤产生的水分张力或吸引力大的缘故。

毛细管作用(Capillarity)对土壤中水分的移动有很重要的意义。土壤中小孔隙内的水能够依靠毛细管作用向上输送到比较干燥的地方。当土壤表面变干后,由于毛细管水不断被输送到表面,保证了土壤表层的湿润。

根系的吸水过程中也利用了毛细管作用。当根细胞产生的水分张力比土壤颗粒的持水力高时,水进入根系。导致根系周围的土壤水分张力增高,毛细管作用使水从邻近土壤向根区移动,这时的水才能为根系所吸收。但是水的毛细管移动是缓慢的,因此根系主要靠伸入含水量较大的地区,而不是靠毛细管长距离输送来吸收水的。

二、草坪耗水

草坪可利用水分主要存在于根系分布区中。灌溉和降水后,根层的水一部分经由地表蒸发(Evaporation)、植物蒸腾散失到大气中,一部分从土壤的大孔隙中排入土壤深层(Drainage)。随着根层土壤水分的不断减少,根层以下的土壤水分会补充上来。但这部分水运移的很慢,不足以满足草坪的水分需求。由此可见,草坪水分的消耗主要在地表蒸发、植物蒸腾和土壤大孔隙排水三个方面。一般情况下,深层排水的量很少,所以地表蒸发和植物蒸腾是草坪水分消耗的主要部分。草坪的地表蒸发和植物蒸腾合称为草坪蒸散(Evapotranspiration, ET)。不同草坪草的草坪在一定的环境条件下蒸散量有很大差别(表 8-1)。草坪的蒸散除与草坪草种和品种相关外,还受诸多外部因素的影响,如空气温度、湿度、风速、土壤水分含量、养护管理水平等。

当盛夏太阳辐射最强时,草坪蒸散以最大速度进行。根层的深度决定了作为“水分库”的表层土壤体积的大小。根层深的草坪比根层浅的草坪对灌溉需求要低,但草根层厚的草坪每次灌溉的需水量大于草根层薄的草坪,浅根草坪需要比深根草坪强度小但很频繁的灌溉。

表 8-1 草坪草平均蒸散率

(自 M.P. Kenna and G.L. Horst, 1993, turfgrass water conservation and quality)

草种		夏季平均蒸散率/(mm·天$^{-1}$)	相对排序
冷季型草	暖季型草		
	野牛草	5~7	很低
	杂交狗牙根	3.1~7	低
	假俭草	3.8~9	
	普通狗牙根	3~9	
	结缕草	3.5~8	
硬羊茅		7~8.5	中等
邱氏羊茅		7~8.5	
紫羊茅		7~8.5	
	美洲雀稗	6~8.5	
	海滨雀稗	6~8.5	
	钝叶草	3.3~6.9	
多年生黑麦草		6.6~11.2	高
	地毯草	8.8~10	
	狼尾草	8.5~10	
高羊茅		3.6~12.6	
匍匐翦股颖		5~10	
一年生早熟禾		>10	
草地早熟禾		>10	
多花黑麦草		>10	

许多环境和遗传因素影响根的入土深度。紧实和渍涝造成土壤通气性差，低茬修剪，过量施肥和频繁灌溉等常使草坪草根系变浅。夏季不良的环境，也会使冷季型草坪草失去很多活根。生长季内草坪群落和其环境在不断变化，草坪灌溉也要相应变动。因此，草坪灌水不可能有一个固定的模式。但大体可遵循如下原则：在条件适宜草坪新根生长时，灌溉必须利于草坪根向深层发育；当环境条件不良时，灌溉应尽可能保持良好发育的根系(图 8-3)。

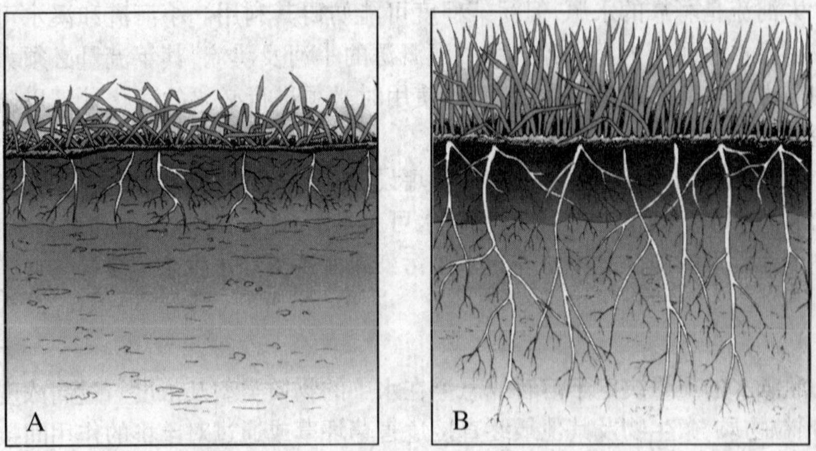

图 8-3　频繁少量的浇水会使草坪的根系很浅,不能获取土壤深层的水分(A);草坪在间隔较长足量的灌溉条件下,根系很深,当表层土壤变干时,草坪仍能利用深层土壤的水分(B)

第二节　草坪灌溉技术

一、灌溉水的选择

(一)水源

草坪的水源(Water sources)应在整个生长季能供给草坪草充足的水量,这是确定供水源的先决条件。

草坪灌溉水源主要来自水井的地下水、静止的地表水体(湖、水库和池塘)和流动的地表水体(河流、溪水)等,第 4 个变得越来越重要的水源是来自城市处理的污水。

在地下水丰富的地方,可以打井为草坪提供一个独立的灌溉水源。由于井水中不含杂草种子、病原物和各类有机成分,因此是比较理想的水源。在整个供水期间,水质的一致性和盐分含量的稳定性,是井水的另一优点。井水是否适宜使用,关键在于危害性盐分的含量。因此,井水通过测定,可确定是否适宜灌溉。钠、碳酸氢盐、硼和氯的含量浓度过高,不适于灌溉。有些地方,由于地下水的过量开采或持续干旱,可能引起井水位的下降,甚至干枯,这也是应考虑的问题。

大河流是可靠的水源，但污染程度可能妨碍其利用。小河流和溪水可以改造成小型水库而作为灌溉源。用做灌溉源的小河及溪流，其年流量必须大于灌溉的需水量。流水常携带颗粒物质，使用时必须进行必要的净化处理以防止阻塞灌溉系统。

高尔夫球场和其他某些大型的草坪设施，常备有小的湖泊或池塘，它们是良好的灌溉水源。如位置得当，其储备水可由泉水、地面排水、降雨和自来水补充。这种水池管理时应注意不使静止水体污染或使藻类和水生杂草蔓延。

(二)水质

灌溉水的质量决定于溶解或悬浮在水中的物质类型及浓度。过高浓度的盐分、颗粒物质、微生物及其他最终直接危害草坪草或通过对土壤的作用间接危害草坪草的物质对草坪是不利的。决定水质量的因素是盐浓度、钠和其他阳离子的相对浓度。总的盐分(含盐量)可通过水的电导率(*EC*)来确定。按 *EC* 值通常可将水分为 4 级：当 $EC < 250$ μm hos/cm 时，表明盐分含量偏低；$EC = 250 \sim 750$ μm hos/cm 时，在有适当量淋溶作用的条件下可被利用；$EC = 750 \sim 2\ 250$ μm hos/cm时，这种水在限制排水的土壤或排水良好的土壤但具有盐敏感性草种的草坪要避免使用；$EC > 2\ 250$ μm hos/cm 时，这种水一般不适宜灌溉。

植物吸收水比吸收离子要快得多，饱和土壤溶液的 *EC* 值常比灌溉水高 2～10 倍。因此，土壤溶液的盐浓度常比灌溉水高得多。草坪草种对盐化土壤的敏感性是不同的。普通早熟禾、细弱翦股颖和紫羊茅对盐性反应敏感，高羊茅、多年生黑麦草则不太敏感，狗牙根、钝叶草和匍匐翦股颖的某些品种则十分耐盐(表8-2)。

表 8-2 草坪草耐盐能力(自 Harivandi,1988)

草坪草	4 000 μm hos·cm^{-1}	4 000～8 000 μm hos·cm^{-1}	8 000～16 000 μm hos·cm^{-1}	16 000 μm hos·cm^{-1}
冷季型	草地早熟禾 细弱翦股颖 匍匐紫羊茅 早熟禾 粗茎早熟禾	高羊茅 多年生黑麦草 邱氏羊茅	匍匐翦股颖	碱茅
暖季型	假俭草		狗牙根	海滨雀稗 结缕草 钝叶草

土壤中高含量钠离子对草坪是有害的。钠和镁、钙一样，是灌溉水中主要的阳离子，这些阳离子的相对浓度影响草坪灌溉用水的质量。灌溉水中在有高浓度碳酸氢盐离子(HCO_3^-)存在的条件下，钙和镁都有沉淀的趋势，结果增加了土壤溶液中钠的吸收率。如果剩余 $NaHCO_3$ 的浓度大于 2.5 $mEq·L^{-1}$时，这种水不宜用于草坪灌溉，如用低于 1.25 $mEq·L^{-1}$则灌溉水是安全的。

硼是一种重要的微量元素养分，但在灌溉水中浓度超出 1 mg/kg 时，它对草坪将造成毒害。

在水源中，可能引起草坪毒害的还包括高浓度的各种微量元素及其离子，如铬、镍、汞和硒等。各类有机和无机颗粒可能悬浮在水流中，特别是那些流动的水，如溪水和河水。在可能的情况下，应过滤后使用以避免对灌溉系统的危害。

二、灌溉方案的确定

确定灌溉方案(Irrigation program)就是确定供水间隔和每次供水量。理想的灌溉方案应使水分供应恰到好处，充足而不过量，保持草坪草始终处于良好的水分状态。

(一)确定草坪需要灌溉的时间

草坪管理者可通过不同的方法来确定何时需要灌溉。主要有以下几种方法：

1．观察草坪草缺水征兆

当土壤水分不足以补充草坪蒸散时，草坪草体内的水分含量减少，细胞膨压降低，叶子萎蔫，草变成蓝绿色或灰绿色，失去弹性。人走过或机器驶过草坪后，若能看到脚印或轨道痕迹，则表明草坪草已遭受缺水的影响。但是这种办法对践踏强度大的草坪是不适宜的，如高尔夫球场果领，因为草坪出现缺水征兆时耐践踏的能力大大降低，高强度的使用会损伤草坪。

2．检查土壤干湿程度

用一把小刀或土壤探测器检查土壤。如果 10～15 cm 深处的土壤是干燥的，就应该浇水。多数草坪草的根系位于土壤上层 10～15 cm 处。干土壤色淡，湿土壤颜色较深暗。

3．测量土壤含水量

主要使用张力计(Tensiometer)来测量土壤的水势，确定土壤中草坪草可利用的水分含量。张力计下部是一个多孔的陶器杯，连接一段金属管，另一端是一个能指示出土壤持水张力的真空水压表。张力计中装满水，插入土壤中，当土壤干燥时，水从多孔杯里吸出，张力计指示较高的水分张力(即土壤水势变低)。草坪管理者能根据测量的数据，决定灌溉的恰当时间。

也可用装有电极板的石膏块、尼龙和玻璃纤维块测量土壤中可利用水分含量。方法是通过测量这些材料电极之间的电阻，来决定可用水的百分数。多孔材料埋在土壤里，水在孔内或孔外移动，取决于土壤水分张力的大小。这些材料连接在水分计量器上，田间持水量的读数为100%，萎蔫点的读数为0%。

4. 测量草坪的耗水量

在光照充足的开阔地，可安置蒸发皿来粗略判断土壤中损失的水分。除大风天气外，蒸发皿的失水量大体等于充分灌溉的草坪因蒸散而失去的耗水量。草坪管理者可以找出蒸发皿损失的水量同草坪缺水所呈现的征兆之间相关性。通常，蒸发器皿内损失水深的75%～85%相当于草坪的实际耗水量。

(二) 灌水量及灌水频率

草坪每次灌水的总量取决于每2次灌水期间草坪的耗水量。它受草种和品种、土壤类型、养护水平、降雨次数和降雨量，以及天气条件，如湿度和温度等多个因子的影响。

作为一般规律，在较早的生长季节，每周的灌溉量应为3～4 cm，以保持草坪鲜绿；在炎热而干旱的地区，每周必须的灌溉量为6 cm或更多。

最好是每周大水灌溉一两次。如果土壤有能力在根系层贮存很多的水，可以按每周的总需水量一次灌溉。沙土每周应浇水2次，每3～4天浇每周需水量的一半。如果1次灌溉2.5 cm或更多的水，大量的水则可能渗漏到根层下面，造成浪费。

通常不能每天浇水。如果土壤表面经常潮湿，根系会靠近表土生长。在每次灌溉之间，如果使上层几厘米的土壤干燥，可使根系向土壤深处生长，去寻找水分。浅根性草坪草较弱，易遭受各种因素的伤害，受害后也不像深根性草坪草那样容易恢复。灌溉次数太多，也会引起较大的病害和杂草问题。

某些高养护水平的草坪需要每天灌溉，如高尔夫球场果领。这些草坪往往修剪得很低，致使根系仅分布于土壤表层。而土壤上部仅几厘米的表层干燥得很快，如果不经常灌溉，草坪草就会萎蔫。

检查土壤充水的深度是确定实际灌水量的有效方法。当土壤湿润到10～15 cm深时(有时会更深些，以根层的深度为准)，草坪草可获得充足的水分供给。在实践中，草坪管理人员可在已定的灌溉系统下，测定灌溉水渗入土壤额定深度所需时间，从而用控制灌水时间的长短来控制灌水量。也可用图8-4来估计灌水量,例如,如果管理者想浇 2.5 cm 的水,且草坪草生长在黏土上,土壤湿润的深度应为 12 cm 左右。

另外一种测定灌水量的方法是在一定的时间内,计量每一喷头的供水量。离喷头不同的距离至少应放置 4 个同样直径的容器,1 h 后,将所有容器的水倒在一个容器里,并量其深度,然后以厘米为单位,深度数除以容器数,来决定灌溉量。例如,使用 5 个容器,收集的总水量是 6.35 cm,则灌溉量为每小时 1.27 cm。

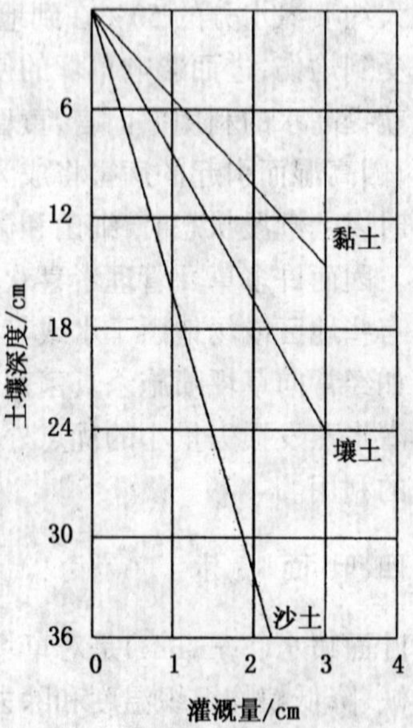

图 8-4 不同灌溉量的水可湿润土壤的深度

由于黏土或坚实土壤及斜坡上水的渗透速度缓慢,很容易发生径流。为防止这种损失,喷头不宜长时间连续开动,而要通过几次开关,逐渐浇水。例如,灌适量的水需要 30 min,那么,对于渗透能力低的地区,可能要浇 3 个 10 min,每次间隔至少 1 h。

草坪灌溉中需水量的大小,在很大程度上决定于草坪坪床土壤的性质。细质的黏土和粉沙土持水力大于沙土,水分易被保持在表层的根层内,而沙土中水分则易向下层移动。一般而言,土壤质地越粗,渗透力越强,使额定深度土壤充水湿润所需水量越少。但是,一个较粗质地的土壤在生长季节内,欲维持草坪草生长所消耗的总需水量是很大的。因为与细质土壤相比,粗质土壤具有大的孔隙,高排水量和蒸发蒸腾量,使之比细质土壤失水更多。当土壤质地变粗时,每次灌水量应减少,但需要较多的灌水次数和较多的总水量才能满足草坪草的生长需要。

三、灌 水 时 间

确定了灌溉方案之后,只要草坪需要灌溉,在 1 天的任何时候都能进行灌溉。然而,根据草坪和天气状况,选择 1 天中的某一特定时间灌水是比较实用的。

湿度高、温度低又有微风时是灌溉的最好时机。此时,可有效地减少蒸发损失,风还利于湿润叶面及组织的干燥。晚上或早晨浇水,蒸发损失最小,中午及下午大约喷灌水分的50%在到地面前就被蒸发掉。另外,中午浇水还容易使草坪草受到灼伤,进而影响草坪的使用和其他管理操作。

就提高水的利用率而言,黄昏是浇水的最适时间。但草坪整夜处于潮湿状态下,因高湿而引起的病害将成为草坪草管理的难题。当草坪草的叶和茎保持几小时以上潮湿状态时,细菌和微生物就能发展并侵染草坪草组织,引起草坪草病害。因而许多草坪管理者喜欢早上浇灌。

有些地区或场地由于水或其他条件的限制,不可能在早晨灌水。因此,在采用诸如经常向草坪喷施杀真菌剂的预防措施情况下,施行晚上浇水。晚上浇水除具灌水蒸发损失量小的优点外,还为排水提供了较长的时间,有利于第2天草坪草的利用。

四、叶 面 喷 水

叶面喷水(Syringing)是对草坪进行短时间的浇水。目的在于补充草坪草水分亏缺、降低植物组织温度和除去叶子表面的有害附着物。

喷水的用水量很少,一般在中午草坪刚刚发生萎蔫时进行。通常,每天喷1次水就足够了。但在极端条件下,如夏天烈日炎炎的中午,应增加喷水的次数。高强度修剪的草坪如果领,通常在清晨喷水,冲洗掉露水和叶尖吐水。轻度喷水使叶面洁净而容易变干,减少了病害的发生,从而保证了修剪的质量。近些年来,在高尔夫球场的果领管理中,清晨喷水已基本上取代了以前用拖绳和拖杆去水的老办法。主要原因是喷水的效率高并且很经济。

叶面喷水是草坪建植过程中的重要环节。为了避免脱水,对刚刚种植的草坪包括草皮、种子、插枝等喷水,直到根系下扎。建植后1~3周内,每天喷一到几次水是必须的。而后灌溉的频率应减少,增加每次浇水的强度,直到完全成坪。

另外,草坪草遭受病虫害时,喷水有助于草坪草的存活和恢复。夏季斑病会破坏草坪草的根系,使其地上部枯萎,同样蛴螬啃食草根,降低其吸水的能力。喷水对于受损的草坪群体发育新根,恢复正常生长是非常重要的。

五、草坪节水措施

各种节水技术都可以用于草坪管理计划中,以减少灌溉用水。下面的措施有助于减少水的消耗。

(1) 将剪草机刀片升高1.3~2.5 cm。较高的草坪草其根系较深。因为土壤是从表面向下干燥的,根系在深处更易吸收到水。留茬增高,增加了叶面积而使蒸腾作用增强,但根系较深的优点超过了叶面积大的缺点。并且较大的叶片遮蔽土壤表面,减少土壤蒸发,并保护根颈不受高温伤害。

(2) 减少修剪次数。在剪割的伤口处水分损失显著。剪草次数越多,伤口张开的时期就越长。同时应保持剪草机刀片锋利。用钝刀片剪草,伤口粗糙,愈合时间较长。

(3) 在干旱时期应少施肥。高比例的氮肥,使草坪草生长很快,需水较多。叶片葱绿、多汁,更易萎蔫。应使用富含钾的肥料以增加草的耐旱性。

(4) 如果枯草层太厚,可用垂直刈割机进行刈割。厚的枯草层使草坪草根系变浅并且延缓渗水速率,降低草坪的水分利用率。

(5) 用芯土打孔器或薄铲给土壤通气,可以提高水分的渗透性,改善根和茎的生长。

(6) 少用除莠剂。有些除莠剂会对草坪植物的根产生一定的伤害。

(7) 建植新草坪时,可栽植耐旱的草种和品种。种植前,施加有机质和其他改良土壤的物质,以提高土壤的持水能力。

(8) 灌溉前,注意天气预报,看是否将要下雨。利用雨量器精确计量降雨量。当降雨充沛时,可延迟灌溉或减少灌溉量。

(9) 适当施用湿润剂(Wetting agents),以增加草坪土壤中水的湿润度,促进根系吸收水分。湿润剂可以减少水形成水滴和增加水与固体及其他液体的亲和力。

在非常干旱的地区,应该严格限量用水。草坪管理者不能按自己的期望大量灌溉。即使用水不受限制,为了不增加水费也必须减少灌溉。限制用水,对草坪业不会有灾难性的影响,但人们必须改变观念,稍微降低对草坪质量的期望值。草坪育种专家正努力培育出新的更耐旱的品种,在降低水分消耗的同时提高草坪的质量。

第三节　草坪灌溉系统

灌溉系统(Irrigation system)分为自动灌溉系统和人工灌溉系统。自动灌溉系统由水源、水泵、分水管道、阀门、喷头和控制器组成。控制器通过一个遥控控制阀,在预定时间使喷水器自动喷水。当阀门打开时,水压使喷头高出地面,开始喷水,当预定的时间结束时,阀门关闭,喷头又回缩到地下。人工系统没有自动控制器,而是由人工开关水。这两个系统还有一个主要的差别,即人工系统的喷头不是永久设置在地上,而是灌溉前必须将喷头插进一个水阀,灌溉后去掉。

一、水　源

用于灌溉的水源可以是河流、小溪、湖泊、池塘、水库、水井和城市的自来水。在整个生长季节，即使在干旱时期，水源都必须能提供质量符合要求的足量水。水是否适合灌溉，取决于水里的物质类型和浓度。灌溉水中某种化学物质浓度高时，会严重伤害草坪植物。

盐的总浓度(含盐量)，特别是钠的浓度，是决定水质的重要因子。在水质有问题的地方，应定期化验灌溉水。

二、水　泵

除非灌溉系统小或是直接分接在城镇水的总管道上，否则，从水源抽水，都需要一个或几个泵(Pump)。从水源抽水的泵叫系统抽水泵。如果系统中现有压力不足，可在压力管上安装助推泵，以增加压力。这2种类型的泵，一般都是离心式泵。泵内的助推器产生压力，旋转并将水压出排水口。

三、分水管道

分水管道(Water distribution line)是在整个系统中运送水的管子。直径较大的管线叫总管道。总管道输送水源的水进入较小的支管道，然后流向喷头。过去使用电镀钢、铸铁或铜制的金属管，如今大都由塑料管代替。因为塑料便宜、耐腐蚀、不生锈、重量轻、容易操作。有时总管道用水泥、石棉和硅制成的石棉水泥管，但目前也多由塑料管取代了。

用于灌溉系统的2种基本塑料管材是聚氯乙烯(PVC)和聚乙烯(PE)。PVC管比PE管更坚固耐用，更普及。成段的PVC管很容易用溶剂粘接在一起：在两段管子末端的外边和连接二管的接头(常常是一个塑料套筒)的里边涂上石棉水泥，石棉水泥经化学作用将管子两端粘接在一起。连接处同管子一样坚固，甚至比管子本身更坚固。在寒冷的天气里，塑料管中的水可能结冰冻裂管道，因此，必须将水管埋入足够深的土中，或者在冬天必须排出灌溉系统中的水。

四、阀门和控制器

所有的灌溉系统都有一套阀门(Valves)，以调节通过系统的水流。自动化系统的遥控阀是由控制器操作的。

控制器(Controllers)的基本部件包括一个钟表、定时器和称为端站的一系列终端，每个终端(或端站)用电线或水管连结到一个或更多的遥控阀上，每个阀依次操作一个或数个喷头。每个端站控制一定的区域。定时器上的表按预定时间旋转。定时器按顺序一个接一个地给一系列终端供电，这种自动接通各端站的过程叫做一个循环。随着各端站的接通，即可灌溉该终端所覆盖的区域。通常由于水量和水压不足，不能同时开启一个系统中的所有喷头，所以一次仅能灌溉一个区域。

遥控阀有 2 种主要类型——电控式和水压式。电控阀的输电线埋在地下，当接通控制器端点与阀门之间的电路时，电控阀通电并打开。水控阀和端点之间由小直径的塑料管或铜管连接，水控阀靠管内的水压开或关。遥控阀埋在喷头或它所控制的一些喷头附近的地里。

较小的灌溉系统只有一个控制器，而大型设施，如高尔夫球场的灌溉系统，则有一个能编制程序并能控制一系列附属的田间控制器的中央控制器。更高级的控制器带有附件，如传感器，如果下雨或者系统内的压力太高或太低时，传感器能自动地关闭灌溉系统。控制器也可连接在测量土壤水分的张力计上。

五、喷　　头

灌溉系统通过喷头(Sprinkler heads)把水喷洒到草坪上。用于自动系统的喷头叫上喷喷头，因为当连接它们的阀门打开时，水压使喷头顶出地面，当阀门关闭时，喷头又缩进喷水器内。不用时，除盖板外，喷水器完全隐藏在地里。

上喷喷头有 2 种类型——喷射型和旋转型。喷射型喷头向各个方向射出细而均匀的水雾，其覆盖面积较小，喷出水面呈圆形，通常直径为 5 ~ 9 m。主要用于绿地等小面积草坪。

旋转型喷头也叫旋流喷头，因为随着喷头旋转，水经过一个或数个喷嘴流出。旋转喷头由于灌溉面积较大(直径为 15 ~ 60 m)，比喷射性喷头使用得更加广泛。由于所需要的喷头很少，通常安装一个旋转型喷头系统的费用，比安装一个喷射型喷头系统的费用要少一半。不过，喷射型喷头比旋转型喷头的喷水速率快得多，喷水也更均匀。

促使旋转喷水器喷嘴旋转的推动机制有几种类型：最普通的是撞击推动型，它有一个带弹簧的推动臂，能推动喷嘴装置旋转。喷嘴中的水流使推动臂偏转，继而弹簧又把推动臂拉回原位。当推动臂完成一次摇摆，便撞击一次喷嘴装置，并使喷嘴轻轻地旋转。另外一种是齿轮推动型，水使齿轮推动型喷头内部的转动体旋转，转动体依次推动齿轮，齿轮促使喷头旋转。

人工操作系统使用快速耦合喷头。在每个喷水器上，固定一个快速耦合阀。不用时，水压和弹簧使阀关闭；当快速耦合喷水器安在阀内并转动时，则阀被打开。普通的快速耦合喷水器属于撞击推动旋转型。灌溉后,去掉阀上的喷头。有些快速耦合器阀可以安装在自动化系统中,如果正规系统有问题时,以此作为补充。软管接头也能旋进快速耦合器阀内。

六、自动系统与人工系统的对比

人工系统的惟一好处是设置价钱便宜,自动系统初期很贵,但可通过节省劳力费用,大大补偿昂贵的安装费。自动系统比人工系统的效率高,用水量少,因此也节省了水费。自动系统的另一个好处是能使管理者完全控制灌溉。管理者可为控制器编制程序,是灌溉独立运行而不必依赖灌溉管理人员。

自动系统也不是完全不要劳力。设备需要保养,为防止出故障要经常检查,有问题时需要修理。

有些灌溉系统,一部分设备是自动化的,一部分是人工的,这 2 种类型结合的系统叫做半自动系统。例如,向上喷射型喷水器和人工控制阀结合的灌溉系统,或由自动控制器操纵的快速耦合器喷头的灌溉系统。高尔夫球场球穴区草坪用自动系统控制,而球道是由人工系统控制的。如果安装全自动系统经费不足,妥当的办法是先安装半自动系统,随后再换成全自动系统。

自动系统由于节省劳动力,用水效率高以及由管理者控制灌溉等条件,远远优于其他类型的系统。

七、灌溉系统的设计

设计灌溉系统要考虑许多问题,因此应该请有经验的专业人员承担。根据可用的水量和水压决定草坪片数和每片的喷头数量。喷头间隔取决于其覆盖面积(覆盖面积由水压、喷嘴大小、喷嘴孔径和风势等因素决定)。当风成为问题时,通常喷头间距应更近些。

喷头的喷水面必须相交。随着喷水器覆盖半径的增加,水的分布面也增大,而喷头喷水量并未增加。因此,对单个喷头而言,距离喷头越远,喷洒到草坪上的水量越少。

迭盖喷水器的洒布面有助于水的均匀分布。通常设计的系统应迭盖70%~100%。间距呈三角形的覆盖最均匀,但也可以使用正方形间距(图 8-5)。一般安装喷头相距 6 m,但旋转型喷头之间最合适的距离一般为 20.0~21.3 m。

八、其他类型的灌溉系统

地下灌溉:顾名思义就是在地下进行灌溉。将具有狭缝或小孔的小塑料管或陶瓷管埋入根层内,灌溉水经过这些小孔进入土壤。因为浇水时没有大气蒸发,所以地下灌溉系统减少了水的损失。还可以将塑料片放在根系层下面,以防止水向土壤更深层渗透。在水源紧张的地区,地下灌溉系统使用较普遍。

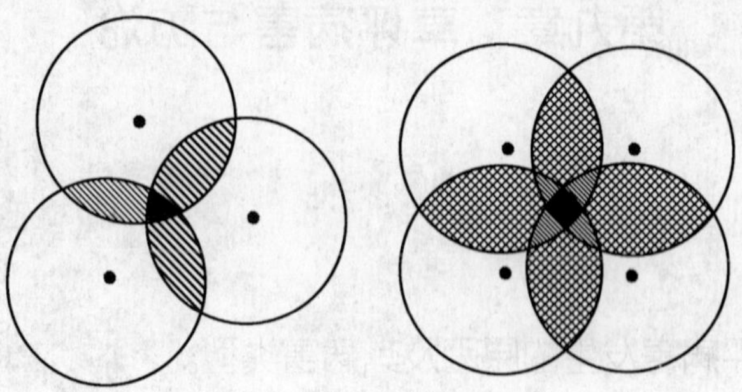

图 8-5　喷头的位置设计

移动型地上灌溉系统:用于大型开阔草地,如种子生产田和草皮农场。轮子慢慢转动,移动灌溉管和喷头穿过田间。

许多庭院草坪浇水,是将软管一头接到外边的水龙头上,另一头系缚喷头,并定时移动软管。移动型喷水器更高级,这种喷水器系在软管上,当水门旋开时,水压使齿轮缓慢移动,进而带动喷水器穿过草坪。

习　题

8.1　试列举至少 5 种草坪草,并根据它们耗水量的大小进行排序。

8.2　阐述影响草坪土壤水分利用的各种因素。

8.3　影响草坪灌溉水质量的因素有哪些?

8.4　如何做到依据草坪对水分的需求来确定灌溉方案?

8.5　讨论夜间灌水的利与弊。

8.6　不同的灌溉方式对草坪草根系的分布有何影响?

8.7　简述草坪节水灌溉的必要性及节水方法。

8.8　为什么自动灌溉系统优于人工控制的灌溉系统?

第九章　草坪病害与防治

【教学目标】

1. 了解草坪病害发生的原因及其病害类型。
2. 掌握草坪病害防治的原理及综合防治技术。
3. 掌握草坪主要病害种类及特点。
4. 了解冷季型草坪草和暖季型草坪草发生的常见病害。

草坪是城市景观生态系统的重要组成部分。在草坪草生长过程中,草坪病害是影响草坪质量、降低草坪利用年限的重要因素之一。它轻则限制草坪的成功建植,影响观赏和利用价值,如抑制草坪生长,缩短绿期,使草坪变色褪绿、黄化,形成枯死斑块;重则使草坪草成片死亡,造成建植失败或使草坪迅速衰退,失去利用价值。

草坪一旦建植,往往要生长多年,这就为土传病原物的积累提供了良好的条件;同时由于种类的相对稳定和大面积种植给气传病害的流行也造成了有利的机会;加之目前大量进口的草坪草种还存在对我国生态条件的适应性问题。另外,有时片面追求高水高肥、不科学的养护或粗放的管理等,使病害对草坪危害的严重性更加突出。

第一节　草坪病害概述

一、草坪病害定义

草坪病害(Turfgrass diseases)是指草坪草受到病原生物侵染或不良环境的作用,发生一系列生理生化、组织结构和外部形态的变化,其正常的生理功能偏离到不能或难以调节复原的程度,生长发育受阻甚至死亡,最终破坏景观效果和造成经济损失的现象。

病害不同于物理伤害,它有一个病理变化过程。

二、草坪病害发生的原因

草坪草病害可以分成两大类。一类是非侵染性病害(No-infection diseases),即没有生物因素的参与,主要由非生物因素,包括营养缺乏或过剩、水分供应失调、温度过高或过低、日照不足或过强、缺氧、空气污染、土壤酸碱不当或盐渍化、农药药害等引起的病害;另一类是侵染性病害(Infection diseases),即由于生物,包括真菌、细菌、病毒、植原体和线虫等侵染引起的病害。这些生物被称为病原物。由于它们都具有生长和繁殖能力,可以在植株之间传播,所以也叫传染性病害(Infectious diseases)。前一类病害只是草坪草和环境的关系,当不良的环境条件超出草坪草所能耐受的程度并且持续一定的时间以后就会发生。后一类病害则一定有某种病原物侵染,而这种侵染又需要同时具备有致病性的病原物、感病的草种或品种以及有利于发生病害的环境条件,通常被称做病害三角或三要素。因此,病害的发生发展是病原物、感病的草坪草和不良环境条件相互作用的最终结果。

无论对于哪一类病害的发生,环境都起着十分重要的作用。环境条件包括气候、土壤、栽培等非生物因素和人、昆虫、其他动物及其周围的微生物等生物因素。它们既影响病原物,也影响草坪草。只有当环境条件有利于病原物生长而不利于草坪草生长时,病害才能发生发展;反之,当环境条件有利于草坪草而不利于病原物时,病害就不发生或者受到抑制。例如:夏季高温高湿的环境条件,一方面不利于冷季型草坪草的生长,使其抗病性下降;另一方面有利于病原菌的侵染、繁殖和扩展,造成多种病害发生,如禾草褐斑病、夏季斑病、腐霉枯萎病等。在环境条件中,还应特别强调人类的生产和社会活动对草坪病害流行的重要影响。因为很多病害的发生,是由于人类的活动打破了病原和寄主在自然生态条件下长期形成的平衡、共存状态而造成的。如大量异地调种,人为地引进了危险性病害,长期大面积种植单一草种品种,不适当地采用高水高肥养护措施等。因此,人对草坪病害的流行有着重要的作用。由此,又提出了"病害四角学说"或"病害四面体"的概念。

三、草坪病害的症状

症状(Symptom)是草坪草生病后肉眼可见的不正常表现(或病态)。症状是由病状和病征组成。草坪草本身的不正常表现称为病状。在病株和病部出现的病原物的营养体和繁殖体称为病征(Sign)。植物生病都一定会出现病状,但不一定有病征。非传染性病害和病毒病就只有病状而无病征。真菌和细菌病害往往有比较明显的病征。

症状是病害病理过程的综合表现,对于每一种草坪病害都有其一定的特异性和稳定性,所以是病害诊断的重要依据。许多草坪病害也以草名加症状特征来命名。

(一)病状

常见的病害病状可归纳成5大类型,即变色、坏死、腐烂、萎蔫和畸形。

1. 变色

指病部发生颜色变化,但细胞并未死亡。变色又分均匀变色和不均匀变色,前者如褪绿、黄化、白化、红化、银叶等;后者如花叶、斑驳、明脉等。变色症多发生在草坪草叶片上。

2. 坏死

指发病部位的细胞和组织死亡,但仍保持原有细胞和组织的外形轮廓。最常见的是斑点或病斑,其形状、颜色、大小不同,一般具有明显边缘。可细分为圆斑、角斑、条斑、环斑、网斑、轮纹斑等,或根据颜色区分为褐(赤)斑、铜色斑、灰斑、白斑等。坏死类症状是草坪草病害的主要症状之一。

3. 腐烂

是指发病部位较大面积的死亡和细胞解体。植株各个部位都可发生腐烂,幼苗或多肉的组织更容易发生。如禾草芽腐、根腐、根茎腐烂和雪腐病等。

4. 萎蔫病

是由各种原因,如茎基坏死、根部腐烂或根的生理功能失调引起的草坪草萎蔫。如匍匐翦股颖细菌性萎蔫病等。

5. 畸形

指整株或部分细胞组织的生长过度或不足,表现为全株或部分器官的不正常形状。如禾草线虫病造成植株生长矮小、根短、毛根多、根上有小肿瘤等。

(二)病征

常见的病征类型有:霉状物(如禾草霜霉病)、粉状物(如白粉病、黑粉病)、锈状物(如禾草锈病)、点(粒)状物(如禾草炭疽病病部的黑色点状物)、线(丝)状物(如禾草白绢病)、脓状物或溢脓(如细菌性萎蔫病病部的溢脓)等。

四、草坪病害分类

草坪病害除了上述按发病原因区分为侵染性病害和非侵染性病害以外,还可以有多种分类方法,如按照草坪草受害部位可分为根部病害、茎部病害、叶部病害和果实病害等;按照病原生物种类可分为真菌病害、细菌病害、病毒病害、线虫病害等;按照传播方式可分为种传病害、土传病害、气传病害和介体传播病害等;按照病害症状,分为腐烂型病害、斑点或坏死型病害、花叶或变色型病害、萎蔫型病害等。

(一)非侵染性病害

引起非侵染性病害的因素可以归纳为以下5类。

1. 营养失调

其中比较常见的是缺乏某种营养造成的缺素症或氮肥过量造成的草坪叶色深绿、叶片细长柔弱和在石灰质土壤或碱性土壤上由于缺铁造成的黄化(白化)病。

2. 水分失调

如水分过量,即降雨或灌水过多或低洼积水造成的涝害或渍害;水分过少造成的干旱。

3. 温度失调

温度过高发生日灼和日烧病;温度过低会发生冻害、冷害或霜害等。

4. 药害

主要指农药浓度过高、喷洒不均匀、混配不当或使用时间不合适等造成的草坪受害。轻者烧伤叶片,重者整株死亡。目前出现最多的是由于使用植物生长调节剂或除草剂不当引起的药害。

5. 空气和土壤中的有害物质

环境污染使草坪生态环境恶化,严重威胁草坪草健康生长,这已日益成为现代草坪发展的一个不容忽视的重要问题。土壤中的不利因素诸如盐害、碱害、土壤 pH 过高或过低往往导致草株受害;空气中的硫化氢、工厂排放的废水、废气如二氧化硫、二氧化氮、氟化氢、臭氧等也对草坪草有危害。

(二)传染性病害

1. 真菌病害

真菌病害是草坪草病害中的一类重要病害,不仅种类多,而且危害大。如丝核菌引起的褐斑病、腐霉菌和镰刀菌引起的枯萎病、德氏霉菌引起的叶枯根腐病、锈菌引起的锈病等。

2. 病原细菌

目前已知由细菌所致的草坪草病害数量较少,其中最重要的应属细菌性萎蔫病,它可引起多种禾草发病。作为一种以种子传播为主的病害不容忽视。

3. 植原体

目前已发现 4 或 5 种草坪草病害是由植原体所引起的,如狗牙根白化病、结缕草黄矮病、冰草和黑麦草紫菀黄化病等。

4. 病毒

国外已报道的草坪草病毒病害有 24 种,而我国研究报道较少。比病毒更小的侵染性病原还有类病毒、拟病毒和朊病毒。

5. 线虫

国外已报道 42 种叶瘿线虫和多种根内、根外寄生线虫,造成叶、根以至全株虫瘿和畸形。我国已发现多种草坪线虫病害,危害亦很严重。

五、草坪病害的防治

(一)防治原理

草坪病害的防治必须遵循“预防为主,综合防治”和“有害生物综合治理”(Integrated Pest Management, IPM)方针。这是因为草坪草一旦生病就难以复原,也难做到早期诊断,同时真正意义上的治疗剂还很少或成本较高。由于草坪病害的发生发展是草坪病害三因素相互作用的结果,其防治就必然要从草坪生态系统的整体出发,充分利用自然界抑制病害的因素,创造不利于病害发生,而有利于草坪草生长发育的条件。通过有机地运用各种必要的防治措施,把病害控制在经济允许水平以下,同时不给人类健康和环境造成危害。另外,由于草坪草是作为人们居所景观植物,病害的防治更要特别强调对环境的保护。目前又提出了"有害生物持续治理"(Sustainable Pest Management SPM)或"持续植保"(Sustainable Crop Protection SCP)的防治理论。

综合防治技术组装时要充分考虑到以下几点:①防治的目标是将病害的损失降低到经济允许水平以下,而不是彻底消灭(检疫性危险病害除外)。②因地因时确定主要防治对象,同时兼顾其他病害。③根据不同生态环境条件下的病害特点组建技术体系,同时要考虑各种技术方法的优缺互补,协调配合。④由于草坪的特殊性,对其防治更应把生态效益和社会效益放在首位。

(二)综合防治技术

1. 种子检疫和检验

植物检疫是国家用法律来保护农林牧生产的重要措施,通过国家颁布有关条例和法令,对植物及其产品,特别是种子等繁殖材料进行管理和控制,防止危险性病、虫、杂草传播蔓延。主要任务有禁止危险性病、虫、杂草随着植物及其产品由国外输入和由国内输出;将国内局部地区已发生的危险性病、虫、杂草封锁在一定的范围内,不让其传播到尚未发生的地区;当危险性病、虫、杂草传入新区时,采取紧急措施,就地彻底肃清。因此,植物检疫是病害防治的第一道防线,是预防性措施。目前我国90%以上冷季型草种是从国外调入,传入危险性病害的风险很大。因此,必须严格执行各项检疫措施。

根据我国1992年公布的《中华人民共和国进境植物检疫危险性病、虫、杂草名录》,所列的草坪草的检疫性病害有禾草腥黑穗病、翦股颖粒线虫病,还有可侵染禾草的小麦矮腥黑穗病和小麦印度腥黑穗病。

2. 利用抗病草种、品种

选育和利用抗病草种、品种,是综合防治技术体系的核心和基础,是防治草坪病害最经济、有效的方法。

草坪草的不同草种、品种对不同病害的抗性存在着很大差异。因此,建植草坪时要在兼顾坪用性状的前提下注意选择抗病草种或品种。

混播是根据草坪的使用目的、环境条件及草坪养护水平选择2种或2种以上的草种或同一草种的不同品种混合播种，组建一个多元群体的草坪植物群落。其优势在于混合群体比单播群体具有更广泛的遗传背景，因此具有更强的适应性。由于混合群体具有多种抗病性，可以减少病原物数量、加大感病个体间的距离、降低病害传播效能；又可能产生诱导抗性或交叉保护，所以能够有效地抑制病害。目前国内外已有不少成功事例。

White(1997)认为，内生真菌(Endophytic fungi)是指那些寄生在草坪禾草体内，而草坪禾草不表现任何病害症状的一类真菌，最主要的是半知菌亚门中的*Neotyphodium*属(=*Acremonium*)真菌。内生真菌主要在羊茅属和黑麦草属植物体内，可以提高草坪草的抗逆、抗虫、抗线虫、耐践踏等能力。

3. 科学的养护管理

科学的养护管理包括科学合理的草坪建植与养护技术。它一方面创造有利于草坪草健康生长的条件，从而提高抗病性；另一方面也会抑制病原物的发生发展，使病害得到控制。因此，所有有利于草坪草健壮生长的养护管理措施都能起到防病作用。如灌溉次数要因土壤、草种、品种、天气而定，一般要保持10~15 cm土层湿润，灌水时间以清晨灌水最好，禁忌傍晚灌水。

全面、均衡施肥，注意增施磷钾肥和必要的微肥，有助于提高草坪草的抗病性。施肥应遵循“重施秋肥、轻施春肥、巧施夏肥”的施肥原则。

合理修剪一方面可以减少病原数量，另一方面，修剪造成的伤口又有利于病原真菌的侵入，同时还可以通过剪草机携带传播病害。修剪一般掌握“1/3”高度的原则。修剪过低，会加重草地早熟禾夏季斑枯病的发展；留茬过高或修剪不及时会增加草坪冠层的湿度，形成不利的小气候条件，加重褐斑病、腐霉枯萎病等病害的流行。

及时清除枯草层。由于枯草层可为多种病原真菌提供越冬(越夏)场所，成为病害发生的初侵染源，影响草坪的通气与透水性，降低草坪草活力及其抗病性。一般要求枯草层的厚度不应超过1.5~2 cm。通常采取打孔、梳草和垂直切割等多种方法控制枯草层。

4. 化学防治

化学防治是指利用化学药剂防治草坪草病害。防治病害的化学药剂常称杀菌剂，多用于真菌病害和细菌病害。防治线虫的又称杀线虫剂，有时也用杀虫剂消灭介体昆虫。化学防治针对性好、见效快、防效显著、使用简便，作为防治病害的应急措施，具有不可替代的作用。

(1)化学防治方法

① 土壤处理。建植前结合整地用药剂处理土壤，可以杀死和抑制土壤中的

病原物。主要针对土传病原物引起的苗期病害和根部病害。其中土壤熏蒸是一种非常有效的方法,既能防治病害,又能消灭线虫、害虫和杂草。

② 种子处理。用来消灭种子表面和种子内部的病原物，保护种子不受土壤中病原物的侵染，如果使用内吸性杀菌剂还可以防治苗病。种子处理对于种传病害尤其有效。其操作方便、省药、省工，常用的方法有浸种、拌种、闷种和包衣。

③ 生长季茎叶施药。主要有喷雾(粉)、撒施和灌根 3 种方式。喷雾是将水与一定量的农药混合均匀后喷洒。撒施是将颗粒剂或毒土直接施撒在地面植株上,用以防治根部和茎基部病害。毒土是将药剂与具有一定湿度的细土按一定比例混合而成的,撒施后可以灌水或喷水。灌根或泼浇是将对好的药液泼洒在植物根部。

(2)选择杀菌剂的基本原则

首先,任何药剂都有一定的适用范围,一种病原物也会对某种或某几种药剂最敏感。因此,必须按照病害种类正确选择药剂。当然,正确诊断病害是重要的前提。

其次,要依据病害传播规律选择药剂剂型和使用方法。如防治种(苗)传和土传病害,猝倒、苗腐、根腐等时,选择拌种是比较经济、省工、简便、对生态系统污染少的较好方法,现已得到广泛的应用。又如土壤熏蒸是全面杀灭土壤寄生线虫、害虫和杂草的主要方法,但费用和技术要求高,多用于高尔夫球场、滚木球场的重病地块以及小面积育苗床。再比如喷雾防治是防治茎、叶部病害的主要方式,也是防治草坪病害最常用的方法。喷药时期、喷药次数、剂量、喷药技术以及施药工具等都十分重要。

再次,要尽量减少用药次数。在做好病害监测预测的基础上,以经济损害水平为标准决定是否进行化学防治,同时还要注意轮换用药。

药剂混用时要根据药剂性能、植物和病原物对药剂的反应等综合考虑,以便提高药效、减少药害、减少喷药次数和降低成本。

5. 生物防治

利用有益生物及其天然产物防治植物病害的方法称为生物防治。生物防治一般不污染环境,不杀伤有益生物,因此,未来草坪有害生物综合防治中可望占有重要地位。其基本措施是大量引进外源拮抗菌和调节环境条件使有益微生物群体增长并表现出拮抗活性。生物防治也存在着作用缓慢、受环境条件影响大、效果不稳定、开发周期长等缺点。另外,生物防治对生态环境的影响还有待研究,特别是遗传工程生防菌的应用要更加慎重。

6. 物理防治

用人工、器械和多种物理因子防治病害的方法称物理防治。它具有经济、安全、无污染等优点,但也存在着费工、防治不够彻底等缺点,所以多作为辅助措施。常用的方法有:发病初期人工拔除病株或挖除发病中心,进行草坪修补;用热力(干热、湿热、或温汤浸种)、射线辐射、激光、超声波等处理种子。

第二节 主要草坪病害各论

一、根部和茎基部病害

(一)褐斑病 Brown patch

褐斑病主要是由立枯丝核菌 *Rhizoctonia solani* kühn 引起的一种真菌病害。其广泛分布于世界各地,可以侵染所有已知的草坪草,如草地早熟禾、高羊茅、多年生黑麦草、翦股颖、结缕草、野牛草、狗牙根等 250 余种禾草。其中尤以冷季型草坪禾草受害最严重。

褐斑病全年都可发生,但以高温高湿的多雨炎热夏季危害最重。初期受害叶片或叶鞘上出现梭形、长条形,不规则形病斑,病斑内部青灰色水浸状,边缘红褐色,以后病斑变褐色甚至整叶水渍状腐烂。严重时病菌侵入茎秆。当条件适合时,在被侵染的草坪上形成几厘米至几十厘米,甚至 1~2 m 的枯草圈。枯草圈常呈"蛙眼"状,清晨有露水或高湿时,有"烟圈"。在病鞘、茎基部有初为白色、以后变成黑褐色的菌核形成,易脱落。另外,该病在冷凉的春季和秋季还可引致黄斑症状(也被称为冷季或冬季型褐斑)。

褐斑病的症状受草种类型、不同品种组合、不同立地环境和养护管理水平、不同气象条件及病原菌的不同株系等影响变化很大。

如前所述,科学养护、调节生态环境是控制病害的前提。及时有效的化学防治褐斑病措施包括:①建植时进行药剂拌种或种子包衣或土壤处理,选用灭霉灵、甲基立枯灵、五氯硝基苯、粉锈宁等药剂。②成坪草坪喷雾,以控制初期病情为关键。选用灭霉灵、甲基托布津、井冈霉素等杀菌剂。③严重发病地块或发病中心,选择上述药剂高浓度、大剂量的灌根或泼浇。④选育和种植耐病草种(品种)。

(二)腐霉枯萎病 Pythium blight

腐霉枯萎病是由腐霉菌(*Pythium* spp.)引起的一种严重的真菌病害。它既能在冷湿环境中侵染危害草坪草，也能在炎热潮湿季节猖獗流行。该病在全国普遍发生，可以侵染所有的草坪草，造成烂芽、苗腐、猝倒和根腐、根茎部和茎、叶腐烂。高温高湿条件下（在30～20℃，相对湿度高于90%，且持续14 h以上时）病害就可大面积发生。草坪会突然出现直径2～5 cm的圆形黄褐色枯草斑。清晨有露水时，病叶呈水浸状暗绿色，变软、粘滑，粘连在一起，用手触摸时，有油腻感。尤其在雨后的清晨或晚上，腐烂叶片成簇趴在地上且有绒毛状的白色菌丝层，枯草病区外缘还能看到白色或紫灰色的菌丝体（依病菌种类不同而异）。病害多在低湿区段或水道两侧，沿水流或沿剪草机或其他农业机械作业路线呈长条形分布。

在低温积雪地区，由于土壤肥力高、排水不良、积雪覆盖等原因，常会引起雪腐病。症状以积雪融化后最明显，叶片上有大型暗绿色水浸状病斑，叶组织变褐或枯黄色死亡，根冠腐烂死亡。草坪上出现棕褐色或橙色的小枯草斑，或大面积的枯草区。

腐霉枯萎病的防治除了要注意合理灌溉、施肥与修剪外，还应强调建植前的土地平整，黏重或砂性土壤的改良，同时作好排水设施，避免积水。选用抗病草种或品种，建植时进行药剂拌种、种子包衣或土壤处理是防治烂种和幼苗猝倒病的有效方法。药剂防治可选用杀毒矾、灭霉灵或代森锰锌、拌种双等药剂。茎叶喷雾或灌根时，可用杀毒矾、灭霉灵、甲基托布津、甲霜灵、乙膦铝或甲霜灵锰锌等单一药剂或上述药剂混合使用。

（三）夏季斑枯病（夏季斑）Summer patch

夏季斑枯病在1998年国内首次报道，是由 *Magnaporthe poae* 引起的一种严重的真菌性病害。可以侵染多种冷季型禾草，其中以草地早熟禾受害最严重。

夏初开始表现症状，典型的夏季斑最初为枯黄色圆形小斑块（直径3～8 cm），以后逐渐扩大成为圆形或马蹄形枯草圈，直径大多不超过40 cm左右（最大时也可达80 cm）。在持续高温天气下（白天高温达28～35℃，夜间温度超过20℃），或大雨、暴雨过后的高温下，病情迅速发展，可一直持续到初秋。多个病斑愈合成片，形成大面积的不规则形枯草区。典型病株根部、根冠部和根状茎呈黑褐色，后期维管束也变成褐色，外皮层腐烂，整株死亡。在病组织上还有网状稀疏、深褐色至黑色的外生菌丝。若将病草的根部冲洗干净，在显微镜下检查，可见到平行于根部生长的暗褐色匍匐状外生菌丝，有时还可见到黑褐色不规则聚集体结构。

科学养护促进根系健壮生长是防治的基础。因为夏季斑是一种根部病害，凡能促进根生长的措施都可减轻病害。同时避免低修剪(一般不低于5~6 cm),特别是高温季节。最好使用缓释氮肥。深灌水,减少灌溉次数。打孔、疏草、通风,改善排水条件,减轻土壤紧实等均有利于控制病害。选用抗病草种、品种或混合种植。多年生黑麦草、高羊茅较抗病,草地早熟禾易感病。及时进行化学防治,建植时进行药剂拌种、种子包衣或土壤处理,选用杀毒矾、灭霉灵、乙膦铝、代森锰锌、甲基托布津等拌种,或溴甲烷、棉隆等熏蒸剂处理土壤,均有较好效果。成坪草坪茎叶喷雾或灌根的首次施药,最好在春末或夏初(土温稳定在18~20℃时)。选择的药剂有:杀毒矾、灭霉灵、代森锰锌、甲基托布津、乙膦铝等。

(四)镰刀菌枯萎病 Fusarium wilt

镰刀菌枯萎病是由镰刀菌(Fusarium spp.)引起的一种重要的真菌病害。全国各地草坪均有发生,可侵染多种草坪禾草,如早熟禾、羊茅、翦股颖等。

该病主要造成烂芽和苗腐、根腐、茎基腐、叶斑和叶腐、匍匐茎和根状茎腐烂等一系列复杂症状。草坪上枯萎斑圆形或不规则形,直径2~30 cm。当高湿时,病部有白色至粉红色的菌丝体和大量的分生孢子团。老草坪枯草斑常呈"蛙眼状",多在夏季湿度过高或过低时出现。

在冷凉多湿季节,还可与雪腐捷氏霉并发,引起雪腐病或叶枯病。造成叶片枯萎或枯草斑块,或出现弥散的枯萎株。

防治的关键在于抓好无病种子和种子药剂处理,加强科学的养护管理和适时的化学防治。防治方法与夏季斑枯病类似。

(五)币斑病 Dollar spot

币斑病是由 *Lanzia* 与 *Moellerodiscus* 属中的若干种病原真菌引起的病害,对高尔夫球场草坪的危害最严重。主要侵染早熟禾、狗牙根、假俭草、细叶羊茅、翦股颖、多年生黑麦草、草地早熟禾、结缕草等多种草坪草。在我国的分布至今尚不清楚。典型症状为叶片受害,开始有水浸状褪绿斑,以后变成白色。病斑边缘呈棕褐色至红褐色,可扩大延伸至整个叶片,常呈漏斗状。草坪上形成凹陷,圆形、漂白色或稻草色的枯草斑,大小从5分到1元硬币。在修剪很低的高尔夫球场草坪上,出现的枯草斑细小、环形,直径很少超过6 cm。绿地草坪和其他留茬较高的草坪上,可能出现不规则形的、褪绿的呈漂白色的枯草斑块,斑块为2~15 cm宽或更宽,愈合后的斑块可覆盖大面积的草坪。清晨有露水时,可以看到白色、絮状或蜘蛛网状的菌丝,干燥时菌丝消失。

通过加强草坪管理,并适时喷洒百菌清、粉锈宁、丙环唑等药剂可适当控制币斑病的发生。据报道利用阴沟肠杆菌(*Ringers compost* Plus)和玉米肠杆菌(*Enterobacter aloacae*)可以抑制病害(Vargas J M 1994)。

(六)炭疽病 Anthracnose

炭疽病是由禾生刺盘孢(*Colletotrichum graminicola*)引起的一种真菌病害,世界各地都有发生。可侵染几乎所有的草坪草,以在一年生早熟禾和匍匐翦股颖上造成的危害最严重。我国有零星发生,危害不太严重。

环境条件对炭疽病症状表现有很大影响。冷凉潮湿时,病菌主要造成根、根茎、茎基部腐烂,以茎基部症状最明显。天气暖和时,特别是当土壤干燥而大气湿度很高时,病菌很快侵染老叶,明显加速叶片和分蘖的衰老死亡。草坪上出现直径从几个厘米至几米的、不规则状的枯草斑,斑块呈红褐色—黄色—黄褐色—再到褐色的变化。病部有灰黑色菌丝体的侵染垫,在枯死茎、叶上还可看到小黑点。

科学的养护管理包括:均衡施肥,增施磷钾肥;避免在午后或晚上浇水,灌透水,尽量减少浇水次数;保持土壤疏松;适当修剪,及时清除枯草层等;种植抗病草种和品种;发病初期的药剂防治等。

(七)其他病害

春季坏死斑病(Spring dead spot)是发生在狗牙根和杂交狗牙根三年期或更长期草坪上的一种典型的、危害严重的真菌病害,同时它也危害结缕草,多在种植狗牙根较多的南方各地区发生。澳大利亚将病原菌鉴定为小球腔菌(*Leptosphaeria narmari* 和 *L. korrae*),而北美、日本等地还未确定。

白绢病(Southern blight)是由齐整小菌核(*Sclerotium rolfsii* Sacc)引起的一种真菌病害。主要发生在我国中南部多雨高温地区。寄主范围广泛,主要危害翦股颖、羊茅、黑麦草、早熟禾等多种禾本科和阔叶草坪草,其中包括许多重要农作物,南方马蹄金草坪受害非常严重。

蘑菇圈又称仙环病(Fairy ring),是由大量的土壤顶层植物残渣和土壤习居的担子菌引起的草坪草上的一种病害。最近研究报道,认为主要是由 *M. oreades* 引起的,在各地均有发生,可危害各种草坪草。

二、茎叶部病害

(一)锈病 Rust

锈病是由锈菌(*Puccinia* spp.)引起草坪禾草上的一类重要病害,分布广、危害重，几乎每种禾草上都有一种或几种锈菌危害。其中以多年生黑麦草、高羊茅和草地早熟禾及狗牙根、结缕草受害最严重。经常发生的草坪锈病种类很多，有条锈病、叶锈病、秆锈病和冠锈病。北京地区调查冠锈病危害最重。锈菌主要危害叶片、叶鞘或茎秆，在感病部位生成黄色至铁锈色的夏孢子堆和黑色冬孢子堆。不同锈病可依据其夏孢子堆和冬孢子堆的形状、颜色、大小和着生特点等进一步加以区分。禾草感染锈病后叶绿素被破坏，光合作用降低，呼吸作用失调，蒸腾作用增强，大量失水，叶片变黄枯死，草坪稀疏、瘦弱，景观被破坏。

种植抗病草种和品种并进行混播及合理布局是防治锈病的关键。科学的养护管理是基础，如增施氮肥，适量施用磷、钾肥；合理灌水，降低田间湿度；适时修剪，减少菌源数量；保证通风透光。同时适时进行化学防治，常见药剂有粉锈宁、羟锈宁、特普唑（速宝利）、立克锈等，既可在建植时拌种，也可在生长期喷雾。

（二）黑粉病 Smut

黑粉病是一类由黑粉菌（*Ustilago* spp.）引起的禾草病害，世界各地均有分布，以条黑粉病（Stripe smut）的分布最广，危害最大。由于多数禾草黑粉病主要危害花序，所以对种子生产的影响最大，甚至造成毁灭性损失。条形黑粉病可侵染26属48种禾本科植物，其中翦股颖、黑麦草、早熟禾易感病，尤以草地早熟禾最易感病。秆黑粉病可在8个属的禾本科植物及小麦等作物上寄生。疱黑粉病（Entyloma blister smut）主要寄生在早熟禾属、翦股颖属、羊茅属等植物上。

条形黑粉病和秆黑粉病症状基本相同，植株矮化、叶片变黄。随病害的发展，叶片卷曲并在叶片和叶鞘上出现沿叶脉平行的长条形、黑色冬孢子堆，孢子堆破裂散出黑粉。严重病株叶片卷曲并从顶向下碎裂，甚至整个植株死亡。最终使草坪变稀，造成秃斑，引起杂草侵入。叶黑粉病主要表现在叶片上，病叶背面有黑色椭圆形疱斑，即冬孢子堆，长度不超过2 mm，疱斑周围褪绿。严重时，整个叶片褪绿变成近白色。冬孢子堆始终埋在寄主叶表皮下。

种植抗病草种和品种并混合种植能有效地控制病害。播种无病种子，使用无病草皮卷和无病无性繁殖材料。药剂拌种，对于叶黑粉病在发病初期进行药剂喷雾是化学防治的必要手段。适期播种，避免深播，缩短出苗期也可减轻病害。

（三）白粉病 Powdery mildew

白粉病是由禾布氏白粉菌（*Erysiphe graminis* DC.）引起的一种真菌病害。广泛分布于世界各地，为草坪禾草的常见病害。可侵染狗牙根、草地早熟禾、细叶羊茅、匍匐翦股颖、鸭茅等多种禾草,其中以早熟禾、细羊茅和狗牙根发病最重。

主要侵染叶片和叶鞘,也危害茎秆和穗。受害叶片开始出现 1~2 mm 大小病斑,以正面较多,以后逐渐扩大成近圆形、椭圆形绒絮状霉斑,初为白色,后变灰白色至灰褐色,后期病斑上有黑色的小粒点。随着病情的发展,叶片变黄,早枯死亡。草坪呈灰白色,像是被撒了一层面粉。

种植抗病草种和品种并合理布局是防治白粉病的重要措施。降低种植密度,适时修剪,注意通风透光;减少氮肥,增施磷钾肥;合理灌水,不要过湿过干等措施均可控制病情。建植时用三唑类杀菌剂拌种,生长期在发病早期及时用三唑类杀菌剂进行喷雾防治,都可有效地减轻病害。

(四)德氏霉叶枯病(根腐病)Drechslera leaf blight

德氏霉叶枯病是由德氏霉属(*Drechslera* spp)引起的一种真菌病害。世界各地均有分布,是一类引起多种草坪草发生叶斑、叶枯、根腐和茎基腐的重要病害。

早熟禾叶斑病主要侵染草地早熟禾。病叶和病鞘上先出现很多小的椭圆形、红褐色至紫黑色病斑,周围有黄色晕圈,以后病斑沿叶轴方向伸长,中央坏死,多病斑愈合成较大的坏死斑,造成整个叶片或分蘖死亡,使草坪稀疏、瘦弱早衰。通常在春、秋季,或温暖干燥时期,或寒冷过后马上出现干旱时发生。叶斑发生以后还可发生枯焦和根、根状茎和冠部腐烂。

除引起早熟禾叶斑病外,德氏霉还可引起羊茅和黑麦草网斑病、黑麦草大斑病、翦股颖赤斑病和狗牙根环斑病等。

病害防治可选用抗病和耐病草种品种并混合种植。科学养护管理包括适时播种、合理施肥、灌水、及时修剪,及时清除病残体和修剪的残叶,建植时进行药剂拌种,并及时做好生长期的药剂防治。

(五)离蠕孢叶枯病(根腐病)Bipolaris leaf blight

离蠕孢叶枯病是由离蠕孢属(*Bipolaris* spp.)引起的一种真菌病害。世界各地均有分布。侵染画眉草亚科和黍亚科草,而狗牙根离蠕孢可以侵染所有草坪草,主要危害叶、叶鞘、根和根茎等部位。

典型症状是叶片上出现不同形状的病斑,中心浅棕褐色,外缘有黄色晕。潮湿条件下有黑色霉状物。温度超过 30℃时,病斑消失,整个叶片变干并呈稻草色。在天气凉爽时病害一般局限于叶片,形成叶斑或叶枯。在高温高湿天气下,叶鞘、茎、茎部和根部都受侵染,短时间内就会造成叶枯、根腐、茎腐,导致植株死亡、草坪稀疏、早衰,形成枯草斑或枯草区。不同种的离蠕孢菌所致症状不同。

防治方法同德氏霉叶枯病。

(六)弯孢霉叶枯病(凋萎病)Cuvularia leaf blight

弯孢霉叶枯病是由弯孢霉属(*Curvularia* spp.)引起的一种真菌病害,各地均有分布。管理不良、生长较弱的草坪发病尤为严重。弯孢霉菌除侵染画眉草亚科的禾草外,主要侵染早熟禾亚科的草类,如草地早熟禾、匍匐翦股颖、细叶羊茅、黑麦草等。

发病草坪衰弱、稀疏、有不规则形枯草斑。枯草斑内草株矮小,呈灰白色枯死。草地早熟禾和细叶羊茅,病叶是从叶尖向叶基,由黄变棕色变灰,直到最后整个叶片皱缩凋萎枯死,有时还能看到中心棕褐色,边缘红色至棕色的叶斑。不同种的病菌所致症状也有所不同,如新月弯孢侵染草地早熟禾,病叶上呈椭圆形、梭形病斑,长0.3~0.7 cm,病斑中部灰白色,周边褐色,外缘有明显黄色晕圈,数个病斑汇合造成叶片枯死。不等弯孢所致的病株根茎部叶片变褐、腐烂,病叶上生褐色病斑,中部青灰色,外有黄色晕。

防治方法同德氏霉叶枯病。

(七)雪霉叶枯病 Pink snow molds

雪霉叶枯病是由雪腐捷氏霉菌[*Gerlachia nivalis* (Ces. ex Sacc.) Gams and Mull]引起的一种真菌病害。主要发生在冷凉多湿地区,造成禾草苗腐、叶斑、叶枯、鞘腐、基腐和穗腐,甚至整株死亡,使草坪稀疏,严重影响景观。

以叶斑和叶枯症状最为常见。草坪出现直径小于5 cm的圆形枯草斑,扩大后直径可达20 cm。病草初为水浸状污绿色,后变为砖红色、暗褐色以至灰绿色。该病在剪草高度较低的草坪上迅速扩展时,枯草斑中心可恢复生长,形成环形枯草斑,外圈具有暗绿色边缘。潮湿条件下或积雪覆盖下,枯草斑上有白色菌丝体,经阳光照射后产生大量粉红色或砖红色霉状物。

种植无病种子并用三唑类药剂拌种,适时进行化学防治,均衡施肥,改善草坪立地条件,避免低洼积水,合理灌水,及时清除枯草层等有助于病害防治。

(八)其他病害

红丝病(Red thread)是由地衣状伏革菌[*Corticium fuciforme* (McAlp.) Wakef,有性态]引起的一种真菌病害,广泛分布于各地潮湿冷温带地区,尤其在缺乏氮肥的草坪上红丝病发病特别猖獗。严重危害翦股颖、羊茅、黑麦草和早熟禾、狗牙根等属草坪草,造成禾草生长迟缓,早衰,甚至死亡,草坪景观被破坏。

霜霉病(Downy mildew)是由大孢指疫霉[*Sclerophthora macrospora*(Sacc.)Thirum.,Shaw et Naras.]引起的一种真菌病害。华东、西北、华北、西南、青藏、台湾均有发生。危害黑麦草、早熟禾、羊茅、翦股颖等多种禾草。典型病株是矮化萎缩,剑叶和穗扭曲畸形,叶色淡绿有黄白色条纹,草坪上出现直径为1～10 cm的黄色小斑块。

喙孢霉叶枯病(Orchardgrass leaf blight)是由喙孢属(*Rhynchosporium* spp.)引起的一种真菌病害,广泛分布在温带地区,是我国常见病害之一。据贵州报道,主要危害羊茅、早熟禾、鸭茅、黑麦草和翦股颖等多种草坪草。

壳二孢叶斑病(Ascochyta leaf blight)和叶尖枯病是由壳二孢属(*Ascochyta* spp.)引起的一种真菌病害,在我国普遍发生。可寄生在许多草坪草上,如早熟禾亚科、画眉草亚科和黍亚科。主要危害叶片,造成叶枯,影响景观效果。但很少造成严重危害。

尾孢叶斑病(Cercospora leaf spot)是由尾孢属(*Cercospora* spp.)引起的一种真菌病害,在我国各地都有发生,以翦股颖、狗牙根、羊茅、钝叶草等属禾草较易感病。主要危害叶片,造成草坪植株死亡,草坪稀疏。

壳针孢叶斑病(Septoria leaf spots)是由壳针孢属(*Septoria* spp.)引起的真菌病害,广泛分布于我国各地,是一类常见的叶斑病。主要寄生在早熟禾、黑麦草、羊茅、翦股颖、狗牙根等禾草上,危害叶片,严重时草坪稀薄,呈现枯焦状。但很少造成大面积危害。

灰斑病(Gray leaf spot)又称瘟病,是由稻梨孢菌[*Pyricularia grisea* (Cook) Sacc.]引起的一种广泛分布的真菌病害。在我国的很多地区都有发生。主要侵染钝叶草属的草,但也可严重危害狗牙根、假俭草、雀稗等属的草坪草,翦股颖、羊茅草和狼尾草等冷季型草偶尔也会受到危害。严重发病时造成叶片枯死,草坪呈焦枯状,如同遭受严重干旱状。

铜斑病(Copper spot)是由高粱胶尾孢属(*Gloeocercospora sorghi* Bain. et Edg)引起的真菌病害,主要侵染翦股颖、狗牙根、结缕草及其他早熟禾亚科的禾草。一般发生不普遍,但一旦发生严重危害,会造成草坪出现秃斑。

黑孢枯萎病(Nigrospora blight)是由球黑孢霉菌[*Nigrospora sphaerica* (Sacc) Mason]引起的一种真菌病害,很多地区都可发生。仲夏发生在多年生黑麦草、紫羊茅和草地早熟禾上;春季和初夏则发生在钝叶草上。可造成草株枯死,草坪均匀枯萎。

眼斑病(Cladosporium eyespot)是寒温带地区梯牧草上常见的病害,由梯牧草芽枝霉[*Cladosporium phlei* (Greg.)de Vries]引起的真菌病害。主要侵染梯牧草,危害叶片。

褐条斑病(Brown stripe)是 *Cercosporidium graminis* (Fukel) Deighton 引起的一种真菌病害,广泛分布于各地,可发生在所有的草坪草上。危害叶片、叶鞘,造成整株枯死,影响草坪景观。

黑痣病(Black clypei)是由黑痣菌属(*Phyllachora* spp.)引起的一种真菌病害,广泛分布于各地,可寄生在大多数草坪草上,一般危害不重。

粘霉病(Slime molds)主要是由粘菌(*Mucilago crustacea* 和 *Physarum* 和 *Fuligo* spp.)引起的,在北京地区常有发生。在各种草坪草上可突然出现白色、灰白色、紫色或褐色的斑块,但危害不大。

三、线虫病害 Nematosis

线虫病害在各地均有发生,可侵染所有草坪草。在暖温地带和亚热带地区可造成叶、根以至全株虫瘿和畸形,使草坪受到损伤,在较凉爽地区也会造成草坪草生长瘦弱,生长缓慢和早衰,严重影响草坪景观。除上述直接危害外,还因其取食造成的伤口而诱发其他病害,或有些线虫本身就可携带病毒、真菌、细菌等病原物而引起病害。

线虫病害通常是在叶片上均匀地出现轻微至严重的退色,根系生长受到抑制,根短、毛根多或根上有病斑、肿大或结节,整株生长减慢,植株矮小、瘦弱,甚至全株萎蔫,死亡。但更多的情况是在草坪上出现环形或不规则形状的斑块。当天气炎热、干旱、缺肥和遇到其他逆境时,症状更明显。注意线虫危害造成的症状往往易与管理不当所表现的症状混淆。

保证使用无线虫的种子、无性繁殖材料(草皮、匍匐茎或小枝等)和土壤(包括覆盖的表土)建植新草坪。对已被线虫侵染的草坪进行更新时,最好先进行土壤熏蒸;多次、少量的灌水能较好地控制线虫病害;合理施肥、增施磷钾肥;适时松土,清除枯草层。化学防治主要指建植前的土壤处理,溴甲烷、棉隆和 2-氯异丙醚是目前较好的土壤熏蒸剂。植物根际宝(Preda)是一种生物防治或生态防治制剂,对植株有显著的保护作用,且能有效克制线虫侵染。

四、病毒病害 Virus

目前已知有 24 种病毒能够侵染草坪,对草坪危害严重,如钝叶草(也叫奥古斯丁草)衰退病(SAD)。我国在这方面的研究尚少。症状主要表现在叶片均匀或不均匀褪绿,出现黄化、斑驳、叶条斑,还可观察到植株不同程度的矮化,死蘖枯叶,甚至整株死亡等。

种植抗病草种、品种并混合种植是防治病毒病害的根本措施。治虫防病是防治虫传病毒病的有效方法。科学养护管理能有效地减轻病害。如避免干旱胁迫、平衡施肥、防治真菌病害等措施均有利于减少病毒危害。灌水可以减轻线虫传播的病毒病害。

五、细菌病害 Bacteriosis

目前已知由细菌所致草坪草病害的数量较少,其中最重要的是细菌性萎蔫病(*Xanthomonas campestris*),能在很多禾草上寄生。

主要症状表现为叶片出现小黄斑并愈合成长条斑,叶子变成黄褐色至深褐色;或出现散乱的、很大的、深绿色的水渍状病斑,病斑迅速干枯并死亡;或出现细小(1 mm)的水渍状病斑,病斑不断扩大,变成灰绿色,然后变成黄褐色或白色不规则长条斑或斑块,整片叶死亡。潮湿时会从病斑处渗出菌脓。

高尔夫球场匍匐翦股颖草坪上的细菌性萎蔫病害首先出现大约一角币大小的红色到铜色小枯草斑块,随着草株的大量死亡,病斑变大,在适宜条件下短时期内就可毁掉整个果领。病害主要在春秋两季的潮湿而凉爽至暖和的时期发生,开始时叶片呈现蓝绿色的枯萎状,病叶皱缩,逐渐变成红褐色或紫色,最后叶子死亡。最先死亡的草坪上出现细小的直径为 1 cm 的斑块,渐渐地出现不规则状的大面积死亡。

种植抗病草种、品种并混合种植是防治细菌萎蔫病害的关键措施。匍匐翦股颖 Toronto(C-1S)、Nimisilla、Cohancey 品种和狗牙根 Tifgreen 品种较易感病。精心管理,合理水肥,注意排水,适度剪草,避免频繁表面覆沙等措施都可减轻病害。抗菌素如土霉素、链霉素等对细菌性萎蔫有一定的防治效果。

六、检疫性病害 quarantine disease

(一)禾草腥黑穗病 Grass bunt

禾草腥黑穗病是由 *Ustllago bullata* 引起的一种真菌性病害,可以侵染多种野生与栽培的雀麦属(*Bromus* spp.)、羊茅属(*Festuca* spp.)及早熟禾(*Poa* spp.),早熟埃若禾(*Aira* praecox)等。

羊茅草罹病后植株矮化,花序、小花都变短,较易识别,黑色的病粒在颖片内很明显,并从内外稃间突出,不易脱落,而健康植株的种子成熟后很快掉落。区分罹病的雀麦草与健康植株最显著的特点是花序稍紧密,小穗变宽,病粒包裹在内外稃之中很饱满,而健康植株种子较细长。

(二)禾草全蚀病 Ophiobolus patch

该病以翦股颖受害最重,世界各地各种禾草均有发生,造成根系腐烂,植株矮小、瘦弱,干枯死亡。由 *Gaemannomydes graminis* (Sacc.) Arx & Oliv. var. *avenae* (E. M. Turner) Dennis 燕麦变种引起的禾草全蚀病,在我国尚未发现。

禾顶囊壳的燕麦变种主要侵染雀麦属(*Bromus* spp.)、冰草属(*Agropyron* spp.)、山羊草属(*Aegilops* spp.)、翦股颖属(*Agrostis* spp.)等。禾谷变种主要侵染稻属、狼尾草属(*Pennisetum* spp.)及其他禾本科草,且致病性弱。

全蚀病全年都可以发病,但以夏末至秋冬发病最重。在单播翦股颖草坪上,出现圆形或环状的枯草斑。秃斑可能扩大到 1 m^2 或更大(有时可能短暂停止扩展),中心往往易被早熟禾属和羊茅属侵入,也会被阔叶杂草侵入。在混播草坪上,翦股颖变成黄褐色至褐色,稀薄,最终早熟禾和羊茅属成为优势种。病株根、根状茎、匍匐茎和根茎腐烂,变成深褐色至黑色,甚至死亡。病株根茎和茎基部1或2节叶鞘内侧和茎秆表面,通常在平行于根轴方向上产生黑色、成束的菌丝层。秋季还可以在植株的冠部和茎基看到黑色点状突起的子囊壳。干旱条件下,茎基部叶鞘内侧不形成子囊壳,也不形成黑色菌丝层,仅根部表现不同程度的变色。

(三)翦股颖粒线虫 Bent-grass nematode

翦股颖粒线虫是由 *Anguina agrostis* (Steinbuch, 1799; Filipjev 1936)引起的。主要危害植物的花序,致使产量下降,作饲料用时对牛、羊、马等有毒害。可侵染各种翦股颖草及其他禾本科草,如野牛草、羊茅、紫羊茅、黑麦草等。

受侵染的寄主植物在幼苗阶段并不表现明显的症状,只在花穗期显示出典型的病变。病变症状主要表现为被寄生的小花的颖片、外稃和内稃显著增长,分别达正常长度的 2~3 倍、5~8 倍和 4 倍,其内的子房转变成雪前状的虫瘿。虫瘿开始形成时绿色,后期呈紫褐色,长 4~5 mm,而正常颖果的长度仅 1 mm 左右。

第三节 冷季型草坪草常见病害

一、草地早熟禾属(*Poa* L.)

(一)草地早熟禾

褐斑病、德氏霉叶枯病(溶失病)、坏死环斑、夏季斑和条黑粉病是草地早熟禾(*P. pratensis* L.)上发生的主要病害,次要病害有白粉病、锈病和仙环病。

针对主要病害目前都有一个或几个、单抗一种病害或兼抗多种病害的、具有较好抗性的品种。针对次要病害可分别采取如下措施控制,白粉病可通过种植抗病品种和使环境通风透光来避免;锈病可通过增施氮肥和适当增加修剪次数控制;仙环病(蘑菇圈)只要采取清除被仙环病污染的土壤即可避免。

(二)一年生早熟禾

一年生早熟禾(*P. annua* L.)易感币斑病、褐斑病、腐霉枯萎病、叶斑病、夏季斑、炭疽病、红丝病、核瑚菌疫病和镰刀菌斑病。对于这些重要病害,若不防治,将会破坏草坪。其中2种病害(即炭疽病和夏季斑)应特别重视,因为这2种病害在高温季节常常毁掉一年生早熟禾草坪(图9-1)。另外,包括币斑病、褐斑病、腐霉枯萎病等病害,都必须加以防治,才能保证一年生早熟禾草坪的生长。一年生早熟禾对溶失病、条黑粉病、白粉病和秆锈病具有较好的抗性。

图9-1 夏季草地早熟禾草坪褐斑病发生的情况

二、羊茅属(*Festuca* L.)

(一)高羊茅

一般认为,高羊茅(*Festuca arundinacea* Schreb.)对褐斑病、镰刀枯萎病、网斑病、叶斑病、冠锈病都易感染,尤其褐斑病是危害高羊茅最严重的病害。这也正是限制高羊茅广泛使用的主要因素,特别是在庭院草坪上。利用带有内生真菌的高羊茅品种,可以显著提高对由丝核菌引起的褐斑病的抗病性。

(二)细叶羊茅

除细羊茅外,还包括紫羊茅(指细叶和宽叶 2 种匍匐紫羊茅)、硬羊茅和邱氏羊茅。

病害一直是细叶羊茅作为草坪草大面积使用的限制因素。叶斑病是细叶羊茅的重要病害,但一些新品种也易感币斑病、炭疽病、红丝病、镰刀菌斑和锈病等病害。

(三)草地羊茅

草地羊茅(*F. elatior* L.)特别易感网斑、褐斑病和冠锈病,据报道也感腐霉枯萎病、镰刀枯萎和条黑粉病。

三、黑麦草属(*Lolium* L.)

多年生黑麦草(*Lolium perenne* L.)是所有可用草坪草中最易感染腐霉枯萎病、褐斑病、红丝病和冠锈病的草种。其次是镰刀枯萎、褐疫病、条黑粉病、核瑚菌疫病。生产上可选用带有内生真菌的品种,提高它们的抗病虫性。同时在夏季高温潮湿季节,必须用杀菌剂来控制多年生黑麦草上发生的病害。

一年生黑麦草(*Lolium multiflorum* L.)病害发生情况与多年生黑麦草相同。

四、翦股颖属(*Agrostis* L.)

翦股颖对全蚀病、黄化病、粉红斑病、币斑病、褐斑病、长蠕孢属病害、腐霉枯萎病、核瑚菌疫病和镰刀枯萎病感病,但不同翦股颖种和品种间感病程度有差异。

第四节　暖季型草坪草常见病害

结缕草(*Zoysia* willd.)易感币斑病、褐斑病、锈病和原属长蠕孢菌所致的叶枯、根腐病。其中褐斑病是一种危害严重的病害,尤其是在高尔夫球场,必须用杀菌剂防治。

假俭草[*Eremochloa ophiuroides* (Munro) Hack.]草坪上褐斑病、币斑病、衰退病和线虫等危害严重。

野牛草(*Buchloe* Engelm)据北京地区调查发现,野牛草很少发生病害,偶尔有少量叶斑病发生,一般不会造成危害。

狗牙根(*Cynodon* Rich)易患春季死斑病、褐斑病、币斑病、腐霉枯萎病、锈病镰刀枯萎病和原属长蠕孢菌引起的叶枯病。春季死斑病是狗牙根最重要的病害。冬季越寒冷,春季死斑病越严重。使用杀菌剂、充足的水肥促使植株健壮生长等措施都可有效地控制病害。

钝叶草(*Stenotaphrum* Trin)易感褐斑病(尤其在阴凉处)及灰色叶斑病、霜霉病、币斑病和钝叶草衰退病毒病。

其他病害　在温暖气候区,害虫和线虫问题比寒冷地区严重得多。

习　题

9.1　什么是草坪病害?草坪病害发生的原因有哪些?

9.2　草坪病害的发生受哪些因素的影响?

9.3　草坪病害的综合防治技术包括哪些内容?

9.4　主要草坪病害的种类、特点及其防治方法是什么?

9.5　至少列举5种冷季型和暖季型草坪草的常见病害并阐述其发病症状。

第十章　草坪害虫及其他有害动物的防治

【教学目标】

1. 掌握草坪害虫危害草坪的方式以及如何诊断昆虫对草坪的伤害。
2. 了解影响草坪害虫发生的环境因素。
3. 熟悉严重危害草坪的主要昆虫及其生活史。
4. 掌握草坪虫害防治的原理及综合防治技术。
5. 了解草坪的其他有害动物及防治方法。

第一节 草坪害虫概述

一、草坪害虫与分类

昆虫属于节肢动物门昆虫纲。主要特征是:体躯分为头、胸、腹3个体段;头部有口器、触角、复眼及单眼;胸部有3对足,一般还有2对翅;腹部包含大部分脏器,末端有外生殖器等(图10-1)。如蝗虫、甲虫、蝶、蛾、蝇和蜂等。昆虫是动物界中最大的一个纲,有100万种以上。它们种类多、分布广、适应性强,繁殖力大,是地球上最繁荣昌盛的生物类群。

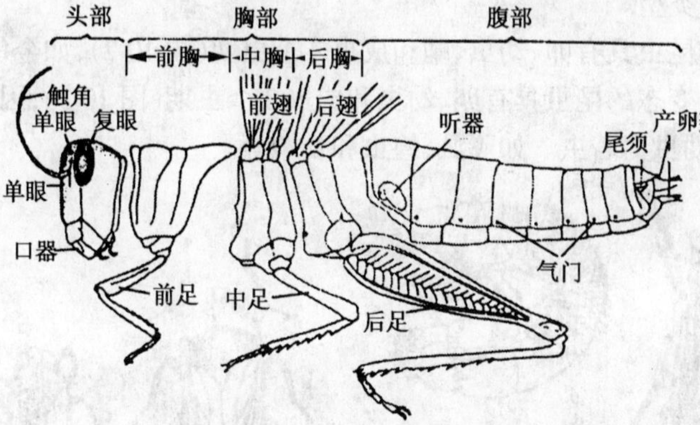

图10-1 蝗虫体躯侧面图

根据人类经济利益的需要,可把昆虫分为益虫与害虫。危害农业、林业、草业植物、家畜的昆虫,以及危害人类健康的昆虫等都是害虫,而蜜蜂等传粉昆虫及一些捕食与寄生性的昆虫则是益虫。按生物的分类方法可把昆虫纲分为33或34个目,草坪害虫主要分属于鞘翅目、鳞翅目、同翅目、半翅目、直翅目、双翅目和缨翅目,以及蛛形纲的蜱螨目等。

在实际中,为了方便又可以按害虫的取食方式,分为咀嚼式(如蝗虫)和刺吸式(如蚜虫)口器害虫;按害虫危害时的栖息场所可分为地下害虫(如蛴螬)与地上害虫(如叶蝉);按植物受害部位可分为根部害虫(如金针虫)、叶部害虫(如黏虫)及茎部害虫(如麦秆蝇)等。

二、草坪害虫的生物学

(一)昆虫生长发育的特点

昆虫体躯表面有一层较坚韧的甲壳(称为外骨骼),它有很好的保护作用,但限制了昆虫体躯的增长。因此,昆虫在生长发育过程中有脱皮的现象。在旧表皮脱去后,新表皮还未硬化之前,有一个急速生长的过程,此后又逐渐减慢,至下次脱皮前几乎停止生长。所以昆虫的生长是不均衡的,呈周期性。

昆虫从卵中孵化出来时称1龄幼虫,脱第1次皮后称2龄幼虫,即脱1次皮,虫体就增加1龄。两次相邻脱皮之间的时期称为龄期。幼虫从幼期状态改变为成虫状态的现象称为变态。昆虫变态的类型多种多样,但主要有全变态和不全变态2种类型。

全变态的昆虫具有卵、幼虫、蛹和成虫4个虫期(图10-2),如金龟子、蛾类和蝇类等。不全变态的昆虫具有卵、幼虫和成虫3个虫期(图10-3),因为幼虫与成虫相似,又称幼虫为若虫。如飞虱、蝗虫和盲蝽等。

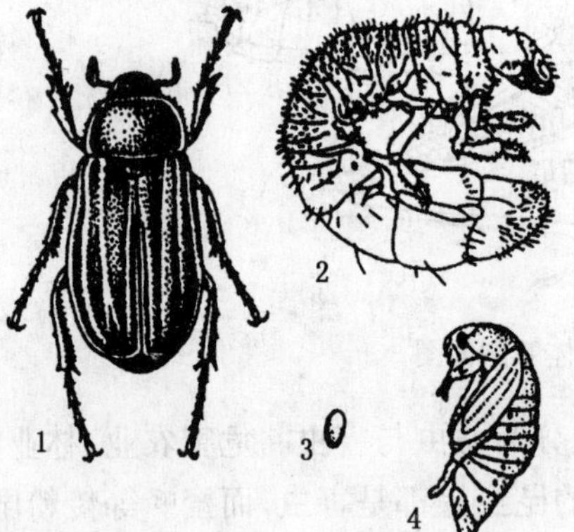

图10-2 华北大黑鳃金龟的全变态

1.成虫 2.幼虫 3.卵 4.蛹

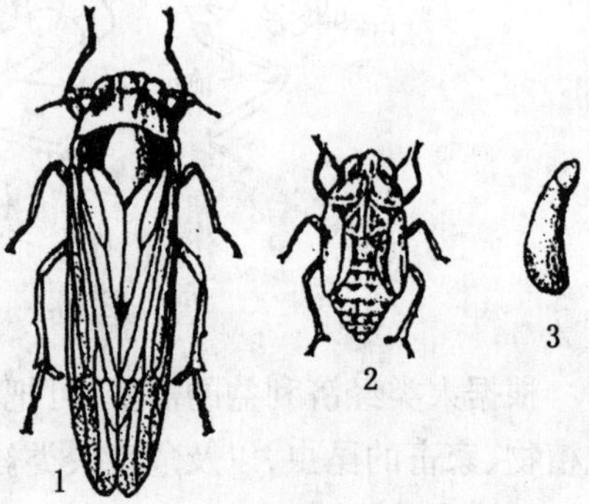

图10-3 灰飞虱的不全变态

1.成虫 2.若虫 3.卵

(二)昆虫的世代与生活史

昆虫1个新个体从离开母体发育到性成熟并产生后代为止的个体发育史称为1个世代。一种昆虫在1年内的发育史称生活年史(简称生活史)。

各种昆虫完成1个世代所需的时间不同,在1年内完成的世代数也就不同。

如大地老虎1年只发生1代,黏虫1年可发生多代,蚜虫类1年可发生10余代或20~30代,而一些金龟子和华北蝼蛄要2~3年才完成1个世代。

(三)害虫的危害方式与危害症状

害虫主要是通过取食和产卵行为对植物产生危害,部分害虫产生的分泌物也可造成一定的危害。咀嚼式口器(如蝗虫)是由上唇、上颚、下颚、下唇和舌5部分组成,上颚与下颚的一部分高度骨化、坚韧,可以切断和磨碎食物。具这类口器的害虫能将草坪草的茎叶等组织吃掉,使草坪草的叶片、茎秆出现缺刻、孔洞,甚至被切断,使根部切断或呈撕裂等状况。具刺吸式口器的害虫是将口针刺入草坪草体内,吸食体液,使植物的茎叶产生褪绿的斑点、条斑、扭曲、虫瘿,甚至传播病毒病而使植株畸形、矮化等。叶蝉和飞虱等害虫在草坪草茎叶上产卵时,造成伤口,严重时可引起植株枯萎和死亡。蚜虫和介壳虫等产生的分泌物污染草坪茎叶,影响光合作用,甚至引发霉污病等而伤害植物。

三、影响害虫发生的环境因素

影响害虫发生的环境因素主要是气候、生物和土壤等方面。

(一)气候因素

气候因素包括温度、湿度、光照和风等。

温度 昆虫是变温动物,体温随环境温度的变化而变化。昆虫新陈代谢的速率在很大程度上受环境温度所支配。温度对昆虫的生长发育、成活、繁殖、分布、活动及寿命等许多方面都有重要的影响。一种昆虫完成一定的发育阶段(1个虫期或1个世代)所需的总热量是一个常数。所以,在一定的温区范围内,温度越高,昆虫发育的速率越快,即昆虫的发育速率与温度成正比,与发育所需的时间成反比。如一些1年发生多代的昆虫,夏季完成1代所需的时间比春秋季节的要短。在不适宜的温区范围内昆虫的生长发育缓慢、活动失常、产卵量降低、死亡率增加。在极端低温或极端高温条件下可以引起昆虫死亡。

湿度 湿度的实质是一个水分问题,它对昆虫的影响也是多方面的,可加速或延缓昆虫的生长发育,影响其繁殖与活动等。

在自然界中,温度与湿度总是同时存在的,在谈论温度或湿度对昆虫影响时,都要以另一方为条件,所以二者是互相影响、综合作用于昆虫的。

光照 光主要影响昆虫的行为。光照与黑暗的交替变化,在1个昼夜的节律中,昆虫有白天活动的(如蝶类、蜂类)、夜间活动的(如蛾类)以及黄昏和黎明活动的(如蚊子)类群。光的这种昼夜交替在1年中的变化节律对昆虫的年生活史、迁移等都有重要的影响。一些昆虫对一定波长的光有趋向性,可以利用这种习性用灯光诱杀害虫。

风　风可影响昆虫的迁移、扩散活动。如我国的黏虫可以随季风的活动,春季从南向北、秋季从北向南迁飞,草地螟和斜纹夜蛾等具迁飞性的害虫也受风的影响。

(二)生物因素

生物因素主要包括食物与天敌两大类。

食物　昆虫对寄主植物是有选择性的,不同种类的昆虫,其取食范围的大小有所不同,可以是几种、十几种,甚至上百种,但最喜食的植物种类却不多。吃最喜食植物时,昆虫发育速度快、死亡率低、繁殖力强。但植物并不都是被动的,在长期演化过程中,产生了多方面的抗虫特性,如生化、形态和物候期抗虫特性等。

天敌　天敌包括病原微生物、食虫昆虫和食虫鸟类等其他动物。

病原微生物包括病毒、细菌、真菌线虫和原生动物等。目前已有许多微生物制剂被广泛应用于害虫防治之中。食虫昆虫的种类也很多,如捕食性瓢虫、草蛉和寄生性赤眼蜂等都可规模生产,广泛用来防治害虫。

蜘蛛、食虫鸟类和一些家禽都是捕食害虫的能手。

(三)土壤环境

土壤是昆虫重要的生活环境,许多昆虫终生生活其中,大量地上生活的昆虫也有个别虫期生存在土壤中,如黏虫和斜纹夜蛾等许多蛾类的蛹期。土壤对昆虫的影响主要在它的物理和化学特性两个方面。土壤中温湿度的变化、通风状况、水分及有机质含量等不同,对昆虫的适生性影响各异,如蛴螬喜欢较粘重、有机质多的土壤,蝼蛄则喜欢砂质的疏松土壤。有些昆虫对土壤的酸碱度及含盐量有一定的选择性。

四、草坪害虫的防治原理与方法

(一)防治原理

防治害虫的根本目的是调控害虫的种群数量,将其种群数量控制在经济允许的受害水平(即防治指标)以下。主要途径是杜绝和减少外来虫源,创造不利于害虫发生而有利于草坪生长的条件,在害虫大发生时能及时采取有效措施控制其危害。因此,要贯彻“预防为主,综合防治”的方针,运用多种防治措施。

(二)防治指标与预测预报

害虫是否达到防治指标是由经济利益决定的,如果采取防治措施后所挽回的经济损失等于或小于防治费用时,就不必防治,只有防治收益大于防治费用时才应该防治。因此,防治指标应该是一个动态指标。在草坪业和园林植物上,实际上应该看其是否影响了观赏或绿化功能,是观赏指标。但防治指标受观赏指标的影响,高标准高尔夫球场和运动场上的草坪害虫与一般公路护坡草坪的害虫防治指标应该是不一样的。

要做好草坪害虫的防治工作,必须适时对害虫的发生危害情况进行监测,及时、准确地掌握主要害虫的发生数量、发育进程和需要防治的面积,从而采取有效措施将害虫杀灭在大量危害以前。因此,做好害虫的预测预报是开展科学治虫的重要前提。

(三)防治方法和途径

害虫的主要防治方法有以下几类:

(1)检疫控制。植物检疫法是根据政府制定与颁布的法规,由检疫部门对国外或国内地区间引进或输出的种子、苗木进行检疫,防止危险性病、虫、杂草种子输入。

(2)栽培防治。栽培措施防治方法是在全面认识和掌握害虫、草坪植物与环境条件三者之间相互关系的基础上,运用各种栽培管理措施,压低害虫种群数量,增强草坪的抗虫抗逆能力,创造有利于草坪草生长发育而不利于害虫发生的环境条件。栽培防治法大都能与常规的草坪管理措施结合,因而简便、易行、经济、安全,但有时速度较慢。

(3)生物防治。生物防治是应用有益生物及其产物防治害虫的方法。如保护和释放天敌昆虫,利用昆虫激素和性信息素,利用病原微生物及其产物防治害虫,以及用植物杀虫物质防治害虫等。生物防治的优点是不污染环境,对人、畜安全,能收到较长期的防治效果。但也有明显的局限性,目前用于防治草坪害虫的实例不多。国内正在开展用“生物农药”防治害虫的工作,已取得显著效果。

(4)化学防治。化学防治是用化学药剂防治害虫的方法。化学防治具有高效、快速、经济和使用方便等优点,是目前防治害虫的主要方法。在害虫大发生的紧急时刻,甚至是惟一有效的杀灭措施。但其突出的缺点是容易杀伤天敌、污染环境、使害虫产生抗药性和引起人、畜中毒等。因此,要尽量限制和减少化学农药的用量及使用范围。草坪常见害虫的药剂防治方法见附表8。

五、科学合理用药

科学合理用药可以起到简便、安全、有效、经济的作用。因此,必须注意以下几点。

(一)对症下药

各种药剂都有一定的毒力作用和防治对象。如地下害虫种类多且以咀嚼式口器害虫为主时,药剂选择应以胃毒、触杀为主,杀虫谱广,在土壤中最能发挥药效的品种,如辛硫磷等。

(二)适时用药

适时用药是防治成败的关键。一般情况下,在害虫低龄期用药,可达到高效、省药的目的。如灭幼脲类药剂在害虫低龄期时施用效果较好,而高龄期应用效果差。对夜出昼伏习性的害虫,傍晚施药比早上施药效果好。

(三)准确掌握用药浓度和用量

用药浓度和用量根据防治对象的种类、虫态和龄期与草坪种类生育期及管理状况而定。如浇灌防治地下害虫应比地面喷雾用药浓度大些;在草坪苗期,或修剪后较修剪前的用量要小。

(四)恰当的施药方法

在水源充足的平地,可用大容量喷雾法。而山坡缺水的旱地,则用低容量或超低容量喷雾法或喷粉等。用撒毒土的方法进行土壤处理,更能达到简便、有效、经济的目的。

(五)科学混用农药

科学合理混用农药有扩大防治范围、增效、降低害虫抗性等优点。例如,杀虫剂与杀螨剂混用,化学农药与生物农药混用,化学杀虫剂间的混用等。

(六)交替用药,力求兼治

对同种害虫,尤其是1年发生多代的害虫,不能连续长期使用一种农药,否则会使害虫产生抗药性。因此,提倡不同药剂交替使用。飞虱、叶蝉等害虫往往混合发生,应考虑采用对 2 种害虫均有效的药剂。

物理机械防治法是利用害虫对光和化学物质的趋向性及温度等来防治害虫。如用黑光灯诱杀某些夜蛾和金龟子;用糖醋液诱杀地老虎和黏虫的成虫;用高温或低温杀灭种子携带的害虫等。在一定条件下,人工捕捉害虫也是一种有效的措施。如捡拾金龟子、蛴螬、地老虎、金针虫和蝼蛄等。

第二节 草坪常见害虫及其防治

一、根部与根茎部害虫

(一)蛴螬

蛴螬(Grub)是鞘翅目金龟甲总科(Scarabaeoidea)昆虫幼虫的通称。蛴螬的头部黄褐色,较坚硬;咀嚼式口器发达,主要取食禾草根部;身体乳白色,柔软,多皱褶和细毛;有 3 对发达的胸足;腹部无足并向腹面弯曲,使身体呈"C"形。成虫通称金龟甲(子),前翅硬化如刀鞘,触角鳃叶状,前足开掘式,卵椭圆形。蛹为离蛹(图 10-2)。是危害草坪最重要的地下害虫之一。

危害草坪的蛴螬种类很多,主要有华北大黑鳃金龟、棕色鳃金龟、毛黄鳃金龟、鲜黄鳃金龟、铜绿丽金龟、中华弧丽金龟和白星花金龟等。

华北大黑鳃金龟等体形较大的种类多为 2 年发生 1 代,体形较小的种类则 1 年发生 1 代。2 年发生 1 代者以成虫或幼虫在深层土壤中越冬,1 年 1 代者以高龄幼虫在深层土壤中越冬。春季土温回升时,蛴螬向土表活动,逐渐达禾草根部取食危害。然后化蛹、羽化出成虫、产卵。初孵幼虫取食有机质,随着虫体增大,逐渐加大对草根的取食量。秋季随土温下降,蛴螬逐渐向土壤下层活动,直到越冬。因而,蛴螬对草坪草的危害,每年有春季与秋季两个危害高峰。夏季干旱可抑制蛴螬的发生。成虫不吃禾草,主要取食附近乔灌木的叶或花等。

蛴螬取食禾草的根部,在危害严重时,草坪植株萎枯、变为黄褐色,甚至死亡。被咬断根系的草皮很容易被掀起,可以像卷草皮卷一样把大片草皮卷起来,这时在草根及地面上能见到许多蛴螬。这种状况下的虫口密度可达 100 头/m^2 左右,甚至可以高达 160 头/m^2。

蛴螬在春季的 4、5 月份和秋季的 8、9 月份危害最明显,应适当提前进行调查。首先观察草坪草的生长有无异常,用手轻拨草茎,可初步判断是否受害,然后取点(每点 0.1 m^2)分层挖土,深达 20 cm 左右,仔细查找蛴螬的虫数,并鉴别其虫龄。调查5点以上,当平均虫口密度达到30~40头/m^{2}时,需立即进行药剂防治。对春季经过越冬饥饿的高龄幼虫,防治指标从严,秋季可适当从宽。其重要天敌有大斑土蜂和钩土蜂等。

防治蛴螬,目前仍以化学防治为主,辛硫磷是最佳药剂,用法见附表8。加强水肥管理,促进根系生长,可提高抗虫能力。结合栽草、补草工作进行人工捡拾也很有效。

(二)金针虫

金针虫(Wire worms)是鞘翅目叩头甲科(Elateridae)昆虫的幼虫。金针虫身体细长,圆柱形略扁;颜色多数为黄色或黄褐色;体壁光滑、坚韧,头和体末节坚硬;无上唇。成虫体狭长,末端尖削,略扁;多暗色;头紧镶在前胸上,前胸背板后侧角突出成锐刺,前胸与中胸间有能活动的关节,当捉住其腹部时,能作叩头状活动;金针虫很少大量发生到对草坪产生严重危害的程度。

主要种类有沟金针虫和细胸金针虫。沟金针虫(图10-4-2)全体金黄色,稍扁平,体背中央有1条细纵沟,末端分两叉。细胸金针虫全体淡黄色,细长,圆筒形,体末端圆锥形。

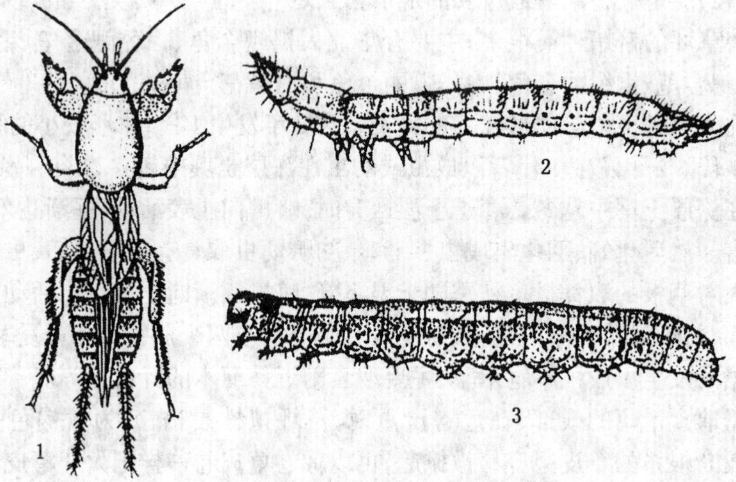

图10-4 根部、根茎部害虫

1.华北蝼蛄成虫 2.沟金针虫 3.小地老虎幼虫

沟金针虫3年完成1代,以幼虫或成虫在土壤深层越冬。春季当10 cm土温上升至9℃时,开始上升危害,一般4月份危害最盛,当10 cm土温高于19℃

时,即向下潜伏。秋季土温降至18℃时又返回表层危害。沟金针虫多分布于长江流域以北地区,喜在有机质较少的砂壤土中生活。细胸金针虫2~3年完成1代,以幼虫或成虫越冬。细胸金针虫分布于淮河流域以北地区。喜在灌溉条件较好、有机质较多的粘性土壤中生活。

2种金针虫均喜欢在土温11~19℃的环境中生活。因此,在4月份和9、10月份危害严重,咬食草的根部和分蘖节,也可钻入茎内危害,使植株枯萎,甚至死亡。

金针虫对草坪草的危害状况和危害时期与蛴螬相似,可与蛴螬同时进行调查。

金针虫的防治方法为:对沟金针虫发生较多的草坪应适时灌水,保持土壤湿润,抑制其发生。进行一次大水重灌,可迫使其向深层移动,给草坪幼苗争取一段生长壮大时间,以提高抗虫能力。对细胸金针虫发生较多的草坪,应适当保持干燥,以减轻危害。化学防治法可参考蛴螬的防治。

(三)地老虎

地老虎(Cutworms)是鳞翅目夜蛾科切根夜蛾亚科(Agrotinae)的害虫。我国危害草坪草的主要种类是小地老虎与黄地老虎。

小地老虎的成虫,体粗壮,长16~23 mm,全体暗褐色;前翅有几条深色横线;在内线与中线间有1环形斑,中线与外线间有1肾形斑;在肾形斑外侧有1三角形小黑斑,尖端向外,与其相邻的亚缘线处有2个相似的三角形黑斑,尖端向内,这3个黑斑组成的品字形,是识别本种的主要特征;后翅灰白色。老熟幼虫(图10-4-3)体长37~47 mm,圆筒形;头黄褐色,胸腹部黄褐色至黑褐色,体表粗糙;在腹部第1~8节的背面,各有4个深色毛片组成梯形,后2个比前2个大1倍以上;末节的臀板黄褐色,有2条深褐色纵带。

黄地老虎成虫体长14~19 mm,身体黄褐色;前翅上的横线不明显,而环形斑与肾形斑则很明显;后翅灰白色。老熟幼虫体长33~43 mm,体圆筒形,稍扁,黄褐色,体表多皱纹;腹部背面的4个毛片大小相似;臀板黄褐色,由中央的黄色纵纹分开呈2块大斑。

小地老虎属世界性的害虫,在我国各地广泛分布,1年发生多代,从东北的2至3代至华南的6至7代不等。黄地老虎多与小地老虎混合发生,1年发生多代,东北地区2至3代,华北地区3至4代。成虫昼伏夜出,有很强的趋光性与趋化性。幼虫一般有6龄,1~2龄幼虫一般栖息于土表或寄主植物的叶背和心叶中,昼夜活动,3龄以后白天入土约2 cm处潜伏,夜出活动。地老虎喜温暖潮湿的环境,一般以春秋两季危害较重。

地老虎以幼虫危害草坪植物。低龄幼虫将叶子咬成洞缺刻,高龄幼虫则在近地表处把茎部咬断,使整株枯死。大发生时,草坪呈现"斑秃",造成严重危害。重要天敌有中华广肩步甲和螟蛉绒茧蜂等。

防治地老虎,可用黑光灯及糖醋液诱杀成虫,这也是一种有效的测报措施。幼虫在3龄以前,食量很小,仅占总食量的3%,4龄以后食量猛增。因此,准确测报是适期防治的关键。化学防治法见附表8。如果高龄幼虫残存量大,人工拨开表土层捡拾也是有效的补救措施。

(四)蝼蛄

蝼蛄(Mole crickets)是直翅目蝼蛄科(Gryllota lpidae)昆虫。身体长圆筒形,触角短,前足粗壮,开掘式,端部扁阔有齿,适于掘土和切碎植物根部;前翅短,后翅长。危害草坪的主要有东方蝼蛄与华北蝼蛄(图10-4-1)。这2种蝼蛄的主要区别是后足胫节背面内侧刺的数目,东方蝼蛄是3或4根,华北蝼蛄是0或1根。

东方蝼蛄属世界性害虫,在我国也普遍发生,以南方危害严重。华北蝼蛄则以北方发生危害较重。蝼蛄为昼伏夜出型昆虫,以晚9~11时活动最盛。喜欢在温暖潮湿的壤土或砂壤土中生活。土壤温度对其活动影响很大,一年中有春季与秋季两个危害高峰期。

蝼蛄的成虫与若虫均产生危害,一种危害方式是咬食地下的种子、幼根和嫩茎,把茎秆咬断或撕成乱麻状,使植株枯萎死亡。另一种危害方式是在表土层穿行,打出纵横的隧道,使植物根系失水、干枯而死。

防治蝼蛄通常以药剂防治为主(参见附表8)。其他措施也不可忽视,如人工挖窝灭虫,顺蝼蛄打的新隧道铲去表土后,可发现其洞穴,然后向深处挖去可以找到蝼蛄;还可利用其对灯光和马粪等的趋性灭虫等。

二、叶部害虫

(一)黏虫

黏虫[Leucania aeparata (Walker)]是鳞翅目夜蛾科(Noctuidae)昆虫。成虫体长15~17 mm,体灰褐至暗褐色;前翅灰褐或黄褐色;环形斑与肾形斑均为黄色,在肾形斑下方有1个小白点,其两侧各有1个小黑点;后翅基部淡褐色并向端部逐渐加深。老熟幼虫(图10-5-1)体长约38 mm,圆筒形,体色多变,黄褐至黑褐色;头部淡黄褐色,有"八"字形黑褐色纹,胸腹部背面有5条白、灰、红、褐等色的纵纹。

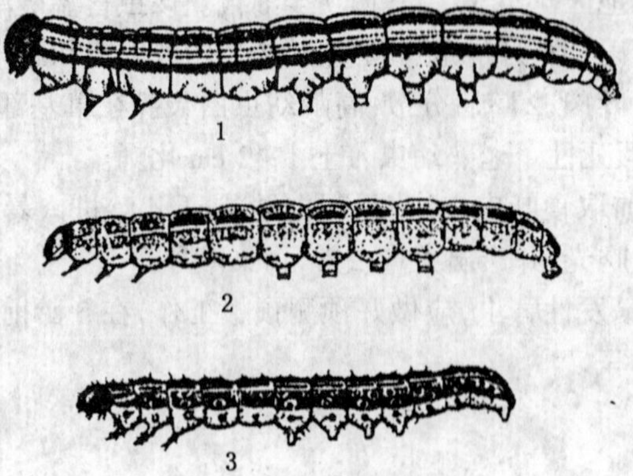

图 10-5　部分叶部害虫

1.黏虫幼虫　2.斜纹夜蛾幼虫　3.草地螟幼虫

黏虫是世界性大害虫,在国内广泛分布。1 年发生多代,从东北的 2 或 3 代至华南的 7 或 8 代,并有随季风进行长距离的南北迁飞习性。成虫有较强的趋化性和趋光性。幼虫共 6 龄,1~2 龄幼虫白天潜藏在植物心叶及叶鞘中,高龄幼虫白天潜伏于表土层或植物茎基处,夜间出来取食植物叶片等。有假死性,虫口密度很大时可群集迁移危害。黏虫喜欢较凉爽、潮湿、郁闭的环境,高温干旱时对其不利。

黏虫 1~2 龄幼虫只吃植物叶肉,呈现半透明的小斑点,3~4 龄时,把叶片咬成缺刻,5~6 龄的暴食期可把叶片吃光,虫口密度大时可把整块草地吃光。

黏虫属间歇性大发生的害虫,防治关键是要做好预测预报工作。目前仍以药剂防治为主,参见附表 8。有条件的地方,放鸡、鸭啄食,也可收到良好效果。黏虫的天敌有多种卵寄生蜂、茧蜂、姬蜂、步甲和蜘蛛等。

(二)斜纹夜蛾

斜纹夜蛾[*Prodenia litura* (Fabr.)]是鳞翅目夜蛾科(Noctuidae)昆虫。成虫体长 14~20 mm,全体灰褐色;前翅黄褐至淡黑褐色,多斑纹,由于前缘近中部至后缘外方有 3 条白色斜纹而得名;后翅白色,前后翅上常有紫红色闪光。老熟幼虫(图 10-5-2)体长 38~51 mm,头部褐色,胸腹部颜色变化大,为土黄、青黄、灰褐或暗绿色;背面有 5 条灰黄或橙黄色纵线,从中胸至第 9 腹节在亚背线内侧各有一半月形黑斑;第 1、第 8 腹节的最大,中后胸的黑斑外侧有黄白色小点;气门黑色。

斜纹夜蛾属世界性害虫，国内分布广泛，是一种多食性害虫。1 年发生多代，在东北和华北地区 4 至 5 代，华南 7 至 8 代。该虫喜温暖潮湿环境，7 - 10 月份有利于发生，而以 8、9 月份危害最重。成虫有趋化性和趋光性。初孵幼虫群集叶片背面，取食叶肉；2 龄后分散，高龄幼虫白天躲在草基部或土缝中，傍晚出来取食。幼虫有假死性。老熟幼虫入土 1 ~ 2 cm 化蛹。

幼虫 3 龄以前取食叶肉，叶片呈现白纱状斑，4 龄进入暴食期，将叶片咬出缺刻，甚至把叶片吃光，并产出大量虫粪，污染草坪。

斜纹夜蛾为暴发性害虫，应做好预测预报工作，在 3 龄前进行药剂防治，参见附表 8。

(三)草地螟

草地螟（Sod webworms）属鳞翅目螟蛾科（Pyralidae）。成虫体较细长，9 ~ 12 mm，全体灰褐色；前翅灰褐至暗褐色，中央稍近前缘有一个近似长方形的淡黄或淡褐色斑，翅外缘黄白色并有一串淡黄色小点组成的条纹；后翅黄褐或灰色，沿外缘有两条平行的黑色波状纹。老熟幼虫（图 10-5-3）体长 16 ~ 25 mm；头部黑色，有明显的白斑；前胸盾黑色，有三条黄色纵纹；胸腹部黄绿或灰绿色，有明显的暗色纵带间黄绿色波状纹；体上毛瘤显著，刚毛基部黑色，外围有 2 个同心黄色环。

草地螟在我国北方（北纬 34 ~ 54°N）普遍发生，一年发生 2 ~ 4 代。成虫昼伏夜出，趋光性很强，有群集远距离迁飞的习性。幼虫发生期在 6 - 9 月份。初孵幼虫集中于幼嫩叶片上结网潜藏（故称“网虫”），取食叶肉，3 龄以后食量大增，咬食叶片。幼虫活泼、性暴烈，稍被触动即可跳跃，高龄幼虫有群集迁移习性。幼虫最适发育温度为 25 ~ 30℃，高温多雨年份有利于发生。药剂防治见附表 8。

(四)蝗虫

蝗虫（Grasshoppers）属直翅目蝗科（Acridoidea）。危害草坪的种类很多，如中华蚱蜢（图 10-6-1）、短额负蝗、黄胫小车蝗、笨蝗、蒙古疣蝗、长翅稻蝗及东亚飞蝗等。基本形态特征是：成虫体粗壮，一般长圆筒形；具典型的咀嚼式口器；前胸背板发达，盖住中胸；前翅狭长、革质，后翅大，三角形、膜质；后足为跳跃足；产卵器为短锥状，适宜于在土中产卵；体色多样，草绿色或褐色等。若虫的形态和习性等与成虫相似，只是个体大小、翅及性器官发达程度有差别。

蝗虫一般 1 年发生 1 或 2 代，以卵块在土中越冬。冬季雨雪较多，土温较高，有利于蝗卵越冬。管理粗放的草坪，有利于蝗虫发生。

蝗虫的食性较广，喜食禾本科草坪植物，成虫与若虫(又称蝗蝻)均取食叶片和嫩茎，咬成缺刻，大发生时可把植物吃成光秆或全部吃光，是农、林、草业的一类大害虫。蝗虫的天敌很多，如鸟类、蛙类、螨类及病原微生物等。

防治方法：在虫量小时，用捕虫网人工捕捉有一定效果。发生量大时应药剂防治(附表8)，在低龄若虫期施药。近年来利用蝗虫微孢子虫制剂防治，已取得显著效果。

(五)盲蝽

盲蝽(*Trigonotylus ruficornis*)属半翅目盲蝽科(Miridae)，多为小型种类。危害草坪草的主要种类有赤须绿盲蝽(图10-6-2)，三点盲蝽、牧草盲蝽和小黑盲蝽等。这几种盲蝽的体长3～7 mm，绿色、褐色及褐黑色不等。主要形态特征为：体扁、多长椭圆形；头小，刺吸式口器，触角4节，无单眼；前胸背板常有一横沟，前翅基半部革质并分为4个小区，端半部膜质，在膜质区基部有1大1小2个翅室。若虫体较柔软、色浅，无发达的翅。

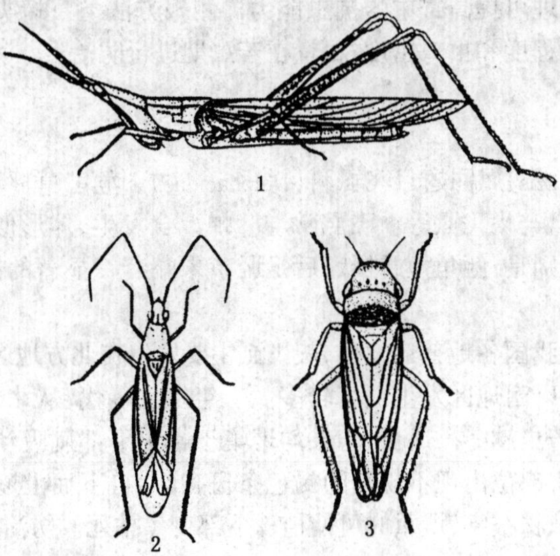

图10-6　几种茎、叶害虫

1.中华蚱蜢　2.赤须绿盲蝽　3.大青叶蝉

这几种盲蝽主要发生在北方，一年发生3～5代，在寄主草坪的茎、叶上或组织内产卵越冬，喜潮湿环境。成虫与若虫均以刺吸式口器危害，被害的茎、叶上出现褪绿斑点，严重受害的植株，叶片是灰白色或枯黄色。

一般的检查方法是查看草的被害状和用捕虫网扣捕活虫，根据被害状的明显程度及虫口数量确定是否防治。若虫期为最适防治时期。药剂防治方法见附表8。

（六）叶蝉

叶蝉（Leafhoppers）属同翅目叶蝉科（Cicadellidae）。危害草坪草的种类主要有大青叶蝉（图10-6-3）、条沙叶蝉、二点叶蝉、小绿叶蝉和黑尾叶蝉等。基本特征是：体小型，头大，刺吸式口器，触角刚毛状；前翅质地相同，后翅膜质、透明；后足胫节下方有2列刺状毛。性活泼，能跳跃与飞行，喜横走。若虫的形态与成虫相似，但体较柔软，色淡，无翅或只有翅芽，不太活泼。

叶蝉类昆虫1年发生多代，主要以卵和成虫越冬。成虫、若虫常聚集在植物叶背、叶鞘或茎秆上吸食汁液，使寄主生长发育不良，受害部位出现褪绿斑点，有的出现卷叶、畸形、甚至死亡。在叶背的主脉和叶鞘组织中产卵，卵成排地隐藏在表皮下面，外面有产卵器划破的伤痕。重要天敌有捻翅虫等。

加强水肥管理可提高寄主的抗虫能力。测报方法与盲蝽类的相似，根据植物被害状的明显程度和虫口密度，尽量在若虫期进行防治。

（七）飞虱

飞虱（Delphiacis）属同翅目飞虱科（Delphacidae）。危害草坪草的种类主要有白背飞虱、灰飞虱与褐飞虱等。飞虱常与叶蝉混合发生，体形似小蝉（图10-3）。与叶蝉的主要区别是：触角短，锥状；后足胫节末端有一显著的能活动的扁平大距，善跳跃等。

白背飞虱在我国各地普遍发生，灰飞虱主要发生在北方地区和四川盆地，褐飞虱以淮河流域以南地区发生危害较多。一年发生多代，从北向南代数逐渐增多，以卵或成虫若虫越冬。成虫、若虫均聚集于寄主下部刺吸汁液，产卵于茎及叶鞘组织中，被害部位出现不规则的褐色条斑，叶片自下而上逐渐变黄，植株萎缩，成丛成片的植株被害，严重时可使植株下部变黑枯死。防治方法可参见叶蝉的防治。

（八）蚜虫

蚜虫（Aphids）属同翅目蚜科（Aphididae）。危害草坪草的主要种类有麦长管蚜（图10-7-1，图10-7-2），麦二叉蚜与禾谷缢管蚜等。其主要特征是：体微小而柔软。触角长，通常6节，第6节又分为较粗的基部和尖细的鞭部，第3～6节上有感觉孔,这是分种的重要特征,每个种都有无翅与有翅的个体。翅2对,前翅大,后翅小,翅脉简单。腹部在第6节或第7节前面生有1对“腹管”,腹部末端有尾片。

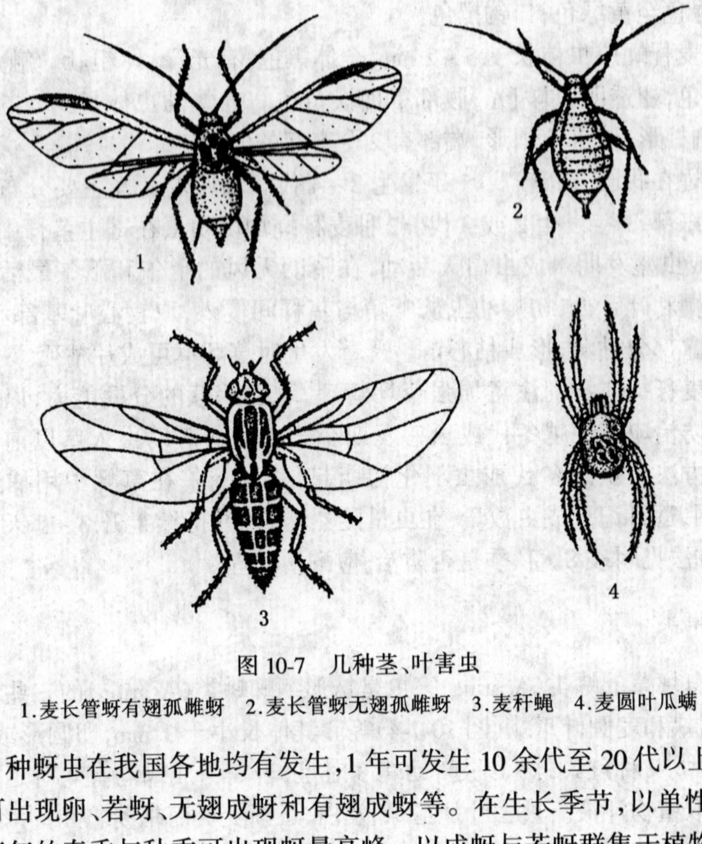

图10-7　几种茎、叶害虫

1.麦长管蚜有翅孤雌蚜　2.麦长管蚜无翅孤雌蚜　3.麦秆蝇　4.麦圆叶爪螨

这3种蚜虫在我国各地均有发生,1年可发生10余代至20代以上。在生活过程中可出现卵、若蚜、无翅成蚜和有翅成蚜等。在生长季节,以单性胎生进行繁殖。每年的春季与秋季可出现蚜量高峰。以成蚜与若蚜群集于植物叶片上刺吸危害,严重时导致生长停滞,植株发黄、枯萎。蚜虫排泄的蜜露会引发霉菌、污染植株,还可以招来蚂蚁等,进一步造成危害。

蚜虫的天敌有瓢虫、草蛉、食蚜蝇、蚜茧蜂、蚜小蜂等,应注意保护和利用。防治方法见附表8。

(九)秆蝇

秆蝇(Linn)属双翅目秆蝇科(Chloropidae)。危害草坪的主要有麦秆蝇(又叫黄麦秆蝇,绿麦秆蝇)和瑞典麦秆蝇(又叫黑麦秆蝇)。

麦秆蝇成虫(图10-7-3)体长3~4.5 mm,体黄绿色;复眼黑色,有青绿色光泽;胸部背面有3条纵线,中央1条直达末端,两侧的纵线各在后端分叉,越冬代成虫胸部背面的纵线为深褐色至黑色,其他各代的为土黄色至黄褐色;翅透明,翅脉黄色;各足黄绿色;腹部背面亦有纵线。老熟幼虫体长6~6.5 mm,蛆形、细长、淡黄绿色至黄绿色;口钩黑色。

瑞典麦秆蝇成虫体长1.5~2 mm,全体黑色,有光泽,体粗壮。触角黑色,前胸背板黑色,翅透明,具闪光;腹部下面淡黄色。老熟幼虫体长约4.5 mm,蛆形黄白色,圆柱形;体末节圆形,端部有2个突起的气门。

麦秆蝇在我国分布较广,1年发生2~4代。瑞典麦秆蝇主要分布在华北北部和西北东部,1年发生2或3代。2种麦秆蝇均以幼虫在寄主茎秆中越冬,5—6月份是成虫盛发期。成虫白天活动,在晴朗无风的上午和下午最活跃。成虫产卵于叶鞘和叶舌处,初孵幼虫从叶鞘与茎秆间侵入,取食心叶基部和生长点,使心叶外露部分枯黄,形成枯心苗。严重发生时草坪草可成片枯死。

防治麦秆蝇应特别注意加强草坪管理,增强禾草的分蘖能力,以提高抗虫力。药剂防治应抓住越冬代成虫盛发期至第1代初孵幼虫入茎以前的关键时期。测报方法是从越冬代成虫羽化初期起,每日上午在草坪中用捕虫网扫捕50~100网,逐日记录成虫数量,在虫量陡然增长,并持续上升3~5天后进行药剂防治,方法见附表8。秋季是否防治,应酌情处理。

(十)螨类

危害草坪草的螨类(Acarina)害虫是蛛形纲蜱螨类(Acarina)的一些植食性种类,如麦岩螨和麦圆叶爪螨(图10-7-4)等。其体长小于1 mm,卵圆形或近圆形,暗红褐色(故又称红蜘蛛),无翅,幼螨3对足,若螨与成螨均有4对足。以刺吸式口器吸取植物汁液。被害叶片褪绿、发白,逐渐变黄而枯萎。

主要发生危害时期在春季和秋季,白天活动,高峰期在上午和下午,中午前后因高温和日晒而下移至植株基部或土缝中。调查虫情时,可用捕虫网在其活动高峰期进行网捕。根据植株被害状的明显程度和虫量决定是否防治。药剂防治方法见附表8。

第三节　其他有害动物及其防治

一、软体动物

危害草坪的软体动物主要有蜗牛和蛞蝓。

蜗牛具有螺旋形贝壳,成贝的外螺壳呈扁球形,由多个螺层组成,壳质较硬,黄褐色或红褐色。头部发达,具2对触角,眼在后1对触角的顶端,口位于头部腹面,具触唇。足在身体腹面,庶面宽,适于爬行。卵球形。幼贝与成贝相似,惟体形较小。

蛞蝓不具贝壳,体长形,柔软,暗灰色,有的灰红色或黄白色。头部具2对触角,眼在后1对触角顶端,口在头前方,口腔内有1对角质的齿舌。卵椭圆形。幼体淡褐色,体形与成体相似。

蜗牛和蛞蝓在北京地区均1年发生1代,都喜潮湿阴暗的环境。危害草坪有2种方式,一是直接取食植物叶片、嫩茎和芽,初孵时只吃叶肉或吃成小孔,稍大后吃出缺刻和大的孔洞,严重时可将叶片吃光或把苗咬断,造成缺苗;另一种方式是在爬行过的地方留下黏液痕迹,污染草坪。此外,它们排出的粪便也可污染草坪。

防治方法有:①人工捕捉:在发生量小时,人工捡拾,集中杀灭。②施用氨水:用稀释成70~100倍的氨水,于夜间喷洒。③撒石灰粉:用量为75~112.5 kg/hm^2。④施药:用8%灭蜗灵颗粒剂或用蜗牛敌(10%多聚乙醛)颗粒剂15 kg/hm^2 杀蜗牛;用蜗牛敌加豆饼加饴糖(1:10:3)制成毒饵撒于草坪,杀蛞蝓。

二、蚯　蚓

蚯蚓属环节动物。身体圆筒形,细长,体长可达几十厘米,由许多环节组成。蚯蚓生活于草坪土壤中,取食土壤中的有机质、草坪枯叶、根等,夜间爬出地面,将粪便(主要是泥土)排泄在地面上,在草坪里形成许多凹凸不平的土堆,影响草坪美观。

蚯蚓喜生活在潮湿、低温、有机质多的土壤中,有疏松与肥沃土壤的作用。但在数量达到一定程度时会损伤草根,甚至引起草坪退化,破坏草坪景观。

防治蚯蚓可用14%的毒死蜱颗粒剂22.5 kg/hm^2 或用40.7%的毒死蜱乳油浇灌,用量2 L/hm^2,对水200 L。

三、鼠　类

鼠类是小型哺乳动物,如地鼠、鼹鼠、家鼠等,它们常在草坪中挖出大量洞穴,在地下打隧道、筑巢或寻找食物等,对草坪造成严重危害。

防治方法有:①毒饵:在1 m^2 草地上用50%可湿性毒死蜱4.5 g加水2 L并与18 g的糠或干饲料充分拌匀撒施。②用专门的诱捕器捕捉等。

习　题

10.1　简述草坪害虫的分类、危害方式和危害症状。

10.2　影响草坪害虫发生的环境条件有哪些?

10.3　怎样才能做到科学防治草坪害虫?

10.4　举例并说明至少4种食叶和食根茎昆虫的特征,并说明如何防治。

10.5　列举并说明3种大型草坪有害动物,怎样防治?

第十一章　草坪杂草与防治

【教学目标】

1. 了解草坪杂草的概念、危害及防除的必要性。
2. 熟悉综合防除杂草的一般原理。
3. 掌握主要草坪杂草的生物学特征和防除方法。
4. 了解不同类型除草剂的特性。
5. 掌握草坪除草剂药效的试验方法。

第一节 草坪杂草概述

一、草坪杂草及其危害

(一)杂草的概念及危害

凡是生长在人工种植的土地上,除目的栽培植物以外的植物都是杂草(Weed),即长错了地方的植物。草坪杂草是草坪上除栽培的草坪植物以外的其他植物。

杂草作为农田生态的一部分,在长期自然选择的过程中,形成了对环境条件的广泛适应性,对人类的各项防除措施也不断产生抗性,从而形成强有力的竞争力,影响目的植物的生长。在一般情况下,杂草较草坪草具有更强的生长、竞争能力。杂草发生时,会妨碍草坪草的正常生长,削弱草坪草的竞争能力,使草坪的覆盖度下降,降低草坪质量甚至导致草坪退化。草坪杂草的危害有以下4个方面:

1. 与草坪草争夺光、水、肥

阳光是植物进行光合作用的源泉。杂草的蔓延,遮蔽草坪草,直接妨碍其生长。在低温季节,杂草遮蔽会减低土温,延缓草坪草的生命活动。杂草为了自身的生存繁衍从土壤中吸收大量养分,其庞大的根系吸收水、肥的能力较强,使草坪草得不到足够的养分而生长不利。在干旱和半干旱地区,水分供给条件较差,尤其在旱季,杂草的生长消耗大量的土壤水分,使草坪草的生长受到抑制。

2. 侵占生长空间

生长茂盛的杂草,其地上部分遮挡光线,影响草坪草的光合作用;杂草庞大的地下根系,不仅占据了地下空间,而且有些杂草具有化学他感作用,能分泌抑制其他植物生长的物质。杂草的存在导致了同一时间、空间内与草坪草之间的生存竞争及生态位占领的冲突。

3. 滋生病虫

许多杂草是病虫害的越冬寄主或中间寄主,如狗牙根是赤霉菌和锈菌的寄生以及蚜虫的越冬寄主;看麦娘、早熟禾是叶蝉、飞虱的越冬寄主。小旋花是地老虎和盲蝽的寄主。在上海,地老虎一年能发生5代,成蛾在小旋花、小蓟、藜、猪毛草等杂草的近地叶背或嫩叶上产卵,孵化后取食,3龄后进入土层危害草坪。杂草所带的病菌往往是草坪病害的初侵染源。

4. 影响草坪的观赏价值

建植草坪的目的之一是营造一个整洁的环境,供人们游憩和观赏。如草坪上杂草丛生，植株高低不齐，会严重影响草坪的观赏价值。

（二）草坪杂草防除的必要性

杂草有极强的繁殖能力，一株杂草能产生成百上千的种子。而且，杂草具有极强的竞争力和广泛的生态适应性。一旦在草坪中有立足之地便能迅速生长形成优势群落，抑制草坪的生长，引起草坪退化，增加草坪的管理用工及成本（图11-1）。许多杂草，特别是阔叶草，其外观与草坪差异极大，破坏了草坪的均一性，降低草坪的观赏价值。因此，杂草防除是草坪建植中的必要措施，也是高质量草坪管理的重要环节。

图 11-1　新建草坪的杂草控制是对建植者的一个考验

二、草坪杂草的分类

了解杂草分类方法，对杂草有效防除是十分必要的。杂草在长期适应环境条件过程中，形成了自身特有的适应性和生存方式。除了按植物分类学把杂草分成不同的科、属、种类外，还可按如下方式对杂草进行分类。

1. 按生存环境分类

按生存环境，杂草可分为水生型、湿生型与旱生型。草坪杂草以旱生型为主，伴有少量的喜湿杂草，如双穗雀稗、空心莲子草等。

2. 按生育期分类

按生育期的长短，杂草可分为一年生、二年生和多年生杂草。

一年生杂草在一个生长季节内完成其生活史，即从种子发芽到成熟结实在一年内完成。在一年生杂草中，有些杂草是在冬天出苗，翌年的春天开花结实，如荠菜、看麦娘。这些杂草叫做越年生杂草。

二年生杂草需要2个生长周期才能完成其生长发育。其种子在春季萌发，第一年仅发育营养器官，并在根内积累贮存大量的营养物质，秋季地上部分干枯，翌年春季从根茎长出植株，开花、结实后全株死亡。这类杂草极少，在草坪上不易造成危害。

多年生杂草，生长期较长，能存活多年，既可以种子繁殖又能以根茎等营养器官繁殖，通常以营养器官休眠越冬。因其不同的营养繁殖方式又分为匍匐根状茎类，如狗牙根；地下根茎类，如芦苇、田蓟、苣荬菜等。多年生杂草耐药性比一年生杂草要强，防治难度大。

3. 按植物的形态和对除草剂的敏感性分类

在杂草学中，按植物的形态将杂草为三类——阔叶草、禾草、莎草三类。这三类杂草对除草剂的敏感性不同。有些除草剂只对禾草有效，有些除草剂则只对阔叶草有效。

阔叶草：包括双子叶的杂草和部分单子叶杂草。主要形态特征为叶片宽大，有柄；茎常为实心。如反枝苋、苘麻、马齿苋、荠菜。

禾草：属于禾本科植物。主要形态特征为叶片狭长，叶脉平行，无叶柄；茎圆形或扁形，分节，节间中空。如马唐(图11-2)、稗草、牛筋草、狗尾草。

图11-2 马唐是草坪中常见的一年生单子叶杂草

莎草：属于莎草科植物，其叶片形态与禾草相似，但叶片表层有蜡质层，较光滑；茎三棱形，不分节；茎为实心。如香附子、异型莎草。

三、杂草的一般生物学特性

杂草多具有远源亲和性和自交亲和性，有利于杂草种群产生变异和生命力更强的变种。杂草可塑性强，在不同的环境条件下，其植株个体的大小、生长量、繁殖量、生长周期差异极大，从而具有极强的生态适应性和抗逆性。杂草传播途径、繁殖方式多样，种子寿命长，出苗持续不一。很多杂草具有 C_4 光合途径，生长发育迅速，竞争能力强。表 11-1 列举了几种常见杂草的种子繁殖量和光合途径。

表 11-1　常见杂草种子量及光合途径

中文名	英文名	种子量/(粒·株$^{-1}$)	光合途径
早熟禾	Annual bluegrass	2 000	C_3
稗　草	Barnyardgrass	600 ~ 7 000	C_4
繁　缕	Chickweed	200 ~ 20 000	C_3
皱叶酸模	Curlydock	3 000 ~ 40 000	C_3
蓼	Knotweed	6 500	C_3
反枝苋	Redroot pigweed	2 600 ~ 180 000	C_4
牛筋草	Goosegrass	50 000 ~ 135 000	C_4
藜	Lambsquaters	200 ~ 20 000	C_3

四、草坪杂草发生特点

春季发生型：主要是以种子萌发的杂草。在南方，2 – 3 月份开始萌发出苗；在北方，3 – 4 月份开始萌发出苗。灌溉条件好或早春有雨水，杂草发生较早而且危害较重。阔叶草和禾草均有发生。

夏季发生型：在温度升高并降透雨后开始萌发，7 – 8 月份达高峰期，8 – 9 月份开花结实后地上部分枯死。禾草和阔叶草发生量都很大。

秋季发生型：9 – 10 月份开始萌发生长，11 – 12 月份达高峰期，12 月份至翌年 2 月份开花结实后植株枯死。以阔叶草为主。

冬季发生型：11 – 12 月份开始萌发生长，以幼苗越冬，翌春或夏季种子成熟后地上部分枯死，主要发生于管理差的退化草坪。以阔叶草为主。

第二节　主要草坪杂草种类及生物学特性

一、禾　草　类

在草坪上发生危害的一年生禾草主要种类有马唐、稗草、牛筋草、野燕麦、雀麦、狗尾草、画眉草、一年生早熟禾等；多年生禾草有白茅、双穗雀稗、狗牙根、狼尾草、鼠尾粟、铺地黍等。

（一）稗草（*Echionchloa crus-galli*）

一年生禾草，有多个变种。广布型世界恶性杂草。秆直立，叶片条形，中脉白色，无叶舌。圆锥花序直立或下垂；小穗排列于穗轴分枝的一侧，绿色或带紫色。果实为颖果，白色或棕色，椭圆形，坚硬。种子繁殖。发芽温度为10～35℃，20～30℃最适宜。

（二）马唐（*Digitaria sanguinalis*）

为夏季一年生禾草，是危害严重的草坪杂草。秆基部开展或斜升，高30～100 cm，叶鞘短于节间，鞘口或下部疏生柔毛；叶舌钝圆，叶片条状披针形，疏生柔毛或无毛。总状花序3～10枚，指状排列于穗顶。种子繁殖，20～30℃为最适发芽温度。在春末夏初温暖、湿润、光照充足的条件下种子萌发。世界性广布性杂草，是炭疽病、黑粉病的寄主。

草坪上的马唐属杂草还有升马唐（*D. adscendens*）、毛马唐（*D. sanguinalis* var）和止血马唐（*D. ischaemum*）。

（三）牛筋草（*Eleusine indica*）

夏季一年生禾草，又名蟋蟀草。为广布型世界恶性杂草，是危害严重的草坪杂草。秆扁，自基部分枝，斜伸或偃卧，质地坚硬。叶片条形，叶鞘压扁，鞘口有毛；叶舌短。穗状花序2～7枚，指状排列于秆顶。果实为囊果，种子被膜质果皮包裹，易分离。种子卵形，黑棕色，具明显的波状皱纹。种子繁殖，发芽土壤含水量10%～40%，温度20～40℃，要求变温，恒温下几乎不发芽，需光，3 cm以下土层的种子不能发芽。种子经冬季休眠后发芽。

（四）早熟禾（*Poa annua*）

又称一年生早熟禾，为越年生或一年生禾草。一年生早熟禾是危害严重的草坪杂草之一。特别在低修剪时，如高尔夫球场果领，一年生早熟禾是难防除的杂草。在荫湿条件及黏性较大的土壤中均能生长良好成为优势种。其生活习性以匍匐分枝的不同而异。种子几乎能在任何季节萌发，但以3月下旬至4月萌发的较多。

(五)狗牙根(*Cynodon dactylon*)

夏季生长型的多年生禾草。狗牙根本身是一种草坪草。当它生长于不希望其存在的草坪中时成为一种严重的草坪杂草。具有根状茎和匍匐茎,节间长短不一。秆平卧部分较长,于节上生根及分枝;直立部分高 10~30 cm,叶舌小,具小纤毛;叶条形。穗状花序 3~6 枚,指状排列于穗顶。果实为颖果,矩圆形,浅棕色或褐色。以种子和匍匐茎繁殖。为广布型世界恶性杂草。

二、阔叶草类

草坪上一年生阔叶草主要种类有猪秧秧、苋、藜、地肤、老鹳草、萹蓄、尼泊尔蓼、粟米草、龙葵、酢浆草、马齿苋、加拿大蓬、胜红蓟、辣子草、飞蓬、圆叶牵牛、打碗花、萎陵菜等;多年生杂草有飞扬草、石生繁缕、艾蒿、土荆芥、问荆、马蹄金等。

(一)反枝苋(*Amaranthus retroflexus*)

一年生禾草。茎直立。密生短柔毛。叶互生,有柄;叶片椭圆形,顶端微凹,并具小短芒,两面和边缘有柔毛。花簇多刺毛,多数穗状花序组成的圆锥花序顶生或腋生。反枝苋是晚春性杂草,5-6 月份为出苗盛期,7-8 月份开花,8-10 月份成熟结籽。

(二)马齿苋(*Portulaca oleracea*)

夏季一年生阔叶草,茎多分枝,平卧地面,绿色或紫红色,稍肉质。单叶对生,有时互生,长圆形或倒卵形,全缘,先端钝圆或微凹,基部宽楔形,肉质,光滑无毛;柄极短。花 3~8 朵,顶生茎顶,黄色。种子繁殖,发芽的最适温度 20~30℃,土层深度为 3 cm 以内。春季出苗,5-6 月份达发生高峰。根茎及断枝也有很强的繁殖能力。在湿润、肥沃的土壤环境下长势繁茂;在新植草坪发生较重。为世界性恶性杂草。

(三)藜(*Chenopodium album*)

一年生阔叶草。茎直立,有条纹。叶形变化较大,多数为卵形、菱形、三角形,边缘常带有波状齿。部分叶较窄,叶被生灰色粉粒。圆锥花序,种子繁殖,发芽温度 5~35℃,以 15~25℃为最适,土层深度为 4 cm 以内。3 月中旬开始出苗,4-5 月份为高峰期,为广布世界性杂草。

（四）萹蓄（*Polygonum aviculare*）

一年生阔叶草。茎平卧或斜升，自基部分枝。叶柄极短，叶片狭椭圆形或长披针形，基部楔形，全缘。托叶膜质。花序生于叶腋。种子繁殖，适宜的发芽温度为5～20℃，土层深度为5 cm以内，种子经冬季休眠后萌发。

（五）酢浆草（*Oxalis corniculata*）

多年生阔叶草。茎匍匐，茎节生根。三出复叶，小叶倒心形，先端微凹；花黄色，5瓣。喜温暖、湿润、肥沃的土壤。以根茎和种子繁殖。

三、莎草类

危害草坪的莎草主要有香附子、黄香附、碎米莎草、异性莎草等。

香附子（*Cperus rotundus*）

多年生莎草，直立草本。匍匐根茎细长，秆三棱形；叶基生，线形；聚伞形花序，着生于秆顶，有3～6出辐射枝，紫褐色散生。种子和块茎均可繁殖，以无性繁殖为主，地下根茎顶端膨大形成块茎；块茎繁殖力极强，块茎在春、夏、秋季均可萌发，种子于春季萌发，晚于块茎，发生高峰期在7－9月份，冬季地上部分枯死。

黄香附（*Cyperus esculentus*）的形态和香附子相似。区别在于花序为黄褐色。

第三节 草坪杂草的治理

一、草坪杂草治理原理

杂草的治理必须从生态学的角度，综合、协调采用不同措施，包括预防措施、栽培措施、物理防治、化学防治等，以控制杂草的危害。

草坪的栽培管理和大田作物差异较大，频繁的修剪使草坪植株保持低矮的状态，加之长年保持较好的水肥条件，在草坪密度不高或有斑秃的情况下，极有利于杂草的生长(图11-3)。一旦杂草获得生存空间，就会迅速生长，覆盖地面，抑制草坪的生长，使草坪退化。因此，草坪杂草的治理重点应放在预防杂草繁殖体的侵入，减少草坪地土壤中杂草种子库，创造有利于草坪草生长的条件来减少杂草的发生和抑制杂草的生长。一旦出现草坪杂草能发芽、生长的时间和空间，则应采取措施把杂草杀灭在萌芽前或幼苗期。因为杂草植株愈大，防治就愈困难。

二、草坪杂草的防除方法

(一)减少杂草种子来源

1. 严格杂草检疫制度,加强种子检疫工作

目前我国冷季型草坪草种子的90%从国外引进,种子检疫工作十分重要。外来种源带有许多杂草种子,有些在我国并没有分布,如欧洲鳶草、长叶车前等杂草都是从国外引进牧草时传入的;有些则属检疫性杂草,如假高粱、豚草、毒麦等,是世界性恶性杂草。这些杂草传入,会造成严重危害,防除极为困难。因此,严格杂草检疫制度,加强种子检疫工作,是防止外来杂草及危险性杂草传入、蔓延危害的重要保障。

图11-3 由于管理不当造成的草坪斑秃为杂草的侵入提供了机会

2. 选用无杂草的草坪种子

草坪种子和很多杂草种子的形态相似。在制种过程中管理不善,就会有杂草发生,则草坪种子中会混杂一些杂草种子。因此,购买草坪草种子进行播种时,应选用有质量检测证书、无杂草的草坪种子。

3. 场地清理

清除路边荒地杂草,可防止杂草种子、地下根茎向草坪地扩散;草坪播前要清除地面植被及其地下根茎,有条件的可用熏蒸剂做土壤消毒,既可杀灭草,又

可除虫、防病。

(二)诱杀杂草

土壤中有大量杂草种子存在,其种子在土壤中可存活多年。为了减少草坪播种时杂草的发生量,可在播种前进行诱杀。即在播种前灌水,提供杂草萌发的条件,让其出苗。待杂草出苗齐后,喷施灭生性除草剂将其杀灭。这样可消灭土攘表层中大部杂草种子。诱杀后再播种草坪,杂草的发生量就很少。

(三)栽培措施

利用栽培措施防除杂草就是要在草坪养护管理中创造一个有利于草坪草生长,不利于杂草生长的环境。它是一项有效、经济的杂草防除措施。

1. 适时播种

由于用于直播草坪的除草剂较少,所以直播草坪杂草的防除就比较困难。在春、夏播种禾本科草坪,在土壤中有大量杂草种子的情况下,禾草杂草的发生量大,而且出苗比草坪草早,很容易出现草荒。如果改春、夏播种为秋播,草坪苗期禾草的发生量极少,发生的杂草主要是阔叶草。这样,喷施阔叶草除草剂就能防止杂草的危害。

2. 提高播种量,应用保护播

提高草坪的播种量可加快草坪草对地面覆盖,从而减少杂草的发生量、抑制杂草的生长。然而,播种量太大,对草坪中后期的生长不利,降低草坪与杂草的竞争能力。因此,要在保证草坪能很好生长的前提下,适当提高播种量。在冷季型草坪草的播种中,常应用混播技术。在混播配方中,加入一定比例的能快速出苗的草种,使之迅速出苗、生长,可起到抑制杂草生长的作用。这种方式称为保护播。

3. 加强水肥管理

草坪的水肥管理对草坪和杂草生长均有影响。有利于草坪草生长的水肥管理能够抑制杂草的生长,而不当的水肥管理,一般来说更有利于杂草的生长。如果草坪上杂草已发生危害时,灌水、施肥就会加重杂草的危害。因此,灌水、施肥最好在杂草防除后进行。另外,在早春,杂草还未出苗时,及时灌水、施肥促进草坪的返青、生长,从而抑制杂草萌发和生长。

4. 加强病虫害防治

病虫害使得部分草坪草枯死,造成斑秃,提供了杂草发生的条件。因此,加强病虫害的防治对抑制杂草的发生尤为重要。无病虫危害的草坪,草坪生长旺盛,保持高的地面覆盖率,就没有杂草萌发的条件。

5. 及时补种

在草坪的生长时期,由于各种各样的原因会造成局部草坪草的死亡。如果不及时补种,杂草就会萌发、生长,最终影响周围草坪草的生长。因此,及时补种对预防杂草的发生尤为重要。一个管理好的草坪,应无斑秃,不给杂草提供生存空间。

(四)人工除草或机械剪割

人工除草劳动强度大,费工、费时。对于零星少量发生的杂草或一些难防除的杂草,可采用人工拔除。但是在大面积种植草坪的情况下,不能完全依赖人工除草。另外,人工拔除杂草还会破坏草地。适时修剪也是防除杂草的一项有效的措施,因为大多数杂草不耐频繁的修剪。

(五)化学防除

化学防除是草坪杂草防治中不可缺少的重要技术措施。化学防除的关键是除草剂的选择。目前市场上除草剂的种类较多,应根据草坪类型、杂草种类、主要杂草发生消长规律选择除草剂,并采用适当的用药时间和方法。在使用除草剂前,应详细阅读使用说明。

第四节 除草剂在草坪杂草防除上的应用

近年来在农药的发展过程中,除草剂发展十分迅速。目前全世界每年除草剂的生产量大约为80多万吨(按有效量计),占全部化学农药的52%。除草剂用量最多的是美国,占26%,其次是日本10%,法国7%,巴西7%,德国4%,中国4%(按农药市场的价值量计),加拿大3%,意大利3%,澳大利亚及阿根廷3%,其他国家30%。

一、除草剂的类型

(一)按化学结构分类

同类的化合物具有相似的性能。因此,按化学结构对除草剂进行分类,便于掌握其特性。按化学结构,除草剂可分为:苯氧羧酸类(如2,4-D、2甲4氯)、苯甲酸类(如麦草畏、敌草索)、酰胺类(如丁草胺、乙草胺)、二硝基苯胺类(如氟乐灵、二甲戊乐灵)、取代脲类(如敌草隆、异丙隆)、氨基甲酸酯类(如杀草丹、禾草特)、二苯醚类(如乙氧氟草醚、三氟羧草醚)、三氮苯类(如莠去津、西玛津)、有机磷类(草甘膦、草丁膦)、磺酰脲类(如甲磺隆、苄嘧磺隆)、咪唑啉酮类(如咪草烟)、芳氧苯氧丙酸类(如精唑禾草灵、喹禾灵)、环己烯酮类(如烯禾定、烯草酮)、N-苯基肽亚胺类(如利收、速收)、联吡啶类(如百草枯)、其他杂环(如二氯喹啉酸、灭草松)等。随着新化合物的合成,新的除草剂品种及类型不断出现,其类型也不断增加。

(二)按在植物体内的传导特性分类

按在植物体内的传导特性,除草剂可分为传导型除草剂(Systemic herbicide)和触杀型除草剂(Contact herbicide)。传导型除草剂被植物的茎叶或根部吸收后,能在植物体内输导,而分布到植株的其他部位,甚至整个植株,如 2,4-D、草甘膦、使它隆等。触杀型除草剂被植物吸收后,不能在植物体内移动或移动极小,主要在接触部位起作用,如果尔、百草枯(克芜踪)等。

(三)按使用方法分类

按使用方法,除草剂可分为土壤处理剂和茎叶处理剂。土壤处理剂是指用于土表施用或混土处理的除草剂。这类除草剂是通过被杂草的根、芽鞘或下胚轴等部位吸收而产生药效。如氟乐灵、西玛津等。茎叶处理剂是在杂草出苗后用于茎叶喷雾处理的除草剂。如草甘膦、2,4-D、灭草松、麦草畏、百草枯等。

(四)按选择性分类

按对植物的选择性,除草剂可分为选择性除草剂(Selective herbicide)和灭生性除草剂(Non-selective herbicide)。选择性除草剂在不同的植物间有选择性,能杀死某些植物而对另一些植物安全(图 11-4)。如禾草克只对早熟禾、双穗雀稗等禾草有效,而对白三叶、马蹄金等双子叶草坪是安全的。灭生性除草剂对植物没有选择性或选择性极小,使用只能通过时差、位差的选择性,达到只杀杂草而不伤害草坪的目的。灭生性除草剂主要用于草坪播种或移栽前杂草的防除,以及清除路边荒地杂草等。

(五)按除草剂的作用方式分类

按作用方式,除草剂可分为光合作用抑制剂、呼吸作用抑制剂、脂肪酸合成抑制剂、氨基酸合成抑制剂、维管束形成抑制剂和生长素干扰剂等。

图 11-4　利用选择性除草剂防除阔叶型杂草
左.未施用除草剂　右.施用除草剂

二、化学除草的原理

(一)除草剂的选择性

由于作物与杂草均属于植物,所以作物对除草剂的耐受性在除草剂的应用上极为重要。有些除草剂的本身具有选择性,有的则是通过恰当的使用方法而达到安全有效的除草目的。除草剂选择性的原理可分为生理选择性、生化选择性、形态结构选择性、时差和位差选择性等。

(二)化学除草的条件

除草剂的除草效果是其自身的毒力和环境条件综合作用的结果。所以,在田间使用除草剂的药效除了受自身的生物活性大小影响外,还受到环境条件(包括生物因子和非生物因子)和施药技术的影响。

土壤质地、有机质含量、pH 和墒情等因素直接影响到土壤处理除草剂在土壤中吸附、降解速度、移动和分布状态,从而影响到除草剂的药效。在有机质含量高、黏性重的土壤中,除草剂吸附量大,活性低,药效下降。土壤 pH 值影响到一些除草剂的离子化作用和土壤胶粒表面的极性,从而影响到除草剂在土壤中的吸附。土壤 pH 也影响到除草剂的降解。土壤墒情对除草剂的药效影响较大,特别是对土壤处理除草剂。土壤墒情差,不利于除草剂药效的发挥。为了保证土壤处理除草剂的药效,应在土壤墒情好时施药。在土表干燥时施药,应提高喷液量,或施药前及时浇水。

温度、相对湿度、风、光照、降雨等对除草剂药效均有影响。一般来说,高温、高湿有利于除草剂药效的发挥。风速主要影响施药时除草剂雾滴的沉降,风速过大,除草剂雾滴易漂移,减少在杂草整株上的沉降量,而使除草剂的药效下降。对于需光的除草剂来说,光照是发挥除草剂活性的必要条件。光照条件好时使用百草枯能加快杂草的死亡速度,但不利于杂草对该药的吸收,反而可能造成除草效果的下降。对易光解的除草剂,光照加速其降解,降低其活性。对土壤处理除草剂,施药前后降雨可提高土壤墒情,从而提高药效。但对茎叶处理除草剂,施药后就下雨,杂草茎叶上的除草剂会被冲刷掉,而降低药效。

草坪的种类和生长状况对除草剂的药效有一定的影响,同一种除草剂在不同的草坪上的药效不一样。因为,不同的草坪与杂草的竞争力强弱不同。竞争力强、长势好的草坪能有效地抑制杂草的生长,防止杂草再出苗,从而提高除草剂的防治效果。因此,为了保证除草剂的药效,在确定施用量时,需要考虑到草坪的种类和长势。

不同的杂草种类或同一种杂草不同的叶龄期对某种除草剂的敏感程度是不同的。另外,杂草的密度对除草剂的田间药效亦有一定的影响。因此,施药时应根据杂草群落结构、杂草大小和杂草密度选择适合的除草剂和施用剂量。

在杂草的化学防除中,应注意施药技术要领:四看——看药剂、杂草、作物、环境;三准——面积、药量、施药期准;二匀——药剂拌匀,施药均匀;一管——水分管理,不干、不流失。

三、主要除草剂及其使用方法

草坪杂草的化学防除通常分为种植前处理、播后苗前处理,草坪生长期和休眠期处理四个时期。种植前处理和休眠期采用灭生性除草剂茎叶喷雾;播后苗前处理采用土壤处理,主要用于直播方式种植的草坪。草坪生长期处理采用芽期除草剂土壤处理和杂草出苗后3~5叶期茎叶处理。

(一)一年生杂草的防除

应抓住每年5-6月份,7-8月份2个杂草发生高峰期,即在这两个阶段种子出苗前适时使用两次芽期除草剂(Preemergence herbicide)土壤处理,把杂草消灭在萌芽之中,避免杂草与草坪共生,为草坪提供一个良好的生长环境。对于其后生长的杂草,采用茎叶处理剂加以控制。

1. 播后苗前土壤处理

在新种植草坪时,可在播后苗前施用除草剂进行土壤封闭处理,防止杂草发生。常用的除草剂有环草隆(不能用于狗牙根和翦股颖)、地散磷(不能用于早熟禾)、恶草灵(不能用于羊茅和翦股颖)等。在豆科草坪播后苗前,可用二甲戊乐灵、甲草胺、异丙甲草胺等除草剂来防除一年生禾草和小粒种子阔叶草。播后苗前施用除草剂的风险性大,极易出现药害。选用的除草剂应根据草坪的种类和环境条件来确定。在大面积施用前应先试验,取得成功后再应用。

2. 生长期土壤处理

为了防止草坪杂草的发生、危害,一般采用芽期除草剂土壤处理,即在草坪休眠期或初春土温回升至 13 ~ 15℃时,草坪灌水开始返青后,施用芽期除草剂。常用除草剂有:丁草胺、异丙甲草胺、杀草丹、甲草胺、氟草胺、恶草灵、萘丙酰草胺、二甲戊乐灵、乙氧氟草醚、扑草净(不能用于阔叶草草坪)、西草净等。一般持效期 30 ~ 50 天。

3. 茎叶处理

在杂草 3 ~ 5 叶期,用选择性除草剂作茎叶处理,单用或混用。如快灭灵、氯氟吡氧乙酸、2,4-D、2 甲 4 氯等在禾草类的草坪防除猪殃殃、繁缕、小旋花、蓼、苋、空心莲子草等阔叶草,表 11-2 列出了草坪中主要阔叶杂草对几种除草剂的敏感性。这类除草剂与二氯喹啉酸等除草剂混用,能兼治冷季型草坪中的阔叶草及稗草、马唐。具体用量与用法参见附表 6(除草剂应用方法简表)。

表 11-2　草坪主要阔叶杂草对几种除草剂的敏感性

杂草名称	英文名称	除草剂名称			
		2,4-D	百草敌	快灭灵	使它隆
猪殃殃	Tendei cathweed bedsrew	I	S	S	S
田旋花	Field bindweed	S ~ I	S	S	S
荠	Shepherdspurse	I	S	S	I
土荆芥	Mexican tea	S		R	S
繁　缕	Chickweed	R	S	S	S
卷　耳	Mouse-ear chickweed	R	S	S	S
委陵采	Common cinquefoil	S ~ I	S ~ I	S ~ I	S
蒲公英	Common dandelion	S	S	S	S
马齿苋	Puslantain	I	S	S	S
婆婆纳	Speedwells	R	R	I	S
艾　蒿	Mugwort	S ~ I	S	R	I
藜	Lambsquarters	S	S	S	S
苋	Pigweed	S	S	R	S
车前草	Asiatic plantian	S	R		
马鞭草	European verbena	I	R		

续前表

杂草名称	英文名称	除草剂名称			
		2,4-D	百草敌	快灭灵	使它隆
堇 菜	Wide violet	R	R		
酢浆草	Creeping woodsorrel	I	I	S	S
萹 蓄	Common Knotweed	R	S	I	S
蓼	Knotweed	R	S	S	S
空心莲子草	Alligator alternanthera	R	R	R	S

注:S.敏感;I.中度敏感;R.抗性。

表 11-3 主要草坪除草剂对草坪草的安全性

中文名	英文名	应用		安全性									
		方法	时期	KB	CB	FF	TF	PR	BE	BA	ZO	SA	CE
丙甲草胺	Metolachlor	S	Pr	I	I	I	I	I	S	S	S	S	S
萘丙酰草胺	Napropamide	S	Pr	N	N	N	N	N	S	S	S	S	S
恶草灵	Oxidaazon	S	Pr	I	N	I	S	O	S	S	–	–	–
二甲戊乐灵	Pendimethalin	S	Pr	S	S	S	S	S	S	S	S	S	S
氯磺隆	Chlorsulfuron	S	Pr	N	N	S	S	S	S	S	I	I	I
呋草黄	Ethofumesate	F	Po	I	N	N	N	S	N	N	N	N	N
炔敌稗	Pronamide	S	Pr、Po	N	N	N	N	N	S	–	–	–	–
莠去津	Atrazine	F、S	Pr、Po	N	N	N	N	N	I	I	S	S	S
西玛津	Simazine	S	Pr、po	N	N	N	N	N	I	S	S	S	N
扑草净	Prometryne	S	Pr	I	I	I	S	S	S	S	I	I	I
二氯喹啉酸	Quinclorac	F、S	Pr、Po	N	S	S	S	S	S	S	S	S	S
扑草净+二甲戊乐灵	Prometryne + Pendimethalin	S	Pr	S	S	S	S	S	S	S	S	S	S
地散磷	Bensulide	F	Po	S					I	I	I	I	I
快灭灵	Carfentrazone	F	Po	S	S	S	S	S	S	S	S	S	S
麦草畏	Dicamba	F	Po	S	I	I	S	S	S	S	I	I	S
氯氟吡氧乙酸	Fluroxypyr	F	Po	S	S	S	S	S	S	S	S	S	S
烯禾定	Sethoxydim	F	Po	N	N	N	N	N	N	N	N	S	S
草甘膦	Glyphosat	F	Po	N	N	N	N	N	N	N	N	N	N

注:应用:F 茎叶处理、S 土壤处理;Pr 苗前、Po 苗后;

安全性:S 安全、I 有一定耐受性、N 有严重药害,不荐使用或在草坪休眠期使用、– 只能用于阔叶草坪;

草　种:KB 草地早熟禾、CB 匍匐翦股颖、FF 细羊茅、TF 高羊茅、PR 多年生黑麦草、BE 狗牙根、BA 雀稗、ZO 结缕草、SA 钝叶草、CE 假俭草。

(二)多年生杂草的防除

多年生禾草与草坪草极为相似,所导致的草害问题尤为严重,防除也较困难,尤其在冷季型草坪上。该类杂草的化学防除应以非选择性除草剂播种前处理以及草坪休眠期处理、生育期选择性定向茎叶处理为主。

1. 播前茎叶处理

在草坪建植前采用灭生性输导型的除草剂,如草甘膦(10%水剂、41%水剂、74%颗粒剂),百草枯等茎叶喷雾,防除建植地的杂草,特别是多年生杂草,可大大减少杂草种子源。

2. 生长期茎叶处理

根据草坪类型选用选择性除草剂,如在阔叶草坪上防除禾草,可选用烯禾定、吡氟氯草灵、吡氟禾草灵等;防除禾本科草坪上的阔叶草,可选用2,4-D、快灭灵(F8426)、氯氟吡氧乙酸等。另外,对那些难防的多年生禾草可采用灭生性除草剂(如草甘膦)定向喷雾来防除。同时结合补种,防止杂草再发生。

在商品化的除草剂中大约只有10%的品种可用于草坪除草。特定草坪,可选用的除草剂更为有限。同一除草剂对一些草坪安全而对另一些草坪则不安全。同一种草坪的不同品种对某种除草剂的敏感性也可能不一样。另外,环境条件、施药时草坪的生长状况影响到草坪对除草剂的敏感性。因此,在草坪杂草的化学防除过程中,必须遵守先试验、后推广应用的原则,以免发生药害。表11-3列出了不同草坪种类对常用的除草剂的敏感性。

四、草坪除草剂药效试验方法

除草剂的田间应用评价试验包括除草效果和草坪草安全性等内容。除草剂防除草坪地杂草药效试验应符合药效试验准则规定。根据杂草发生情况,对杂草防治效果和对草坪安全性作出评价。

(一)试验条件

所选用的草坪地应符合试验要求,草坪草生长一致,杂草分布均匀,土地平整,无积水或干旱地段。试验地块应未施用过除草剂或施用过的除草剂对试验药剂和试验的对照药剂没有干扰作用。

(二)栽培条件

所有小区的栽培条件应均匀一致,新植草坪播量必须严格按照要求进行,保证出苗一致、均匀。移栽草坪按习惯比例栽种。所有的小区剪草管理一致。供试的药剂为苗后茎叶处理剂时,施药后在一定的时期内不能修剪草坪。期间隔期的长短应根据供试药剂的特性来确定。施药后的第一次修剪应在取样调查时进行。

(三)试验设计和小区排列

处理:试验药剂的不同用量、对照药剂和空白对照及不同时间处理等采用随机区组排列。防除多年生杂草试验,因杂草分布不均匀,处理间可采用不规则排列。各小区间留出保护行,每小区面积 6 m^2 以上。每处理重复 4 次。

(四)药剂处理

供试药剂一般要设 3 个剂量以上的处理。对照药剂,根据试验目的选用对照药剂,应为已登记注册的,在实际应用中证明较好的常用品种。对特殊产品可按试验目的而定。施药前应对施药器械进行标定,以保证施药的准确性。如果施药采用喷雾法,应用带扇形喷头的喷雾器施药。施药应均匀,不重喷、不漏喷。

(五)调查及记载

试验记载应详细。注明试验药剂的通用名、中文名和商品名称、代号、剂型、含量、生产厂家。记载施药所用的器械、施药方法、施药时间及次数;施药时草坪草和杂草生育期。土壤条件及施药前后的气象资料也要详细记载。

除草效果调查

施药后具体调查时间根据试验药剂的特性来定。一般在 7 天、15 天、30 天分别进行调查。常用的调查方法有数株数、称鲜重或目测。用如下公式计算除草效果。

株数和鲜重法:

(1) 药效% = 100 ×(药前杂草株数 - 药后杂草株数)/施药前杂草株数

(2) 药效% = 100 ×(对照区杂草株数或重量 - 施药区杂草株数或重量)/对照区杂草株数或重量

目测法:根据杂草的覆盖度,结合高度,目测各药剂处理区杂草防除效果。其除草效果可以分级,也可以用百分数来表示。

1 级:无草;

2 级:相当于对照区的 0% ~2.5%;

3 级:相当于对照区的 2.5% ~5%;

4 级:相当于对照区的 5% ~ 10%;

5 级:相当于对照区的 10% ~ 15%;

6 级:相当于对照区的 15% ~ 25%;

7 级:相当于对照区的 25% ~ 35%;

8 级:相当于对照区的 35% ~ 67.5%;

9 级:相当于对照区的 67.5% ~ 100%。

不同杂草对除草剂的敏感程度用 + 符号记录, + + + 很敏感, + + 敏感, + 不太敏感,0 抗,也可直接用目测法评价除草剂的药效。

安全性调查

安全性调查包括对草坪的安全性和对草坪周围其他作物、花卉、树木的安全性。施药后应定期观察记载各药剂处理对草坪生长、发育的影响,是否有中毒的症状。如草坪出现了中毒症状,应对其受害程度进行分级。必要时,还要观察草坪草地下部的生长状况,看药剂是否对草坪的根生长有抑制作用。另外,还须观察记载受害草坪生长恢复的情况。

习　题

11.1 草坪杂草的危害有哪些?

11.2 一年生、二年生和多年生杂草的区别是什么?

11.3 单子叶和双子叶杂草有什么区别?

11.4 为什么正确的草坪养护计划会降低杂草的竞争力?

11.5 除草剂分哪几类? 其除草原理是什么?

11.6 什么是选择性除草剂和灭生性除草剂? 如何应用?

11.7 如何化学防治一年生、多年生单子叶和双子叶杂草?

第十二章　辅助管理措施

【教学目标】

1. 理解辅助管理措施在草坪养护中的重要性。
2. 掌握应用各种辅助管理措施的原理和方法。
3. 掌握草坪湿润剂、着色剂和生长调节剂的具体应用条件。
4. 掌握草坪修复和更新的方法。

除了施肥、修剪和灌排水等主要管理措施，有时还需要借助一些辅助管理措施来保持草坪的高质量。当草坪出现或预计会出现问题时，有必要采取辅助管理措施，包括表层耕作、表施土壤、滚压等。这些措施通常作用于 8 cm 以内的表土层，所以土壤状况严重恶化时作用不大，必须进行草坪更新，重新建植草坪。

第一节　中　耕

建成草坪的中耕（Cultivation）不是通常意义上农作物的土壤耕作，而是指在草坪上进行有选择的耕作而不破坏草坪土壤。其主要区别在于操作的可选择性。在采取某一中耕措施后，草坪草必须很快达到中耕前的状况，而不是过度破坏。如高尔夫果领上需要最小的干扰以保证其运动性能。过去常用通气来描述中耕，但通气并不能包括中耕的全部，而且也是一种误导。因为中耕导致水分运动的改善与空气状况的改善同等重要，甚至更重要一些。

中耕是一种可以改善大气和土壤的水汽交换的方法。这种交换包括：氧气和水分向下流入土壤，二氧化碳和其他有毒气体向上逸出土壤，进入大气。通过深中耕可显著减少地表径流，从而减少水分流失，增加土壤渗透率和保水性，降低灌溉的频度和数量。而且，深中耕可以使石灰和移动性差的肥料进入土壤；中耕还可以促进根的发育，形成深而密的根系；也可以促进地上部的生长。

中耕不是一种日常管理措施，不需要每周或每月进行。中耕的频度取决于践踏的种类和强度，土壤水分含量，土壤质地和结构，草坪草种类及生长状况等。在践踏大、土壤较黏重的地方，中耕频度可稍高一些。中耕要在土壤水分适中、穿刺容易时进行。应避免在含水量高的土壤上中耕，防止造成土壤板结。由于中耕是对草坪的一种破坏，特别是去除芯土的打孔，因此，在高尔夫果领或类似草坪上，通常与表施土壤结合进行。

在某些草地，如水土保持用草地，不需任何中耕措施，但在某些草坪，如高尔夫果领，则需按月或按周进行中耕。中耕最好在草坪草生长活跃的季节进行，冷季型草坪草可在春天、初夏和秋天进行，而暖季型草坪草则最好在夏季进行。

除了改善土壤的通气透水状况，中耕还用于覆播（Overseeding）和草坪更新，它可以使种子与土壤充分接触，却不会破坏现存的较理想的草坪。

一、打　孔

打孔（Coring）是用打孔机械在草坪上打上许多孔洞的一种中耕方式。打孔机可在草坪上打出深度、大小均匀一致的孔，孔的直径一般在 6 ~ 19 mm 之间，孔距一般为 5 cm、11 cm、13 cm 和 15 cm。孔的深度随打孔机类型、土壤紧实度和土壤湿度的不同而不同。最深可达 8 ~ 11 cm。常用的打孔机械有 2 种:垂直运动型和旋转型(图 12-1)。

图 12-1　2 种类型的打孔机
上图为垂直运动型,下图为旋转型

垂直运动型打孔机具有许多空心管排列在轴上,工作时对草坪造成的扰动较小,深度较大。由于兼具水平运动和垂直运动,所以工作速度较慢。每 100 m^2 草坪约需 10 min。调节打孔机的前进速度或空心管的垂直运动速度可改变孔距。这种机械常用于果领等低修剪的草坪上。

旋转型打孔机具有一圆型滚筒或卷轴,其上装有空心管或半开放式的小铲,通过滚筒或卷轴的滚动完成打孔作业。除了去除部分芯土外,还具有松土的作用。孔距由滚筒上或卷轴上安装的小铲或空心管的数目和间距决定。同垂直运动型打孔机相比,工作速度较快,效率较高,但对草坪表面的破坏性也较大,但孔要浅一些。该种打孔机常用于使用频度高的草坪,如运动场和操场等。

打孔比其他中耕措施深,而且去除了一部分土壤,这极大地改变了草坪土壤的容重与表面积。一般可增加表面积 2 倍以上,增加了草坪土壤与大气的接触面积;促进了气体交换,提高了土壤的通气性、吸水性和透水性;有利于好气微生物的生长;减少了土壤中的有毒物质。由于肥料在土壤中的移动性不同,打孔施肥可使得石灰和磷肥可以均匀地进入草坪土壤,而氮素则可以进入土壤深层,减少氮肥损失,提高肥效。

打孔后如果不进行覆土或覆沙,草坪根系和附近土壤会很快把孔填满,灌溉和践踏会加速这一过程,草坪打孔的好处会很快消失。所以一般草坪不清除打孔产生的芯土,而是待芯土干燥后通过垂直修剪机或拖耙将芯土粉碎,使之重新进入孔中。没有进入孔洞中的碎土,在草层中与枯草层结合,形成有利于草坪草生长的介质。在高等级的草坪上,打孔产生的芯土会影响草坪观赏效果,因此常在打孔后清除芯土。这样打孔后必然要进行表施土壤。所施的土壤必须与原有草坪土壤一致。

确定打孔时间十分重要。夏季由于气候炎热干燥,打孔会使草坪草产生严重的脱水现象。打孔后增加了草坪表面积,有利于杂草萌发。因此要在草坪草生长旺盛、生长条件良好的时候进行打孔,并辅以覆土、灌溉等措施,以利于草坪草的生长,迅速占领空隙,抑制杂草侵入。

打孔时还要注意土壤湿度。土壤过于干燥,则不易穿透土壤,且机械易老化;过湿时,则会形成一个光滑而结实的洞壁,不利于草坪草根系生长。

一次打孔只能改善部分土壤的不良状况,经过多次打孔作业,就可以改善整个草坪的土壤状况。但打孔要注意采取不同的深度。多次的浅打孔,可以使表层土壤疏松,但打孔深度以下的土壤会更紧实。因此经过一定次数的浅打孔后,要进行1或2次较深的打孔作业,改善深层土壤结构,促进深层根系发育。

打孔除了使用空心管,也可以采取实心管进行穿刺。这时,不会产生芯土,可能会造成孔洞周围和洞底土壤的板结。也有人认为只要土壤湿度适宜,打孔过程产生的振动会疏松土壤,改善土壤的通透性。

二、划条与穿刺

划条(Slicing)是一种深而垂直的切割作业,由安装在重型圆筒上的圆盘或V型刀片完成。在拖曳的过程中,圆盘或刀片划破草皮表土层,穿透深度由滚筒重量决定,紧深可达7~10 cm(图12-2)。在潮湿的土壤上,划条的效果比打孔要好。

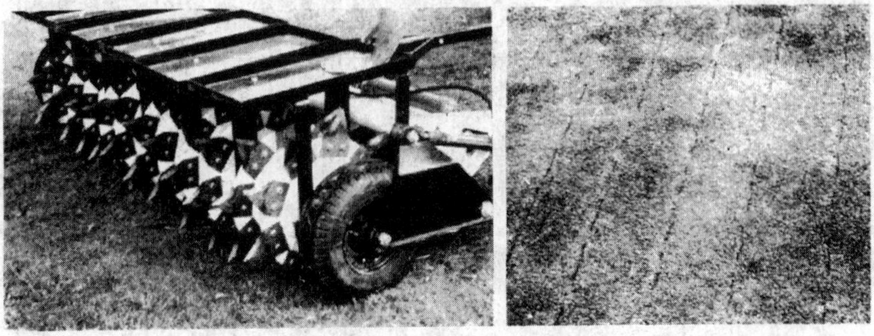

图12-2　划条机械(左)及效果(右)

穿刺(Spiking)是用刀片或实心锥对草坪表面进行的一种中耕。可选择手动或动力机械进行穿刺(图 12-3)。穿刺的深度可通过选择实心锥长度进行调节。一般浅穿刺深度小于 10 cm,深穿刺最深可达 25 cm。

图 12-3　穿刺机械(左)及效果(右)

与打孔相似,划条或穿刺也可用来改善土壤通透条件,特别是在土壤板结严重的地方。但划条和穿刺不移出土壤,对草坪破坏较小。因此在盛夏或其他胁迫期间,可用划条或穿刺代替打孔,以免造成大的损伤和破坏。如在高尔夫球场的球道区或其他践踏严重的地方,可进行划条操作;而果领则可采用穿刺。由于划条和穿刺对草坪损伤较小,而效果与打孔相似,因此可以经常进行。甚至达 1 周 1 次,以缓和践踏带来的土壤板结。划条和穿刺还可以切断匍匐茎和根茎,有助于穿孔区植物根系和枝条生长。

三、射水式中耕法

射水式中耕法(Water-injection cultivation)是 1990 年由 Toro 公司提出的一种革命式的新概念。是指通过 10 ms 的高达 5 000 psi 的高压水脉冲,把水流以近 1 000 km/h 的速度射入草坪土壤中。在美国 Michigan 进行的田间试验表明,它能促进枝条生长,降低土壤容重,增加土壤饱和含水量等。与其他中耕措施不同的是,它不会引起表土层的扰动,对草坪草也不会产生明显伤害,因此可在生长季节的任何时候进行。

四、垂 直 修 剪

一般草坪修剪是横向的剪平草坪,而垂直修剪(Vertical mowing)则是指用安装在横轴上的一系列纵向排列的刀片来切割或划破草坪(图 12-4)。刀片可以调节。在垂直刈割机上的位置有上、中、下 3 种,以达到不同的深度。如将刀片安置在上位时,刀片刚刚划着草坪。草坪草的匍匐茎和叶片可以被剪掉,也可用来减少果领上的纹理,提高草坪的平整度。当刀片安装在中位时,可用来破碎打孔后留下的土柱,使土壤重新混合。当刀片安置在下位时,可以去除大部分枯草层。此外,还可调节刀片深度,使之刺入在枯草层以下时,则会改善表层土壤的通透性。

图 12-4　在一个翦股颖果领上进行垂直修剪以去除枯草层

垂直修剪的主要作用是除去枯草层。在枯草层与土壤的交互层中有大量的根系盘结,对草坪起固定作用。在去除枯草层的同时不可避免地会去除一些浅层根系,会对草坪草造成一定的伤害。对浅根系的草坪伤害可能会更严重。所以垂直修剪的时期非常重要,垂直修剪后需要 30 天的恢复时期,因此最好在草坪草进入最适生长季节前进行。夏末是对冷季型草坪草进行垂直修剪的理想时期,因为此后的一个时期适宜于冷季型草坪草生长,大量枝条和根系的发生,可使冷季型草坪草快速恢复。同样道理,早春草坪草返青前也是垂直修剪的适宜时期。通过垂直修剪,可以除去大量冬季累积的枯草层,使得草坪草返青提前。春季草坪草快速生长期和夏季不应进行垂直修剪,否则会使草坪变弱并且得不到足够的恢复。

垂直修剪应在土壤和枯草层干燥时进行,这样可使草坪受到的伤害最小,也便于垂直修剪后的管理。垂直修剪的碎屑应立即清除,最好使用带有集草箱的垂直修剪机。

进行垂直修剪时也要考虑杂草的萌发。垂直修剪在梳理草坪、促进草坪草生长的同时,也为杂草的生长提供了良好的条件。例如,秋季对狗牙根草坪进行垂直修剪,会加重一年生早熟禾侵入;而夏季对草地早熟禾进行垂直修剪则会增加马唐等杂草的发生。所以在垂直修剪时应避开杂草萌发盛期。

第二节　滚　　压

滚压(Rolling)是草坪管理中一项重要的特殊管理措施,通过滚压可改善草坪表面的平整度(图 12-5),但也会带来土壤紧实等问题,因此要根据不同的情况慎重考虑,具体情况具体分析。

图 12-5 滚　压

在草坪建植时,滚压也是常用的平整手段。对耕翻、平整后的坪床进行滚压,可使坪床表面平整、结实,但不能用滚压来代替土壤平整,它只是对坪床表面的一种微调。播种后进行滚压可使得种子与土壤紧密接触,出苗整齐。播种后滚压常采用带细棱的压轮,使得坪床表面产生细微的凹凸,在凹处形成一个湿润的小环境,有利于种子发芽。草皮铺设后进行滚压既可使坪面平整,又可使草皮根系与坪面接触良好,保证根系正常生长。

在栽培管理上，适度的滚压可以有效地促进分蘖和匍匐茎伸长，抑制垂直生长，使节间缩短，使草坪变得致密、平整。滚压也可以抑制地上部的生长，促进根系发育，从而提高草坪抗逆性。滚压还可以抑制杂草生长，控制杂草的侵入。

在寒冷的冬季,由于冻融作用反复交替进行,植株会逐渐被拱起,草坪表面会产生起伏;修剪时,草层会被整块揭起;同时由于根系裸露,植株的抗寒性降低。所有这些都会影响草坪质量。因此应进行滚压,把凸出的草坪压回原处,消除这些不良影响。

蚯蚓、鼹鼠、蚂蚁等在土壤中的活动虽然可以疏松土壤,有利于草坪草生长,但也堆土于草坪上,既影响草坪的平整,也直接影响草坪质量。因此除了予以驱赶、杀灭外,还通过滚压来进行修复。

滚压广泛用于运动场草坪的管理中,以提供一个结实、平整的表面,如草地保龄球、草坪网球和板球等。在体育场草坪也常通过滚压来使得运动过程中被拉出根的草坪草复位。

在进行草皮生产时,也常进行滚压,以获得厚度均匀一致的高质量草皮。同时也可以减少草皮厚度,降低土壤损失,延长土地使用年限。还可以降低草皮重量减少运输费用。在有机质含量高的人工基质上,滚压是最有效的方法,可以最大限度地改善表面平整度。与矿质土壤相比,有机土壤不易板结。

滚压可用人力推动或机械牵引。手推滚轮重 60~200 kg,机动滚轮重 80~500 kg。机动滚为空心的铁轮,可充水,可通过调节水量来调整重量。滚压的重量依滚压的次数和目的而定,如为了修整床面宜少次重压(200 kg),出苗后的首次滚压则宜轻(50~60 kg)。

对冷季型草坪草而言,镇压应在春、秋草坪生长旺盛的季节进行,而暖季型草坪草则宜在夏季进行。而从利用的角度出发,则应在草坪建坪后不久、早春开始修剪后进行。同修剪一样,不能每次都在同一起点,不能按同一方向、同一路线进行,否则会出现纹理。

滚压会增加土壤的紧实度,对草坪草生长产生不利影响。因此,在潮湿的土壤上,应避免高强度的滚压,以免土壤板结,影响草坪草生长。在过于干燥的土壤上,也要避免重压,防止草坪地上部受伤。因此,为减轻滚压的副作用,滚压后的草坪应定期进行打孔通气、梳耙、施肥和覆沙管理措施等,改善表层土壤的紧实状况,使草坪草生长在良好的土壤环境中。

第三节 表施土壤

表施土壤(Top-dressing)是将一薄层的事先选择或准备好碎土或沙等施入草坪的过程,在草坪建植和管理中用途较为广泛。在草坪建植过程中,表施土壤可以覆盖和固定种子、种茎等繁殖材料,有利于出苗。在建成草坪上,则可以改善草坪土壤结构,控制枯草层,防止草坪草徒长,有利于草坪更新。对凹凸不平的坪床可起到补低、拉平,使坪床平整的作用。冬前表施还可以为草坪提供保护。有时,还可以将肥料和有机质混合在土壤中施入草坪,促进草坪草生长,加深叶色。还可以将农药混入,以杀灭地下害虫和土传病原物。

在 20 世纪 40 和 50 年代,表施土壤不如现在这样普遍,主要是缺少劳力和机械。现在,随着覆土机械、粉碎机、过筛机、搅拌机、拖耙机、输送机等开发和利用,使得表施土壤这一过程全部实现了机械化(图 12-6),这一管理措施也普遍被草坪管理者采用,尤其在高尔夫果岭的养护管理中,被广泛用于施肥、病害防治、枯草层控制和改善击球质量。在对退化草坪进行修补或更新时,常将种子掺入表施的土壤中，在覆土的过程中完成播种作业。

表施土壤应在草坪草的萌芽期和生长季节进行。通常暖季型草坪草在 4－7 月份，而冷季型草坪草在 3－6 月份和 10－11 月份。在深秋对高尔夫果领进行表施，特别是用深色的沙或沙与泥炭的混合物作为表施材料，可使草坪提早返青，叶色更佳。

图 12-6 在翦股颖果领上进行表施

表施作业不是一项日常的管理措施，只是出于控制枯草层或平整坪面等需要时才进行。表施的次数应根据草坪的利用目的和草坪草的生育特点来定，从一次都不需要到每 3～4 周 1 次。庭园、公园等一般草坪可以重施，但次数少，而高尔夫果领则应少量多次。同其他管理措施一样，少量、多次进行表施，比偶尔进行重施要有效得多。重施会影响草坪运动性能，容易导致分层，从而影响水分运动和根系发育。在多数情况下，在狗牙根或翦股颖果领上，适时表施 4 或 5 次就足够了。表施土壤应在晚春和秋季进行，在这期间应至少进行 2 次，以保证果领的运动性能。

草坪表施土壤的量取决于表施的目的。如果是为了改造大范围的凹凸不平，或者是为了改变根层土壤组成，需要较大的覆土量。原有草坪土壤消化吸收表施的土壤的能力也影响表施土壤的用量和次数。暂时不使用的果领表施的量可以大一些，经常比赛的果领则相对较少一些。过多覆土会影响叶片的受光状况，影响光合作用，从而影响草坪草生长。有研究表明，即使是以防冻为目的的覆土，也不能过多。重施虽可使春季返青提前，但也会带来其他问题，特别是当排水不良时，易对草坪造成伤害。

表施的土壤应提前准备好，最好使用堆肥。堆制过程中，在气候和微生物活动的共同作用下，堆肥材料形成一种同质的、稳定的土壤。为了取得最好的效果，应在施用前对表施材料过筛、消毒，还要在实验室中对材料的组成进行分析评价，以免过多的粉沙或黏土颗粒封住排水系统，而过多的细石则会影响运动性能和剪草机械。表施材料要保持干燥，以便于能均匀地施入草坪。

以前通常认为最好的表施材料是土、沙和有机质的混合物，比例为土:沙:有机质 1:1:1 或 2:1:1。现在多倾向于全部用沙，效果良好。但长期用沙，会出现沙层，导致表面较硬，可能会出现局部干燥。

表施土壤需着重考虑的一个问题是所施土壤的结构与组成成分要与原草坪的土壤结构相似,否则会产生不同层次,从而对空气和水分的运动造成不利影响。而在不同的层次中,草坪草根系分布不均匀,影响草坪草的正常生长。枯草层也会造成分层,因此,在表施前应先进行垂直修剪,去除枯草层。

打孔后不清除芯土,而是等芯土干燥后用垂直修剪机或通过拖耙来破碎芯土,使之重回草坪,其效果与表施相同,而且破碎的芯土其质地和组成与原草坪土壤相同,不会产生层次;但破碎土壤的量由打孔强度和草坪所允许的打孔量来决定,而覆土则没有此限制。在很多场合,打孔后常进行表施作业,此时覆土的量应与打孔带走的芯土的量相等。

表施后常进行拖耙,将施入的土或沙耙入草坪中。秋季表施似可不必进行拖耙,可与冬季喷施除草剂同时进行。在翌年春天第一次剪草时,表施材料即可被扫入草坪中。

第四节　拖　　耙

拖耙(Matting)是用一重型金属网或类似的装置拖过草坪表面的作业。在表层覆土后,常通过拖耙去除粘在叶子上的土壤,使土壤进入草坪内,否则会影响修剪等管理措施和击球等运动功能。当表面不平整时,拖耙也可以使表施的土壤重新分布,去高就低,填平低洼处。这一措施也可以用刷子、扫帚等其他工具来完成。

打孔后,芯土留在草坪表面,常通过拖耙来粉碎土条,使之重新进入草坪土壤内(图 12-7)。由于打孔时的土壤湿度较高,因此对于粘性土壤,不能在打孔后

图 12-7　打孔后进行拖耙作业

立即进行拖耙,应稍晾干后进行,否则不仅不能耙碎芯土,反而易形成粘条状,并涂污草坪。但也不能太干,太干则形成硬块,也不易耙碎。

进行覆播或草坪修复更新时,也常通过拖耙使草层中的种子进入土壤,以利全苗。垂直修剪后也常用拖耙的方法去除草坪表面的有机残体。

第五节 湿 润 剂

湿润剂(Wetting agents)是一种特别的表面活性剂,它可以减小液体与固体间的表面张力,从而有效地增加液体对固体的湿润度,其有效性取决于它增加液体在固体表面延展性的程度,而这又是由湿润剂的化学组成和分子结构所决定的。湿润剂分为阳离子型、阴离子型和非离子型3种。阴离子型湿润剂在土壤中易淋溶,所以起作用时间短。阳离子型湿润剂可与土壤中带负电的黏土颗粒或有机胶体紧密结合,不易被淋洗掉,可长时间发挥作用,干后可形成完全不透水的土壤。非离子型湿润剂在土壤中最稳定,不易被淋洗,效果最好,作用时间最长。非离子型湿润剂又分为酯、醚和乙醇3种类型,酯类对沙子最有效,醚类对黏土效果最好,而乙醇类土壤有机质有显著湿润效果。某些非离子型湿润剂是酯、醚和乙醇三类的混合物,对砂土、黏土和有机土壤都能有效湿润。

湿润剂用量随土壤类型的不同而有所不同,一般在疏水性土壤中,湿润剂浓度达到30~400 mg/kg就可以了。考虑到土壤微生物降解作用,土壤中的湿润剂浓度会逐渐降低,有效期因此缩短。所以每个生长季节都须施2次或更多的湿润剂。

湿润剂不但可以改善土壤的可湿性,还可以减少蒸发带来的水分损失,减少降雨后的地表径流,减少土壤侵蚀,防止干旱和冻害发生,提高土壤水分和养分的有效性,促进草坪草生长。另外还能减少露水发生,减少病害。但如果施用量过多、热胁迫或潮湿等异常天气下施用,湿润剂可能会粘在叶片上而未进入土壤,从而对草坪草造成伤害。由于不同的草坪草对湿润剂的敏感性不同,因此在新草坪上施用时,要先进行小面积的试验,以保证安全。

第六节 草坪着色剂

草坪着色剂(Turf colorant)是具有不同用途和不同颜色的染料,可在休眠草坪上进行人工染色、装饰退化草坪和用于草坪标记等。

草坪着色剂主要用于冬季休眠的暖季型草坪的染色,也可用于冬季越冬的冷季型草坪草,使草坪保持绿色。根据着色剂的特性、施用量和施用次数的不同,可使草坪呈现出蓝绿色到鲜绿色的色彩变化,草坪处理前的色泽也会影响施用后的草坪颜色。处理得好可使着色草坪像真草坪一样。

草坪着色剂应尽量喷洒均匀,要求喷雾器压力足、喷雾细。喷洒时应倒退行进,避免因践踏而形成足印。应在雨后进行,而不应在临雨前进行,以免雨水冲刷而影响附着。在草坪干燥、气温 6℃以上喷洒最好,干燥后多数着色剂可以保持一个冬季。在每种着色剂使用前,也要进行小面积的试验,以确定最佳的施用量。

当草坪由于病害、使用过度等原因而褪色时,除了对草坪进行修复外,还可以采取喷着色剂的方法进行暂时的补救,使草坪草的颜色在草坪恢复期变得合乎人们的要求。在高尔夫球场和其他运动场上也常用喷着色剂的方法进行装饰,以达到所需的特殊效果。但喷着色剂不能代替良好的管理,一个退化了的草坪,除了在叶色上与管理良好的草坪不同外,在草坪的盖度、整齐度及使用效果上更有着天壤之别。因此着色剂的效果只是暂时的,而良好的管理则是需要持之以恒的。

在冷暖过渡地带,在冬季休眠的暖季型草坪上可采取覆播冷季型草坪草的方法达到周年常绿。与喷着色剂的方法相比,覆播的方法更接近自然,草坪质量也更高,但其养护管理的成本和技术要求也更高,适于在高尔夫球场、运动场等场合使用。喷着色剂的方法简单易行,适宜在粗放管理的草坪上使用。

第七节　草坪生长调节剂

修剪是草坪管理中重要的也是最具特色的管理措施之一,通过修剪,草坪可以保持整齐、致密的草坪外观。但修剪也是对草坪草的一种伤害,它通常剪去草坪草生长活跃的茎叶,导致植株变弱,抗逆性降低。修剪将大量茎叶带出草坪,也将养分带出草坪,必须通过施肥来保证土壤养分供应,满足草坪草生长需要。这就势必增加养护成本。修剪本身需要昂贵的机械、燃料和人工。在某些地方,如高速公路边坡等,由于面积巨大,养护粗放,不宜进行机械修剪。此时都可以考虑采用生长调节剂(Plant growth regulation),利用其对草坪草生长的抑制作用,进行化学修剪,来控制草坪草生长,减少修剪费用。

但使用生长调节剂也有其局限性。例如,连续重复使用某些生长调节剂可以引起草坪草根系分布变浅,叶片变黄和稀疏等,从而使草坪草植株变弱,易受病虫、杂草、高温、干旱等逆境影响。合理的解决方法是找到一种生长调节剂,只限制垂直生长,但不影响叶片、分蘖、根茎和根系的生长。

生长调节剂控制草坪草生长一般有 2 个途径:①去除顶芽或某种程度地抑制顶端分生组织的活动;②阻止节间生长,促进侧芽生长和分蘖,但破坏顶端分生组织。

常用草坪生长调节剂分为生长延缓剂和生长抑制剂 2 种。生长延缓剂主要是延缓顶端分生组织的生长,可被赤霉素逆转,主要有嘧啶醇、矮壮素(CCC)、矮化磷(CBBP)等。生长抑制剂完全抑制新梢顶端分生组织的活动,高浓度时可逆转整个生长过程,不能被赤霉素逆转,主要有多效唑(PP333)、烯效唑(S-3307)、抑长灵(Embark)、乙烯利(ETH)、青鲜素(马来酰肼,MH)、氟草胺、丁酰肼(B_9)、2,4-D丁酯等。

常采取喷施的方法来施用生长调节剂,该法简单易行,发生作用快。但有些生长调节剂若采用喷施的方法,会使叶片变形,抑制顶端分生组织功能,因此可用土施的方法,达到控制茎生长的目的,不仅省药,而且药效长。

施用生长调节剂需谨慎。一般而言,生长调节剂的浓度都有一适宜的作用范围,过低则不起作用,过高则产生毒害,甚至导致死亡。因此在某种草坪草上施用生长调节剂时,要先进行试验,确定适宜生长调节剂种类、浓度和次数。

施用生长调节剂应在草坪草生长旺盛期进行,以达到最佳的控制效果。冷季型草坪应在春季和秋季使用,暖季型草坪则在夏季使用。不要在未成坪草坪上使用,以免伤害幼苗、延缓成坪。也不要连续重施,防止草坪退化。有时 2 种生长调节剂配合使用可以收到事半功倍的效果,如乙烯利与 2,4-D 丁酯按一定比例混合,可以抑制草坪草的生长,还可以防治阔叶性杂草。

第八节 切 边

切边(Edging)是用切边机将草坪的边缘修齐,使之线条清晰,增加景观效应。在观赏草坪,高养护草坪,尤其是纪念碑、雕像等四周的草坪,切边无疑是一项重要的管理措施。切边通常在草坪生长旺季进行,由于边行效应,草坪边缘的草坪草生长旺盛,需要切边以保持草坪形状。切边的同时还可以结合清除杂草,这些杂草是侵入源。切边用的切边机具有一组垂直刀片装在轴上,刀片突出草坪边缘,刀片高速旋转时将草坪垂直切割。切边时注意刀片不能与石头相撞,否则机器会突然跳起,易发生事故。

第九节　草坪的修复与更新

一、受危害草坪的修补(Modification)

即使在正常的养护管理下,由于气候、使用等原因,也难免会发生一些危害草坪质量的情况,例如,足球场的球门区草坪,由于过度践踏,会发生秃斑;在高温高湿的情况下,病害易于发生,常造成毁灭性伤害。适时适量地喷洒杀真菌可以把危害降至最小,但不能根除病害的发生,也常造成秃斑;践踏大的草坪,雨中使用的运动场,除草剂选择不当,除草剂用量过大,人为破坏行为等都会造成秃斑,影响草坪质量。

由于这些情况造成的草坪伤害面积一般不大,通过修补的办法即可恢复。修补的方法有 2 种:

(1) 当时间不紧迫时,可以采取补播种子的办法;

(2) 时间紧,立即就要见效果的情况下,可采取重铺草皮方法,快速恢复草坪。

补播时要先清除枯死的植株和枯草层,露出土壤,再将表土稍加松动,然后撒播种子,使种子均匀进入土壤。补播所用的种子应与原有草坪草一致,使得修复后的草坪色泽一致。播种前可采取浸种、催芽、拌肥、消毒等播前处理措施。

重铺草皮是一种成本较大的修补方法,但由于具有快速定植的优点,故常被采用。重铺时,先标出受害地块,铲去受害草皮,适当松土和施肥,压实、耙平后,即可铺设草皮,铺设的新草皮应与原有草坪草一致。用堆肥和沙填补满草皮间空隙,并进行镇压,使草皮紧贴坪面,同时保证坪面等高,利于今后管理。

二、退化草坪的更新(Renovation)

长期使用草坪会使表层土壤板结,影响根系生长,造成草坪退化;多年生杂草侵入草坪,造成草坪群落组成不良更替;病虫害危害严重时,草坪会产生大面积空秃;草坪枯草层过厚;或者当以上情况都存在时,草坪更是退化严重。在这些情况下,草坪亟需改造。但是如果原草坪地形设计好,表层以下 5 cm 土壤结构良好,而草坪等级又许可的情况下,则可以不通过正常的栽培措施,不耕翻原有草坪,只进行部分或全部重新建植就可以达到改良草坪的目的。

在进行草坪更新时,首先要弄清草坪退化的原因,对症下药,有的放矢地提出改良措施。可能的原因有:原来建植草坪的种子中含有大量杂草种子,或者铺设的草皮中含有许多恶性杂草;没有采取适当的病虫害防治措施;误用农药;草种选择不当;管理措施的误操作等。在提出更新方案的同时,也要提出正确的养护方案,否则更新后的草坪会再次退化。

退化草坪的更新包括坪床准备、草种选择、建植和建成草坪管理等 4 个方面,和通常的建坪过程基本相同。只是在进行坪床准备时,应考虑原有草坪情况。如果原有草坪中含有大量一年生禾草和阔叶杂草,可用选择性除草剂,不仅可以杀灭杂草,还可以保留原有草坪草。如果原草坪中有大量多年生杂草的话,则需使用灭生性除草剂。若存在较厚的枯草层,则需通过较深的垂直刈割。而枯草层较薄或没有时,则可以进行几次浅的垂直刈割或打孔。表层土壤严重板结时,则进行高密度打孔,待芯土干燥后进行拖耙,破碎芯土并耙平。

习　题

12.1　解释草坪中耕的含义,说明常用耕作方法的特点。

12.2　列举打孔中耕的利与弊。

12.3　什么条件下应对草坪进行滚压?滚压时应注意哪些问题?

12.4　表施土壤应注意哪些问题?表施土壤的量应如何确定?

12.5　举例说明施用湿润剂、草坪着色剂和草坪生长调节剂的条件。

12.6　草坪的修复与更新包括哪些内容?如何实施?

应 用 篇

第十三章　高尔夫球场草坪

【教学目标】

1. 了解世界与中国的高尔夫起源和发展简史。
2. 了解高尔夫运动的一般规则。
3. 熟悉高尔夫球场的构造。
4. 了解果领的设计原则和果领草坪的质量要求。
5. 掌握果领的建造及果领草坪的养护管理方法。
6. 掌握球道、发球台的建造和草坪养护方法。
7. 了解高尔夫球场其他区域的养护与管理。

第一节　高尔夫运动概述

一、高尔夫

高尔夫(GOLF)是GOLF一词的译音,是指在特定的场地上,使用一套球杆,按一定的规则,依次击球入洞的一项户外运动。正式的高尔夫比赛,通常在18洞的球场上,将球从发球台击入果领上的洞杯,依次完成18个洞击球进洞的一项体育娱乐运动。

高尔夫运动是人们徜徉在绿色的草坪上,呼吸着清新空气,沐浴着灿烂的阳光,漫步在绿草如茵的球场上,集娱乐与竞技于一体的运动。于是,人们发现代表高尔夫运动特征的绿色(Green)、氧气(Oxygen)、阳光(Light)和步履(Foot)这四个单词最前面的一个字母刚好组成了高尔夫(GOLF)一词,它形象地表达了高尔夫这项运动的内涵和本质。

高尔夫运动没有年龄、性别、体态、体能等方面的限制,男女老少都可上场比试。每打一场球要漫步4~5 h,行走10多千米,既不剧烈,却又能保持相当的运动量。在享受田野般迷人风光的同时,又锻炼了身体,舒缓了精神压力,获得内心的宁静。高尔夫运动的步调让人们边玩边聊,球场成了人们聚集、交友、洽谈商贸的好场所。在某种意义上来说,高尔夫球是个人的运动,自己就是裁判员和记分员,这有助于培养和熏陶一个人的文明行为和高度的自律性。打高尔夫球的意义和理由很多,每个人的感受、体验也不一样。只有亲自去体会才能感受到高尔夫的魅力。

二、高尔夫的起源

关于高尔夫的起源,众说纷纭。据历史资料记载,概括起来有3种说法。

(一)发源于英国的苏格兰

大约15世纪初,位于北海边的苏格兰东海沿岸气候湿润,有成片连绵不断的牧场。苏格兰牧羊人在放牧闲暇时,用牧羊棍将石子击入远方的兔子窝或洞穴中。这种游戏非常吸引人,妙趣横生,兴趣盎然。在牧区、军队、民间广泛流传,连宫廷贵族、达官贵人和显要人士也热衷于这项运动,挽袖下场。这是目前最普遍的高尔夫球雏形的说法。

(二)发源于荷兰

1 000多年前,古代的荷兰,流行一种“KOLVEN”运动,与现代的高尔夫球非常相似。用棒打击小的石头,久而久之就产生技术、力量因素和竞技的意识,比谁击得远、击得准。这也是高尔夫球的原始形态。

(三)发源于中国

据历史记载,中国早在唐朝就出现了一种叫做“捶丸”的体育活动。到了宋朝时,又称“步击”并流传于我国的北方民间。山西洪洞县广胜寺水神庙壁画中的宋代捶丸图,一人持棒,正待击球入穴。在元朝世祖时期有“丸经”一书,书中对“捶丸”的运动、方法、比赛规则、技术、战术、场地、用具等等均有详尽的规定和论述。“捶丸”酷似早期的高尔夫球。

从上述3种说法来看,中国早于荷兰,荷兰早于英国的苏格兰。但作为一项现在被国际多数国家和民族所承认的世界体育项目,人们更倾向于高尔夫球的发源地和故乡是英国的苏格兰。这是因为现代的高尔夫发展和传播都源于苏格兰(图13-1)。

图13-1 早期的高尔夫球

三、高尔夫的发展

高尔夫在16~17世纪得到了发扬光大。1744年世界上第一个高尔夫俱乐部爱丁堡高尔夫球员会在苏格兰成立。球友们都是上流社会的达官贵人。

图13-2 高尔夫圣地:ST. Andrews球场

1754年,圣·安德鲁斯高尔夫俱乐部(Golf clubs ST. Andrews),即现在的"圣·安德鲁斯皇家古典高尔夫俱乐部"诞生。由于皇室的参与,这个俱乐部渐渐地在高尔夫界取得了领导地位,它不仅制定了当今的高尔夫规则,还主办包括英国公开赛在内的一系列重要比赛。

高尔夫运动随后陆续传入欧洲、大洋洲、美洲、亚洲和其他地区,并得到广泛的发展。美国高尔夫协会(United Stated Golf Association,简称USGA)成立于1894年,现有高尔夫球场接近20 000个,打球人数3 000多万。日本高尔夫球场2 000多个,打球人数约2 000万人。从竞技体育角度(比赛在全球的普及面、奖金额度、高尔夫用品工业及市场的规模、电视转播的影响面等方面)来看,高尔夫在足球、网球之后已成为世界三大运动之一。美国是世界上高尔夫最普及的国家,高尔夫已达平民化程度。美国的高尔夫球协会与苏格兰的圣·安德鲁斯皇家古典高尔夫俱乐部一起,成为世界高尔夫球运动的领导者,高尔夫规则即由两者共同制定并沿用至今。

四、高尔夫在中国

中国的高尔夫运动是改革开放和经济增长的产物。1984年,中国首家高尔夫球会——中山温泉高尔夫球俱乐部在广东成立。1985 年,中国第一家中外合作经营的高尔夫俱乐部——深圳高尔夫俱乐部正式开幕。1985 年 5 月 24 日中国高尔夫球协会(CGA)在北京成立。在经济比较发达的东部沿海地区和北京、天津、上海等地,高尔夫与经济同步发展。20 世纪 90 年代中、后期高尔夫球场更如雨后春笋般在全国各地发展起来。现在中国已有 100 多家高尔夫球场和俱乐部,还有众多的练习场。经济的发展、生活水平的提高、高尔夫的魅力,使人们对高尔夫的热情不断高涨。高尔夫运动的兴起带动了与高尔夫相关的球具、服饰、球场养护肥料、机械、传媒(电视,图书和报刊杂志)、教育等产业的发展。1994 年首批中国职业球手产生,1995 年 12 月广东深圳观澜湖高尔夫球会成功举行了高尔夫球世界杯赛,这是首次在中国举行的重大高尔夫国际比赛。随着高尔夫运动的发展,她将由目前高消费的“贵族运动”逐渐转变为公众型的一项活动。

五、高尔夫运动

标准高尔夫球场为 18 个球洞。1 ~ 9 号洞为上半场,10 ~ 18 号洞为下半场(图 13-3)。有步行背球袋打球,也可推球袋车、开球车打球。打球时,以组为单位,每组不能超过 4 人。通常先从 1 号洞发球台发球,以最少的击球数将球击入 1 号洞果领上的洞杯,依次按顺序打完 18 个洞。在打球的过程中,球员相互间无身体接触、对抗,自己打自己的球。

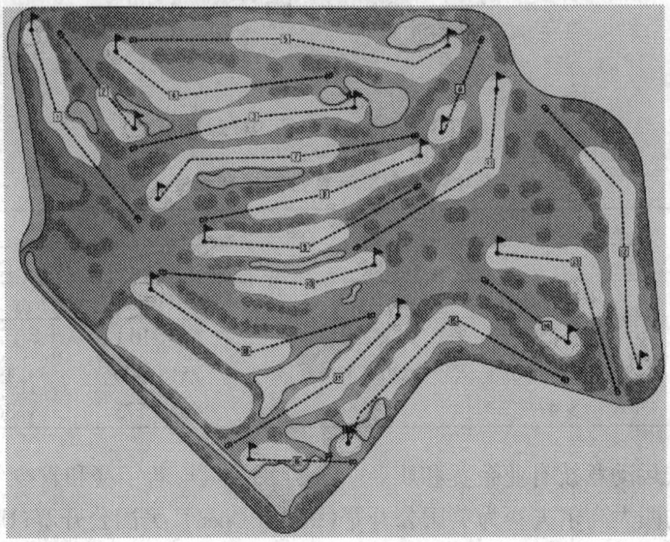

图 13-3　高尔夫球场示意图

一般 18 个洞的高尔夫球场通常设置有 4 个 3 杆球道(Par 3),称短洞;10 个 4 杆球道(Par 4),称中洞(图 13-4);4 个 5 杆球道(Par 5),称长洞,全场标准杆为 72 杆(也有低于或高于 72 杆的球场)。标准杆数(Par)是指选手将球从发球台击到球洞内所需要的击球次数。每个球洞的标准杆数取决于球洞的长度,用码(Yard)表示。球洞的长度指从发球台中心沿着球道中心线到果领中心的距离(表 13-1)。在某一个球洞,球手击球入洞的杆数与标准杆相同的,称“帕”(Par);低于标准杆 1 杆的,称“小鸟”球(Birdie);低于标准杆 2 杆的,称“老鹰”球(Eagle);比标准杆多 1 杆的,称“波基”球(Bogey)。

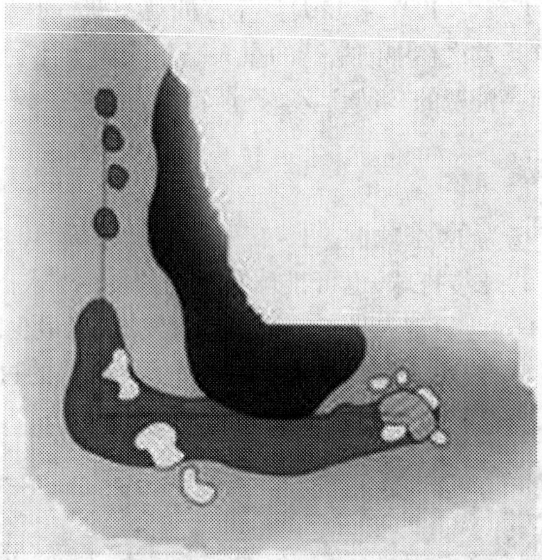

图 13-4 高尔夫球场 4 杆球道

表 13-1 每标准杆数的标准长度

标准杆数(par)	平均长度			
	男		女	
	码(yard)	米(m)	码(yard)	米(m)
3	<250	<229	<210	<192
4	251~470	230~430	251~400	193~366
5	>471	>429	401~575	367~526

高尔夫运动竞技有业余赛和职业个人赛、团体赛、老年赛和青少年赛。世界上最著名的四大高尔夫赛为英国公开赛(British Open)、美国公开赛(US Open)、美国名人赛(US Masters)、美国职业高尔夫球协会锦标赛(US PGA Championship)。赢得此四项赛事冠军在高尔夫球界被称为“大满贯”(Grand Slam)。

六、高尔夫用具

(一)球杆

1.木杆

木杆主要用于击远距离球，按长度分有1、2、3、4、5号。1号木杆(Driver)常作开球杆，3~5号木杆，常在球道上使用。什么情况下使用几号杆，依球手的个人条件、球场具体情况、球所在的位置、地形、方向、距离、风向等来决定。

2.铁杆

铁杆按长度分有1、2、3、4、5、6、7、8、9号，另还有劈起杆、沙杆、推杆(图13-5)。

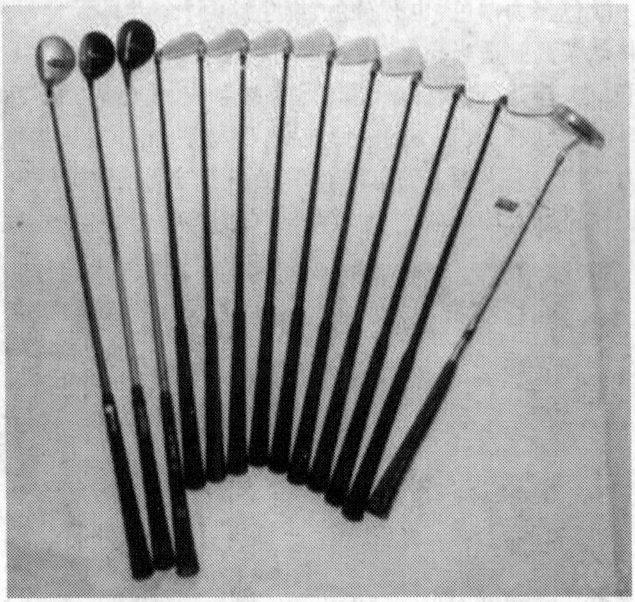

图13-5　高尔夫球杆

1~3号铁杆称长铁杆，击球距离远，不易掌握。4~6号铁杆称中铁杆，击球较高，球落地后尚能滚动一段距离。7~9号铁杆称短铁杆，用于近距离击球和高草地救球。

劈起杆(Piching wedge)，也称P杆，击球高，落地后滚动小，常用于近距离打高近球。

沙杆(Sand wedge)，也称S杆，专门在球落进沙坑时击球的球杆。

推杆(Putter)，专用于在果领上推球入洞的球杆。

每个球手下场打球时,可携带不超过 14 只球杆。需要哪些木杆和铁杆搭配成套,由球手根据自己的需要决定。

(二)球,球座,手套,球鞋

高尔夫球(Ball)是一个质地坚硬、富有弹性、实心白色的小球(图 13-6)。球的直径不得小于 42.67 mm,重量不得超过 45.93 g,标准球速为 75 m/s。从高尔夫球的硬度来分类有软、硬球之分,即 70、80、90、95、100、105,数字越大,球越硬。球的硬度与击球距离成正比,硬球距离远,软球方向性好。按球的解剖结构来分类有单层球(One-piece-ball)、双层球(Two-piece-ball)、三层球(Three-piece-ball)、多壳球之分。单层球多用于练习场;双层球最常用;三层球和多壳球只供较高水平的球手使用。颜色多为白色,也有黄色、红色球,属个人喜爱。球座(Tee),用于在发球台上将球架高到适当高度,使击球时无阻力。手套,多左手配戴,使手与球杆牢固地联成一体,稳定握杆。球鞋,起保护草皮、击球时站得稳、行走时省体力、防滑的作用。鞋底一般有小的胶钉或铁钉,易站稳,不易失去平衡,在果领上也不会因压力不均伤害果领上的草坪。现在许多球场已取消铁钉鞋,逐渐用胶钉鞋替代。因铁钉鞋对球场草坪,尤其是对果领草有较大的损坏性。

图 13-6 高尔夫球、球座和球杆

(三)球包,服装,帽子,伞

球包,用来放置球杆、高尔夫球、球座、手套和其他用品的袋子,也称球杆袋或球具袋。可根据自己的身高、体重、球杆数来选购大小、轻重、材料都适合的球包。服装,着装要舒适得体,整洁干净,不妨碍挥杆和推杆动作。

帽子,在高尔夫球运动中是不可缺少的用品之一。由于高尔夫球运动是在光线充足的户外,强烈的阳光会遮挡人的视线,影响击球,所以常用帽子遮阳、避暑和箍住飘逸的头发。伞,一把大的高尔夫球伞不单遮光,还能挡住突如其来的阵雨。

七、高尔夫礼仪

高尔夫是一项高雅、具绅士风度的运动,要求球员具备良好的道德修养,着装整洁,举止文雅,严格遵守有关的礼仪、礼节。

八、高尔夫球场构造

(一)球场种类

高尔夫球场大都依自然地形、风光设计而建造的。长短、宽窄不一,起伏变化多端,植物景观配置风格各异,所以世界上找不到两个一模一样的高尔夫球场。根据自然的地形条件,高尔夫球场的种类大致有:

1. 山岳球场

显示出山的气魄和原有的山景、林带,球场跌宕起伏,倾斜度大,风景怡人。

2. 河川球场

球道沿河川或人工湖布置,地势平坦,缺少变化。

3. 丘陵球场

依山傍水,地形缓慢起伏,自然多变,介于山岳球场和河川球场之间。

4. 森林球场

球道之间以茂密、高大的树木分隔,球道犹如蜿蜒在密林中的小道,一年四季景色随树叶季节而变。

5. 海边球场

建在海边的球场,海浪波涛汹涌,因此具有风力强、沙粒多、草坪难管理等特点,如著名的美国加州金石滩(Pebble Beach, California)丝柏角俱乐部(Cypress Pt. Club)和圣安德鲁斯球场就是典型的海边球场。

6. 平原球场

地势平坦,变化较少,视野开阔,一览无余。

7. 沙漠球场

建在沙漠里的球场,除果领、发球台、球道外,其余多利用原有的沙漠风貌和植被。

球场的种类没有绝对的划分标准,对于大多数球手而言,他们最喜欢的是综合了各种地形特点的球场:山峦充当果领背景,高大的树木映衬着球道,小溪从宜人的山谷潺潺流过,碧波荡漾的湖泊环绕在球洞间,球道蜿蜒在缓缓起伏的山谷中,洁白的沙坑点缀着绿草,在这风景如画的地方打球,情趣倍增。

(二)球场构造

一个标准的高尔夫球场为 18 个洞(Hole)。洞是球场的基本组成单位,每个洞基本由果领、发球台、球道、障碍区组成(图 13-7)。

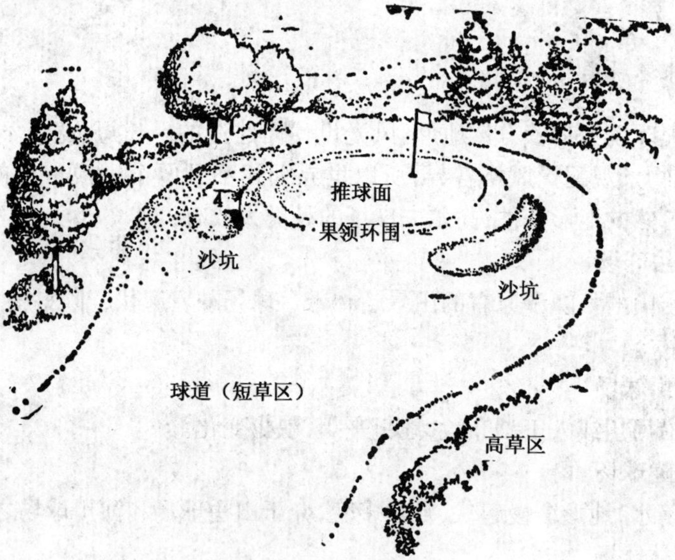

图 13-7 球场功能区

1.果领(Green)

是推杆入洞的地方,击球的终点。果领上的草剪得最低,以便于球的滚动。果领上有一个球洞(Hole),洞内有一个供球落入的杯(Cup)。洞的直径 10.8 cm,深 10.16 cm。杯低于果领表面 2.54 cm。杯的中心插有一根带旗帜可移动的杆,称旗杆(Flag stick)。旗杆能为远距离的选手指明果领的方位。旗帜上标有洞的序号码或球场标志,旗杆上还有一圆球,指明洞杯在果领上的位置(有些球场是以旗帜的颜色来替代圆球)。

2.发球台(Tee ground)

供开球用的一块平整的草坪。一个洞至少备有4个发球台,依次为黑T(Blake tee)、蓝T(Blue tee)、白T(White tee)、红T(Red tee)。黑T为职业选手用,红T为女选手用,蓝T和白T为业余选手用。或者每个球手根据自己的特点选择不同距离的发球台。每个发球台上设有2个可移动的标志物(Tee markers),两个标志物的连接直线称发球线,选手站在发球线之后发球。

3.球道(Fairway)

是发球台和果岭之间的区域,是通往果岭的最佳路线。球道两侧高草部分称高草区(Rough)或长草区。

4.障碍区(Hazards)

指球场上为增加打球难度而建造的沙坑(Bunker)、水、树、高草。沙坑有果岭沙坑(Green bunker)和球道沙坑(Fairway bunker)。水一般是指水池、湖泊、塘、小溪等水障碍(Water hazard)。障碍区的设置使得每个洞都具有挑战性、趣味性和变化性。

第二节　果　　岭

一、概　　述

(一)果领含义

果领(Green)是位于球洞周围的一片管理精细的草坪,是推杆击球入洞的地方。草坪是高尔夫球场的生命,果领又是高尔夫球场最重要和养护最细致的地方。果领质量的好坏常常决定了高尔夫球场的等级。球手判定球场的好坏主要是对其果领的评价。在果领上只准使用推杆击球。每场球有1/3~2/3的杆数是在果领上进行的。所以,果领的设计、建造和养护极为重要。

(二)果领的设计原则

1. 果领的基本造型和结构

果领区位于球道的终端,由推球面、果领环围、果领裙、沙坑等组成。推球面从地形上看略高于周围的球道,以利于地表排水和突出果领位置,为球手在远距离提供击打的目标。在设计果领时,果领的周边至少应有2个以上的排水流向。推球面略前倾,坡度小于5%,斜面朝向球道方向,为圆形或近圆形,面积279~

1 115 m^2,大部分面积在 465 ~ 697 m^2 之间。推球面积的大小决定于以标准杆数击球时,将球击上果领时的击球点到果领的距离,距离越远,面积越大。有时为了调整球道的击球难度,会设计双果领,比如一个水上果领和一个岸上果领,供选择使用。

果领面的外缘是一圈果领环围(Collar),其宽度 0.9 ~ 1.5 m。此区草坪修剪高度高于推球面,低于球道,它可以突出果领的轮廓。在这里也可以用推杆击球。果领环围的外面是果领裙(Apron),也叫落球区,是果领和球道衔接的坡地部分。果领周围也可设置沙坑。沙坑的作用是救球或障碍,其外围一般为边丘,是球道的外缘。果领的周围,与沙坑高草连接地带要有足够的宽度和面积,并流畅地连接过渡,这也便于剪草机能转向或调头。

果领平面形状无规则,18 个洞,有 18 个面积不等、形状不一的果领。总之,果领设计上,面积适当,轮廓变化多样,造型丰富多彩,与周边的沙坑、高草相映相衬(图 13-8)。

图 13-8 深圳沙河球场第 18 洞果领

(三)果领种类

1. 球洞上的果领(Green)

标准的 18 个洞球场上的果领,供球手打球、比赛用。

2. 推杆果领(Putting green)

设在球会出发台附近,单纯的果领,供下场前热身推杆,以了解果领球速、剪草纹路,寻找推杆感觉。

3．练习果领(Practice green)

除果领外,围绕着果领还有缩小的球道、高草、落球区和沙坑,让球手和初学者练习短杆上果领。

4．习洞果领(Practice hole green)

完整的一个球洞,从发球台到果领,与球场上的球洞相似,供初学者下场前,实地练习,亲身感受球场打球的真实性。其果领造型、建造、草种和养护等与球洞果领一样。

5．草圃果领(Nursery green)

选择球场外的一空闲地,面积 400 ~ 500 m^2 不等。不用特别地造型,平坦即可,只要有较好的排水和喷灌。修剪高度和日常养护与球洞果领一样。作用是一旦球洞上的果领草有损坏或需要草皮时,可整块取之换补,与原有的一致,不至于差别过大。

二、果领草坪质量的评定指标

果领草坪质量的评定包括:均一性、光滑性、韧性、弹性、耐低剪性及草丛形成的难易。有经验的球手可根据果领草的颜色、长势和脚感来决定自己推球力度的大小。

(一)均一性

果领草坪均一性(Uniformity)是指草坪坪面高度一致、草种纯净无杂草、密集无裸露地、健康无病虫害斑块、施肥均匀无烧伤块、无剪伤草迹、色泽一致。

由于果领草高度多在 3 ~ 6 mm 低度下剪草,草坪的各种缺陷很容易一目了然地显示出来。均一性是对果领整体坪面和草坪质量的概括。

草坪均一性受草的质地、密度、草种、颜色、剪草高度、养护措施等因素影响较大。

果领草质地一般指草坪表面的细致程度,主要体现在茎叶上。茎叶密集,茎匍匐性强,叶细窄直立生长。由于草坪的目的不同,建植时选用不同质地的草种是关键指标之一。

剪草高度影响了草的直立生长。长期的低剪草能迫使草坪横向生长,易形成高密度和生长一致的草坪。

养护措施如施肥、病虫害防治,能影响草坪颜色、斑块;施肥不均会造成草坪颜色深浅不一;染病的草坪与健康的草坪视觉上颜色不一致;虫害除损害草本身造成变色死亡外,也使果领形成裸露地和疏松凸起的表层。

评价果领草坪的均一性，一般采用视觉来判断。

(二)平滑性

高尔夫球被推杆击打后的结果是在果领上滚动一段距离，它可用球速或果领速度(表13-2)表示。果领速度或滚动距离主要取决于果领平滑程度(Smoothness)。对光滑性影响较大的因素有剪草高度、剪草频率、硬实程度和肥力水平。果领越光滑、平顺，球速越快，养护水平越高。

表13-2 美国高尔夫球协会(USGA)制定的果领草坪速度标准

球在果领草坪滚动的速度	球滚动距离			
	一般比赛		锦标赛	
	英尺(Feet)	米(m)	英尺(Feet)	米(m)
快	8.5	2.6	10.5	3.2
较快	7.5	2.3	9.5	2.9
中	6.5	2.0	8.5	2.6
较慢	5.5	1.7	7.5	2.3
慢	4.5	1.4	6.5	2.0

果领球速的测定，可用“果领测速器”(图13-9)，其方法如下：①在果领上选择一个较平坦的地方。②将球放在测速器后端的V槽中，测速器的前端固定不动，慢慢地抬起测速器后端，直到球开始往下朝前滚动，停止。③拿尺量其长度，记录数据。④如此连续重复3次，得3个数据，取其距离的平均值为A。3次中，球的间距不超20 cm，即数值较准确。如超出，则重新做。⑤在②相反的方向重复②、③、④做法，得另一组平均值为B。⑥A和B的平均值即为该果领的球速。A和B的值差距大于45 cm时，则测定的果领球速准确性不可靠。应重新选择另一地方重做。

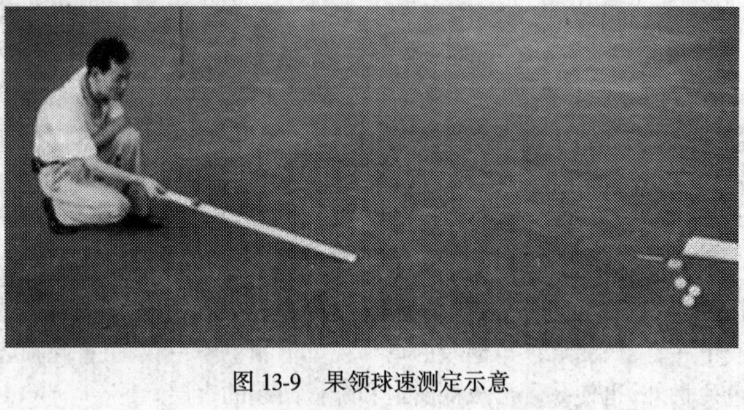

图13-9 果领球速测定示意

果领的速度可用来监测一年中果领养护措施的适用程度。重大比赛中球速多掌握在中快速度以上。日常球场经营时,依来场打球人数、会员打球的期望标准、养护预算、季节变化等来决定果领球速的快慢。

(三)韧性

韧性对承受脚的践踏和球的冲击很重要。每天数百人在果领上走动,数百个球冲击上果领,造成果领表面的凹陷和草坪受损。穿插在土壤中的匍匐茎、根状茎、根系与表层土壤、草坪的枯草层一起形成了一个混合层,它是草坪的耐践踏和缓冲球的冲击所需的垫层。果领的韧性能有效地减轻对草坪的损坏。

(四)弹性

适宜的枯草层和低矮的草的地面部分使草坪具有了相应的弹性。这使打向果领的球具有相应的反弹。球的反弹力与果领剪草高度、枯草层厚度、土壤软硬度有关。果领草留茬越低,枯草层越少,土壤硬实,球的反弹力越强,球手对球的方向变性很难把握。果领太软,球对果领的打击点易形成凹陷,人在果领上走动易留下脚印,使果领的光滑性降低,对球在果领上滚动的方向和控制力无法把握。一定的弹性能使球手对打向果领的反弹球有相应的控制力。所以,果领不能过硬或过软。

(五)耐低剪性

果领草一般留高在3~6 mm,有时甚至低于3 mm,每天剪草1次或2次,以求达到高尔夫球快速、准确的滚动效果。尤其是大型重要的国际比赛,要求相对较快的球速,这就要求果领草能耐低剪,草种表现为:叶片细窄直立生长,节间短小,匍匐性强(或分蘖性强),恢复生长能力快,剪完草后的果领依然是绿茸茸一片。

低而频繁的剪草能使草茎密集和叶片直立,使果领草质感提高,球手能快速地确定球路和球速。

(六)不易形成草丛

由于果领上草坪光滑性要求高,果领上草不能有草丛块,要求果领草坪草匍匐性强,根状茎扩展势强,茎节短小,易形成平展的草面层。

三、果领坪床的建造

果领的选位主要服从于球道的整体布局。基本原则是:果领周围必须有足够的落球空间；必须能顺畅自然地与下一个球道的发球台相邻；果领周围最好有优美的环境；果领周围最好有良好的视线通透区，使观众能从较远处（如会馆）欣赏球手的表现。此外，一般球场还在出发站附近、会馆周围等合适的空地上增建练习果领，既可方便球手练球，又可增强球场气氛。

因为果领在高尔夫球场的重要性，使其在建造方面要求很高。以其单位面积计算，所投入的资金、人力和时间是最昂贵、最费时的，建造的效果也是最精致、最能代表设计者对球场的倾注和意图。目前，世界上通用的果领建造方法为美国高尔夫协会果领建造标准法，现简介如下。

(一)测量和放样定桩

果领的测量和放样定桩是从已确定的果领中心线开始，用永久水准点控制标高，放出整个果领的平面轮廓。在球场开建时即在球场内定下了一个永久水准点，在以后测量果领、发球台、球道、沙坑和湖的高度时，都用永久水准点作为参照点；在每个洞建造前，都要测定出每个洞的中心线，即从发球台中心开始沿着球道在其弯曲或转折点，最后到果领中心，连成的一条中心线，作为每个洞测定放样时的副参照点。

根据设计图纸，在果领的周围，以 4 m 左右的距离打桩，在变化的突出点上如最高和最低点可附加定桩。每条木桩用鲜艳的颜色涂抹并注上标高数，以便引导造型师在实际操作造型机时掌握每点的变化和控制填方或挖方。

(二)地基的粗造型和细造型

果领地基的粗造型一般是造型师按设计图和现场的定桩，指挥和操作造型的机械如推土机、挖土机、运土车辆等，挖除多余或填埋所需的土方，以达到设计要求的高度。果领地基最终定型后的高度低于果领最后造型面 30～45 cm，内凹下去的地基是为了放置 30～45 cm 的排水材料和根层砂质混合物。

在完成机械化的粗造型后，果领地基大致反映了果领地面的变化形状。此时，配以人工对整个粗造型的地基加以修补、夯实、整洁等细致的工作，使之平顺、光滑。有些球场为了使地基更加稳固，地基表层黏土常混合石灰或水泥。

(三)排水系统安装

果领的排水对果领的后期养护管理极为重要，地基的排水是果领排水的基础。排水不畅，很快也很容易在雨季时造成烂草、烂根、长青苔，严重的甚至无法开业打球，需在球道上修建一个临时果领。这在早期的国内南方建造的球场上是普遍存在的问题，给后期的养护管理带来了一系列困难，加大了养护成本，却难以达到良好的养护效果。不论地基排水、根层渗透或地表排水（通过造型实现），创造一个良好的排水体系是果领建造时最重要、最基础的工作之一。

果领地基排水实施步骤：

1. 放样划线

排水系统多采用鱼脊形和平行形（图 13-10），如果第一支管线过长，可增设第二侧支管线，最终的目的是在果领的地基下形成一个有效的、快速的、完善的排水网络。支管之间的间距 4 ~ 6 m，两侧交替排列，角度 45°。放样划线可用喷漆、沙、石灰、竹签或木桩定桩。

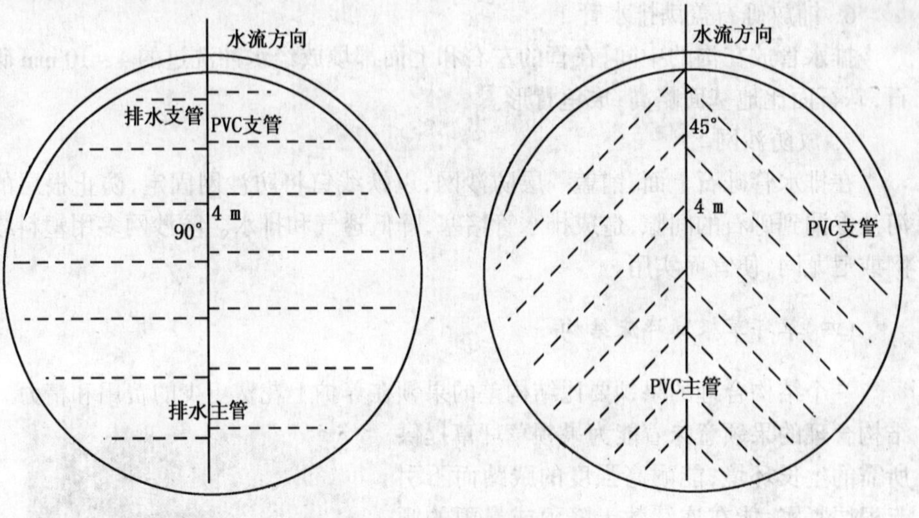

图 13-10　果领地基排水示意图

2. 开沟挖土

不论是机械或人工开沟挖土，沟的深浅依排水管的大小来决定，沟比管宽和深各长 10 ~ 15 cm，如支管是 110 mm，沟深、宽各 21 ~ 26 cm，上下左右留有足够的空间放砾石，将排水管包围在中间。

从主管道进水口到出水口，坡度至少为 1%。在完成开沟后，有必要重新测量一下排水沟的坡度，以达到所需的倾斜度。

3. 夯实平整

排水沟开好后，用木板或其他相应的工具拍实沟的三面，使泥和砾石有较好的分隔。

4. 沟底铺放砾石

排水沟底放入 5 ~ 10 cm 厚、直径 4 ~ 10 mm 经水冲洗过的砾石。南方地区雨水较多,砾石可稍大些,5 ~ 15 mm。

5. 放排水管

排水主管直径 200 mm,侧排水管直径 110 mm。一般选用有孔波纹塑料管,其优点是管凹壁有孔,有利于排水和透气;管凸壁和管凹壁的连接使管子具有一定的伸缩和弯曲性,便于现场随地形放管,不受直线的制约;因其伸缩和弯曲性,不会受地陷影响而裂管或折断。主管和支管的进水口用塑料纱网封口,防止沙、石冲入管内。主管和支管的连接处用三通连接。

6. 铺放砾石盖满排水管

排水管放在沟的中间,在管的左右和上面都填放经水冲洗过的 4 ~ 10 mm 砾石,砾石面比地基面略高,成龟背形。

7. 放防沙网

在排水管砾石上面,铺盖一层防沙网,以铁线钉将防沙网固定,防止根层的河沙渗漏到砾石的间隙,造成排水管堵塞,降低透气和排水。防沙网多用塑料纱网或尼龙网,便宜而实用。

(四)草坪草根际坪床结构

一个结构合理的果领要比结构差的果领在养护上花费更少的费用和精力。结构合理的果领意味着能为果领草坪草提供所需的生长环境;能耐高强度的践踏而不引起根层紧实;能在连续数天降雨或暴雨的倾泻下快速排水;能不因灌溉而影响到养分的供给。现代高尔夫球场果领要求有强透气、透水能力和强耐践踏能力,坪床多采用砂质混合结构。

图 13-11 果领坪床结构层

1. 果领结构层次

标准果领结构层次如图 13-11。在地基和排水层以上是砾石层、粗砂层和根际层。

(1)砾石层。在排水层的基础上,铺上一层厚约 10 cm 经水冲洗过的 4 ~ 10 mm的砾石,将整个果领地基铺满。使用水冲洗过的砾石是为了减少石粉、脏物对石子间隙的堵塞,以便将来根际区多余的水迅速地排入排水管道内。砾石规格如表 13-3 所示,最佳样品为 5～7 mm。

在做砾石层前,将准备的一些竹桩或木桩,划上石砾层、粗砂层的厚度线,以确保地基内这些材料铺放时均匀、符合要求的厚度。竹桩的间距 2 m 左右。密度越大,铺放石、砂越均一。

(2)粗砂层(小石子层)。在砾石层和根际层之间有一层厚度为 5 cm、颗粒直径为 1～3 mm 的粗砂层。它能防止根际层的沙子渗流到砾石层,阻塞排水管。沙的流失造成果领表面的变形,破坏了原来的造型。粗砂层使水从根际区沙到砾石中有一个缓解的过程,起到稳定果领结构,对根际区的沙有阻挡作用。

表 13-3　砾 石 规 格

砾石大小范围/mm	所占百分比
>13	0
13～10	≤8%
10～4	≥87%
4～1.0	≤3%
<1.0	≥2%

(3)隔离板。在果领的边缘即土壤和砂质根际层之间,垂直放入一条带状的塑料薄板,薄板厚 0.5～1 mm,宽 25～30 cm。它的作用一是防止果领外的土壤混入砂质根际层;二是防止果领草和果领环外的草互混,影响到草的纯净一致性。

(4)根际层。这是果领草坪草生长层。标准的现代球场,根际层由沙和有机质组成。沙子标准如表 13-4 所示。沙子通透性好,渗透力和渗漏力高,不易造成根际层紧实,有利于果领形成一个光滑的表面。但沙子的缺点也明显,持水、保肥能力差,通过增加有机质进行改良。有机质种类很多,有泥炭(分为泥炭腐殖质、芦苇-苔草泥炭、沼泽泥炭)、木屑、碎树皮、木质化的木料、椰糠、蔗渣、珍珠岩等等。使用有机质的原则是完全腐熟、分解、精细粉碎。

有机质与沙子的混合比例至少为 1∶10,如 30 cm 的砂质根际层需加 3 cm 厚的有机质。由于果领草根一般多生长在 0～12 cm,有些球场先将 30 cm 的砂质根际层分两层放入果领。第一层先放 10 cm 纯沙,第二层放已混合好的沙与有机质的混合物 20 cm;也有将 30 cm 的沙与有机质完全混合后铺放;还有放好沙子后,铺上 3 cm 厚的有机质,机械或人工搅拌,再造型。选择何种方法,依现场多方情况而定。

表 13-4 美国高尔夫协会(USGA)果领沙粒标准

沙粒大小 Particle size	沙粒直径范围/ mm	重量百分比/%	
		大致比率	理想比率
沙砾(Gravel)	>2.00	0~10	1.0
很粗的沙(Very coarse sand)	2.00~1.00	0~10	5.0
沙(Coarse sand)	1.00~0.50	20~40	20.0
中沙(Medium sand)	0.50~0.25	45~65	63.0
细沙(Fine sand)	0.25~0.10	10~15	10.0
特细的沙(Very fine sand)	0.10~0.05	1~5	1.0
黏土和淤泥(Clay plus silt)	<0.05	0~5	0.0

在铺放沙子混合物时,分层边放边浇水边压实。浇水的好处是能充分地压实沙子,使湿沙粒之间紧密结合,造型完成后,不论喷灌或雨淋,形状不易改变。如果是干沙造型的果领极易出现渗沙变形。

2.果领用沙标准

在决定使用供应商提供的沙和有机质前,先将沙—有机质样品送到实验室做测试,所测出的结果尽可能接近理想水平,以保证果领草坪草有一个优质的根层生长基础。美国高尔夫协会确定的果领用沙化学和物理性能标准如下:

(1)酸碱度(pH)。5.5~7。

(2)电导率(Electrical conductivity)。1份沙,5份水,在25℃温度下,测试电导率,至少小于0.2 ds/m。

(3)沙粒大小分配(Particle size distribution)。见表13-4。

(4)土壤容重(Soil mix density)。理想值为1.25~1.45 g/cm^3,最高为1.6 g/cm^3。

(5)孔隙度(Porosity)。根际层在标准密度和水压为40 cm时,总的孔隙度为40%~55%,非毛管孔隙度大于15%。

(6)持水力(Water retention capacity)。在标准密度和水压为40 cm时,理想值为12%~25%。测定是在105~111℃烘箱处理过的干沙基础上进行的。

(7)渗透率(Infiltration and percolation capacity)。根际层在标准密度和水压为40 cm时,理想的渗透率最小为每小时15 cm。

(五)喷灌系统安装

1.果领喷灌系统组成

果领的喷灌系统虽然仅占整个球场的一小部分,但与整个球场的喷灌连成一个系统。果领区域内的喷灌系统主要由喷头、电磁控制阀、快速补水插座、喷灌管组成(图 13-12)。喷头喷水时才升出草坪,完成喷水后自动降落到草坪中。喷头内设有一方向元件,可调节喷头的旋转圆周为全圆或半圆。电磁控制阀是控制喷头的开关,电源线将卫星控制箱、喷头与电磁阀连接,喷灌时把卫星喷灌

图 13-12　果 领 喷 灌

指令通过电磁阀输送到喷头上,指挥喷头工作。在卫星箱发生故障无法自动喷灌时,可手动开关电磁阀,控制喷头。日常喷灌时,尽量少直接手动电磁阀,否则,极易磨损并失去控制性能。快速补水插座(图 13-13)是果领喷灌系统必不可少的组件之一。它的作用是因风向、坡度或其他原因,需要对果领局部地方进行人工补充水分。它有相应的盖子、插头和管子,用完后将插头和管子收好,盖上涂有绿色的盖子。喷灌管多采用 PVC 或 PE 管,可适当弯曲,其特点是强度高、寿命长,对大部分化学药剂有抗腐蚀的作用,承载容量较大,安装结合件简单。

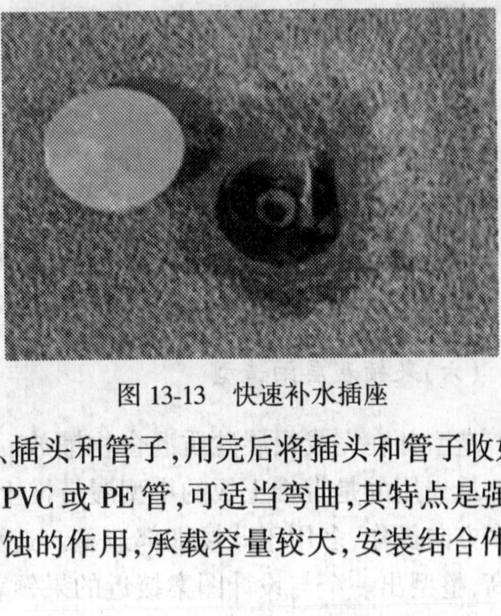

图 13-13　快速补水插座

2.安装

对果领而言,喷灌面要覆盖到整个果领;喷头尽可能地以等边三角形或正四方形分布;每只喷头喷水的最远点达到相邻的喷头出水口,即相邻的喷头喷水能相互 100%重叠,并提供最大的整体覆盖;每个果领 4 ~ 6 个喷头,有些大果领会超过 6 个;每个果领设 1 或 2 个电磁阀门;每个电磁阀门控制 1 ~ 4 个喷头;喷头最大射程一般控制在 20 m;多选择出水量小、细雨状的喷头,使果领表层能有效地吸收。过大、水流快的喷灌,大部分水从果领表面流失,仅是表面的湿润,深根层并没有得到充分的吸收,上湿下干,容易培养出浅根草坪,带来一系列问题,没

有达到自动喷灌的预期效果。喷灌量小的系统除能有效灌溉外,在地下病虫害防治、除露水、去霜冻等方面也有很大的帮助。

由于果领和周边的草坪养护、需水的不同，在做果领喷灌时，应将果领喷灌与周边的沙坑、果领裙的喷灌分开。即设计果领喷头时，安置2种喷头，一种向内负责果领，一种向外负责果领周边。这样做能按需供水，在养护上有很大的便利，不致于使不需水的地方被迫接受灌水。例如，果领边的果领裙区域打孔施肥后，需浇水，只需打开果领向外的喷头即可满足果领沙坑、果领裙对水的要求，而果领则避免了接受不必要的水。我国20世纪90年代初的球场在果领喷灌设计安装上多采用单喷头，虽然建造成本降低了，但以后的长期养护成本和问题却上来了。现代球场在喷灌设计、有效控制成本上开始更多地考虑为建场后管理打下良好基础。设计、施工和管理达到越来越有机的结合，越来越科学。

快速补水插座一般设计在果领边两侧,最好是设在果领后坡下不显眼的地方。

喷灌支管一般填埋在20 cm以下,管子用河沙覆盖四周;感应线穿在PVC小管内加以保护。开沟尽量窄,以减少回填量和使土壤回填时紧实,避免下陷。喷头、电磁控制阀、补水插座的安装深度以其顶部与沙土面相平为宜。各种喷灌管线安装完成后,进行洗管工作,将安装时留在管内的沙、土杂物等冲洗出管道,最后再装喷头试水,调整浇水方向、角度和水压。

(六)果领表层细造型

造型师在完成根层砂质混合物铺放后,会用2种机械进行最后的表层细造型。最先用的是带推土板的小型履带推土机,如小型D4推土机,由于其推土板能多方向操作,多用于球场细部造型。造型师操作造型机,按果领的地型变化、标高,整型出一个与设计图案接近的果领表层。最后用耙沙机(前带小推板后带齿耙的一种机械)反复多次耙平果领。为了使果领的造型面更为光滑,造型师还会用耙沙机牵引着一种网格状的铁制拖网,连同果领边外一起拖耙,一直达到理想的光滑曲线面。此时,果领的造型最终完成,可进入草坪建植阶段。

四、果领草坪的建植

(一)草种选择

草种选择正确与否是果领草坪高质持久的重要基础。本书介绍的草种选择的基本原则和方法对果领草坪草的选择也是适用的。如南方球场选择冷季型草坪草,在炎热的夏季存在着越夏难的问题。一些球场将 Tif419 狗牙根草用于果领,即使加大管理力度和投入,也无法达到果领草坪质量的要求。适于果领的草种应具有如下特性:①低矮、匍匐生长习性和直立的叶;②能耐 3 mm 的低剪;③很高的茎密度;④叶质地精细,叶片窄;⑤均整;⑥抗性强;⑦耐践踏;⑧恢复力强;⑨无草丛。

我国南方地区多选择百慕大系列草种,即采用矮生天堂草(Tifdwarf)和天堂 328 草(Tifgreen)。天堂 328 草是普通狗牙根和非洲狗牙根杂交后子代中分离的杂交种。Tifdwarf 是天堂 328 草的变种。2 个草种有许多相似的特性。它们除保持百慕大草原有的一些优良性状外,还具有叶色浓绿、茎节短、叶细质地佳、耐低剪、耐践踏、恢复能力强、抗旱和耐热等优点,极适合作南方果领草种。

北方寒冷地区、海拔较高的温暖地区、潮湿和过渡气候带,用做果领草的有匍匐翦股颖、细弱翦股颖、多年生黑麦草、草地早熟禾、细羊茅等。普遍使用匍匐翦股颖草;该草质地细软、稠密、匍匐茎强壮、扩展性好、低矮生长、耐低剪和耐践踏性中等,须根系,过夏困难,对土壤适应性较广,易形成芜枝层,适宜的 pH 值为 5.5~6.5,抗盐和抗淹。

匍匐翦股颖草有许多栽培品种,常用于果领的有 Penncross, Putter, Penneagle, SR1091, SR1020 等。早熟禾的栽培品种有 Sabre。多年生黑麦草常用的栽培品种是 Derby, Pennare, Pennfine, Regal 等。

在亚热带的冬季,常用多年生黑麦草、细羊茅、粗茎早熟禾等作为果领的覆播草种。用做果领的冷、暖季型草种特性如表 13-5。

(二)种植

果领草坪的建植多用直播法,也可用铺植法。直播法即在整好的坪床上直接播种。对用草茎无性繁殖的狗牙根等草种来说,种草的步骤大致有预浇水—草根茎植栽—浇水—滚压—养护管理。

1.预浇水

在种植前预先浇湿果领,有利于草根茎的恢复生长,减轻人或机械对果领表面的挤压、破坏,有利于种植方式(点播、开浅沟等)的实施。

2.施基肥

为了使新植的草能快速恢复生长,在种前施含磷较高、氮适中,钾较低的缓效肥料。用手推离心式施肥车均匀地交叉两遍撒施,以耙沙机带一网格状的铁网拖耙数遍,使肥料能在 1~3 cm 表层与沙均匀混合。

表 13-5　用于果领的冷、暖季型草种特性表

英文名	Tifdwarf	Tifgreen	Creeping bentgrass	Fine fescue	Kentucky bluegrass	Perennia ryegrass
中文名	矮生天堂	天堂 328	匍匐翦股颖	细羊茅	草地早熟禾	多年生黑麦草
繁殖方式	匍匐茎，根状茎	匍匐茎，根状茎	种子或匍匐茎	种子	种子和根状茎	种子
伸展习性	匍匐茎，根状茎	匍匐茎，根状茎	强匍匐茎	丛生或短根状茎	强根状茎	丛生
叶　质	很细	细	细	很细	中等	细－中等
叶　色	墨绿	深绿	绿	深绿	深绿	深绿
茎密度	极细短，密度大	细短，密度大	最高	高	中－高	中
土壤类型	良好排水，砂质	良好排水，砂质	砂质，潮湿，肥沃	良好排水，贫瘠土壤	宽的范围，良好排水，潮湿	宽的范围，潮湿，肥沃
成坪速度	很慢	慢	中	中－快	慢－中	快
恢复能力	优	优	最好	差－一般	好	差－一般
耐践踏	好－优	好－优	差	一般	一般	一般－好
耐　寒	差，低温变紫红色	差，低温变棕黄色	优	一般	优	差－一般
耐　热	优	优	一般	一般	一般	差－一般
耐干旱	好	好	差	很好	好	一般
耐　荫	差	差	一般	优	差	差
耐盐碱	好	好	最好	差	差	一般
耐覆盖	好	好	优	一般	差	一般
管理水平	高	中	高	低－中	中－中高	中
需肥性	高	高	最高	低	中－中高	中
剪草高度/mm	2.8～6	4～6	5	6～10	6～7	6～10
结　籽	无	很少				
枯草层	高	高	高	中	中	低
病害潜在性	高	高	高	中	中	中
线虫问题	严重	严重				
虫　害	重	重				

3.种植

将种植材料草根茎(包括根状茎、匍匐茎)或种子预备好,种植方式有:

(1)点播。草根茎从草圃取出，撕开，抖掉根部泥沙，折断成4~6 cm长，点插入沙土，地表露出2~3 cm，点与点之间不必整齐排列，间距3~4 cm，越密成坪越快。为避免因种植工人行走踩出众多的脚窝，取3 mm厚，1.2 m×2.4 m合板，2或3人一张，将茎枝放在木板上，人蹲在木板上逐步向前种植和向前移动木板，种过的部分都被人在木板上无意地压平，起到了滚压的作用。此法能较好地保护果岭的造型，但效率慢。在人工便宜、劳动力充足、无机械化种植时较常采用。

(2)条植。取一小竹片或小木片,轻轻地在沙层上划一个小沟,宽和深2 cm×2 cm,把撕开的草茎放入浅沟内,再将沙轻轻地回覆,行距4~5 cm,不宜过宽。种植时也建议采用A式木板保护果领法,种后果领的表层沙能保持原有的光滑性(图13-14)。

图13-14　果领草人工条植

(3)撒植。将草根茎充分地撕散开,撒在果领面层,密度以少露出沙为适宜。用铺沙机覆沙。盖沙厚度不露根茎,因种后浇水,覆盖的沙子层自然下沉渗入根茎间,会露出部分根茎,减少根茎的水分蒸发,利于其恢复生长。

(4)切压法。将草根茎撒在果领上,驾驶切压机将草切压入沙层。该机由拖拉机加一个圆盘切刀和滚筒组成,圆盘切刀将草切压入果领,滚筒在后随即压实。操作方便,效率高。

(5)铺草皮。在草皮非常充足、要求新建果领在短时间内能投入使用时多采用此法。切出的草皮厚度要均一,有序地铺放在果领上。草块或草卷之间紧密相连。如有条件,最好覆盖一层沙。采用铺植法建坪的最大好处是可缩短工期,且草坪质量有保证。铺植建坪的草坪要在圃地培育:在原土铺一层与坪床成分相同的沙床,在上面播种、养护,成坪后再铺植到果领上。铺植后进行镇压、铺沙等措施,1周后即可达到使用标准。

(6)种子播种。用撒播机播种,均匀、适中、成苗一致。为确保播种完全、均匀,播种交叉 2~4 次,米字型。我国北方多选匍匐翦股颖。匍匐翦股颖的播种量为 6~10 g/m^2,如要加快成坪速度,可适度加大播种量。

4.再浇水

种完后充分浇水以湿润种植层,以不形成表面径流为宜。

5.滚压

用机动式手推滚压机交叉两遍滚压果领,使草根茎或草皮与沙子充分接触,有利于生根发新芽,并能将种植时因人或机械走动留下的痕迹碾压平整,恢复果领细造型后的表面形状。

五、种植后管理

果领草坪开始分蘖时即开始修剪、镇压、铺沙,以刺激坪草匍匐茎的快速扩延,尽早形成致密光滑的表面。按果领正常养护措施管理一个时期,草坪即可达到果领使用效果。

(一)浇水

果领植草后浇水管理原则:少量多次、湿润根层为宜。尤其是在炎热的夏季或干燥的秋季,注意保持表层沙子、根茎或种子的湿润,每天浇水次数不限,3~6 次不等。每次时间限制在湿润表层不形成水流即可。喷头调整细雨雾状为宜,避免水滴过大对沙子或种子的冲击。

(二)施肥

在新根长至 2 cm,新芽萌发 1~2 cm,为了加快成坪速度,定期 10~15 天施肥一次,以高氮、高磷、低钾的速效肥为主。每次施肥后注意浇水。

(三)滚压

滚压(Roll)的目的是压实果领,使果领的表面平滑,并有助于茎枝压入土壤中。滚压前浇水,滚压的效果会更好。滚压的次数视果领松实度和光滑度而定。每周一次较为适宜。滚压机使用动力滚压单联或三联机,能保证压力均匀。手推人工滚筒,因靠人力推动而滚动,反而会在果领上留下很多脚印,不宜采用。

(四)铺沙

由于建植时人为因素、养护管理时浇水不均形成的冲刷、水滴过大对土壤表面的撞击造成小窝点等原因，使果领的表面粗糙、不平、不光滑。铺沙(Topdress)是解决光滑问题的主要措施之一。如果草长到可剪的高度，铺沙前剪草更有助于沙子的沉落和拖沙时均匀的再分配。初期铺沙的厚度稍厚，以覆盖根茎、露出叶片为适度。后期随着果领光滑度加大，铺沙厚度减薄，量少次数加多。每次铺沙时由铺沙机来完成，随后用铁拖网或棱形塑料制网或人造地毯将表面拖平顺。

(五)补苗

因为撒种时造成的局部草苗空缺或因浇水不足等造成种苗死亡,需要在缺草的裸露处进行补植。补植能使果领的草覆盖加快,成坪一致。补植时最关键的还是注意水分的补充。

(六)剪草

初期剪草应在草的覆盖率达90%以上、苗高有10~15 mm时。剪草时间在无露水时进行。剪草高度初期控制在8~12 mm,以后逐步降低至需要的理想高度。剪草次数初期每周1或2次,随着果领草坪的形成加密到每日1次。剪下的草屑随机带走,不宜留在果领上。剪草机采用手推式滚刀型9~11刀片剪草机或三联式剪草机,这有利于保证果领表面平滑整齐。

(七)杂草、虫害防治

初建的草坪极少发生病害。防治方面主要针对杂草、害虫。杂草的概念是除果领草之外的任何草都是杂草。杂草来源于浇灌水、空气、人、机械、草种、沙等。杂草防治可用化学除草剂和人工方法。果领成坪初期,杂草量不会很多,发生时人工剔除。采用除草剂时应谨慎选择。根据杂草类型使用选择性除草剂。使用前,最好先试验一下。将除草剂种类、浓度、用量、时间等掌握好。虫害有黏虫、蚧壳虫、叶虱、叶蝉、草地螟、蝼蛄等。触杀型和传导型杀虫剂对黏虫、叶虱、叶蝉等都很有效。草螟一般在5~8 mm表层土危害茎、叶,喷药后薄薄地浇水,让药剂渗入沙层,即能达到防治效果。蝼蛄采用灌药法或诱饵法。虫害防治最好是发生初期即采取措施至清除为止。

(八)其他措施

1. 划草(Spike)

为加速狗牙根果领快速成坪,用耙沙机携带一种三角形或近似三角形的滚筒式刀片垂直切割草坪,交叉2遍,切断贴地面生长的匍匐茎,促进侧枝多极生长、生根或分蘖,覆盖率提高,成坪时间缩短。

2. 覆盖(Cover)

冬季种植的果领,如狗牙根果领,正常的自然温度下,成坪时间比夏季延长数倍。覆盖地膜给草坪提供适宜的水温条件,幼苗快速生长,缩短常规下的成坪时间。覆盖时,注意水分的补充,中午温度过高时揭膜透气。播种的果领,覆盖是实现快速均一草坪的最好的保护措施之一。采用透气、透水、透光、可溶性纸浆纤维材料或其他覆盖物能有效地保持土壤水分、防止浇灌时种子被冲刷。

六、果领环和旗杆

当果领表面的光滑度达到打球的要求时,剪草留出果领环,安放上洞杯和旗,果领就可以推杆了。

(一)果领环

果领环(Collar)是果领周围的草坪带,其剪草的高度介于果领和球道之间,一般在8~12 mm(图13-15),如果球落在果领环上,可直接使用推杆推球入洞。果领环的宽度由剪草设备来决定,采用手推式果领机留小于两个底刀的宽度,若使用三联剪草机则留小于一次剪草宽度的距离。

图13-15 果领,果领环,落球区,高草区4级

在种植果领草时,范围扩大到了果领环,即果领草与果领环草同草种,在管

理养护上能简化诸多的措施。所以,当果领草长满后,留出新的宽度带来,果领环就可以形成。

果领环每周剪草 2 或 3 次。针对其留草高、枯草厚、表面层比果领高的特点,每年特别空心打孔后铺沙 1 或 2 次,梳草 1 或 2 次。其余日常养护如浇水、施肥、病虫害防治等与果领同步一致。

(二)洞杯

1. 洞杯的规格

洞杯(Cup)是高尔夫击球的终点。洞的直径 10.8 cm,深至少 10.16 cm。通常洞里放置一个金属或塑料杯。杯应放在 20.32 cm 深处。杯口比果领表面低 2.54 cm。杯的外径不得超过 10.8 cm。

2. 洞杯的安放

放置杯口的基本原则是平整,洞杯周围半径 0.9 m 的范围内坡度不能太陡,没有坡度角度的变化。尽可能没有球疤,洞杯离果领边缘至少有 4.57 m 的距离。当果领较湿、土壤紧实和冬季打球的人较少时,洞杯放在果领的前面,有助于保护果领余下的部分不受践踏、摩擦的损害和避免土壤紧实。如果在雨季洞杯位置要提高,以防土壤过度持水甚至积水。

果领洞杯放置的传统方法被许多高尔夫球场采用,例如,果领前部 - 球座在后,果领后部 - 球座在前,果领在中 - 球座在中。这种方法用在 18 个洞的球场上时即洞杯 6 个在果领前面,6 个在中间,6 个在后面,其中 9 个在果领右边,9 个在果领左边。这种综合放置的方法,能避免球道过长或过短。

3. 洞杯的更换

洞杯的位置定期或不定期的移动称为洞杯的更换。更换洞杯的位置,是为了转移果领上的人流中心,使果领表面经受均匀的打球强度,保护原洞杯周边的草坪,以免长时间击打、踩踏、摩擦,使土壤紧实,破坏草坪;移动洞杯还能增加赛事的刺激和竞争。

更换洞杯位置的次数依以下因素决定:①打球的强度、胶钉鞋印痕和球疤;②草坪相对的耐磨损性;③草坪受损的恢复率;④土壤的紧实度;⑤需要改变打球线路。洞杯位置更换根据具体运作决定,通常是周末来打球的人数多时,每天移动 1 次,平日 2 天 1 次;冬季,打球人数少时,3~4 天 1 次或间隔天数更长。新的位置尽可能远离原位置。如遇大型比赛,则根据赛会要求和规则设定洞杯位置。18 个洞中,难、易、中均匀分配。在一日的比赛中,洞杯的位置是不能改变的。

洞杯的更换、安放是一项要倾注耐心和认真的工作。因为洞杯不正确的放置会影响到果领上推杆的质量。

挖洞器是用来挖球洞的,它能精确地挖出与洞杯直径一致的洞。挖洞器取出的芯土正好可将旧洞填满,填入的芯土表面应略高于周围,如有缺土,可在洞底垫少许沙,然后用手或脚将芯土表面压平,并及时浇水,否则芯土表面的草坪会失水死亡。一般果领管理者用随身携带的水壶补水。

洞杯用取杯器从旧洞取出后,放入新洞并保持合理的高度,放上洞杯安装器,踩一下安装器,使其外沿与推球面贴紧,再取出安装器,洞杯便安装成功了。此时洞杯上口距地表 2.5 cm。在这 2.5 cm 的根系层中,如有未被平齐切断的根、茎伸出,应用小剪刀仔细地剪断,使洞口的草和根茎整齐。否则,根茎会对球入洞形成不合理的障碍。

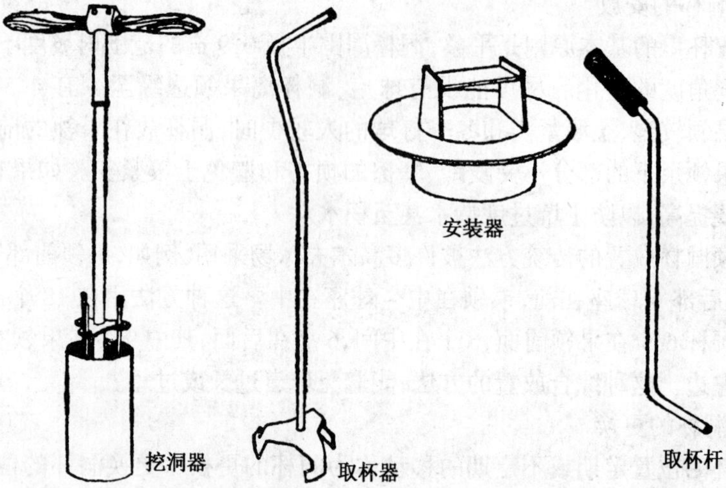

图 13-16 换洞杯的工具

(三)旗杆

旗杆(Flagstick)高 2.4 m,通常为黄色、红色或两色相间。旗帜选择鲜艳的、与果领底色有较鲜明对比、球手从远处易于辨认的红、黄、蓝等几种颜色。旗杆指示了球洞的位置,通常在旗帜上以颜色显示,与发球台发球线标志颜色相配,或者在旗杆上装上一个可上下移动的圆球,圆球在旗杆上方表示洞杯在果领的后部,下方表示在果领前部,中间则表示在果领中部。球的颜色有白、红色,与旗杆有所区别。

七、果领的特殊养护管理

高尔夫球场果领代表了草坪养护的最高水平。它除了草坪常规的养护技术措施外,还需要采取一系列特殊的措施满足草坪的生长发育,以符合球场营业的需要。

(一)剪草

1. 剪草机(Mower)

果领草坪要求修剪相当精细,必须使用专用的修剪机,即滚刀型修剪机。通常使用的有2种,手推式果领修剪机和坐骑式修剪机。普通手推式修剪机的剪幅为0.53~0.56 m,坐骑式修剪机又叫三联式修剪机,它有三组刀片,剪幅1.5~1.6 m。使用坐骑式修剪机可提高工作效率,特别是在果领间转移时很省时间,但它的修剪效果不如手推式理想。

使用9片或11片刀的剪草机有利于保持果领表面平滑、整齐。常用的剪草机以TORO牌为例,如表13-6所示。

表13-6　果领剪草机类型

机　名	Greensmaster 500	Greensmaster 1000	Greensmaster 1600	Greensmaster 3100
类　型	手推,步行,单刀	手推,步行,单刀	手推,步行,单刀	三联
剪草宽度/cm	53	53	66	150
刀片数	9	8/11	8	8/11
剪草高度/mm	3.2~17.5	2.0~12	3.1~31.8	2.4~19.0
重量/kg	77	94	104	473,463,485
燃油	汽油	汽油	汽油	汽油
发动机	Kawasaki 3.7 HP	Kawasaki 3.7 HP	Kawasaki 3.7 HP	16 HP
剪草区域	果领,果领环	果领,果领环,发球台(8片刀)	果领,果领环,发球台,落球区	果领,果领环,发球台,落球区

2. 剪草频率

正确、合适的剪草频率可以让草坪保持最佳的场地状态,增加草坪密度、质地。过高的剪草频率导致草坪草受损过度;过低的剪草频率会降低草坪密度和质地,容易产生"慢果领",导致无法确定球路和球速。正常情况下每天剪草1次,时间在清晨视线可见之下进行。在下列情况下可以不剪草:①封场保养日。

营业过重的球场，为了让草坪得以休生养息、恢复生长，常常在一周中选择半日或一日封场停止打球，这一天可以不剪草。②铺沙过后的果领。③连续下雨的雨天(除重大比赛外)。④冬季草生长缓慢或停止生长时。遇上重大比赛时，果领每天需要剪 2 次草，第二次是在第一次完成后以 90°的旋转角正十字交叉剪草，以提高果领速度，迎合职业选手和低差点的选手。

在冬季低温，草微弱生长或处于休眠状况时，剪草频率要大大降低，每周1～3 次，这是为了保护果领又不影响球场营业。

3. 剪草高度

有效的剪草高度是指草坪剪草至土壤表面以上的高度。剪草高度受草坪生长发育状况、季节变化、球场营业、球手的期望、养护水平、成本等很多因素的影响。一般剪草高度在 3～7.6 mm，在草坪密度有保证的情况下，剪得越低越好。

4. 剪草的方式

剪草时行进路线和方向称之为剪草方式。每天剪草的第一刀应正对着旗杆，直线剪过洞杯到果领环，调头回来稍压第一刀的边缘少许继续剪第二刀，直至果领的一半剪完后，再与第一刀相反的方向将另一半果领剪完(图 13-17)。完成直线剪草后，绕果领边 1～2 周，将漏剪的边缘草剪掉，也能使果领剪草更加整齐。无论使用何种修剪机，都要保证在推球面上是直线运动，转弯时一定要离开推球面；在最后或开始时围绕推球面剪成圆形。须注意的是：修剪果领环围一定要提高剪草高度。

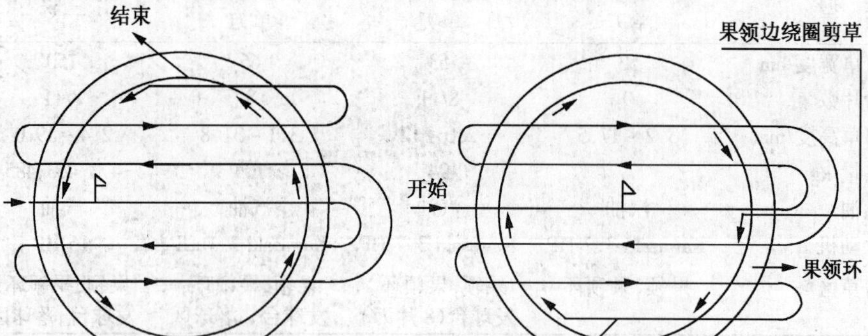

图 13-17　果领每天剪草行走线路示意图

每次剪草用“米”字形交替进行(图 13-18)。要避免在同一地点、同一方向进行多次重复剪草，否则容易产生草坪纹路。草坪纹路是草叶横倒向同一方向而产生的条纹现象。纹路是剪草机对草坪施加压力，迫使草叶倒向剪草机前进的方向，在阳光下，形成白绿相间的不同颜色。在果领之外的其他草坪上，纹路具有美观球场、辨别方向、区分功能区的作用，但在果领上，则不希望纹路的产生。纹路影响到球的顺利、匀速滚动。通过改变剪草线路和方向，可以减少纹路现象产生。一般果领机都带有刷子，其作用是将草叶扶起，有助于垂直生长。

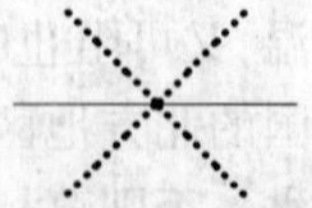
图 13-18　果领每次剪草米字型交叉

5. 草屑

果领剪草机剪草要带草斗,用于装剪下的草屑。除施肥之外,草屑不应留在果领上。留在果领上的草屑,虽然能增加沙层有机物质,但它产生的枯草层、病菌、虫害、排水不畅、堵塞水分下渗等会影响果领的草坪质量和推杆。每天剪下的草屑随运草车运出球场,可堆积场外腐熟后作有机肥用于球场,如用做园林土壤改良的有机肥来源等。

6. 果领修剪的其他注意事项

①修剪前应仔细检查推球面,清除异物如树枝、石子、果壳及其他球员遗留物等。否则这些杂物会嵌入果领,影响果领效果或损伤剪草机刀片。

②修剪前应清除草叶上的露水,可用扫帚轻扫或用长绳横拖推球面的方法清除。

③修剪果领的工作人员必须穿平底鞋,以免破坏推球面。

④修剪前必须先修复球击痕。

⑤修剪机须平稳、匀速前进,避免划伤草坪面。

⑥当果领受雨水浸泡草层变软时,可提高剪草高度或减少修剪次数。

⑦经常检查剪草机,勿使汽、机油滴漏在草坪上。

⑧剪草机必须带集草箱作业,将碎草收集干净。

(二)果领草坪的灌溉

频繁的灌溉是果领日常养护必不可少的工作内容。果领的强低修剪会使草的根系变浅,吸水能力受到限制,沙床的持水力又很低,这一切都要求充足的灌水才能保证草坪草生长旺盛,具有强恢复能力和漂亮外观。在天气炎热或气候干燥的生长季节,果领必须天天浇水。

浇水的时间宜在晚上或未使用前的清晨进行,一般不需要大水灌溉,水能渗透 15 ~ 20 cm 即可。在又干又热的天气,可在午后将喷灌打开几分钟 ,既可给草坪冲洗降温,又可阻止叶片水分的丧失。

在我国的北方地区，冬季干燥而多风，这时无论果领是否使用，都应及时灌水或补水，否则草坪会因土壤干旱失水而死亡。冬季浇水应选在温暖的中午进行，浇水量以能使水渗入地下又不在推球面形成积水为度。万一在推球面形成冰层或遭受暴雪，要及时小心地清除之。球场使用地埋伸缩式喷头时，要经常进行检查，避免喷头被冻住或被异物卡住，不能自由升降，造成局部缺水或积水。

果领灌溉多采用自动控制系统,也可使用手动喷灌形式。有的甚至还在使用地上摇臂式喷头,进行完全的人工作业。无论采用何种灌溉形式,浇水都要根据实际情况灵活安排。

(三)果领草坪的施肥

果领草坪的施肥方案应参照本书第 7 章的内容及具体情况确定。

1. 施肥的原则

果领需施重肥来保持其积极的长势和良好的外观。施肥量以不引起病害,不影响球的滚进速度为准(生长过旺会增加草的刚性,影响球的滚动速度)。总的施肥原则是重氮肥、轻磷钾。氮肥的施用量,比磷钾肥的 2 倍还多。一般情况下,春秋两季结合打孔可施全价肥,平时追肥多为氮肥。微肥应参照土壤测试结果施用。

2. 施肥量

果领的施肥量取决于果领坪草的品种、当前坪床的土壤情况、当前气候、所用肥的种类等因素。施肥的频率主要取决于草坪对相应元素的月需求量。在生长季节,可能每 3 周就要施肥 1 次,但若选用缓效肥,则可减少施肥次数。在匍匐翦股颖果领上,夏季较热时期或冬季来临前要减少氮的施用量。狗牙根草在生长缓慢的秋季也应减少施肥量。当夏季某些病害发生时,更应限制氮肥的施用,以免病害加重。

3. 施肥方法

果领施肥一般用肥料撒播机撒施。结合铺沙进行时,可先撒肥后铺沙或将肥与沙混合后同时撒施。结合打孔进行施肥时应先打孔后施肥,肥料颗粒直接落入根系土壤为佳。施肥后应及时浇水,以免灼伤根系及茎叶。肥料进入草垫层后,可以加速枯草层的分解,减少其对果领造成的不良影响。用肥料和沙混合撒施,除给草坪提供养料外,混入的河沙可积聚在果领因自然下陷而形成的低洼处,保证了推球面的平整、光滑。果领追肥一般不用叶面肥。

4. 其他

微肥的施用主要依据土壤测试结果进行。在沙床果领中较易发生缺铁症，严重影响草坪的色泽，可施用一定量的硫酸亚铁来进行弥补。土壤的 pH 值通常用石灰和硫来调整。但有时施入硫以后，由于土壤过度紧实或遇到积水会在土壤内形成嫌气条件，过量施入的硫就会与土壤内的某些元素起反应，形成黑色难溶物质。由此造成的“黑土层”有时可深达十几厘米，影响了土壤的通透性。当这种情况发生时，可采用打孔通气的方法解决，情况非常严重时，要对“黑土层”进行更换。

(四)病虫害及杂草防治

果领的病虫害防治是一项很重要的工作，因为连续的践踏和强低修剪，会使草长势变弱而易受病菌侵害。在果领管理中，定期喷洒杀菌剂是一项固定的管理内容。在易于生病的季节，果领至少要每周或每 2 周喷杀菌剂 1 次。

虫害的发生与管理质量、气候有关。治虫的关键是及早发现、及早施药。特别是地下害虫大量发生时，很具隐蔽性，会给人以错觉，以为是病菌危害而错过治虫最佳时期。所以，当果领出现原因不明的变黄、干枯、死亡时，应及时检查地下情况。一旦发现害虫，应立即施用杀虫剂杀虫。否则，可能会给果领造成毁灭性的损坏。

杀菌剂、杀虫剂结合使用并定期喷洒是可取的防治措施。须注意的是：药应选多种，轮换使用，以免产生抗药性，不应连续使用同一种农药。

鼹鼠对果领的危害也时常发生，对付鼹鼠目前还没有特别有效的方法。一般采用投放毒饵和人工捕杀的方法。

果领的杂草危害一般不会严重，因为一般的杂草都因难以适应强低修剪而自然消除。偶有少量杂草发生时，可用人工拔除。对于尚未成坪的果领，有时会出现矮生阔叶杂草，可用选择性除草剂杀除。

(五)修补球疤

当球落上果领时，会对草坪向下撞击，形成一个小的凹坑，叫球击痕(Ball mark)。在雨季、地面潮湿、土壤松软时，容易造成球疤。果领养护者要及时修补球击痕。因为它不仅会影响果领的推球效果，也会影响果领的美观。虽然球疤的修补是球童和球手上果领时首先要做的的事情，但也是球场草坪养护工作之一。球疤修补一是要及时，二是方法要正确。球击痕的修复方法是用刀子或专用修复工具(如 U 形叉)插入凹痕的边缘，向上托动土壤，使凹痕表面高于推球面,再用手或脚压平即可。图 13-19 给出了修补球击痕的示意图。

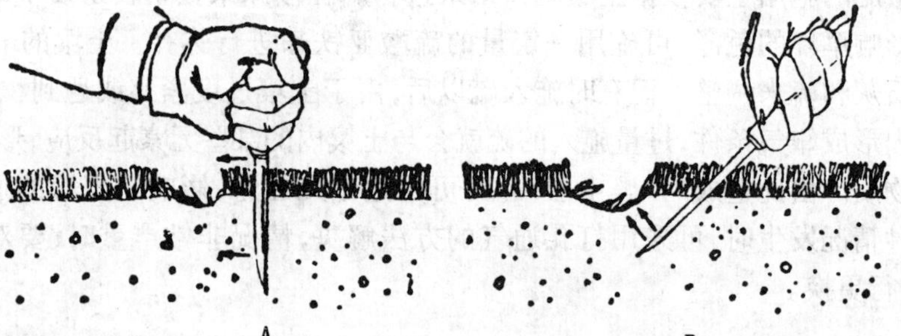

图 13-19 修补球击痕的示意图

专用修补球疤工具像 U 字形,尖而硬,用塑料、木制、铁、不锈钢等材料制作,如图 13-20。

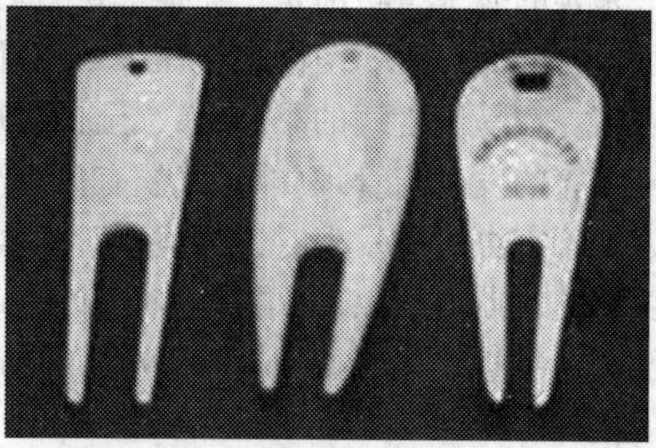

图 13-20 果领球疤修补工具——U 叉

(六)打孔(Core)

打孔是用一种空心管或实心管,借助打孔机的动力,垂直打入果领土层,空心管提上来时就会一起附带上有草的圆柱形土块,并在土中留下孔洞。

打孔是在土壤紧实、需要根部灌药、防治地下害虫时才决定作业的。打孔是解决土壤紧实的最有效方法。当冬季低温、土壤过湿、过干时不适宜进行打孔。打孔应在草的生长季节进行。打孔管有空心、实心、中间开口三种。根据果领状况,每年通常打孔 2 或 3 次,孔深 4.6 ~ 10.2 cm,孔径 5 ~ 15 cm 不等。孔洞的形成使水、气、肥、农药等更容易进入根系层,根深苗壮。打孔通气不仅可以改良土壤的物理性状,还可以切断老根,给新根生长创造空间,防止草坪老化,增强施肥效果等。打孔和垂直切割都可限制杂草生长,并调节草坪密度,提高质量。对过于致密的草坪,打孔可使其变疏;对过于疏稀的草坪,打孔可刺激草茎的生长,使草坪致密。

(七)划草(Spike)

划草是刀片垂直向下切入土表仅 1.3 ~ 2.5 cm 深、长 5 ~ 12 cm、宽不足3 mm 的小孔,是改变草坪通气透水的一种作业。它与打孔不同之处在于,不带土块上来，不用深度铺沙，对果领草破坏性小。划草能减缓土壤表层板结，利于水穿透硬壳状的表层、枯草层、草垫向下到达根部；更重要的是划草有助于根状茎和匍匐茎生长出新枝和根；当土壤表面潮湿、长青苔时，划草能提高表面土水分的蒸发和渗透。所以，每年划草的频率高于打孔，次数视天气、土壤面层状况而定。

（八）切割（Slice）

切割是三角形的刀片垂直向下切入草坪 5～10.2 cm 深的一种作业。它与划草的作用一样，但它比划草的深度要深很多，对土壤的破坏介于打孔和划草之间。每年切割的次数少于打孔 1 或 2 次。

（九）补草

高尔夫球场应备有果领草储备圃，以备果领出现损坏时修复使用。修复果领时应将斑秃、损毁部分整块切除，露出沙床，然后取同等面积备用草铺设，完成铺沙、浇水、滚压等管护后即可使用。换草器（Turf doctor）是一种取草的工具。取出的草块面正方形，垂直根部为梯形，上宽下窄。当果领局部因病虫害、干旱、肥害、药害、剪草漏油等原因出现草坪死亡，需要更新草坪时，换草器是很有用的工具。将需要更换的草用换草器取出，再从草圃采取出大小一致的草皮，铺回果领，覆盖上一层沙，能很快恢复果领原状，对果领推杆没有太大的影响。

（十）梳草（De-thatch/Vertical-mowing）

梳草是通过高速旋转的水平轴上刀片梳出枯草层的枯草，就好像人用梳子梳头时梳出头发一样。

(1)枯草层产生的影响因素。①草坪草的生长：草种、肥料、水分等因素都能影响草的生长，进而影响枯草层的产生；②分解速度：含木质素越多的组织越难分解，越易造成枯草层；③草屑去留：果领上留草屑越多，枯草层越易形成。

(2)过量枯草层的危害。①容易发生病虫害；②减缓水、肥、农药渗透；③使草坪浅根化；④剪草剃头；⑤降低球速。

(3)防治措施。梳草是防治枯草层最有效的措施。梳草的次数取决于枯草层形成的速度。如狗牙根果领，在每年春秋季每 3～5 周可以进行轻、中度梳草；夏季深度梳草；冬季低温时不能实施梳草作业，否则草难以恢复，极易造成草坪斑秃。

（十一）铺沙和滚压

铺沙（Topdressing）和滚压（Rolling）也是果领管护的一项日常内容。铺沙是将沙子或沙肥混合物覆盖在草坪表面的一种作业，目的是为了防治枯草层、保持果领的平滑度和草坪的美观。当与施肥结合时，会提高施肥效果、促进草坪生长。通常情况下，修剪、铺沙、滚压可依次完成。

果领铺沙频率很高，在打孔、梳草、划草、切割等工作后都要辅助铺沙。在冬季无法做更新草坪的特殊工作时，通过少量铺沙能促进草的生长。平时每3~4周薄而少量铺沙，每年铺沙至少12次。铺沙要用铺沙机进行，铺沙厚度一般为2~3 mm。铺沙厚度取决于铺沙的性质。打孔铺沙时应加大铺沙量，至少要填满孔洞；在浇水后，沙子下沉，还要再铺沙一两次，沙层比较厚。梳草铺沙，沙薄而少。铺完沙要用草坪刷刷梳草坪。

滚压可以使用果领滚压机，生长季节每10天进行1次。果领滚压可强化修剪的花纹效果，并保持果领表面草坪的致密和坪床的坚实。

（十二）百慕大果领的冬季覆播

部分南方地区或过渡气候带常选择百慕大草作果领草，在秋末－冬－初春期间，百慕大草进入休眠状态。为了使果领正常营业，保持常绿状态，常在秋末在果领上播种冷季型草种子，提供过渡型果领。常用的有多年生黑麦草、一年生黑麦草、匍匐翦股颖、一年生早熟禾等。播种量根据草种的千粒重、发芽率、环境条件、播种后的管理等因素来决定。

（十三）染色剂(Turf marker)

染色剂是短时期保持草坪绿色、不伤害草坪的一种化学剂。主要用在：①果领叶面施肥、喷洒农药时，使用染色剂能使操作手明显地区分喷洒与未喷洒的界线，不致于发生重复或漏喷现象。②当冬季举办大赛，果领草坪颜色不尽人意时，使用染色剂能给人一个较好的绿色视觉效果。

（十四）覆盖

在我国北方地区的冬季，果领需要覆盖保护越冬。冬季不使用的果领可厚盖一层沙或草炭土，然后再适当加一些覆盖物如塑料薄膜、无纺布、草帘等，即可安然越冬。冬季使用的果领，应在正常管护的基础上，每日晚上加盖覆盖物，白天使用时揭开。覆盖物的选择应根据当地气候而定。覆盖的果领应经常检查，防止草坪失水；防止温度过高导致的草坪过度生长。在不太冷的中午，可揭开覆盖物，让太阳照射2 h左右，以增加地温。在刚覆盖和要撤除覆盖时，要逐渐过渡，使草坪慢慢适应。春季撤除覆盖不可过早或过迟，要根据实际情况而定，否则会对果领造成伤害。

第三节　发　球　台

一、概　　述

发球台(Tee)为每一洞球手挥击第一杆的开球区域。因这块区域一般高于球道,呈台状,故称发球台。其最常用的形状是近似圆形、椭圆形,还有长方形、正方形、8字形、L形等,单个独立或多个连体、或一个多层次、梯形。

一个洞的发球台至少备有4个,一般有3~5个发球台,最多可达7或8个。依次为黑T(Blake Tee)、蓝T(Blue Tee)、白T(White Tee)和红T(Red Tee)。黑T为职业选手用,距离果领最远;蓝T为男业余球手用;白T为初学的男球手或水平高的女球手用;红T为女球手用,离果领最近。

发球台台面平坦,前后有1%的倾斜,4个发球台标高从黑T到红T依次降低。发球台可用面积最低标准为:①对于4杆洞和5杆洞,需9.3 m^2。②对于用铁杆上果领的3杆短洞,需18.6 m^2。在实际应用时,常达到这个最低标准的2倍。蓝T和白T使用人数多,草坪受践踏和破坏严重,在设计上面积大于黑、红T。在一些营业繁忙的球场,如有投资条件保证,增建1或2个蓝、白T,更有利于球台的轮换使用和养护,给草坪休生养息。每个洞的发球台大小、形状多变,可以增加高尔夫球场设计的趣味性。在发球台不同的地方开球可以有不同的障碍、自然景观效果。不同的发球台可提供不同的球道长度和难度,以增加运动的挑战性。发球台上除设有不同颜色的发球标志外,还设有显示该发球台距果领距离的码数牌、球道平面示意图、垃圾箱、沙槽、坐凳等附属设施。

发球台标志物(Tee markers)是两个可以移动、限定发球区域的标志物。两个标志物的连接直线称为发球线,球手站在线后发球。过去规定的两个发球标志物之间的距离是两球杆长,但在现代的球场经营中,打球人数已远远超过早期的规模,两个标志物之间的距离增加到5~6码(1码=0.914 4 m)。

发球标志物的出现,使计算球洞的长度能以码数(Yardage)确定下来。球洞的长度指从发球台中心沿着球道中心线到果领中心的距离(表13-7)。码数作为永久性标志放在每个发球台右边缘中间的(图13-21)。码数表示了该发球台到果领的距离。球手根据码数多少、球道变化来选择不同的球杆发球。

表 13-7 深圳沙河高尔夫锦标赛 18 洞长度 码

洞号	黑 T	蓝 T	白 T	红 T	Par	洞号	黑 T	蓝 T	白 T	红 T	Par
1	420	381	350	312	4	10	411	371	343	315	4
2	596	539	500	469	5	11	531	506	474	429	5
3	306	277	247	222	4	12	198	177	162	143	3
4	375	355	306	285	4	13	457	427	386	352	4
5	540	520	469	441	5	14	555	481	450	404	5
6	182	163	144	122	3	15	215	186	151	126	3
7	372	354	336	313	4	16	364	339	305	278	4
8	458	423	381	344	4	17	235	213	193	170	3
9	406	376	339	326	4	18	499	456	424	392	4
下半场	3 655	3 388	3 072	2 834	37	上半场	3 465	3 156	2 888	2 609	35
总计	7 120	6 544	5 960	5 443	72						

图 13-21 发球标志物和码数、洞牌

发球标志物是每个 T 台最基本的特征，它们用于特指某一天每个洞只能从这个发球区域开始发球。移动发球标志物可以为每个洞的击球带来一些变化，使草坪管理者控制球手分流和草皮痕的分布，避免某一区域草坪过分损伤。同时为损坏的草坪赢得了恢复的时间。

发球标志物移动的频率是由打球的密度和草坪的损坏程度来决定的。平日一般 2 天移动 1 次，周末、节假日每天 1 次。移动时位置的确定尽可能与果领洞杯协调，以保持球场整体距离的一致性。通过有计划地放置球洞杯和发球标志物，使球手每天开球的感觉和进球的挑战都不一样，这能提高球场给球手带来的乐趣。

在每个洞的发球台边都竖有一块洞牌，上面标有球洞编号、简称、码数、标准杆数、球洞平面图，指示球手打球。洞标木制、石制或其他材料制作，形状各样，没有统一规定。

二、发球台的建造

发球台的平面布局形式多样，有的按球道轴线依次排列为直线型，有的呈弧线型，也有的呈不规则型。在立面上可设计成阶梯状，由前向后依次抬高。注意发球台层次和彼此之间的连接，能为日后剪草创造出一个较美观的图形。另外，也可设计在同一台面上，相邻发球台即可分离也可相连，并无特别标准。

每个发球台的地基为平台形，坡度1%，前高后低。用挖土机和推土机粗糙地开挖或填土方，达到相应的标高后，用小型多方向造型机细造型出发球台的台基，并以人工辅助精细整理。由于发球台为台形，在一些落差极大的发球台斜坡面，土方必须紧实，以防日后塌陷。

发球台面积小，受到践踏容易损坏。表面快速排水和渗透排水很重要。排水沟的形状、所需的材料与果领相似。

发球台的喷灌系统是由一至数个电磁阀控制的、能覆盖整个发球台浇灌的喷头、管道、补水插座组成。喷头安放在台面的边缘；斜面安放因台形角度造成实际浇水距离和面积要比设计得小；补水插座设在蓝T和白T之间的边侧，能控制到整个发球区域的补水。

发球台的面积大小差异很大，台面面积一般为10~1 000 m^2，不宜太宽。一般第一球道和第十球道发球台面积较大，这是因为第一、第十球道分别是上半场(In course)和下半场(Out course)的出发点，球手在此聚集的可能性较大，为容纳更多球手而设计的。台面可保持1%~2%的排水坡度。

发球台的坪床结构同果领近似，但与果领不同的是，在完成排水沟建造后，直接将沙和有机质混合物放到地基上，省去了砾石层和粗沙层。沙子混合物厚5~25 cm。一些球场为降低成本，常省去下层排水盲管，减少滤水沙层的厚度，选用低养护费用的草坪品种。

三、草坪建植

(一)草坪质量要求

良好的发球台草坪要求平滑、坚实、致密、均匀、有弹性、草层低。

平滑能使球手达到一个水平、稳定、平衡的击球姿势；平滑、致密、草层低这三点保证了发球台草坪整体的优良特征，即提供一个生机勃勃、感觉良好的打球环境。

草坪的表层土壤必须具备弹性,这样容易将球座插入土壤中。在近期未曾浇水的土壤上,要插入球座几乎是不可能的。

发球台草的剪草高度介于果领草和球道草之间。对这一高度的具体要求是:当球置于球座上时,球应是明显地位于草叶尖上,这个高度是每位球手最佳的击球高度。

(二)草种选择

发球台的草种要求的特点包括耐践踏、恢复能力强、能耐 8~15 mm 的低修剪、能形成密集的草坪。发球台的草种选择范围较广,狗牙根、匍匐翦股颖、草地早熟禾、多年生黑麦草、结缕草等均可使用,其中结缕草的养护费用最低。

暖季型草种有 Tif328 草(Tifgreen)、Tif419 草(Tifway)、结缕草(*Zoysia japonica*)、沟叶结缕草(*Zoysia matrella*)、细叶结缕草(*Zoysia tenuifofia*)、海滨雀稗(*Paspalum vaginatum*)等。

冷季型草种有匍匐翦股草、细弱翦股颖、一年生早熟禾、草地早熟禾、多年生黑麦草、紫羊茅等。各草种的生物学特性详见草坪生物学基础和草坪建植有关章节。

(三)种植

发球台草坪的建植采用直播法、铺植法均可。具体操作与果领一样,参见本章第二节果领。落差大的发球台因其倾斜性在周边种草时多以铺草皮为主,有助于稳固台面,防止下雨、浇水的侵蚀和坍塌。

与果领一样,在过渡地带和南方的发球台常在冬季覆播多年生黑麦草、一年生黑麦草、粗茎早熟禾、草地早熟禾、匍匐翦股颖等草种。单播或 2~4 种混播。

四、发球台草坪养护与管理

(一)剪草

剪草的高度要求足够低,以保证放在球座上的球在理想的高度,叶片的生长不会阻碍杆面与球的接触,相对较低的剪草高度也能保证球手保持稳定、踏实的击球姿势。所以,发球台剪草高度介于果领和球道之间,为 8~25 mm,最常用的范围是 10~18 mm。

剪草频率每周 2~4 次,草屑清理与否均可,清理最为理想。

剪草机为三联座式或手推式,刀片组比果领机少,为 7~9 片。长期使用三联机会使发球台边缘逐渐下沉,原有的平坦台面日久形成龟背式,中间高四周低。而使用手推式不会出现这种现象。

剪草方式通常是交叉两个方向轮流进行。每次剪草前仔细检查、清理球手遗留下来的鞋钉、被打断的球座和其他杂物;并把被打掉草皮的地方补沙填平。

(二)施肥

蓝 T 和白 T 使用的频率远远高于黑 T 和红 T,受践踏程度严重;3 杆洞和 1 # 、10 # 洞发球台比其他洞受破坏大。在施肥时,次数和量上都要多于其他发球台,以促进草坪的恢复。每 30 ~ 45 天施肥 1 次,保持草坪有足够的密度、美观的颜色。

(三)补沙

草皮痕(Divot)是球手挥杆时,杆头将草皮削去,留下一个无草的、内凹的痕迹。草皮痕造成发球台的破坏是指击球频率的迅速增加而阻碍草坪的恢复(图 13-22)。

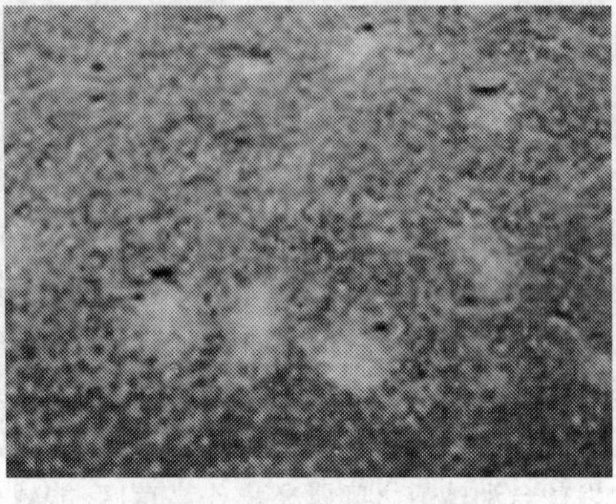

图 13-22　发球台上草皮痕

在 3 杆洞、1 号洞、10 号洞和练习发球台,草皮痕发生最多。修复的措施除了施肥、浇水外,补沙最简单易行。补沙能使裸露的根茎受到覆盖,避免阳光的暴晒,减少水分蒸发,根条、匍匐茎恢复生长,保持台面的平坦。补沙的材料有:①单纯的沙。②混合了有机物的沙子。一般情况下采用第 1 种。

(四)梳草、打孔、切割、铺沙

梳草、打孔、切割、铺沙的作用和程序与果领相似。使用的机器不同于果领,刀片大,针管粗而长,铺沙厚。打孔多采用空心针管而极少用实心管(图 13-23)。

图 13-23 打 孔 机

第四节 球 道

一、概 述

球道(Fairway)是位于发球台与果领之间的剪草十分整齐的、剪草高度低于周围高草区的草坪区域,又叫短草区。在上果领之前的正常击球都应落在球道内。球道是球场中面积最大的区域,18 个球道的总面积达 12 ~ 24 hm^2。球道是最能体现球场风格的地方。球道的形状一般为狭长形,也有左拐、右拐或扭曲形。

球道的长和宽是根据球洞的设计难度而变化的,宽度常在 32 ~ 55 m,也有超出该范围的,如 3 杆洞就常常没有球道,只有落球区(Apron)。球道宽度随地形变化而形成曲线。在第一杆的落球区域一般较宽阔,但附近的障碍(水域或沙坑、树、草坑等)也较多。在发球台和球道之间常留出作高草区,能减少养护管理的费用;球道和果领环之间,有一片过渡地带即落球区。一些球道从管理成本考虑,根据现有设备情况,常常省去落球区,球道直连着果领环,所以球道的长度变化很大。

二、建 造

从理论和设计上来看,球道和高草区是分开、分步建造的,但在现实中,绝大部分球场的球道和高草区采用了同一种草种,大大地减少了建造的困难和养护管理上的巨额费用。所以,在实际的操作中,球道和高草区的建造是一同完成的,仅在剪草初始,按设计图剪出球道的边界,将球道与高草区分隔。在下面的叙述中也包含了高草区的建造。

(一)测量和定桩

根据球道中心线和永久水准点,测量和计算出各个桩的坐标,每个坐标构成了定桩的平面图,从这些坐标能够在现场准确地定位出球道和高草区的特征。

在现场施工中,应根据地形和实际情况做一些适当的调整,并把这些变化绘制在经过修改的定桩平面图上。

(二)清场

在球道区原覆盖的树木都必须清除掉;在弯曲或转折点,会保留几株树木作为障碍或指示树;在球道边缘和高草区内缘,保留一些重要的树木作为障碍和球洞的隔离;如果球场建在林木地,高草区外边缘的树木、灌木尽可能不要破坏掉,它能形成一个自然的林木景观和有效的分隔林带,并保护了水土。有许多新建的球场,往往忽视这一点,全面除清,在土方工程和植草阶段,大量的水土流失给球场的建设造成了极大的破坏和损失,并殃及周边的环境;在景观工程中,再投入大量的资金种树造林、造景,加大了投资的成本费用。

(三)粗造型

按照设计图和现场的定桩,大型推土机、挖土机、运载机等对需要填方或挖方的区域,包括湖、水、障碍、草坑、集水井、球道上的缓坡、高草区的山坡和车道等等,进行原始的土地平整、造型。除留存点缀景观的自然岩石和作障碍物的灌木树木植物外,在表土 15 cm 以上的石块、树桩、树根尽可能地清理。在填方的区域,压实工作极为重要。当球道内有管理通道穿过时,道路两侧的坪床应略高于地面,这样在暴雨时可避免路面积水灌入球道。高于地面的草坪对路面还有隐蔽作用,从远处看时可消除球道被路面分割的感觉。

(四)排水系统

排水是地下工程,它的作用在初期建造时往往不明显,所以最常被忽视。在降雨集中、降雨量大的南方球场,常常酿成养护管理上巨大的再投入浪费。球道积水烂草、烂根,被迫停止打球甚至重建,更是巨大的损失。对于无力改建的球场,排水会成为长期困扰管理者的最主要的问题,管理水平很难达到更高的层次。

球道上最理想的排水系统是在每个斜坡底设置集水井,以大口径、多孔管相互连接,最终流向附近的湖泊或主排管;在每个集水井斜坡面上,按鱼脊式作表面排水,这样整个球道形成了一个密布排水网的综合排水系统。主管、支管、侧向管、集水井可分别采用不同口径的多孔管,多孔管四周铺放砾石,砾石上填上粗沙,大量多余的水能通过表面、根层、心土层,多层次流向排水管,渗水、排水效果最好。各排水管铺设深度在0.5~1 m。砾石上层离土表至少有15~20 cm的深度,用来放置种植层。在完成排水管安装后,对主排水管和支管表土层的压实很重要,植草后出现条状的地陷,常常是排水填埋不紧实造成的。

在一些比较陡峭的山坡,拦洪渠、明沟非常有必要,可建在打球者看不到的高草、灌木丛中,出水口流向场内的湖泊。

在北方和干旱区域,球道区一般仅采用地表排水。依地形合理划分排水区域,汇集到排水井或直接排入水塘。汇集面积不宜过大,尽量减小地表径流。分水岭设计以原地形为基础,避免直硬线条。分水线的平面和立面投影最好都是平滑的曲线,这样的坪床才更优美、自然。

(五)灌溉系统

球道上喷水,一般独立成一个系统,有些球场会与高草区组成一个系统。每个电磁阀控制4~6个喷头,卫星控制箱则管理20~25个电磁阀,管辖面涉及到整个球洞,包括果领、发球台、球道、边坡,最终则由办公室内的电脑调控分布在球场各处的卫星控制箱。每天由球场负责人将浇水的日期、时间、地点输入到电脑,由电脑通过自动感应线路传输到卫星控制箱→电磁阀→喷头。自动喷灌系统是目前较先进、最高效的球场喷灌系统(图13-24),它能节省人力、省时、方便、易于控制,有效配合草坪上喷灌的需要。在球道边缘每隔50 m设置一个补水插座。

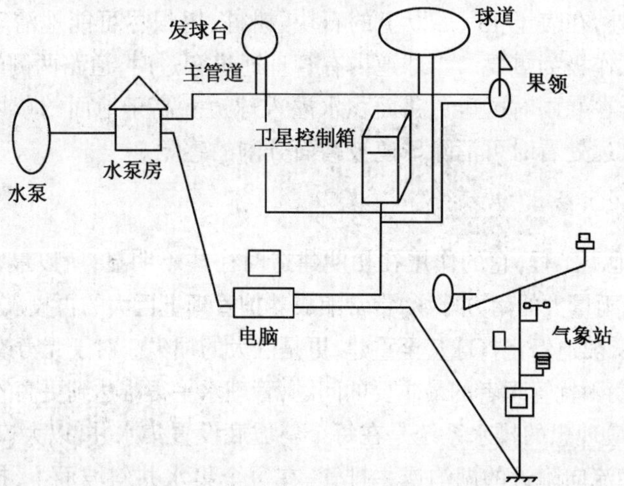

图13-24 球场全自动喷灌系统简图

(六)细造型和土壤准备

由于排水、灌溉工程对整个球道和高草区的开挖和回填,原有的造型会受到破坏。一般在完成排水喷灌工程后,用小型造型机、耙拖机将整个区域重新细致浅推、耙、拖,使球道和高草区的地表能有一个平顺的造型出现。

土壤准备往往和细造型配合。由于球道面积较大,一般坪床不进行客土改良。常用重施有机肥和草炭的方法对原土进行改良。如果原土过于粘重,也可加入河沙。球道、高草区的土壤准备有2种类型。一是草坪种植地利用现有的地表土,根据土壤分析结果,将有机肥、调整pH值的农用石灰或硫施入土层,只需浅耕、平耙、拖顺、清理地面上各种杂物、石头,最终使表土平整、顺畅,有良好的表面排水造型;二是在原土上铺放5~10 cm种植层,新土有纯沙、沙+有机质、肥沃的腐殖土等多种类型,在铺放时球道的厚度高于高草区,注意保护喷头、阀门、集水井等设施。

为了降低管理费用,有些球场还常采用减少球道面积的方法。比如使球道区尽可能远离发球台;对落球几率极低的地方,在设计中将球道变窄,或做成扭曲形等(图13-25)。须注意的是:设计必须保证落球点附近的球道面积,否则会对正确击球造成威胁。

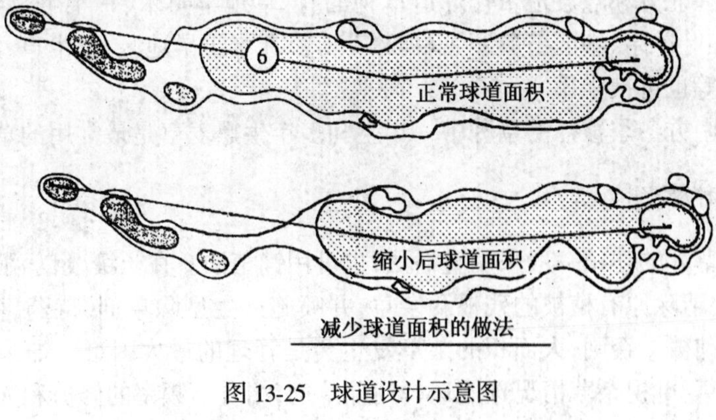

图13-25　球道设计示意图

三、种　　植

(一)草种选择

球道草种必须具备的性状是:

(1)密度高。茎叶密度高,能将球支撑在茎叶顶部,有合适的击球点。当草坪稀疏,裸露地表时,球落入草坪深处,击球难度加大。高密度的草坪还能有效地控制杂草的入侵。

(2)均匀一致。与果领草种性状相似,用于保证球位和站位的统一。

(3)坚实。坚实性使球被击打接触到草坪时有短距离的滚动、轻微的弹起和支撑。

(4)迅速恢复的能力。球道击球频率过高导致大量的草皮痕产生,要求草坪应有快速的成坪和修复能力。

(5)耐践踏。能承受胶钉鞋的蹂躏、人体的重量及大型机械的碾压。

(6)中等强度的抗逆性。如抗病虫害、干旱等,使草坪养护成本能大幅下降。

(7)耐低剪。适合 8 ~ 20 mm 的剪草高度。

除上述标准外,在确定具体草种时,应考虑到球场草种的整体性、层次分布、颜色比较、管理流畅性等方面因素,大部分的球场会选择与发球台、高草区一样的草种,以方便管理。总之,球场应配合当地气候、球场经营管理能力、投资力度等方面综合选择草种。

适合在南方和过渡地带作球道草种的有:Tif419(Tifway)、结缕草属(Zoysia)的结缕草(*Zoysia japonica*)、沟叶结缕草(*Zoysia matrella*)、细叶结缕草(*Zoysia tenuifofia*)、中华结缕草(*Zoysia sinica* Hance)、海滨雀稗(*Paspalum vaginatum*)等。

适合在北方和过渡地带作球道草种的有:草地早熟禾、一年生早熟禾、匍匐翦股颖、细叶羊茅、细弱翦股颖、扁穗冰草等。在半干旱地区,野牛草、扁穗冰草、格兰马草等也可被采用。

用于南方冬季覆播的草种中一年生和多年生黑麦草是最常用的草种。

(二)种植

球道草坪的建植一般采用直播法,也可用铺植法。在土壤改良、翻耕完成以后,一定要清除原有植被的残根和杂草,并喷施灭生型除草剂,待药害期过后再行播种或铺植。否则,大面积的杂草发生会是管理的最大困难。如果在未成坪时出现杂草,可视杂草情况选用选择性除草剂,结合高频率的修剪和人工拔除的方法清除,严禁杂草蔓延失控。播种前在集水井、阀门盖、喷头、果领环外、发球台坡面、沙坑边缘、陡峭的斜坡等地方先用草皮围圈铺植保护,防止浇水、下雨对这些地方的侵蚀和破坏。对用匍匐茎繁殖的草种可采用条播、撒播、铺草皮法或三种方法相互结合。最常用的是后一种,先在上述需保护的地方铺上草皮,然后在起伏不大的球道边坡上撒草茎(或播种),用切压机将草茎切埋入 3 ~ 5 cm 的土内,滚压一遍,草茎与土紧紧相连;在机械无法到达的坡面区域,辅以人工等高线条植。行距越密成坪越快。

种子繁殖的冷季型草用播种机撒播种子，随后滚压，有助于种子的萌发和球道的平顺。大面积的草皮铺植很少采用，虽然成坪快，保持造型好，但昂贵的成本使投资者难以接受，除非受到开业时间的紧迫压力下才采用。

四、覆　盖

覆盖为新植的草种提供了良好的水、气、热条件，对防止水土流失是一种很好的措施，但由于面积过大，不会全面性覆盖，仅局限于斜坡水土流失可能性大的地方。覆盖物多种多样，可酌情选用，如无纺布、塑料薄膜、粘着剂、草帘子、秸秆等。

五、种后管理

当草长至 2.5 cm 以上时就需要剪草。初期剪草高度高于最终的理想剪草高度 5 ~ 15 cm。在草成坪后逐步降低至最终的留草高度。在逐步降低的过程中遵循剪草 1/3 的原理。

对于直接种植在原土壤上的球道草坪来说，铺沙是促进草坪匍匐茎生长、改善根系层土壤结构、平顺球道的良好措施。在球场开打前铺沙 1 或 2 次并结合施肥能获得新植草坪的美观效果。修补被冲刷、破坏的斜坡和下陷的填充地是种后管理中一项繁琐、量大、重复多次的极为重要的工作，有条件的球场用贴草皮法覆盖能使这些地方的草赶上同期的其他成坪的草坪，使球道草看起来更一致。

除非工作需要，允许专用的草地轮胎运输车在新球道上行驶，一般情况下，竖牌或用绳围栏，严禁新草受到任何碾压。

六、球道草坪的养护管理

（一）剪草

球道草坪修剪一般用大型滚刀式联合修剪机，有 3 联、5 联、7 联、9 联等，最大剪幅可达 6.1 m。对于大型球场，7 联或 9 联剪草机能大幅度地提高工作效率和缩短作业时间。

修剪频率可视草的生长情况而定，一般每周两三次。在大型比赛时，则每天 1 次或 2 次交叉重复，多次重复能形成一个美观的球道纹路。

成坪后的球道草坪修剪高度可为 13 ~ 32 mm，但较理想的修剪高度为 13 ~ 19 mm。不同的草种耐修剪程度不同，狗牙根草坪可剪至 13 mm，一般在 15 mm，冬季上升到 18～20 mm。草地早熟禾能耐 20 mm 的低修剪，黑麦草、结缕草等修剪留茬应再高些。对排水较差的球场，剪草高度会比常规稍高。冷季型草种在炎热时会将剪草高度提高，以度过不良的气候。剪草高度受一系列因素影响，草种是最主要的因素之一。表 13-8 为不同草种的球道剪草高度。

表 13-8 高尔夫球场球道草剪草高度

草 种	剪草高度/mm	草 种	剪草高度/mm
Tif419	13～20	一年生早熟禾	13～20
Tif 328	13～18	匍匐翦股颖	13～23
结缕草	13～25	草地早熟禾	18～30
海滨雀稗	13～18	细叶羊茅	18～25

采用纵横交叉或 45°角斜向交叉，每周轮换一次或每次轮换，既能促进草坪的直立生长，又能剪出非常漂亮的草坪纹路(图 13-26)，还能为球手提供一个准确的击球方向。在球道剪草时，有些球场会在球道和边坡高草区之间围绕着球道留出球道环(Fairway-collar)，剪草高度介于球道和高草区之间。

球道剪草一定要保持合理的前进速度，否则会影响修剪质量；应避免有露水时剪草，以免剪草机的轮子在草叶上打滑或拖动，影响剪草效果；剪草机转弯时要减慢速度，以免剪草机轮挤伤草坪；避免剪草机轮对草坪的过度磨损、镇压等。

修剪球道要根据球道的形状来确定修剪模式。沿球道的轮廓线修剪时，一定要修剪到位，并保证轮廓线的平滑、清晰、自然，球道内草坪条纹清晰美观。

球道剪草机不带草斗，在有露水的早晨或草坪潮湿时，剪下的草叶积成块、团，有碍外观和影响打球。此时，应用吹风机、收草机和吸草机清理剪下的草叶。

使用液压剪草机时偶尔会发生漏油、爆管，将油喷洒或滴在草地，受污染的草坪变黄并逐渐死亡，一般要 1～3 个月才能自然恢复。为了不影响草坪美观，在发生油污染后，视污染面、污染程度大小而采取冲洗、极度低剪铺沙、换草等措施来补救。

(二)灌溉、施肥与病虫害防治

球道的灌水系统可采用自动喷灌，能保证经常灌水即可。施肥可采用缓效草坪专用肥，一年施用 2 次，选用速效肥料时，应酌情增加施肥次数。冷季型草坪草氮的年需量为 10～20 g/m^2。具体施肥量应根据坪草生长状况确定。

图 13-26　美国 Winged Foot Golf Club 球道剪草纹路

球道病虫害防治也很重要，特别是选用冷季型草时要定期喷洒农药，以防为主。当病害发生时，应全场统一安排喷药，不可仅局部用药。

(三)解决土壤紧实的措施

常用打孔和划破草坪的方法解决球道土壤紧实的问题，其原理参阅果领一节。球道打孔的程序为：剪草→打孔→拖散土块→收土块→清洁(吸草)→剪草→施肥→浇水。与果领不同的是省略了铺沙。省略铺沙并不是球道不需要，而是铺沙需投入大量的人力、材料、机械，成本之大、耗时之长为球场管理者难以承受。所以，一般情况下不会大面积采用。打孔所用针管为空心，极少采用实心管。空心管有筒状、匙状 2 种。筒状垂直打孔；匙状是旋转式翻转打孔，速度快，孔口密度小，深度浅。球道打孔一年 1 ~ 3 次，暖季型草多在 4 – 10 月份进行(图 13-27)。

图 13-27 球 道 打 孔

球道划破草坪操作简单，不取心土，仅垂直切断草根层，对表层土壤无大破坏。工作程序为剪草→划破草坪→滚压→施肥→浇水。滚压是将划破草坪时翘翻的草坪切口压平，使球道保持原有的平滑。划破草坪的深度为 5 ~ 8 cm。

(四)解决枯草层的措施

1. 梳草

球道梳草每年两三次，每次一遍或两遍交叉，时间在 4 – 10 月份。暖季型草在盛夏时梳草可深度两遍交叉进行，此时温度高、雨水多，草恢复极快。在冬季和初春梳草对草坪伤害极大，不宜采用。梳草程序：梳草→收草→清洁(吸草)→剪草→施肥→浇水。

2. 铺沙(Topdress)

球道全面性铺沙，在条件允许下，每年铺沙一两次，可结合打孔、切割或梳草进行，也可单独进行。特别是在初秋(北方)或初冬(南方)，枯草层厚，又无法进行打孔、梳草作业时，铺沙可以加速枯草的腐烂，更新草坪生长。铺沙后常常进行施肥，能间接提高肥料利用率，延长肥料利用时间。球道铺沙每次 4 ~ 10 mm。

铺沙材料为纯沙或混合了有机物的沙。对资金、机械有限的球场，球道铺沙是一项难以实施的措施，往往是数年进行一次。

(五)补沙

球道上的草皮痕与发球台上的草皮痕一样,是每天必须做的养护工作之一。球童、球手和球场维护人员都有责任随时随地补沙修复草皮痕。在5杆洞和拐腿洞,经常增设小沙盒,补充沙源。

(六)染色剂(Turfgrass marker)

染色剂是短时期保持草坪绿色、不伤害草坪的一种化学药剂。主要用在:①冬季举行大赛而草坪绿色达不到良好的视觉效果时,进行草坪喷洒。②草皮痕补沙时,为了与草坪颜色接近,在沙子里掺入了染色剂,使沙子的颜色变绿或变蓝。

(七)修理地(GUR)

修理地(Ground under repair)是指球场内因场地草坪受到损坏不能给球手提供一个正常的打球条件,需要修补或维护的任何区域。例如,新补种的草块、重新修理的沙坑、未完成的修补地、需移走的堆积物等等。修理地通常用白漆线划出修理范围,竖上标有(GUR)牌,禁止球手在其内打球(图13-28)。

图13-28　球场内的修理地

第五节　高　草　区

一、概　　述

高草区(Rough)是高尔夫球场每个洞除果领、发球台、球道之外的所有草坪区域。

该区域常设有沙坑、草坑、水池、障碍树等。它包括剪草的草坪地带、不修剪的高草、灌木丛、树林等,实际上是球道间的间隔地带。在林木地建造球场,球道分布在林木之间。高草区随地形变化成为球道和林木的过渡地带并自然地连接成一个整体。在海滨、平原、植被稀疏地,高草区作为一个独立的草坪区来种植来管理。其内缘是球道的向外延伸,外缘则是配置自然起伏、随意组合的景观林木,车道穿行在其中。在干旱、缺少浇灌水的球场,利用原有的植被分隔每个洞的球道,高草区作为障碍区、景观区和球道标界线。

高草区位于球道两侧,面积较大,是错误击球可能落入的区域。

设置高草区的目的是增加运动的难度、有效地防止水土流失、减少养护费用。这体现在:①丛生的草丛中,球易找却难打。②高而密集柔软的高草,球落入其中,有劲难使。③建造时保留原有的植被,建造后高而密集的高草能有效地控制水土流失,保护球道。④高草区留草高、粗生粗长、养护措施和水平较低,相应的成本费用低。

一些球场的高草区仅保持一种修剪高度,而另一些球场则将高草区细分两级:①初级高草区:球道两侧剪草高度高于球道的草坪。②次级高草区:初级高草区外边缘有密林、灌木丛分布的留草最高的草坪。

二、建　造

高草区的坪床一般不做特殊处理,在原土施入有机肥改良后即可进行播种建坪。在球场建造中,球道和高草区的建造是一个整体,各项工作同步进行,仅在完成种草后划出二者之间的界线,所以高草区建造请参考《球道》一节。

三、草　种

高草区草种选择以适应当地气候条件,又可粗放管理的草种为主。要求抗性强,包括抗旱、风、水侵蚀、病虫害等,剪草高度相对较高或需要极少的剪草。在当地城乡绿化中应用的大部分草坪草种和品种都适合于用做高尔夫球场的高草区之用。在我国北方常用多年生黑麦草、高羊茅、结缕草、野牛草等。在南方可选用普通狗牙根、沟叶结缕草、细叶结缕草、日本结缕草、假俭草等。

另外,从管理的角度而言,以下情况会影响高草区草种的选择:

(1) 高草与球道草一致。大部分球场的高草区草与球道草一致,这样选择一是球场地形决定的,二是方便管理。

(2) 高草不同于球道草。一些球场为了能明显地区分高草和球道草,选择叶色、形态有别、粗放抗性强的草种,如假俭草(*Eremochloa ophiuroides*)、钝叶草(*Stenotaphrum secundatum*)、地毯草(*Axonopus compressus*)、紫羊茅(*Festuca rubra*)、野牛草(*Buchloe dactyloides*)等。

(3) 初级高草区的草与球道草一样,次级高草区选择不浇水、不施肥、很少剪草、适应性强、密度高的草种,如弯叶画眉草(*Eragrastic curvula*)、美洲雀稗(*Paspalum notatum*)、高羊茅(*Festuca arundinacea*)等。

四、种　植

种植的方法与球道草坪相似,种植时间与球道同时进行,便于现场施工及种后统一管理;生长同步也有利于球场草坪的整体统一性。

五、管　　理

(一)剪草

高草区的管理粗放，草坪质量要求不高，修剪高度在2.5~12.7 cm之间。在靠近球道的近高草区留茬高度为2.5~7.6 cm，远高草区留茬高度为7.6~12.7 cm，再远处甚至可以不修剪。在管理水平高的球场，近高草区常采用球道草坪的管理模式，每年进行数次打孔、施肥、滚压等，并保持合理的修剪高度。

在初级高草区,剪草高度一般在3.5~8 cm,每周1次;生长缓慢季节,则数周1次或停剪。剪草方式为一般纵向(与球道走向一致),效率高;横向、斜向受地形、宽度、时间的影响,很少使用。剪草机有牵引五联或七联滚刀式剪草机、三联剪草机、旋转式剪草机。几种剪草机相互配合、协调完成整个剪草区域。五联机和七联机行走在宽阔、平坦的草坪;旋转式在粗糙不平的地带;三联机则在缓坡顶、树头绕圈、沙坑边缘等地较为灵活;飞碟机则剪掉树周围、路边、各种设施边缘的草。在遇上大型比赛前,围绕球道反方向绕圈子剪草,每天1次,数天重复,能显示出较清晰的纹路。在次级高草区不进行剪草,束状生长的草坪,每年可修剪1次。

(二)施肥、浇水

高草区一般很少浇水。在管理水平要求较高的球场,其初级高草区依然投入相应的资金去养护,每年施肥1~3次,以保持一个整齐、致密适合剪草的生长状态,提供给球员一个加大了挥杆难度、却需要相应技术才能击出球的高草草坪。在次级高草区,则随其自然生长,不作施肥措施。

安装了喷灌系统的初级高草区,浇水与球道同步。由于球场形状的不规则性,实际上在建造时,球道喷头浇水范围也部分覆盖了初级高草区,两者没有明显的界限。在初级和次级之间,50 m一个补水插座,也能补充水分给喷头覆盖不到的区域。

(三)打孔、切割

初级高草区每年仅作一次打孔和切割(图13-29),可以和球道同时进行。由于地形变化过大,打孔采用匙形管旋转翻转,不宜采用垂直空心管。

图 13-29 边 坡 切 割

（四）树叶的清理

每周一两次清理落在高草区的树叶，吹风机、吸草机、收草机（图 13-30）等机械的相互结合使用极大地提高了实效性。收集的草屑、树叶粉碎后堆积制肥，返回草坪和园林。

图 13-30 收 草 机

第六节 果领裙、草坑、抛球区

一、果 领 裙

位于果领环和球道之间的较狭窄、稍弯的、从球道通向果领、并环绕着果领的过渡地带草坪称果领裙。一些球场从管理成本和现有设备考虑，省去果领裙，球道直接连果领环。从美观角度和草坪的层次来看，果领裙起着承上启下的作用；从维护果领看，果领裙给球道剪草机提供了转弯调头的空间，减轻球道末端草坪的磨损和土壤紧实问题；从打球看，它能为球手提供不同于球道和果领环击球的技术。果领裙的剪草高度介于球道和果领环之间,12 ~ 20 mm;剪草机为三联机,在管理上与球道一样。

二、草 坑

呈凹状的、草较高的地域称之草坑(Grass bunker)。草坑建造形状与沙坑基本相似,坑沿与地等高。草坑里的草一般与初级长草区一样高度。草坑既有分布在球道上的,也有分布在球道与初级长草区之间或长草区的。草坑不是障碍区,它起了增加球场风景和打球策略的作用。

三、抛 球 区

当高尔夫球落在不可移动妨碍物、整修地、错误的球洞区、水障碍区而不能打球时,当不适宜或不可能确切地按照规则采取处置程序时,用以确定应该抛球的特定区域称之抛球区(Dropping zones)。

特别是在一些 3 杆洞有水障碍时,常在初级长草区剪出一块高度与发球台一样的草坪作抛球区。球手将落入水中的球抛在抛球区,重打上果领。抛球区管理与发球台相似,并配以两个可移动发球标志物,限定抛球区域(图 13-31)。

图 13-31 抛 球 区

第七节 沙 坑

一、概 述

沙坑(Bunker)是指去除草皮和泥土,取而代之以沙或沙状物并经过整理而多呈凹状的地域构成的障碍区。

沙坑作用是:①起障碍作用,增加打球的挑战性;②赋予球场多色彩、多变化的景观效果;③指示击球的方向。

主要类型有果领沙坑(Green bunker)和球道沙坑(Fairway bunker)。前者是指分布在果领周边的沙坑,一般深而小(图 13-32)。后者是指设置在球道第一落球点附近的球道上或初级长草区内,一般大而较浅(图 13-33)。

图 13-32 果领周围的沙坑

图 13-33 球道沙坑

二、沙坑的设计

沙坑的数目、大小、形状没有固定限制,由球场打球难度、预算投资、设计思想等决定。

球场的地形决定了沙坑的结构。较平缓缺少变化的球场,大的、轮廓清晰的沙坑可以增强球场的立体感,同时创造击球的战略价值;而山地球场过大的落差和起伏,则需要少而小、平缓的沙坑。

三、沙坑的建造

(一)测量

在球道和长草区清场后,依据永久水准点和球洞中心线测量和定出球道沙坑位置及界线,果领沙坑的测量和定位是在完成果领根际层铺放后进行。

(二)造型

用小型多方向推土机造型出沙坑的一个粗略的外形,内凹部分挖出的土方多用于沙坑外侧边的填方。在沙坑外侧造型时,应该注意的是沙坑外侧略高于连接地带,以截流的方法阻止外来水进入沙坑。

细造型需要人工和相应的一些工具,在造型师的指导下,按顺序先沙坑边沿,其次地基,后沙坑外侧。勾画出沙坑的真正形状,并对所有的表土进行拍打紧实工作(图 13-34)。

图 13-34 沙 坑 造 型

(三)排水

排水系统的结构和材料与果领地基排水一样,在砾石上面铺盖塑料或尼龙网,分隔沙坑沙和砾石。沙坑排水是球场排水系统的一部分,其出水口与球道排水管连接,形成一个整体的排水体系。

(四)地表土处理

南方球场受雨水影响较大,使用的白沙必受来自沙坑地基表土的淤泥污染。解决的办法是对地基表土进行固定处理,如打水泥、三合土或放无纺布。水泥面或三合土处理只需有 2~4 cm 的厚度,即能长期地保持沙的干净。

四、周围植草

为了保护沙坑，避免受到来自周围水的侵蚀，沙坑边的植草常常采用铺草皮法，尤其是垂直面的沙坑和舌状形的突起面。铺植草皮后，为了防止草皮脱落，钉上小竹片或小木棍固定。

五、沙坑沙

（一）沙子的标准

1. 沙子颗粒的大小

沙子颗粒大小的选择合适与否会影响到击球的质量。过粗的沙损坏球杆，站立不稳，若沙飞上果领，则影响到推杆和剪草工作；过细的沙硬实，易板结；过软的沙，球易埋入沙内，无法击球。沙坑的沙子颗粒标准选择与果领一样（参阅果领沙粒标准），以 0.25～0.50 mm 为主，占 63%，0.10～1.00 mm 范围内的沙粒占 93%。

2. 沙子的形状

沙子的形状选用多角形而不要圆形的。因为多角形的沙子可以使表面更紧固，而圆形的沙易打滑且易被吹走。

3. 沙子的颜色

白沙与周围的绿草形成了鲜明的对比，许多球场喜欢用白沙，给球场增加多色彩的景观。不足之处是太白的沙有强烈的反光，在光照强烈时打球稍有刺眼。此外，黄沙、浅灰色和黑色沙也被采用。

（二）放沙

沙坑放沙方式多种多样，先放沙后植周围草或先植周围草后放沙。人工放沙、机械放沙或机械人工相结合。无论采用哪一种，最重要的是保护沙坑的形状，保护沙子的纯净，保护沙坑周围的草坪。

六、沙坑的管理

这里讲的沙坑的管理主要指耙沙，具体阐述如下：

1. 耙沙频率

沙坑内的沙要每天耙 1 次，以清除脚印和杂物。如一天中遇到下雨冲坏，需要重复耙沙。

2. 耙沙方式

机械耙沙应选择多方向出入沙坑，以免造成一个地方长期被压硬实和草坪被压坏。每次耙沙时先从中间耙起，逐渐向外转圈一直到沙坑边沿。如果有足够的人工，留出 50～80 cm 的边，手工用沙耙的背把沙子刮平滑。沙坑面形成两个不同的表面，使沙坑更漂亮。

3. 切边

沙坑边缘要用手推旋刀式剪草机修剪，唇部要用专用的坡地剪草机修剪，必要时要用草坪切边机进行修边。根据草伸入沙坑的程度，对过长的草进行切除。长柄的剪草工具、切刀、切边机和其他设备能帮助人工快速地从事这项工作。

习　题

13.1　高尔夫运动的一般规则是什么？

13.2　高尔夫球场的构造特征是什么？可以分为哪些类型？

13.3　简述果领、发球台和球道的设计原则和建造方法。

13.4　简述果领、发球台和球道对草坪的质量要求。

13.5　试制定一份果领草坪的养护管理计划。

13.6　简述发球区和球道的养护计划与果领的主要区别。

13.7　简述沙坑、高草区养护管理应注意的事项。

第十四章　运动场草坪

【教学目标】

1.掌握运动场草坪的特点和质量要求。
2.了解运动场草坪坪床构造的特殊性。
3.理解运动场草坪灌溉和排水的重要性。
4.掌握不同运动场草坪建植方法及养护管理措施。

第一节 运动场草坪概述

一、运动场草坪的用途和重要性

13 世纪自欧洲人在草地上打滚木球和板球运动到 15 世纪英国的高尔夫球运动流行,草坪就和各种运动结下不解之缘。草坪柔软舒适、干净卫生、环境优美,不仅可提高运动员的运动成绩、防止和减少受伤,而且也为观众提供了一个良好的休息娱乐场所。因此,现代运动场草坪受到了人们的重视,得到了迅速的发展和提高。

运动场草坪(Sports turf)一般包括球类运动场草坪和竞技运动场草坪。前者包括高尔夫球场草坪、足球场草坪、网球场草坪、棒球场草坪、保龄球场草坪、马球场草坪、板羽球和藤球场草坪;后者包括标枪、链球、射击、射箭和滑翔伞等运动草坪。另外还有赛马场、斗牛场草坪等。

二、运动场草坪的特点和要求

运动场草坪除了具有一般绿地草坪的特征外,还具有为适应运动的要求而产生的一些特点,主要包括:

(1)具有较强的忍受外来冲击、拉张、践踏的能力。

(2)表面具有一定的光滑度。

(3)具有良好的弹性和回弹性。

(4)草坪草茎、枝、叶中的机械组织发达,抗压耐磨的能力良好。

(5)生长迅速,植株分蘖力或扩展性强,具有很好的自我修复能力。

另外由于运动项目的不同,对运动场草坪有一些特殊要求。如足球场草坪应具有很强的耐践踏能力,且恢复速度快;网球场草坪则还需要有很好的弹性,高尔夫球场的果领和草地保龄球场的草坪草则需要耐低修剪和具有良好的均一性。

三、运动场草坪坪床的特殊性及建造方式

运动场草坪草须承受高强度践踏,应该具有庞大的根系。为保证这一庞大根系的正常生长,除了要有容纳草坪草生长的优良坪床外,还必须要有优良的供水和排水设施。

(一)运动场草坪坪床的特殊性

(1)坪床在强烈的践踏和集中降雨情况下仍能保持较高的透水性和透气性,并维持适当的软硬度。

(2)坪床土壤的酸碱度必须适当,能使草坪草均衡地获得必要的营养元素,并具一定的保肥能力。

(3)坪床材料一般为质地均匀的中砂土壤(含砂75%),但这种材料保肥、保水能力不足。为了改善这一点,在坪床中应混入沸石作吸附剂,用有机肥作改良剂,施长效磷和复合肥作为基肥。整地完成后,坪床透水性能应达到150~300 mm/h。

(4)由于承受频繁践踏的坪床基础须有绝对的稳定性,所以床基必须经沉降或者其他处理才能进行下一步施工。坪床必须有排出多余水分的能力。因此,基础层必须有一层10~20 cm厚度的砾石层,粒径3 cm以下。必要时为加速排水,应安装排水管。

(二)运动场草坪坪床建造过程大致为

(1)表土剥离和挖排水沟。

(2)铺排水管道及喷灌管道。

(3)铺沙带或粗沙,设置排水系统。

(4)配制营养土、回填。

(5)平整、沉降、镇压、播种。

四、运动场草坪的灌溉和排水

(一) 灌溉

目前运动场草坪常用的灌溉方法有喷灌和小水漫灌。采用最多的是喷灌,按射程分远程($R>30$ m)、中程($R=10\sim30$ m)和短程($R<10$ m)及微喷(1 m)。按喷头固定方式有高架移动式、低架移动式和地埋式;按使用水压分有高压式(5 Pa)和低压(2~5 Pa)。

灌溉时间最好选在清晨,除了可以满足草坪一天的生长发育所需水分外,到晚上叶片干燥以后还可以防止细菌的滋生和蔓延。每次浇水量取决于两次浇水之间的消耗量。在生长季节干旱的条件下,每周应浇3~4 cm,在炎热或严重干旱条件下,每周应浇6 cm以上。炎热夏天,长期轻度浇水,对草坪生长不利。通常浇水应使土壤湿至 15 cm。需水量取决于基质土壤的介质性质。黏土比砂土保水力强、灌水量小。

(二)排水

1. 排水系统是运动场草坪最主要、投资最大的基础工程。

其作用主要为:

(1)可以保证排泄多余水分,保证运动场无积水。

(2)阻隔地下水上升和盐碱危害。

(3)有利于土壤通气和透水。

(4)便于灌溉管理。

2. 排水方式主要分为地表排水和心土排水

(1)地表排水。利用场地表面坡度自然排水。坪床建成后的坡度一般为 0.2% ~ 0.5%。

(2)心土排水。是运动场草坪最主要的排水方式,即利用地下管道进行排水,排水系统由主排水管和支排水管组成。管道排水系统有多种类型(图 14-1)。

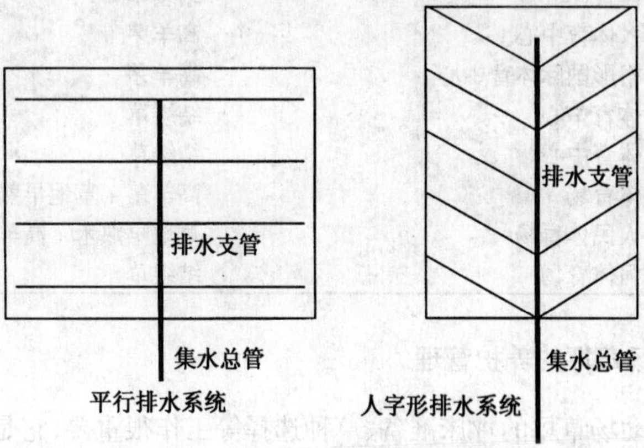

图 14-1　管道排水系统布置图

3. 运动场排水系统设计与安装应注意以下几点

(1)选择好出水口。

(2)排水系统设计要合理,支管间距以 3 ~ 8 m 为好。

(3)排水管深度为 60 cm。

(4)要求有一定的倾斜度(通常为 1/300)。

(5)排水管选材要合理。主排管道的管径依当地最大降雨量而定,一般直径为7.5 cm左右即可。排水管道周围的渗水层使用的材料是十分重要的，常用砾石填充，厚度为10～15 cm。

五、草 种 选 择

作为运动场草坪的草种除必须具有耐践踏、生活力强等特性外，同时还应根据用途和所处地域的的生态环境而定（表14-1）。一般北方应选草地早熟禾、高羊茅、多年生黑麦草等耐寒的冷季型草种混播为好；南方应用结缕草、狗牙根等暖季型草种。一般冷季型草坪采用秋播，暖季型草坪采用夏播。

表14-1 中国部分足球场草坪草种(1998)

足球场名称	主要草种
北京工人体育场	结缕草
北京先农坛体育场	结缕草
天津民园体育场	结缕草
上海八万人体育场	高羊茅＋草地早熟禾
大连金州体育场	高羊茅＋草地早熟禾
山东省体育中心	结缕草
河南新乡体育中心	高羊茅
石家庄裕彤国际体育中心	高羊茅
深圳市体育中心	结缕草
厦门市体育中心	结缕草
成都市体育场	高羊茅＋草地早熟禾
延吉市人民体育场	草地早熟禾＋高羊茅
广州天河体育场	结缕草

六、运动场草坪的养护管理

高质量运动场草坪的坪床准备、草种选择等工作很重要，它是决定草坪好坏的第一步。但更为关键的是建植后的养护管理工作，因而有“三分种植，七分管理”之说。运动场草坪的养护管理包括了前期管理、后期管理和比赛前后的管理。

（一）前期管理

即草坪草从出苗到成坪这段时间的管理。要求每天适当浇水，不可太多或太少，以免烂根或枯萎。最好不要使用化肥和农药，当草长到10 cm左右高时进行修剪、施肥、打药等日常管理工作。注意第一次修剪不要留茬太高。

（二）后期管理

是指成坪以后的养护管理。主要包括灌溉、修剪、施肥、打孔、覆沙、镇压、杂草和病虫害控制等工作。浇水在生长季一般每周 1 次，清晨浇水最好。修剪应严格遵守"1/3"原则，注意不同草坪草及不同运动场的留茬高度不同（表 14-2）。

表 14-2　不同草坪草适宜修剪（留茬）高度

草　种	修剪高度/cm	草　种	修剪高度/cm
草地早熟禾	2.5～5.0	高羊茅	3.5～5.0
多年生黑麦草	2.5～5.0	翦股颖	0.5～1.3
狗牙根	1.3～2.5	结缕草	2.0～3.5

应施用全价平衡肥料，生长季节以氮肥、磷肥、钾肥为主，高温季节以钾肥为主，春秋应用复合肥和氮肥为主。一般每生长季施肥 3～5 次，每次施纯氮 3～5 g/m^2。运动场经一定时间使用后，地面会变得非常坚硬，通气透水能力明显降低，应在秋冬季节在草坪上用针齿滚筒式打孔机刺孔，最好同时进行覆沙工作，覆沙时要将肥料、覆播种子和沙子混合应用。还应对草坪进行镇压，以促进分蘖和匍匐伸长，抑制匍匐枝凸起。同时将损伤和松动的草皮与地表紧密结合，以平整坪床表面。

杂草控制应采取预防为主、综合治理的方针。方法可采用人工防除和化学药剂防除等。阔叶草以施用 2,4-D 丁脂等选择性除草剂为主，禾本科杂草主要采用人工方法。

由于频繁的低修剪及高强度的践踏，运动场草坪发生病害的可能性较大。所以，运动场草坪管理中往往使用大量杀菌剂等化学方法防治病害。其病害的防治方法与一般绿地草坪相似。

（三）赛前及赛后管理

赛前管理主要包括图案修剪、草坪修补、添加颜料等工作。赛后必须及时对损坏的草皮进行修补、灌溉施肥及其他日常管理工作。

七、运动场草坪的复壮和更新

运动场草坪经过一段时间的使用后，草坪本身的生理机能会降低，加上人为因素及病虫杂草等生物因素的侵扰，草坪所具有的功能性和美观性也会随之降低，因此，要对草坪进行更新作业使之恢复活力。运动场草坪的复壮和更新通常可以不经过坪床准备和播种阶段。

草坪退化主要是土壤性状变劣、土壤通透性降低造成的。土壤紧实和过厚的枯草层使土壤通气透水性降低,使本来很有活力的根系生长受到阻碍。因此更新和改良运动场退化草坪的根本措施在于改善土壤的通透性,为根系的生长提供良好的条件。

一般可采用梳草机除去枯草层,用打孔或划沟、开缝来改善土壤的通透性、施入石灰粉以改善土壤酸碱度、施入复合肥增加肥力。另外,可在土壤中施用一种含有大量有益微生物的有机肥来改良表层土壤。

第二节 足球场草坪

一、足球运动简介

足球运动(Soccer)起源于罗马,后传入英国,直到公元 11 世纪到 12 世纪才广为流行。13 世纪曾被英国国王禁止,后因其激烈的对抗形式对军队训练的特殊影响而又开禁。但此后民间足球运动的发展仍然十分缓慢。18 世纪到 19 世纪西方经济的发展大大促进了足球运动的发展。目前,足球运动已成为世界三大球类运动之一,全世界足球迷数以亿计。

足球比赛往往被人们称为“绿茵赛事”。由此可见足球场草坪与足球运动的紧密关系。它不仅能使足球运动员充分发挥竞技水平,并减少其在运动中受到伤害,而且对观众的眼睛、视野有良好的作用。在一定程度上,草坪足球场质量的好坏也反映了足球运动水平的高低。

二、足球场场地

足球场地大小没有统一标准。场地呈长方形,长 90 ~ 120 m,宽 45 ~ 90 m。面积约为 8 000 m^2,具体大小依场地环境和用途而定。球场中间高四周低,倾斜率为 0.3% ~ 0.5%,呈龟背形,场地铺设草坪。世界杯赛的标准足球场的大小为长 105 m,宽 68 m(图 14-2)。

三、足球场草坪的质量要求

足球场草坪对于提高足球的运动质量和球员的安全性十分重要。运动质量决定于表面层及下层材料的性质,即足球场表层土壤及其着生的草坪的性质。除了草坪的表观质量以外,足球场草坪的功能质量尤其重要。它包括球场表面的硬度和弹性、草坪的刚性和回弹力、足球在草坪上的滚动距离等指标。它们对球员和地表之间的摩擦力和牵引力、球与地面之间的弹力、摩擦和旋转力都有重要影响。

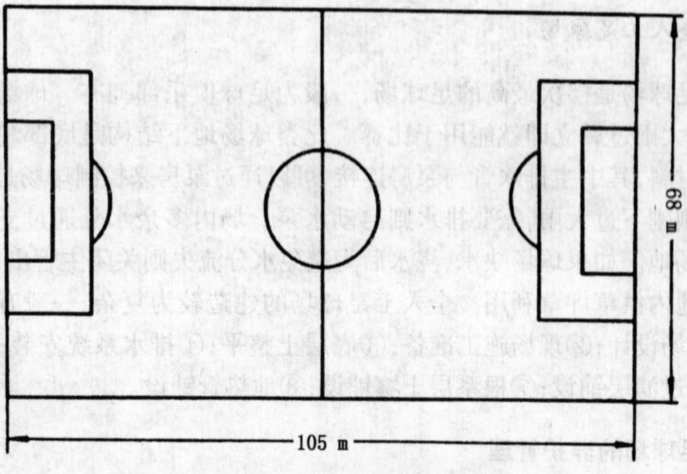

图 14-2　世界杯赛标准足球场

摩擦和牵引力使球员能进行必要的运动而不会过分滑动。测量表面摩擦力和牵引力有很多种方法。地面硬度是施加的力与表面变形程度的比值(即坚硬度)。草坪的弹性是包括足球运动场在内的多种运动场草坪的一个重要指标。草坪对足球的弹性是足球反弹的高度与下落高度的比值。它常与草坪硬度和测量高度相关。球在草坪上的滚动距离也是足球场草坪的一个很重要的质量指标。为了更好地评价足球场草坪对比赛的综合影响,有些国家还把球员的感觉作其质量评价的项目之一。

四、足球场的类型及其建造过程

(一)自然基质足球场

在表层土和浅层土土质非常好且又平整的地方,直接建植的草坪足球场叫自然基质足球场。这种球场建造费用较低,主要用于一般比赛,如机关、学校等单位的球场。

(二)半自然基质足球场

原土不符合足球场建造要求,需进行表土改良、增设排水系统等工作的球场叫做半自然基质足球场。这种球场大多为新建或改良原有较差的场地而成。一般有以下几个建造步骤:①表土剥离;②管道排水系统安装;③沙带铺设;④表面铺沙。

(三)全人工足球场

这类足球场是档次最高的足球场,一般为足球俱乐部拥有。球场质量要求极高,有时大雨过后立即就能用于比赛。此类球场地下结构是底部和四周使用合成防渗材料,其中主排水管与泵房连接,可以通过泵房来控制球场是否需要排水。如果刚刚下过大雨,需要排水则启动水泵。场内多余水分通过支管进入主管后排出场地。如果球场缺水,浇水后为避免水分流失则关闭主管出口,水就会保存在场地内供草坪草利用。全人工足球场的建造较为复杂,一般有以下一些步骤:①球场设计;②现场施工准备;③底层土整平;④排水系统安装;⑤砾石铺设;⑥粗沙过滤层铺设;⑦根系层土壤铺设;⑧地热管铺设。

五、足球场的养护管理

一般分为苗期管理和后期管理。

(一)苗期管理

草坪草出苗以后,需进行精细管理。每天应适当浇水,但浇水量不宜过多或太少。最好不要施用农药化肥,当苗期草坪草长到 10 cm 时应进行修剪(修剪量在 3~4 cm)、施肥、除草、打药等工作。值得注意的是为保证以后成型草坪的适宜高度,第一次留茬高度不宜太高。但是不同草坪草的留茬高度并不相同,连续几次的过低修剪会导致草坪草的死亡。

(二)后期管理

后期管理对于保证高质量的足球场尤为重要,主要的工作有以下几个方面:

铺沙:铺沙的主要目的是填平球场表面越冬后产生的裂缝以及凹凸不平等区域,并改善球场的表面硬度。这项工作最好在早春全面进行,或者冬春秋季都可,每块足球场覆沙量在 20~60 t,沙子要与肥料、补播种子等混合使用。

施肥:施肥应以复合肥为主,每生长季施 3~5 次,每米^{2}10~20 g,其中纯氮 3~5 g。普通化肥一般不要在高温季节施用,尤其是过量的氮素肥料,在高温条件下更容易烧伤草坪草的地上器官以及在高密度草区引发一些腐霉病害。

浇水:应在早晨进行;或者在每次施肥之后马上进行以免烧伤草坪。浇水量依坪床结构而定，一般30～60 min以浇透15 cm土壤深度为宜。

镇压：镇压可以增加分蘖和促进匍匐枝的生长，使匍匐枝的节间变短，从而可以使草坪变得致密；镇压还可以整平局部的凹凸不平，使土壤与草坪草的根系紧密接触以保证草坪草从土壤中吸收养分。常用的滚重为350 kg左右，赛后或铺沙后进行。

打孔：足球场在经过长期使用后，地表会变得非常坚硬，通气和透水能力明显降低，从而抑制草坪草的正常生长。为此需要每年对球场进行至少2次的打孔通气。

此外，为使球场增加美感，还应对草坪进行一些图案设计、修剪和颜料添加等工作。赛后应对草坪进行及时修复。

杂草控制：草坪土壤中，尤其是表层土壤中，埋着许多未曾萌发的杂草种子，其生命力一般在几十年以上，当环境条件适宜时便会萌发，所以应注意随时控制。苗期草坪一般不用化学除草剂，当草坪草长到三叶期后才可使用。

病虫害防治：病虫害是足球场草坪的重要防治对象。最常见的病害为以下几种：

锈病：锈病是华北地区秋季最常见的一类病害，发病的适宜温度在10～20℃之间，感病部位有植物的叶、茎、根等部位。禾草染病以后叶绿素被破坏，光合作用降低，呼吸作用失调，蒸腾作用增强，引起大量失水，叶片变黄枯死，严重时可引起整个植株的死亡。在华北地区较为理想的防治药剂是粉锈宁。

德氏霉叶枯病：主要引起叶斑和叶枯，也危害幼苗、根及根状茎等。发病初期在叶片和叶鞘上出现水渍状椭圆形或长条形的病斑，与叶脉平行，其中心枯死，相互聚合后形成较大的坏死斑，甚至整个叶片或整个分蘖枝死亡。此病状有时与镰刀菌引起的症状相似。草坪全年均可发病，有春秋两个发病高峰期，最适发病温度为15～18℃。叶面的自由水是孢子萌发和侵入的必须条件。对此病的最好防治方法是播种之前拌种，用种子重量的0.2%～0.3%的25%三唑酮粉或50%的福美霜拌种，发病初期可用25%敌力乳油、25%三唑酮等控制。

腐霉菌病：也叫棉腐病，一般在北方比较常见，对草坪草会引起多种复杂的症状，包括根腐、根颈腐等。棉腐病适应性较强，既能在冷湿环境中侵染草坪，也能在湿热条件下迅速破坏草坪。若草坪种子在发芽时被腐霉菌感染，会出现芽腐、苗腐和幼苗猝倒等现象。成株根部侵染可表现不同病状，一般根部产生褐色腐烂斑块，使根系发育不良，造成草坪稀薄。在高温高湿条件下腐霉菌侵染常导致草坪草根部、根颈部和茎、叶产生枯草斑，最初范围很小，后迅速扩大。枯草斑内病株叶片呈暗褐色水渍状腐烂，干燥后病叶皱缩色泽变浅，高湿时则生有成团的棉毛状菌丝体。腐霉菌为土壤习居菌,可存活5年以上。若白天温度在30℃以上,晚上温度在20℃以上,大气相对湿度高于90%,且持续时间不少于14 h,腐霉菌病最易发生。改善草坪立地条件,合理灌水,加强管理都可降低病害发生。播种时采用药剂拌种,高温高湿时及时喷洒乙膦铝、甲霜灵、百菌清等可防治此病。

足球场草坪的主要虫害有:

蛾类:属鳞翅目,包括黏虫(又名五色虫)、稻螟蛉、夜蛾等,其中黏虫为华北地区最严重的害虫,属暴食性害虫。对于此类害虫,应在3龄前喷洒杀虫剂如敌百虫、辛硫磷、丙维因、溴氰菊酯等。

叶甲类:属鞘翅目,如跳甲类等,以幼虫子蛀茎为害禾草,每年三四月份危害严重。可用氧化乐果、马拉硫磷乳剂、辛硫磷乳剂等。

第三节 橄榄球场草坪

一、橄榄球运动简介

橄榄球因其比赛所用的球形似橄榄而得名,橄榄球场分为英式橄榄球场和美式橄榄球场2种。

比赛分2队在橄榄球场上进行,球可用足踢、手传、抱着奔跑。英式橄榄球(Rugby)始于19世纪20年代,盛于英联邦各国;美式橄榄球(Football)始于19世纪80年代,主要盛行于美国,据说由美国的足球和橄榄球发展而来。

在我国,橄榄球是采用抱球跑、传、踢等合乎规则的动作而进行对抗的一项高强度球类运动。身体对抗之激烈是其他球类项目所无法相比的,因而比赛精彩绝伦,引人入胜。我国橄榄球运动起步比较晚,而且大多是在学校和军队当中展开,还没有形成规模,水平与国外相比还有很大差距。

二、球场面积和分区

英式橄榄球场的面积为68.58 m×146.30 m(75码×160码),两端各设一条球门线,两球门线之间的距离为100.58 m(图14-3)。

美式橄榄球场边线为109.73 m(120码),场宽48.77 m。两端内9.14 m(10码)处各设一条球门线构成分区,全场每9.14 m各画一条横线,共分出12等份,球门规格与英式相同(图14-4)。

橄榄球场的场外各有10.20 m的缓冲区。如果草坪建植范围向两侧扩大数米后,便是足球场,只需临时改变划线即可。

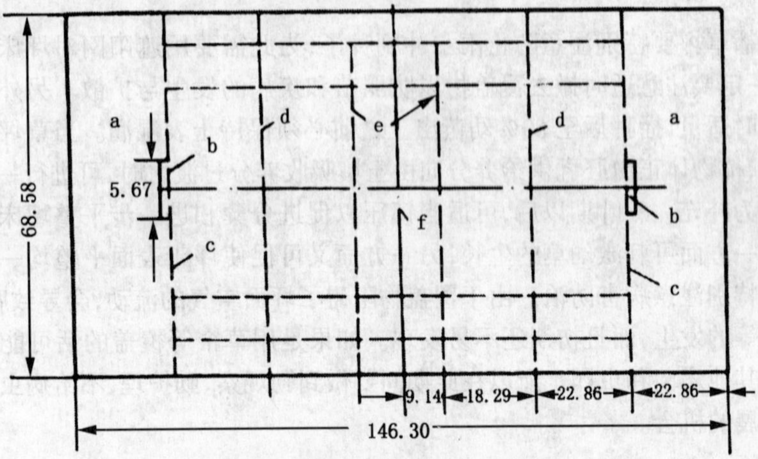

图 14-3　英式橄榄球场的面积和分区/m

a.得分区　b.球门　c.球门线　d.25 码线　e.10 码线　f.中线

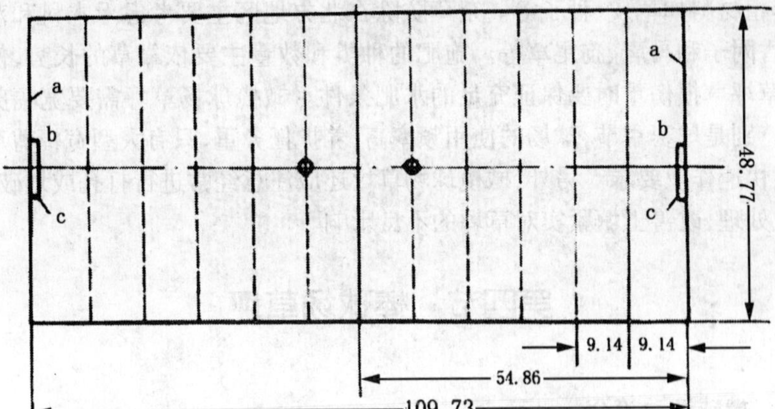

图 14-4　美式橄榄球场的面积和分区/m

a.端线　b.得分区　c.球门

三、养 护 管 理

橄榄球场草坪的建植与养护管理和足球场草坪很相似。但橄榄球运动比足球运动对草坪的践踏更为严重,且球场的表面硬度比足球场的表面硬度大。因此,在某些方面,橄榄球场草坪的养护管理有其自己的特点。

(一) 幼坪期的养护

新播草坪要特别注意防止雨水冲刷种子,为此需要用遮阳网对坪床进行覆盖,但一定要注意适时撤去覆盖物以防弱苗和疾病的发生与扩散。另外浇水一定要适时适量,播种后至80%幼苗出土之前必须保持土表湿润。当草坪草长到三叶期,植物体正由胚乳供给养分向由土壤吸收养分过渡之时,可进行一次叶面施肥作为补充。三叶期以后,可适当镇压以促进分蘖和进一步平整坪床。轻度的修剪一方面可刺激幼草的生长,另一方面又可促使坪床表面平整均一。苗期草坪应特别注意病害防治。由于覆盖物阻碍了坪面空气的流动,会导致腐霉病、立枯病等的发生,而且初期还不易发现。如果是用草帘等覆盖的话可能还会传染一些其他病菌和虫卵。所以在此期间要做到勤观察、勤护理,不给病虫害以萌发和发展的机会。

(二)使用期的养护管理

制定养护计划与制度。包括日历安排、养护项目、使用器材、肥料、沙土、农药和补植材料如草皮、种子等。杂草防除在北方地区主要考虑禾本科和莎草科如稗、香附子和马唐、狗尾草等。施肥的种类和数量主要依靠草的长势,使用强度大、草坪草损伤重时要保证充足的水肥条件。橄榄球场草坪需要宽幅剪草机作业,特别是球赛季节,球场的使用频率高,养护任务重,只有大型宽幅剪草机才能满足快速作业要求。另外,橄榄球场草坪还应注意经常进行打孔或划破、穿刺等松土处理,改善土壤紧实对草坪的不良影响。

第四节 棒球场草坪

一、棒球运动简介

棒球(Baseball)作为一种草地球类运动大约出现于18世纪的英国,在英国非常流行,那时棒球场是一个设计非常复杂的圆形球场,大约在1800年,棒球运动传到美国。1840年现代棒球之父——美国人亚历山大·卡特赖特制定了一份竞赛规则,首次真正比赛在美国新泽西州的纽约人队和荷兰移民后裔队之间于1846年展开。此后,该项运动日益发展,从新泽西州传遍全美国,并逐渐成为世界性体育项目之一。1983年成立世界业余棒球协会,并定期举办男子成年、青年和少年分组的世界性比赛,比赛有职业队和业余队之分,仅美国和日本有职业队。

二、棒球场地规格

棒球场地应设在地面平整、四周开阔的地方，场上设置有4个垒位，若干个区域和一个挡球网，选择场地时首先必须确定击球方向和本垒位置以避免阳光影响。棒球场多为平整过的泥地和草地，呈直角扇形。由内场和外场2个部分组成，内场为27.34 m×27.34 m的正方形。在扇形的顶端设一个五角形的橡皮板，称为“本垒”；在其他三个角上各设一个正方形的帆布垒包，分别称为“一垒”、“二垒”、“三垒”，中间设一个木制或橡皮制的投手板。内场以外的区域称为外场，以投手板前沿中心为圆心，64.30 m为半径画一弧线，即为外场的边缘（本垒打线）。本垒后7.62～9.14 m处设一后挡网，看台或观众席应设在此距离以外。棒球场地外观如图14-5。

图14-5　棒球场草坪

三、建植和管理

棒球场草坪与其他草坪有所不同。沿着投球区和端线方向的棒球场草坪经受的践踏强度较大。高质量的棒球场要求在准备好的坪床上种植单播草坪，或者用回填土和排水材料建造人工土壤层，以更好地满足球场草坪草的生长需要。

建植棒球场草坪的草种除具有极强的耐践踏性和持久性外，还要耐低修剪。

在幼坪阶段的养护中，浇水仍然遵从少量多次的原则，但浇水量可以有所递增。当草坪草长到 5~6 cm 高时可进行第一次修剪，以后的修剪高度可逐渐降低，当修剪高度降至 2~3 cm 时应进行首次镇压，滚重 200~500 kg。

成坪以后，为使坪面更平整和减少枯草层的积累，通常要进行表施肥土，应少量多次完成。在一年当中的任何季节都可以，尤以早春为好。修剪对草坪的外观和健康有重要作用。适当的修剪可以提高草坪的致密性。另外，不同高度的修剪对混播草坪的组成成分有很大的影响。

除此以外，有害生物的防治也是一个很重要的方面，具体防治措施参见本书有关章节。

第五节　赛马场草坪

英国是设立赛马场最早的国家，于 1504 年在史密斯菲尔德市创办了第一所赛马场，并在国内培育出英纯血马种，速度为世界之最。同时，完善了赛马制度，成立了类似于其他体育运动的协会——赛马俱乐部。赛马方式包括马术比赛、轻驾车赛、草地赛马、障碍赛马。我国较好的赛马品种有蒙古马、伊犁马、三河马，但与国外马种比较，在体形、速度、耐力上都有差距。赛马场草坪如图 14-6 所示。

图 14-6　赛马场草坪

一、跑道要求

跑道不能在黏土上建造，建成的跑道必须坚硬、排水良好。应有 2%~5%

的坡度，两侧有排水沟，有利于排除跑道积水，使赛马能在雨天进行。

二、建植与管理

赛马场草坪不同于其他草坪，要求耐频繁而沉重的马蹄践踏。要求草坪密度大、草层厚。因此，土壤既要有很强的承重性能，又有一定的通气透水性能以利于草坪草生长。坪床准备基本同足球场，但表面施工略有差别。场地要求较为黏重土壤加沙、腐殖质等改良 10 cm 深为宜。这样既能为草坪植物提供必须的营养，同时又能形成一个较为坚实的土表，增强其耐践踏性。草种应以选择较耐践踏品种为主，如多年生黑麦草、草地早熟禾，再辅以少量细叶羊茅混合建坪。较温暖地区应用高羊茅建坪。热带、亚热带赛马场多用狗牙根、结缕草和狼尾草。草坪播种方式与足球场相同。应注意的是草坪第一次修剪为 3～4 cm。以后逐渐加高，到最后维持在 12 cm 左右，非比赛期每周修剪 1 次，以促进分蘖和增加密度，比赛期间剪到 8 cm，每年对土壤潮湿黏重的地方要疏松到 15 cm。对严重破坏的场地要补播或移植草皮。从建植到使用期间必须有一年半以上的休整时间。赛马场草坪的病害防治及后期管理与足球场基本相同，或更粗放些。

镇压是赛马场重要的管理措施，当土壤水分过大时，为保证表面的紧实度，常在比赛前镇压，而土壤质地较细时应在比赛前几天镇压。以便水分蒸发。但是镇压还会导致土壤紧密，通透性差，对草坪生长不利，因此，镇压应根据土壤条件而定。

赛马场的施肥应根据草种、土壤肥力和季节的不同而不同。氮肥不宜过多，否则会有损草的根系生长，叶片徒长。施用量为 15～20 kg/hm^2。

当土壤板结时常在春季进行打孔透气，打孔时土壤水分不宜过大，打孔后需覆沙。

习　题

14.1　简述运动场草坪坪床的特点。

14.2　举例说明排水系统对运动场草坪的重要性。

14.3　适用于足球场草坪的草种有哪些？

14.4　足球场养护管理中应注意哪些问题？

14.5　在使用期如何对橄榄球场进行养护？

14.6　说明赛马场草坪养护管理的重点。

14.7　如何管理棒球场草坪？

14.8　运动场草坪赛前和赛后在管理上有哪些特殊要求？

第十五章　其他绿地草坪

【教学目标】

1. 了解一般绿地草坪包括哪些种类。
2. 熟悉不同绿地草坪的功能和特点。
3. 掌握不同绿地草坪的建植方法。
4. 掌握不同绿地草坪的养护管理方案。

第一节 绿地草坪概述

本章中的其他绿地草坪是指第十三、十四章中讨论的运动场草坪和高尔夫球场草坪以外的各式各样的绿地草坪。绿地草坪广布于住宅区、工厂、学校、公园、道路、飞机场、风景区、水土保持区、政府机关、使馆区、工业区、综合商业区、中心广场等处。它包括很大的范围,构成了我们生活、工作、学习环境的重要组成部分。其养护管理强度从极低到中高,草坪质量水平相差很大、立地条件千差万别、功能和景观特征各异。

由于不同的场合有不同的自然环境条件,人们对绿地草坪的质量要求各不相同,草坪养护经费也有很大差别。因此,绿地草坪建植、养护管理的技术方案较为复杂,需要针对特定的情况制定相适宜的方案。在第四章的有关章节中,我们讨论了不同用途的草坪所需要的养护管理强度,即从养护管理强度极高的高尔夫球场果领到养护管理强度极低的公路、堤岸护坡草坪。我们生活环境周围的各类绿地草坪通常不需要达到像高尔夫球场果领、运动场草坪等那样高的质量,也不需要那样精细的管理。草坪质量和养护管理强度达到中等程度就可以了。所以,只要认真分析草坪建植地特定的环境条件,选择恰当的草坪草种或组合,建植方案合理,养护管理得当,避免诸如修剪、施肥、灌溉及除草剂应用等方面的错误,以较低廉的成本获得一块理想的草坪是不难的。

由于各种草坪的养护管理措施基本相同,任何一个恰当的草坪养护管理方案的制订实际上都包括对某一草坪的特定环境条件进行研究,根据它的环境条件、使用目的、资金情况来选择、调整、组合各种草坪管理的方法与技术措施,并确定恰当的强度。总的指导思想应是以尽可能低的成本建植、养护管理具有一定质量的草坪。

有关草坪养护管理强度的影响因子和确定方法、草坪草种选择、不同的环境条件和栽培管理措施对草坪质量的影响在本书前面的有关章节中都有详细的讨论。所有这些,对每一块绿地草坪而言,都是重要的。草坪管理人员要熟悉这些原理和技术方法,加以灵活运用。

第二节 观赏性草坪

一、观赏草坪的主要功能和特点

观赏性草坪(Ornamental lawn)是绿地建设中主要用于景观欣赏的草坪,美学价值较高,也称装饰性草坪(图 15-1)。在园林设计中,常用于城市中心广场作为供游人观赏的绿地。如用草坪与花卉等材料构成各种图案,成为模纹花坛的背景或于广场雕像、喷泉、建筑纪念物等周围用做景前装饰或陪衬景观等。随着人们环境意识的提高,我国的绝大多数大中城市都已经或将建设中心广场,其中观赏性草坪是重要组成部分。许多市民对草坪的最初认识就是从城市中心广场的观赏性草坪开始的。

图 15-1　观赏性草坪

有人提出了"城市中心草坪"和"园林化的市中心"等概念。从整个城市的绿地布局来看,在城市的中心地区,最宜设置宽阔的草坪。因为在城市的中心,不仅集中了具有代表性的、优美的公共建筑物,如政府大厦、艺术馆、博物馆、科学馆、贸易、金融中心等,也是城徽或城标的所在地,如有大片的草坪或花卉植物相衬托,较之树林、树丛更易显示出城市的气魄与特色来。以世界的首都为例,澳大利亚的堪培拉,城市的绿地面积为人均 70 多平方米,美国的华盛顿为 40 多平方米;它们都是以开阔的规则式园林为中轴线,以草坪及地被植物与水面、建筑物结合,构成园林化的市中心,给人们以强烈的艺术感染。城市绿地面积高达 90 m^2 的波兰首都华沙,虽然以城市森林为主,绿化覆盖率在市中心地区达到 50%,其中仍然设置着大片的草坪,因此并不觉得郁闭,而是开阔的、有气魄的。可见,所谓"园林化的市中心",除了一定数量的树木外,更主要是设置大片的、宽阔的草坪及地被植物。兰州市是我国的西部城市之一,地处干旱地区,以前很少有大面积的绿地，最近在市中心建造了一块大面积的疏林草坪，深受市民喜爱。

由于观赏性草坪是作为植物造景的艺术品供人们观赏而设计的高档草坪，因此，一般不允许游人入内游戏或随意践踏。但这并不意味着要将其用围栏圈住，而应该通过提高市民的素质，使之成为自觉的行动。用围栏封闭的草坪一方面会削弱其美感，降低其对人们的吸引力；另一方面会增加草坪养护管理的难度，增加成本。

二、观赏草坪的建植与养护管理要点

观赏性草坪是绿地草坪中质量和养护管理强度要求都很高的草坪，保证其外观均匀一致尤为重要，建植和管理要求十分精细。

(1) 在草种选择上，应首先考虑草坪草质地好、色泽浓绿、绿色期长、抗逆性强等特点，根据当地的气候条件选择单一的草坪草种或品种。因此，应选用叶片纤细、生长低矮、绿色期较长、较抗病的草坪品种。北方地区可选用草地早熟禾中的某些改良品种，在修剪很低时，匍匐翦股颖也可以形成优异的观赏性草坪。南方地区可选用杂交狗牙根、沟叶结缕草等草种。生长低矮的草种或品种可减少修剪次数。

(2) 在草坪建植上，从维护市容和环保的角度出发，要求绿地的建植在最短时间内见效。因此，草坪多采用铺植草皮卷的方式或播种、分栽后覆盖，以促进其快速成坪。其中直接铺植草皮卷的方式更为理想。

图 15-2　切边处理使草坪在线条上有整齐、清晰的轮廓

观赏性草坪的养护管理要求较高。草坪灌溉多采用地埋式喷灌系统，以保证灌溉及时、均匀。草坪施肥应根据肥料的养分释放特点，速效与缓效肥配合施

用、合理搭配,使草坪草的生长不出现大起大落、忽黄忽绿现象。还要选择适宜的施肥机具,保证肥料散布均匀。

观赏性草坪修剪高度较低,修剪频率较高。留茬高度一般在 4 cm 左右,不应超过 6 cm。由于经受的践踏强度低,通常没有土壤紧实的问题。其他辅助管理措施,应根据具体情况进行。如去除枯草层和草坪切边处理,使草坪在线条上有整齐、清晰的轮廓,增加草坪的美感。管理良好的观赏性草坪,具备较强的与杂草竞争的能力,杂草防除通常不会成为问题。由于经常经受频繁的低修剪,病害控制往往是突出的问题。尤其是 7 月份和 8 月份,要注意防治冷季型草坪草的夏季斑病、褐斑病和枯萎病。

在我国南方地区,覆播对延长暖季型观赏性草坪的绿色期是必要的。有时需要更换局部退化的草坪,通常可使用高质量的草皮来更新,草坪可在一夜之间焕然一新。

第三节 庭院草坪

一、庭院草坪的主要功能和特点

庭院草坪(Lawn)是指居民区、学校、工厂、机关等单位建筑物的四周或楼群之间的小面积草坪。庭院草坪的主要功能是给人们创造一个安静、舒适、整洁而有益于健康的生活环境,提高居民的居住环境质量。居民区的草坪与人们的日常生活息息相关。校园内的草坪不但美化了学生的学习环境,宜人的绿色还利于保护学生的眼睛,促进师生的身心健康,提高教学效果。机关、厂矿的草坪既可显示出单位的精神风貌,对消除职工工作后的疲劳也大有裨益。此外,草坪可减轻噪声和灰尘,使工厂机器设备免遭污染和腐蚀。

庭院草坪的布局受建筑规划布局的制约,应配合住宅类型、楼房高低、间距大小及其他辅助设施等因素综合考虑。草坪作为小区的景观部分,与花、树得体的结合,形成缀花草坪,达到全面的绿化和美化。管理良好的草坪不但美化环境,提高居住环境质量,而且也能增加房地产的价值。

庭院草坪按照其使用特点可分为观赏型庭院草坪、开放式游乐庭院草坪等。

观赏型庭院草坪主要功能是作为观赏用,有时采用封闭的形式,或有绿篱环绕,人们一般不能进入草坪绿地活动,其特点和养护管理要点可参见第二节内容。

开放式游乐庭院草坪是指可供人们进入绿地,于树荫下乘凉或开展游戏等活动的草坪。多采用自然式布置,结合道路、桌凳等来安排草坪的区域,是庭院草坪的主要形式。

庭院草坪在景观配置上有丰富的表现手法,草坪中常通过配置树木、灌木、花卉,设置小路、地形起伏增加景观变化。但是,需要注意的是,不适当的树木、绿篱、灌木、镶边石和其他硬质要素会给草坪维护增加困难。

二、庭院草坪的建植与养护管理要点

(一)草种选择

用做庭院草坪(图 15-3)的草坪草种或品种很多。绝大部分草坪草种和新品种都适合作庭院草坪。常用的草坪草种有草地早熟禾、高羊茅、狗牙根、多年生黑麦草和结缕草等,只要它们适合当地的环境条件均可选用。

图 15-3 庭 院 草 坪

(二)建植

庭院草坪的建植方法很多,可因草种不同而选择不同的建植方法。大多数冷季型草种用种子直播最为经济;某些暖季型草种,如野牛草、假俭草,种子难得、成坪慢,可选择营养繁殖的方法。在经济条件许可的情况下,直接用草皮铺设的方法,成坪快、质量高。

(三)庭院草坪管理措施

应根据不同的资金投入和草坪质量要求制订出高、中、低强度的养护管理方案。不同的方案适合不同的草坪。中等程度的养护管理方案适合绝大部分庭院草坪。

草地早熟禾、细羊茅、多年生黑麦草草坪或它们的混播草坪,修剪高度可控制在4~5 cm,一般每周修剪1次。高羊茅、斑点雀稗或地毯草草坪,修剪高度应稍高一点。普通狗牙根、假俭草、钝叶草草坪,修剪高度为4 cm左右。而杂交狗牙根和结缕草草坪,修剪高度可低至2.5~3.0 cm。

氮肥施用量每年每公顷100~200 kg纯氮。一般条件下不浇水,干旱季节每周浇水1或2次。可采用地埋式或移动式灌溉设备。庭院草坪上偶尔使用梳草或垂直修剪去除枯草层。大片的草坪上可采用打孔通气的办法,但强度不像运动场草坪那样大。打孔通气在开放性娱乐庭院草坪管理中将会越来越普遍。

施用萌前除草剂是庭院草坪中防治马唐和其他杂草的典型处理方法。液体的、颗粒型的萌后除草剂也较为常用。阔叶杂草可以用萌后选择性除草剂来防除。

草坪害虫如蛴螬、长蝽、黏虫等可应用杀虫剂来控制。杀菌剂也可以用于庭院草坪病害的防治。方法可参见本书草坪养护与管理有关章节。

有时庭院草坪由于面积较小,有些单位的草坪绿地管理可以考虑委托给专门的草坪养护公司来维护,以节省培训专门草坪技术人员和购置草坪修剪机械及其他灌溉设备、化学药剂等的开支,既节省资金又可保证草坪的质量水平。

在庭院草坪的建植与养护管理中,除遵循一般的原则外,根据其特点还应注意以下几个方面:

(1) 草种选择上,在楼群或树下遮荫较重的区域,应选择耐荫草种或品种。如冷季型草坪可选紫羊茅与草地早熟禾等混播,暖季型草坪可选钝叶草、地毯草。对于开放性庭院草坪,由于易受人为践踏和破坏,应选择耐践踏、再生能力强的草种。冷季型草坪草如高羊茅、草地早熟禾、多年生黑麦草等;暖季型草坪草如结缕草、狗牙根等。

(2) 在草坪建植和养护管理上,住宅小区中由于地下电缆、进排水管较多,常造成草坪局部的塌陷。因此,在草坪坪床的准备中,应留出一定的时间让土壤自由沉实后再平整坪床、建植草坪,以保证草坪的平坦、利于管理。此外,坪床表面应略低于周围的路面,以防止雨后路面积水。

在庭院草坪的施肥上,应注意以化肥为主或施用无味的有机肥,避免施用有异味或臭味的有机肥,影响草坪上空的空气质量和游人的情趣。对于病虫害应预防和根治并重,施用杀菌剂时应格外小心,不得有异味漂移或危害草坪上游玩的人们。

庭院草坪受居民生活影响较大,草坪中常被风刮入或有人丢弃的废弃物品,在草坪修剪前应彻底清理,避免损坏剪草机。

（四）典型的冷季型庭院草坪养护管理年历

此处以北京地区，中等养护管理强度的庭院草坪为例，确定周年草坪养护管理方案。供参考。

3月

修剪：在3月初，草坪开始萌发之时，剪去冬季干枯的叶尖，修剪高度要低于正常修剪高度，以利于草坪接受更多的太阳辐射，提高温度，提早返青。

施肥与灌溉：施用含氮高、含磷高、钾中等的复合肥，可采用2:2:1的比例，施用量为每平方米2 g纯氮，施后灌溉。灌溉量要小。

补播和滚压：对无苗和苗稀的地方尽早补播，播量比正常播量要低。3月初进行滚压，防止露出的根茎受干而死。

播种新草坪：3月下旬至4月下旬是播种新草坪的有利时机。

4月

修剪：对早熟禾、高羊茅草坪，修剪设置高度为4～5 cm。对结缕草、翦股颖设置修剪高度为3～4 cm，按1/3规则修剪。

施肥：施用含氮高、含磷中、含钾中等的复合肥，可采用2:1:1的比例，施用量为每平方米3 g纯氮，施后灌溉。灌溉量要比3月份大。

施用选择性除草剂：如2,4-D丁脂防除早春萌发的阔叶杂草，施用芽前型除草剂防治马唐。

防治锈病：如有锈病发生，施用粉锈宁2或3次。

继续播种新草坪。

5月

5月份的草坪养护管理方案与4月份基本相同。

新建草坪最晚的播种时间不得晚于5月上旬结束。

6月

修剪：同5月份草坪养护管理方案。

施肥：6月应减少施肥量。如需要，可施用含氮高、含磷中、含钾中等的复合肥，可采用2:1:1的比例，施用量为每平方米2 g纯氮，施后灌溉。

杂草控制：施用2或3次除草剂，或采用人工办法来控制杂草蔓延。特别是马唐。

灌溉：必要时进行灌溉。

防治病害：褐斑病、枯萎病、夏斑病开始发生，喷施预防性杀菌剂，如多菌灵、井冈霉素、代森锰锌等。

防治黏虫:黏虫一年可发生4代,对草坪破坏性很大。黏虫具有迁飞特性,也是重要的农业害虫,要注意农业植保中的虫情测报预报,及时发现,此为防治黏虫的关键。3龄以内,施用1或2次杀虫剂可控制。

7月,8月

修剪:七八月份应提高草坪的修剪高度。对早熟禾、多年生黑麦草、高羊茅草坪,修剪设置高度为6~8 cm。对结缕草、翦股颖设置修剪高度为5~6 cm,按1/3规则修剪,修剪频率为7~10天1次。

施肥:七八月份应减少施肥量。如需要,可施用含氮低、含磷低、含钾中等的复合肥,可采用1:1:2的比例,施用量为每月每平方米不超过0.5 g纯氮,施后灌溉。

杂草控制:采用修剪或采用人工办法来控制杂草蔓延,特别是马唐、蟋蟀草等。

灌溉:必要时进行灌溉。

防治病害:高温高湿是许多病害发生的条件。施用杀菌剂,每隔5~7天喷施一次,连续施用2或3次。

8月下旬可以开始播种新草坪。初秋是建植冷季型新草坪的最佳时间。

9月

修剪:9月份修剪高度及频率可参照5月份。

施肥:秋季施肥是一年中施肥量最多的季节。施肥促进草坪恢复,施用量可为4月份的2倍。

垂直修剪:通过垂直修剪去掉枯草,为新草生长创造条件。

补播:选择优良品种,对稀疏草坪进行补播。

防治锈病:方法见4月。

9月底以前可以继续播种新草坪。

10月,11月

施肥:晚秋施肥可增加草坪绿期及提早返青。10月份施肥量为9月份的一半左右。11月份为10月份的一半左右。

清理落叶:如草坪上有落叶,要及时清理,以保证草坪有足够的光照。

滚压:在入冬之时对草坪进行滚压,有利于草坪草越冬。

灌溉:入冬后,土壤封冻之前要对草坪进行充分灌溉。

12月至翌年2月

整个冬季,草坪养护管理任务较少,在晴朗无风的中午可对草坪进行适当灌溉,灌溉量要小,防止草坪根茎风干造成死苗。

第四节　公园草坪

一、公园草坪的主要功能和特点

公园是为人们提供休闲时散步、观赏、运动、野餐等娱乐活动的场所，也是少年儿童接受科普教育的理想场地，此外还具有防灾、避难、改善和美化环境的作用。公园内的草坪配置是公园造景的重要组成部分，树荫与宽敞的草坪是公园所必备的（图 15-4）。

图 15-4　公园草坪

公园草坪类型多样，形式各异。有供人们玩耍、散步和开展活动的游憩草坪，有树荫下供游人休息、野餐等遮荫较重的林下草坪，还有位于公园正门区或公园中心供游人欣赏的观赏草坪，以及在斜坡地或水湖岸边为保持水土而建植的坡地草坪。不同位置的草坪具有不同的功能，其质量要求和养护管理要求也有差异。

二、事先计划对公园草坪建植的重要性

由于公园面积大、功能复杂、游人多，预先合理的规划和设计至关重要。从公园规划、时间进度和所需材料等方面预先计划好，不仅是建植和维护高质量公园草坪的保证，而且可节约大量经费。计划内容包括：草坪建植所需材料及经费概算；规划足够的场地和准备足够的土壤；为播种前准备坪床购买足量的肥料；根据实际情况为不同区域选择适合的草坪品种并制定相应的养护管理方案。

草坪建植计划应在公园建设早期进行。一旦设施开始投入使用,再建成高质量的草坪就很难,更不可能进行大规模的改造。不按要求,粗制滥造,不仅浪费资金,而且后患无穷。

三、公园草坪的建植与养护管理要点

公园草坪面积相对较大,需要有大型的养护设备。一个公园通常包括三类质量水平和管理强度的草坪区域。高质量草坪区,要求经常修剪、有规律施肥,其管理要求类似体育场草坪或高尔夫球道草坪。1周修剪一两次,高度在3~5 cm;中等质量草坪区,平均1周修剪1次,高度在4~6 cm之间,每年适当施肥;有限使用区,需要最小的维护,每年修剪2~4次,修剪高度与高尔夫球场高草区或路边草坪相似,为8~12 cm。

秋季施肥能促进新草坪草的生长和原有植株的恢复。除非土壤肥力太低,一般春季不施或少施肥,以减少修剪次数。夏初少量施肥可以使草坪更绿,提高夏季耐践踏性能。暖季型草坪的施肥应安排在践踏最严重的时间。

对使用强度大的区域,应该制订特别的管理方案,包括每年施用化肥,必要时覆播、打孔通气等。对践踏严重的区域实行草坪更新是公园草坪管理中的重要环节。新建的冷季型草坪应在秋季树木落叶之前建成,以使幼苗不受影响,必要时可用吹雪机把叶片移走。越冬之前草坪草幼苗必须长出分蘖,以保证越冬成活。

(1)公园内的观赏草坪区,可以建植成单一草坪或缀花草坪。单一草坪上一般不栽植其他乔木或花卉,以显示整齐而壮阔的艺术效果。缀化草坪是在草坪地上栽植少量的开花华丽的多年生花草或灌木,这些花或叶映衬于绿茵草坪之中,构成了很有情趣的季相构图。但花和灌木的数量不能超过草坪地总面积的1/10。此类草坪的养护管理要点可参照第二节观赏性草坪管理的内容。

(2)公园内遮荫的林下草坪区,是游人活动较多且较为集中的区域。此处草坪不但受遮荫影响，而且受践踏较重，土壤板结，障碍物多，不便修剪。这对公园草坪管理人员来说是一个挑战。在草种选择上应考虑耐荫、耐践踏、繁殖力强，并且受损后易于恢复的草坪草种。在北方地区可将紫羊茅、草地早熟禾、高羊茅和多年生黑麦草按适宜的比例混播，在使用频繁的地段可选择草坪型高羊茅。在南方地区可选用沟叶结缕草、日本结缕草、钝叶草等。在草坪管理上，可参照第三节庭院草坪的管理要点。但是，践踏造成的土壤板结和丢弃障碍物较多常常给该区的管理造成更大困难，严重者使草坪草死亡，造成斑秃。因此草坪打孔通气必不可少，对践踏严重区域实行草坪更新也是公园草坪

管理的重要环节。

(3)公园内的游戏草坪,由于面积较大,在建植时大规模的土壤更新往往不太现实。在草种选择时,应选择比较耐贫瘠、耐践踏、耐粗放管理的草坪草种。北方地区不但可选择高羊茅、草地早熟禾、多年生黑麦草等冷季型草种,还可选择野牛草、结缕草等暖季型草种。在南方地区可选用假俭草、沟叶结缕草、日本结缕草、钝叶草、狗牙根等。

第五节　机场草坪

一、机场草坪的主要功能和特点

机场草坪(图15-5)是指应用于各类军用、民航机场、备用机场和需紧急着陆的机场中具有特殊使用特点的大面积草坪。随着国防和民用航空事业的不断发展,飞机场绿化将成为航空事业的重要内容之一。飞机场草坪是城市大面积绿化的重点工程。大部分机场除跑道之外,全部用草坪覆盖。一些小型的机场甚至完全由草坪构成。

图15-5　机场草坪

飞机场草坪不同于一般绿地。由于飞机有高速、冲击力强、重量大,安全保险性要求强的特点,因此机场草坪要求美观与安全相统一,其中安全功能特别重要。草坪着生表面要平坦,富弹性,基层坚实。机场草坪的景观设计中,要求宽阔、平坦,不能加入任何乔灌木。飞机场低矮的草坪,减少了鸟类栖息的可能性,从而避免飞机起降与鸟类相撞的恶性事故。绿色的草坪表面,广阔的视野可以减轻飞行员的视觉疲劳,减少事故发生的几率。因为在飞机起飞和降落时,不但噪声大而且尘土飞扬，周围环境受到较大污染。当机场有大面积草坪覆盖的情况下，可以降低噪声，减轻空气尘埃的污染，延长飞机的使用寿命，保证安全。此外，飞机场还是一个国家或城市的“门户”，机场环境的美化也反映了城市的风格特点和文明程度。

草坪草要求生长低矮、根系发达、适应性强，在地表形成良好的覆盖。机场草坪由于面积较大，草坪草还要求能够耐粗放管理，要求修剪次数少、具有快速再生能力，以降低草坪的养护投入。

二、机场草坪的建植与养护管理要点

1. 坪床和草种要求

机场草坪的建植要求土壤基础要坚实、平坦，坪床土壤结构良好。对于直接以草坪作跑道的机场草坪，要求形成的草坪既能承受较大的负重，不使地面变形和草坪断裂，又能利于草坪草生长。因此含腐殖质高的砂壤土是建植此类机场草坪的理想土壤。飞机场草坪宜选用匍匐型、密生、抗逆性强、耐瘠薄、耐干旱和耐粗放管理的草种。如草地早熟禾、匍匐翦股颖、匍匐紫羊茅、多年生黑麦草等按一定比例混合直播的草坪。草地早熟禾与多年生黑麦草应避免选择易抽穗的品种，以减少鸟类采食和栖息的可能。暖季型草坪草种或以营养繁殖为主的草种可采用野牛草、狗牙根、结缕草、假俭草、苔草等。

2. 草坪的养护管理要点，要根据草坪的具体使用目的和强度来定

大部分机场草坪管理较为粗放，修剪高度为 5 ~ 8 cm，每年修剪次数 3 ~ 5 次，一般不超过 10 次。对于使用频度高、直接以草坪作跑道的机场草坪，管理强度需适当增加，但留茬高度也不低于 5 cm，并注意要清除修剪后留在草坪上的草屑。机场边缘的草坪留茬高度可以提高，可用割灌机修剪或不修剪。有的机场草坪为了防止草坪草抽穗，减少修剪次数，还可喷洒生长调节剂的方法来抑制生长，控制草坪高度。

机场草坪的施肥也应根据地力和草坪草的生长状况而定。管理粗放的大面积草坪，冷季型草坪草可于每年初秋施肥 1 次，而暖季型草坪草于初夏时施用。有条件的地方可以缓效肥为主，来延长养分的供应时间，保证草坪质量。

对于应用强度大而造成稀疏或斑秃的机场草坪，应及时修补和更新，并注意覆沙处理。在寒冷地区霜冻后还需要镇压，以保证草坪表面的平整，利于来年春天草坪根系恢复正常生长。

第六节 公路、护坡草坪

近几年我国高速公路建设发展迅速,沿线绿化和护坡是一个新课题。随着社会的发展,人们生活水平的提高,外出旅行的人越来越多。公路已不再仅仅是一种交通设施,它已成了人们生活环境中的一部分。公路边坡绿化与景观建设,不但可以保护路基和沿线公路设施,而且可大大改善公路沿线的生态环境和景观质量,这对解除司机及旅客的疲劳、减少事故发生率起着重要的作用。发达国家的高速公路两侧,景观环境都经过了精心设计,看上去优美、舒展,形成一道流动的风景线。其中草坪占有重要的地位,很值得我们借鉴、学习。

一、公路、护坡草坪的主要功能和特点

公路护坡草坪(图 15-6)是指建植在高速路两侧、河湖水库堤岸边的平地或坡地上,主要以水土保持为目的保护性草坪,也常称为设施草坪(Utility turf),是管理较为粗放的一种草坪。

图 15-6 公路护坡草坪

公路堤坝边坡植被立地条件较差,与其他区域相比,草坪建植、施工难度大,成坪后维护困难。在地形起伏的地区,不可避免地会造成陡坡的问题,致使土壤侵蚀强度大,易滑坡,土层薄,蓄水少,加之地势陡,降水与灌溉水易流失。与普通地面土壤相比,边坡土壤水分状况差,不利于植物生存。路基堤坝土壤一般是外来土。土壤类型和土壤的理化性质由于土壤的来源不同而有很大变化。土壤多数情况下是生土,有机质含量低,速效养分贫乏,结构性差,这不利于植物特别

是幼苗的生长。

高速公路路基一般高于地面，加之行车速度快，空气流动快，土壤和植物水分散失快，不利于植物发芽出苗与生长。

高速公路路面宽，多为黑色柏油路面，其热容量比一般土壤低，温度变幅大。夏季由于路面易吸收太阳辐射热，再加上行驶车辆放热，可造成公路附近大气温度高于周围的大气温度。温度高加速了土壤和植物水分损失，常使植物处于水分胁迫状态，加上高温，特别不利于冷季型草坪草的生长。冬季则温度散失快，路基附近地温降温明显。

另外，由于堤坝路基高于地面，边坡土壤接受太阳辐射也发生了变化，同时也有了阴坡与阳坡之分。阳坡接受热辐射多，温度上升快，土壤湿度常常低于阴坡。

与其他草坪比较，此类草坪的外观质量如色泽、质地要求相对较低，重要的是草坪要有发达致密的根系、较强的适应性和抗性，以及能耐低养护管理。因此，在草种选择上应选用根系发达，适应建植在极端的气候条件、耐旱，耐贫瘠的草种，由于护坡草坪面积较大，还应选择价格便宜的草种，如细羊茅、多年生黑麦草、普通早熟禾、草地早熟禾、高羊茅、冰草等冷季型草种，或野牛草、普通狗牙根、结缕草、钝叶草、假俭草、巴哈雀稗等暖季型草。应用上可与其他地被植物相配置。

二、公路护坡草坪的建植与养护管理要点

(一)草种选择依据

1. 选择适合当地土壤、气候条件的植物

选择适合当地生长的植物是关键环节。每一种植物都有其最适合的环境条件，其中土壤和气候条件是决定因素，当地野生植物往往是最好的选择。它是在本地土壤与气候环境中长期进化的结果，对当地的生态环境最适宜。

2. 选择根系发达、分生能力强的植物

植物的根系直接关系到固土能力。地下部生物量越大，根系分布越深，固土效果越好，植物的抗逆性也越好。植物的分生能力强，可减少土壤裸露时间，快速形成致密的群落，从而减弱降水的侵蚀能力。

3. 选择垂直生长缓慢或生长低矮的植物

植物垂直生长太快、太高，会影响景观，增加修剪次数，管护费用也随之提高。因而，选择植物类型时应选择垂直生长缓慢或生长低矮的地被植物。

4. 选择抗性强、耐瘠薄的植物

高速公路土壤瘠薄,土壤水分条件差,选择植物类型时应选择耐瘠薄、抗干旱的植物种,同时还应对病虫有较强的抗性。冷季型草坪草中以高羊茅抗性最强,暖季型的狗牙根和结缕草抗性最好。某些新品种具有较强的抗性,但价格一般较高。在经济能力可承受的情况下,选用新品种是可取的。

在温带和寒带用于公路堤岸设施草坪的草坪草种有草地早熟禾、细羊茅和黑麦草及其混合配方;半干旱地区有野牛草、冰草和格兰马草;在热带和亚热带地区有普通狗牙根、巴哈雀稗、假俭草和结缕草。高羊茅可分布于亚热带和温带之间的广大过渡地带。

公路护坡的植物材料不一定必须是草坪草,其他类型的地被植物,只要能够快速形成覆盖并具有较强的固土能力,即可采用。某些生长缓慢的灌木也可用来与草坪植物相配置,以增加景观美学价值。

所选植物材料应对行车和人身安全起保护作用。致密柔软的草被能起到缓冲作用,事故发生时可减轻人员伤亡及车辆损坏。乔木和修剪后的灌木对人身安全不利。另外,尽可能选用不产生致敏花粉的植物。

(二)护坡草坪建植

公路堤岸护坡草坪最重要的步骤是建植。由于面积大,苗床准备粗放,经费投入少,公路护坡草坪的建植时间,最好选在一年中适宜草坪草生长而降雨又充分的季节进行,以保证较高的成活率。目前常用的建植方式有:

喷播法(Hydroseeding)　即把草种、肥料、保水剂、粘合剂等混合在一起,用高压水或压缩空气将混合物喷向地表。由于几道工序同时完成,通常效率较高。在坡度较大的地方更为适宜。某些草坪的营养繁殖也可用这种方法建植。

铺植法(Sodding)　某些坡陡、侵蚀严重的地方可直接用草皮建植,即将培育好的草皮切成 30 cm × 30 cm、厚度 2 ~ 3 cm 的方块,一块一块衔接,铺成草坪。注意在坡度较大的地方,每块草皮铺后应用木桩或竹签加以固定,直到根系扎入土壤为止。

植生带法　有的地方为防止种子直播后被雨水冲跑,也可用铺设植生带法来建植草坪。

在公路护坡草坪建植施工中,覆盖是不应忽视的环节。覆盖可起到遮荫、降温、减少水分蒸发及减少土壤侵蚀的作用。小麦秸秆和水稻秸秆是最常用的覆盖材料,覆盖度以 70% 左右为宜。有条件的情况下也可选用无纺布作为覆盖材料。

公路堤坝边坡草被不同于一般草坪，播种密度要求有所不同。在兼顾群体发育的同时应强调培育个体壮苗。因而，播种量应随之降低。一般情况下，护坡草种播量是一般草坪播量的30%～50%。

(三)养护管理

公路护坡草坪的养护管理一般较为粗放。在能够修剪的平坦区域，草坪高度可控制在8～15 cm，在坡度较大的区域可用割灌机修剪，草坪高度较高或干脆不修剪。但应用剪草机时为保证人员和机械的安全，应禁止在超过15℃坡度上剪草。在坡度低于15℃时，使用坐骑式剪草车，要顺斜坡上下割草，而不要横穿坡地。使用手扶式剪草机时，要沿斜坡横线来回使用，而不要顺斜坡上下割草。

除了播种时施用化肥外，设施草坪尽量少施用化肥。多数情况下，两年中每公顷施用45 kg氮素即可保证正常生长。在个别地方，一旦草坪建植后，则很少施或不施肥料。在能够修剪的地方，修剪高度可控制在8～15 cm。一年中可修剪1～4次。

设施草坪一般不灌溉。

为了防止草坪抽穗，减少修剪次数，可施用生长调节剂，如矮壮素、乙烯利、青鲜素等。杂草防治一般应用化学除草剂来控制各类杂草，常用的除草剂有2,4-D、二甲四氯、环草隆等。施用时应注意防止除草剂飘移，而伤害周围的非目标植物。其他类型的除草剂则很少施用。对管理粗放的公路护坡草坪而言，病害通常不会成为一个问题。

公路护坡草坪在不同的地段，养护管理强度也会有所不同。在接近城市附近的地段，公路及河湖堤岸护坡草坪的养护可以达到较高的强度，形成优美的景观质量。养护管理强度有时甚至可以达到优质庭院草坪的水平。

习　题

15.1 除运动场草坪和高尔夫球场草坪以外，一般绿地草坪还包括哪些草坪？

15.2 观赏性草坪的功能和特点是什么？

15.3 庭院草坪的建植和养护管理要点是什么？

15.4 建植公园草坪为什么要进行事先计划？

15.5 机场草坪与其他绿地草坪相比具有哪些特殊性？

15.6 公路护坡草坪的特点是什么？其养护管理应侧重哪些方面？

参 考 文 献

1.[日]针之谷钟吉著,邹洪灿译.西方造园变迁史 从伊甸园到天然公园.中国建筑工业出版社,1991

2.A.J.Turgeon.Turfgrass Management.Prentice-Hall,Inc.,1996

3.Couch,Houston B.Diseases of turfgrass.Robert E.Krieger Publishing Company.Huntington,New York.1976

4.James B.Beard.Turf Management for Golf Course.Macmillan Publishing Company,New York.1982

5.James B.Beard.Turfgrass Science and Culture.Prentice-Hall,Inc.Englewood Cliffs,N.J.,1973

6.James D Blume.Lawns.Meredith Publishing Group,1999

7.Jim Puhalla,Jeff krans,and Mike Goatley.Sports Fields:a Manual for Design,Construction and Maintenance.Sleeping Bear Press,Michigan,1999

8.Pat Ward-Thomas.The World Atlas of Golf.W.H.Smith Publishers Inc.,1991

9.Robert D.Emmons.Turfgrass Science and Management.Delmar Publishers,1995

10.Robert D.Emmons.Turfgrass Science and Management.Delmar Publishers,a division of International Thomson Publishing,Inc.2000

11.Scotts.Guide to the Identification of Dicot Turf Weeds.The Scotts Company.World Right Reserved,1995

12.Scotts.Guide to the Identification of Grasses.The Scotts Company,1995

13.Smiley,Richard W.Compendium of Turfgrass Diseases.2nd Edition.APS press,1996

14.Smith,J.D.Diseases of Amenity Turf Grasses (3nd ed).E & F.N Spon,Ltd,New York,1989

15.T.Karl Danneberger.Turfgrass Ecology & Management.Franzak & Foster,div.of G.I.E.,Inc.Publishers,1993

16.Vargas J.M.,Jr.Management of Turfgrass Diseases.USA,Bursess Publishing Company,1994

17.边秀举.北京地区冷季型草坪草养分需求特性与施肥策略研究.中国农业大学博士学位论文,2000

18.陈志一.草坪栽培管理.农业出版社,1993

19.陈佐忠主编.面面21世纪的中国草坪科学与草坪业.中国农业大学出版社,1999

20.丁文铎.城市绿地喷灌.中国林业出版社,2001

21.韩烈保,丁波等主编.运动场草坪.中国林业出版社,1999

22.韩烈保,杨碚等主编.草坪草种及其品种.中国林业出版社,1999

23.韩湘玲主编.作物生态学.气象出版社,1991

24.胡林.我国东部地区主要草坪草种的生态适应性及其应用的研究.中国农业大学博士学位论文,1999

25.黄复瑞,刘祖祺主编.现代草坪建植与管理技术.中国农业出版社,1999

26.李敏主编.草坪品种指南.北京农业大学出版社,1993
27.刘发民,王辉珠,孟文学主编.草坪科学与研究.甘肃科学技术出版社,1998
28.南志标,李春杰.中国牧草真菌病害名录.草业科学(增刊),1994,1~160
29.商鸿生,王凤奎.草坪病虫害及其防治.中国农业出版社,1996
30.孙吉雄主编.草坪学.中国农业出版社,1998
31.谭继清.中国草坪草与地被.科学技术文献出版社,1993
32.张志国.草坪建植与管理.山东科学技术出版社,1998
33.张中义.观赏植物真菌病害.四川科技出版社,1992
34.张祖新,郑巧兰,王文丽等.草坪病虫害的发生及防治.中国农业科技出版社,1997
35.赵美琦主编.草坪病害.中国林业出版社,1999
36.中华人民共和国动植物检疫局,农业部植物检疫实验所编.中国进境植物检疫有害生物选编.中国农业出版社,1997

附表1(1)　常见草坪植物名称(冷季型草坪草)

植物学名	常用中文名	英文名
Agropyron cristatum (L.) Gaertn.	扁穗冰草	Fairway Wheatgrass
Agropyron smithii Rydb.	蓝茎冰草	Western Wheatgrass
Agrostis alba L.	小糠草	Redtop
Agrostis canina L.	绒毛翦股颖	Velvet Bentgrass
Agrostis stolonifera L.	匍匐翦股颖	Creeping Bentgrass
Agrostis tenuis Sibth.	细弱翦股颖	Colonial Bentgrass
Ammophila arenaria (L.) Link.	欧洲海滨草	European Beachgrass
Ammophila breviligulata Fernald.	美国海滨草	American Beachgrass
Bromus inermis Leyss.	无芒雀麦	Smooth Brome
Carex duriuscula C. A. Mey.	卵穗苔草	—
Carex hereophylla Bunge.	异穗苔草	—
Carex rigescens (Franch.) Krecz.	白颖苔草	Rigescent Sedge
Coronilla varia L.	小冠花	Crownvetch
Dactylis glomerata L.	鸭　茅	Orchardgrass
Festuca ovina var. *durivscula* L.	硬羊茅	Hard Fescue
Festuca arundinaces Schreb.	高羊茅	Tall Fescue
Festuca elatior L.	草地羊茅	Meadow Fescue
Festuca ovina L.	羊　茅	Sheep Fescue
Festuca rubra ssp. *rubra*	匍匐紫羊茅	Creeping Red Fescue
Festuca rubra L.	紫羊茅	Red Fescue
Festuca rubra var. *commutata* Gaud.	邱氏羊茅	Chewing Fescue
Lolium multiflorum Lam.	一年生黑麦草	Annual Ryegrass
Lolium perenne L.	多年生黑麦草	Perennial Ryegrass
Phleum nodosum L.	梯牧草(改良)	Timothy
Phleum pratense L.	梯牧草	Timothy
Poa angustifolis L.	细叶早熟禾	—
Poa annua L.	一年生早熟禾	Annual Bluegrass
Poa bulbosa L.	球茎早熟禾	Bulbous Bluegrass
Poa compressa L.	加拿大早熟禾	Canada Bluegrass
Poa glaucantha Gaudin.	旱地早熟禾	Upland Bluegrass
Poa nemoralis L.	林地早熟禾	Wood Bluegrass
Poa palusfris L.	泽地早熟禾	Fowl Bluegrass
Poa pratensis L.	草地早熟禾	Kentucky Bluegrass
Poa trivialis L.	粗茎早熟禾	Rough Bluegrass
Puccinellia distans (L.) Parl.	碱　茅	Korean Alkaligrass
Trifolium repens L.	白三叶	White Clover

附表1(2)　常见草坪植物名称(暖季型草坪草)

植物学名	常用中文名	英文名
Axonopus compress（Sw.）Beauv.	地毯草	Carpetgrass
Bouteloua gracilts（H.B.K.）Lag.ex Steud.	格兰马草	Blue Grama
Buchloë dactyloides（Nutt.）Engelm.	野牛草	Buffalograss
Chrysopogon aciculatus Trin.	竹节草	—
Cynodon. dactylon（L.）Pers.	狗牙根	Bermudagrass
Cynodon. transvaolensids Burtt-Davy.	非洲狗牙根	African Bermudagrass
Dichondra repens Forst.	马蹄金	Creeping Dichondra
Digitaria ischaemum（Schreb.）Muhlenb.	止血马唐	Smooth Crabgrass
Eragrostis curvula（Shrad.）Nees.	弯叶画眉草	—
Erenochloa Ophiuroides（Munro）Hack.	假俭草	Centipedegrass
Ophiopogon japonicus（c.f.）Ker-Gawl.	沿阶草	—
Paspalum conjugatum Bergius	两耳草	Sour Paspalum
Paspalum diatatum Por.	毛花雀稗	Dallisgrass
Paspalum distichum L.	双穗雀稗	Knotgrass
Paspalum notatum L.	美洲雀稗	Bahiagrass
Paspalum vaginatum Swartz.	滨海雀稗	Seashore Paspalum
Pennisetum clandestinum Hochst.ex Chiov.	铺地狼尾草	Kikuyugrass
Stenotaphrum secundatum（Walt.）Kuntze.	钝叶草	St. Augustinegrass
Zoysia japonica Steud.	结缕草	Japanese Lawngrass
Zoysia macrostachya Franch. et Savat.	大穗结缕草	—
Zoysia matrella（L.）Merr.	沟叶结缕草	Manilagrass
Zoysia sinica Hance.	中华结缕草	—
Zoysia tenuifolia Willd.ex Trin.	细叶结缕草	Mascarengrass

附表2 常见草坪草种相对特性比较表

（自 A.J. Turgeon, Turfgrass Management , Revised Edition, 1985）

特性		暖季型草种 Warm season turfgrasses		冷季型草种 Cool season turfgrasses	
建植速度	快	Bermudagrass	狗牙根	Perennial Ryegrass	多年生黑麦草
		St. Augustinegrass	钝叶草	Tall Fescue	高羊茅
		Carpetgrass	地毯草	Fine Fescue	细羊茅
		Bahiagrass	百喜草	Creeping Bentgrass	匍匐翦股颖
	↓	Zoysiagrass	结缕草	Colonial Bentgrass	细弱翦股颖
	慢	Centipedegrass	假俭草	Kentucky Bluegrass	草地早熟禾
叶片质地	粗糙	Carpetgrass	地毯草	Tall Fescue	高羊茅
		St. Augustinegrass	钝叶草	Perennial Ryegrass	多年生黑麦草
		Bahiagrass	百喜草	Kentucky Bluegrass	草地早熟禾
	↓	Centipedegrass	假俭草	Colonial Bentgrass	细弱翦股颖
		Zoysiagrass	结缕草	Creeping Bentgrass	匍匐翦股颖
	细致	Bermudagrass	狗牙根	Fine Fescue	细羊茅
植株密度	高	Bermudagrass	狗牙根	Creeping Bentgrass	匍匐翦股颖
		Zoysiagrass	结缕草	Colonial Bentgrass	细弱翦股颖
		St. Augustinegrass	钝叶草	Fine Fescue	细羊茅
		Centipedegrass	假俭草	Kentucky Bluegrass	草地早熟禾
	↓	Carpetgrass	地毯草	Perennial Ryegrass	多年生黑麦草
	低	Bahiagrass	百喜草	Tall Fescue	高羊茅
耐寒性	高	Zoysiagrass	结缕草	Creeping Bentgrass	匍匐翦股颖
		Bermudagrass	狗牙根	Kentucky Bluegrass	草地早熟禾
		Bahiagrass	百喜草	Colonial Bentgrass	细弱翦股颖
		Centipedegrass	假俭草	Fine Fescue	细羊茅
	↓	Carpetgrass	地毯草	Tall Fescue	高羊茅
	低	St. Augustinegrass	钝叶草	Perennial Ryegrass	多年生黑麦草
耐热性	高	Zoysiagrass	结缕草	Tall Fescue	高羊茅
		Bermudagrass	狗牙根	Creeping Bentgrass	匍匐翦股颖
		Carpetgrass	地毯草	Kentucky Bluegrass	草地早熟禾
		Centipedegrass	假俭草	Colonial Bentgrass	细弱翦股颖
	↓	St. Augustinegrass	钝叶草	Fine Fescue	细羊茅
	低	Bahiagrass	百喜草	Perennial Ryegrass	多年生黑麦草

附表 2(续 1)

特性		暖季型草种 Warm season turfgrasses		冷季型草种 Cool season turfgrasses	
耐旱性	高	Bermudagrass	狗牙根	Fine Fescue	细羊茅
		Zoysiagrass	结缕草	Tall Fescue	高羊茅
		Bahiagrass	百喜草	Kentucky Bluegrass	草地早熟禾
		St. Augustinegrass	钝叶草	Perennial Ryegrass	多年生黑麦草
		Centipedegrass	假俭草	Colonial Bentgrass	细弱翦股颖
	低	Carpetgrass	地毯草	Creeping Bentgrass	匍匐翦股颖
耐荫性	高	Bermudagrass	狗牙根	Fine Fescue	细羊茅
		Zoysiagrass	结缕草	Colonial Bentgrass	细弱翦股颖
		Bahiagrass	百喜草	Tall Fescue	高羊茅
		St. Augustinegrass	钝叶草	Creeping Bentgrass	匍匐翦股颖
		Centipedegrass	假俭草	Kentucky Bluegrass	草地早熟禾
	低	Carpetgrass	地毯草	Perennial Ryegrass	多年生黑麦草
耐土壤酸性	高	Carpetgrass	地毯草	Tall Fescue	高羊茅
		Centipedegrass	假俭草	Fine Fescue	细羊茅
		Bermudagrass	狗牙根	Colonial Bentgrass	细弱翦股颖
		Zoysiagrass	结缕草	Creeping Bentgrass	匍匐翦股颖
		St. Augustinegrass	钝叶草	Perennial Ryegrass	多年生黑麦草
	低	Bahiagrass	百喜草	Kentucky Bluegrass	草地早熟禾
耐淹性	高	Carpetgrass	地毯草	Tall Fescue	高羊茅
		Centipedegrass	假俭草	Fine Fescue	细羊茅
		Bermudagrass	狗牙根	Colonial Bentgrass	细弱翦股颖
		Zoysiagrass	结缕草	Creeping Bentgrass	匍匐翦股颖
		St. Augustinegrass	钝叶草	Perennial Ryegrass	多年生黑麦草
	低	Bahiagrass	百喜草	Kentucky Bluegrass	草地早熟禾
耐盐性	高	Bermudagrass	狗牙根	Creeping Bentgrass	匍匐翦股颖
		Zoysiagrass	结缕草	Tall Fescue	高羊茅
		St. Augustinegrass	钝叶草	Perennial Ryegrass	多年生黑麦草
		Bahiagrass	百喜草	Fine Fescue	细羊茅
		Carpetgrass	地毯草	Kentucky Bluegrass	草地早熟禾
	低	Centipedegrass	假俭草	Colonial Bentgrass	细弱翦股颖
适合的修剪高度	高	Bermudagrass	狗牙根	Tall Fescue	高羊茅
		Zoysiagrass	结缕草	Fine Fescue	细羊茅
		St. Augustinegrass	钝叶草	Perennial Ryegrass	多年生黑麦草
		Centipedegrass	假俭草	Kentucky Bluegrass	草地早熟禾
		Carpetgrass	地毯草	Colonial Bentgrass	细弱翦股颖
	低	Bahiagrass	百喜草	Creeping Bentgrass	匍匐翦股颖

附表 2(续 2)

特性		暖季型草种 Warm season turfgrasses		冷季型草种 Cool season turfgrasses	
修剪质量	高	St. Augustinegrass	钝叶草	Kentucky Bluegrass	草地早熟禾
		Bermudagrass	狗牙根	Colonial Bentgrass	细弱翦股颖
		Centipedegrass	假俭草	Creeping Bentgrass	匍匐翦股颖
		Carpetgrass	地毯草	Tall Fescue	高羊茅
	↓	Zoysiagrass	结缕草	Fine Fescue	细羊茅
	低	Bahiagrass	百喜草	Perennial Ryegrass	多年生黑麦草
需肥量	高	Bermudagrass	狗牙根	Creeping Bentgrass	匍匐翦股颖
		St. Augustinegrass	钝叶草	Colonial Bentgrass	细弱翦股颖
		Zoysiagrass	结缕草	Kentucky Bluegrass	草地早熟禾
		Centipedegrass	假俭草	Perennial Ryegrass	多年生黑麦草
	↓	Carpetgrass	地毯草	Tall Fescue	高羊茅
	低	Bahiagrass	百喜草	Fine Fescue	细羊茅
感病性	高	St. Augustinegrass	钝叶草	Creeping Bentgrass	匍匐翦股颖
		Bermudagrass	狗牙根	Colonial Bentgrass	细弱翦股颖
		Zoysiagrass	结缕草	Kentucky Bluegrass	草地早熟禾
		Carpetgrass	地毯草	Fine Fescue	细羊茅
	↓	Bahiagrass	百喜草	Perennial Ryegrass	多年生黑麦草
	低	Centipedegrass	假俭草	Tall Fescue	高羊茅
形成枯草层的可能性	高	Bermudagrass	狗牙根	Creeping Bentgrass	匍匐翦股颖
		St. Augustinegrass	钝叶草	Colonial Bentgrass	细弱翦股颖
		Zoysiagrass	结缕草	Kentucky Bluegrass	草地早熟禾
		Centipedegrass	假俭草	Fine Fescue	细羊茅
	↓	Carpetgrass	地毯草	Perennial Ryegrass	多年生黑麦草
	低	Bahiagrass	百喜草	Tall Fescue	高羊茅
耐磨性	高	Zoysiagrass	结缕草	Tall Fescue	高羊茅
		Bermudagrass	狗牙根	Perennial Ryegrass	多年生黑麦草
		Bahiagrass	百喜草	Kentucky Bluegrass	草地早熟禾
		St. Augustinegrass	钝叶草	Fine Fescue	细羊茅
	↓	Carpetgrass	地毯草	Creeping Bentgrass	匍匐翦股颖
	低	Centipedegrass	假俭草	Colonial Bentgrass	细弱翦股颖
再生恢复力	高	Bermudagrass	狗牙根	Creeping Bentgrass	匍匐翦股颖
		Zoysiagrass	结缕草	Kentucky Bluegrass	草地早熟禾
		St. Augustinegrass	钝叶草	Tall Fescue	高羊茅
		Centipedegrass	假俭草	Perennial Ryegrass	多年生黑麦草
	↓	Carpetgrass	地毯草	Fine Fescue	细羊茅
	低	Bahiagrass	百喜草	Colonial Bentgrass	细弱翦股颖

附表3 草坪主要病害防治简表

病 害	感病草种	栽培防治	药剂防治
褐斑病 *Rhizoctonia solani*	匍匐翦股颖,草地早熟禾,高羊茅,多年生黑麦草等多种禾草	合理水肥,增施磷钾肥,通风透光,选用抗病草种和品种	药剂拌种或种子包衣,灭霉灵,杀毒矾,代森锰锌百菌清等喷雾
腐霉枯萎病 *Pythium* spp.	早熟禾,多年生黑麦草,细叶羊茅,翦股颖,高羊茅等	改善立地条件,有良好的排灌系统,清除周围杂草以增加透气性,适度修剪	甲霜灵,乙膦铝,杀毒矾,百菌清,灭霉灵等拌种和喷雾
夏季斑 *Magnaporthe poae*	草地早熟禾、早熟禾	选择抗病品种,无病种子,干热阶段少量多次灌水以减轻干热协迫,忌大水漫灌和深灌,合适氮肥用量	用粉锈宁,特普唑,立克莠等药剂拌种或包衣
镰刀枯萎病 *Fusarium* spp.	草地早熟禾,黑麦草,羊茅等	选用抗病耐病种子,合理水肥,增施磷钾肥,清除枯草层,适度修剪	根茎腐症状始期打药,如多菌灵
币斑病 *Sclerotinia homoeocarpa*	匍匐翦股颖,早熟禾,多年生黑麦草,细叶羊茅,细弱翦股颖,草地早熟禾,狗牙根,结缕草	选择抗病品种,合理水肥,适度修剪,通风透光	百菌清,粉锈宁等药剂喷雾
全蚀斑 *Gaeumannomyces graminis*	匍匐翦股颖、细弱翦股颖受害最重	合理水肥,增施有机肥和磷钾肥,避免施用石灰,清除枯草层	药剂拌种或包衣,发病早期也可打药
灰斑病 *Pyricularia grisea*	以钝叶草为主,也侵染多年生黑麦草,狗牙根,羊茅等	避免偏施氮肥,减少湿度	百菌清,代森锰锌,杀毒矾等喷雾
离蠕孢叶枯病 *Bipolaris* spp.	草地早熟禾,多年生黑麦草,细叶羊茅,匍匐翦股颖,狗牙根等	选择抗病草种和品种,合理水肥,清除病残体和枯草层,适度修剪等	百菌清,代森锰锌,托布津,杀毒矾,灭霉灵等喷雾
德氏霉叶枯病 *Drechslera* spp.	草地早熟禾,高羊茅,黑麦草,翦股颖,狗牙根等	同离蠕孢叶枯病	同离蠕孢叶枯病

附表3(续1)

病 害	感病草种	栽培防治	药剂防治
弯孢叶枯病 *Curvularia* spp.	早熟禾,翦股颖,,紫羊茅,高羊茅,黑麦草等	同离蠕孢叶枯病	同离蠕孢叶枯病
锈 病 *Puccinia* spp.	草地早熟禾,多年生黑麦草,结缕草,狗牙根,翦股颖等	选择抗病草种和品种,合理水肥,增施磷钾肥,经常修剪	粉锈宁,特普唑,立克莠拌种或喷雾
条黑粉病 *Ustilago striiformis*	草地早熟禾,匍匐翦股颖等	选择抗病草种和品种,无病种子,加强水肥,及时修剪	粉锈宁,特普唑,立克莠拌种或喷雾
白粉病 *Erysiphe graminis*	草地早熟禾,细叶羊茅,狗牙根最易感病	选择抗病草种和品种,减少遮荫,通风透光,合理水肥	粉锈宁,特普唑等喷雾
炭疽病 *Colletotrichum graminicola*	早熟禾,匍匐翦股颖,高羊茅,细叶羊茅,黑麦草等多种禾草	合理水肥,增施磷钾肥,清除病残体,栽种抗病品种	粉锈宁,甲基托布津,百菌清,多菌灵,乙膦铝等,800~1 000倍液喷雾
红线病 *Laetisaria fuciformis*	羊茅,黑麦草,早熟禾,翦股颖等	选择抗病品种,增施氮肥,土壤保持pH为6.5~7.7,清除枯草,灌水要少灌深灌	百菌清,粉锈宁,代森锰锌,福美双等
霜霉病 *Sclerophthora macrospora*	早熟禾,草地早熟禾,匍匐翦股颖等	避免积水和偏施氮肥,及时修剪	甲霜灵,乙膦铝,杀毒矾等
白绢病 *Sclerotium rolfsii*	翦股颖,羊茅,黑麦草,早熟禾等	精细管理,合理水肥,清除枯草层,提高土壤的通气性,用石灰改良土壤	适期打药
坏死环斑病 *Leptosphaeria korrae*	草地早熟禾发病最重,翦股颖,早熟禾,紫羊茅也发生	合理施肥,增施磷钾肥,合理灌水	甲基托布津,多菌灵等
粘霉病 *Myxomycete* spp.	所有草坪草	修剪或耙去	
春季死斑病 *Leptosphaeria narmari*	狗牙根,结缕草等	控制施肥量,特别避免夏末施用氮肥	甲基托布津

附表3(续2)

病　害	感病草种	栽培防治	药剂防治
褐条病 *Cercosporidium graminis*	多种禾草	选择抗病或无病种子,合理水肥,及时修剪,通风透光	多菌灵,甲基托布津,杀毒矾喷雾
仙环病 (担子菌中约有50余种真菌)	所有草坪草	清除受侵染草皮和土壤,以无菌土换土,重播或重铺草皮	溴甲烷或甲醛熏蒸土壤,也可打孔浇灌药剂如灭菌丹和百菌清等
雪腐叶枯病 *Microdochium nivale*	早熟禾,匍匐翦股颖,细叶羊茅,多年生黑麦草,草地早熟禾等	无病种子,合理施肥,清除枯草,低修剪,避免低洼积水	粉锈宁,特普唑,代森锰锌,福美双,甲基托布津等喷雾
铜斑病 *Gloeocercospora sorghi*	翦股颖,狗牙根,结缕草和其他早熟禾亚科的禾草等	合理水肥,增施磷钾肥,改良酸性土壤,通风透光	多菌灵,甲基托布津,代森锰锌等喷雾
黑孢枯萎病 *Nigrospora sphaerica*	主要发生在多年生黑麦草,紫羊茅和草地早熟禾上	抗病品种,合理水肥,增施磷钾肥,通风透光	多菌灵,甲基托布津,代森锰锌,杀毒矾等喷雾
灰斑病 *Pyricularia grisea*	饨叶草为主,也危害狗牙根,翦股颖,羊茅等	避免干旱和偏施氮肥,保持土壤疏松和通风透光	多菌灵,三环唑,甲基托布津等
其他叶斑病(包括:尾孢,壳二孢,壳针孢,灰斑病等)	多种禾草上	抗病品种,精心管理,合理水肥,降低土壤湿度,通风透光	多菌灵,甲基托布津,代森锰锌,粉锈宁,杀毒矾等喷雾
黑痣病 *Phyllachora* spp.	多种禾草上	精心管理,合理水肥,降低土壤湿度,通风透光	
核瑚菌疫病 (又叫灰色雪腐病) *Typhula incarnata*	匍匐翦股颖,早熟禾,细叶羊茅,多年生黑麦草等	选择抗病草种和品种,合理施肥,施用氮肥不宜过多,清除枯叶	积雪前喷施百菌清,扑海因,五氯硝基苯等
藻　类	所有草坪草	减少遮荫。避免过度灌水,提高土壤排水性	代森锰锌

附表4 草坪病害英拉汉名称对照

中文名	英文名	拉丁文
褐斑病	Brown patch	*Rhizoctonia solani* Kühn
腐霉枯萎病	Pythium blight	*Pythium aphanidermatum* (Eds.) Fitz
		P. ultium Trow.
		P. graminicola Subram
		P. myriotylum Drechsl.
		P. arrhenomanes Drechsl.
		P. afertile
		P. catenulatum
		P. torubosum
		P. vanterpoodlii
		P. rostratum
		P. iwayamai
		P. vexans
		P. debaryanum
		P. irregulare
夏季斑病	Summer patch	*Magnaporthe poae*
镰刀枯萎病	Fusarium blight	*Fusarium poae* (*Peck*) Wollew
		F. avenaceum (Fr.) Sacc.
		F. heterosporum Nees ex Fr.
		F. acuminatum
		F. equiseti (Corda) Sacc.
		F. culmorum (Smith) Sacc.
		F. crookwellense
		F. graminearum Schwabe
币斑病	Dollar spot	*Lanzia* spp.
		Moellerodiscus spp.
全蚀斑块病	Take-all patch	*Gaeumannomyces graminis* (Sacc.) Arx & Oliv.
		Var. avenae (E. M. Turner) Dennis
德氏霉叶枯病（溶失病）	Drechslera leaf blight (Melting-out)	*Drechslera tritici-repentis*
		D. erythrospila
		D. gigantea
		D. siccans
		D. triseptata

附表 4(续 1)

中文名	英文名	拉丁文
德氏霉叶枯病（溶失病）	Drechslera leaf blight (Melting-out)	*D. dictyoides* *D. phlei* *D. catenaria* *D. nobleae* *D. poae*
离蠕孢叶枯病	Bipolaris leaf blight	*Bipolaris spicifera* *B. australiensis* *B. buchloes* *B. hawaiiensis* *B. micropa* *B. cynodontis* *B. sorokiniana* *B. stenospila* *B. rostratum*
弯孢霉叶枯病	Cuvularia leaf blight	*Curvularia lunata* (Walker) Boedijn *C. clavata* Jaia *C. geniculata* (Tracy) Boedijn *C. intermedia* (Shear) Boedijn *C. protuberata* Nelson and Hodges *C. trifolii* (Kauffm) Boed *C. eragrostidis* *C. penniseti* *C. senegalensis*
喙孢霉叶枯病	Orchardgrass leaf blight	*Rhynchosporium orthosporum* Caldwell *R. secalis* (Oud) Davis
锈　病	Rusts	*Puccinia graminis* Pers f. sp. *lolii* Guyot et Massenot *P. graminis* Pers f. sp. *phlei-pratensis* Stak. et Piem *P. graminis* Pers f. sp. *dactylidis* Guyot et Massenot *P. recondita* Rob. ex Desm *P. striiformis* West *P. coronata* Corda *P. agrostidicola* Tai

附表 4(续 2)

中文名	英文名	拉丁文
锈　病	Rusts	*P*. *brachypodii* Otth var.
		P. *poae-nemoralis* (Otth.) Cumm. et. Creene
		P. *cynodontis* Lacroix et Desm
		P. *festucae* Plowr
		P. *hordei* Otth.
		P. *levis* (Sace & Bizz) Magn.
		P. *paspalina* Cumm.
		P. *poarum* Niels.
		P. *pygmaea* Eriks.
		P. *zoysiae* Diet.
		Uromyces dactylidis Otth var.
		U. *daetylidia* Otth var. Poae(Rabenh.) Cumm.
		U. *setariae-italicae* Yosh.
黑粉病	Smut	*Ustilago striiformis* (Westend.) Niessl
		Urocystis agropyri (Preuss) Schrot
		Entyloma dactylidis (Pass) Cif
		Tilletia spp.
		Sphacelotheca spp.
		Sorosporium spp.
		Thecaphora spp.
白粉病	Powdery mildew	*Blumeria graminis* (DC) Golov. Ex Speer
		= *Erysiphe graminis* DC. Ex Merat
炭疽病	Anthracnose	*Colletotrichum graminicola* (无性)
		Glomerella graminicola (有性)
		Microdochium bolleyi (= *Cloeosporium bolleyi*)
		Volutella colletotrichoides
红丝病	Red thread	*Laetisaria fusiformis*
		Corticium fuciforme
霜霉病	Downy mildew	*Sclerophthora macrospora* (Sacc.) Thirum., Shaw et Naras.
		S. *graminicola*
白绢病（南方枯萎病）	Southern blight	*Sclerotium rolfsii* Sacc.

附表 4(续 3)

中文名	英文名	拉丁文
蘑菇圈	Fairy rings	*Lepiota* spp.*
		Lycoperdon spp.
		Marasmius spp.
		Scleroderma spp.
		Tricholoma spp.
褐条斑病	Brown stripe	*Cercosporidium graminis* (Fukel) Deighton
壳二孢叶枯病	Ascochyta leaf blight	*Ascochyta agrostis* Polosova
		A. anthoxanthi Kalymbetov
		A. avenae
		A. desmazieresii Cavara
		A. festuca-erecta
		A. graminea
		A. hordei
		A. hordeicola
		A. missouriensis
		A. leptospora
		A. phleina
		A. rhodesii
尾孢叶枯病	Cercospora leaf spot	*Cercospora agrostidis*
		C. festucae
		C. seminalis
		C. fusimaculans
壳针孢叶斑病	Septoria leaf spots	*S. macropoda*
		S. macropoda var. *grandis*
		S. macropoda var. *septulata*
		S. oudemansii
		S. loligena
		S. tritici var. *lolicola*
		S. tenella
		S. calamagrostidis
		S. secalis var. *stipae*
		S. triseti
		S. cynodontis

附表4(续4)

中文名	英文名	拉丁文
壳针孢叶斑病	Septoria leaf spots	*S. agropyrina* *S. elymi*
灰斑病(瘟病)	Gray leaf spot	*Pyricularia grisea*
铜斑病	Copper spot	*Gloeocercospora sorghi*
黑孢枯萎病	Nigrospora blight	*Nigrospora sphaerica*
春季坏死斑病	Spring dead spot	*Leptosphaeria narmari*(澳大利亚) *L. korrae*(澳大利亚)
雪霉叶枯病	Pink snow mold	*Gerlachia nivalis* (Ces. ex Sacc.) Gams and Mull (无性) *Monographella nivaris* (Schaffn.) Mull (有性)
粘霉病	Slime molds	*Mucilago crustacea* *Physarum* spp. *Fuligo* spp.
禾草腥黑穗病	Grass bunt	*Tilletia fusca* Ell. & Ev
小麦矮腥黑穗病	Dwarf bunt of wheat	*Tilletia controversa* Kuhn
小麦印度腥黑穗病	Karnal bunt of wheat	*Tilletia indica* Mitra
翦股颖粒线虫	Bent-grass gail nematode Bent-grass nematode	*Anguina agrostis* (Steinbuch, 1799) Filipjev 1936
钝叶草衰退病	SAD	
冰草花叶病毒病	Agropyron mosaic virus	
大麦条纹花叶病毒病	Barley stripe mosaic virus	
大麦黄矮病毒病	Barley yellow dwarf virus	
雀麦花叶病毒病	Brome mosaic virus	
鸭茅条斑病毒病	Cocksfoot streak virus	
黑麦草花叶病毒病	Ryegrass mosaic virus	

附表4(续5)

中文名	英文名	拉丁文
小麦土传花叶病毒病	Wheat soil-borne mosaic virus	
小麦梭条斑花叶病毒病	Wheat spindle streak mosaic virus	
小麦线条花叶病毒病	Wheat streak mosaic virus	
鸭茅斑驳病毒	Cocksfoot motte virus	
羊茅坏死病毒	Festuca necrosis virus	
细菌性萎蔫病	Bacterial wilt disease	*Xanthomonas campestris*

*蘑菇圈由多种致病真菌侵染所致,所列的病原物仅是已确定的病原物。

附表5 草坪杂草名录

中文名	英文名	学　名	生长习性	生态习性	繁殖方式	发生季节
问　荆	Field Horsetail, Top Pine	*Equisetum arvense* L.	P	HX	R	全年
萹　蓄	Common Knotweed	*Polygonum aviculare* L.	AW	HX	S	春秋冬
酸模叶蓼	Dockleaved Knotweed	*Polygonum lapathifolium* L.	AW	AH	S	春秋
酸　模	Garden Sorrel	*Rumex acetosa* L.	AW	HX	S	春秋
羊　蹄	Crispate Dock	*Rumex crisps* L.	P	H	S	春秋
藜	Lambsquarters	*Chenopodium album* L.	A	HX	S	全年
土荆芥	Mexica Tea	*Chenopodium ambrosioides* L.	AW	HX	SR	全年
小　藜	Serotinous Goosefoot	*Chenopodium serotinum* L.	AW	X	S	全年
地　肤	Broom Cypress	*Kochia scoparia* (L.) Schrad	AW	X	S	春秋
空心莲子草	Alligator Alternanthera	*Alternanthera philoxeroides* (Mart.) Griseb.	P	AH	SR	春夏
凹头苋	Emarginate Amaranth	*Amaranthus ascendens* Loisel	A	X	S	春夏
刺　苋	Spiny Amaranth	*Amaranthus spinosus* L.	A	X	S	春夏
皱果苋	Wrinkledfruit Amaranth	*Amaranthus viridis* L.	A	X	S	春夏
马齿苋	Purslane	*Portulaca oleracea* L.	A	HX	S	春秋
牛繁缕	Aquatic Malachium	*Malachium aquaticum* (L.) Fries	WP	HX	S	春秋
漆姑草	Japanese Pearlweed	*Sagina japonica* (Sw.) Ohwi	W	H	S	春秋
雀舌草	Bog Starwort	*Stellaria alsine* Grimm.	AW	H	S	秋冬
禾叶繁缕	Little Starwort	*Stellaria graminea* L.	A P	H	S	春夏
繁　缕	Common Chichweed	*Stellaria media* (L.) Cyr.	AW	HX	S	春秋
石生繁缕	–	*Stellaria saxatiiis* Hucn.-Ham.	P	HX	SR	夏秋
茴茴蒜	Chinese Buttercup	*Ranunculus chinensis* Bunge	AW	H	S	春秋
肉根毛茛	Fleshyroot Buttercup	*Ranunculus polii* Franch.	P	X	S	春夏
荠　菜	Shepherdspurse	*Capsella bursa-pastoris* (L.) Medic.	AW	HX	S	春秋
碎米荠	Pennsylvania Bittercress	*Cardamine hirsuta* L.	W	H	S	秋冬
臭　荠	Swine Wartcerss	*Conoropus didymus* (L.) J. E. Smith	AW	HX	S	秋冬
独荇菜	Pupperweed	*Lepidium apetalum* Willd.	AW	X	S	秋冬
焯　菜	Montane Rorippa	*Rorippa dubia* (Pers.) Hara	AW	HX	S	秋冬
风花菜	Marshcress	*Rorippa palustris* (Leyss.) Bess.	W	H	S	秋冬
菥　蓂	Field Pennycress	*Thlaspi arvense* L.	AW	X	S	秋冬
蛇　莓	Indianmock Strawberry	*Duchesnia indica* (Andr.) Focke	P	X	SR	春夏

附表 5(续 1)

中文名	英文名	学名	生长习性	生态习性	繁殖方式	发生季节
委陵菜	Chinese Cinquefoil	*Potentilla chinensis* Ser.	P	HX	S	春夏
黄花草木樨	Yellow Sweetclover	*Melilotus officinalis*(L.)Ders.	W	H	S	春秋冬
天蓝苜蓿	Black Medick	*Medicargo lupulina* L.	W	HX	S	春秋冬
白车轴草	White Clover	*Trifolium repens* L.	P	HX	SR	春夏秋
小巢菜	Common Hairy-Tare	*Vicia hirsuta*(L.)S.F.Gray	W	H	S	春秋冬
长柔毛野豌豆	Hairy Vetch	*V. villosa* Roth	W	H	S	春秋冬
蒺　藜	Punctruevine Caltrap	*Tribulus terrestris* L.	P	X	SR	春夏
芹叶牻牛儿苗	Redstemmed Filaree	*Erodium cicutarium*(L.)L'Herit	AW	X	S	春秋冬
老鹳草	Wildford Geranium	*Geramium wilfordii* Maxim	P	X	SR	春夏
酢浆草	Creeping Oxalis	*Oxalis corniculata* L.	P	HX	SR	春秋
直酢浆草	Yellow Wood Sorrel	*Oxalis stricta* Steud.	P	X	SR	春秋
飞扬草	Garden Euphorbia	*Euphorbia hirta* L.	A	HX	S	春夏
地　锦	Humifuse Euphorbia	*Euphorbia humifusa* Willd.	A	X	S	春夏
苘　麻	Indian Hemp	*Abutilon theophrasti* Medic.	A	X	S	春夏
冬　葵	Cluster Mallow	*Malva verticillata* L.	AW	X	S	春秋
赛　葵	Indian Falsemallow	*Malvastrum coromandelianum* (L.) Garcke	P	X	SR	春夏
紫花地丁	Tokyo Violet	*Viola philippica* Cav.	P	X	SR	春夏
箭叶堇菜	Halberdleaf Yellow Violets	*Viola betonicifolia* J. E. Smith	P	X	SR	春夏
黄花月见草	Yellowflower Coffe Plant	*Oenathera glazioviana* Mich.	P	X	SR	春夏
红花月见草	Redflower Coffe Plant	*Oenathera rosea* L.Her. ex Ait.	P	X	SR	春夏
野胡萝卜	Wild Carrot	*Daucus carota* L.	W	X	S	春
天胡荽	Lawn Pennywort	*Hydrocotyle sibthorpioides* Lam.	AW	X	S	春夏
珍珠菜	Clethra Loosestrife	*Lysimachia clethroides* Duby.	P	X	SR	春夏
打旋花	Ivy Glorybind	*Calysegia hedracea* Wall	P	X	SR	春夏
田旋花	Field Bindweed	*Convolvulus arvense* L.	P	X	SR	春夏
马蹄金	Creeping Dicondra	*Dichondra repens* Forst.	P	HX	SR	春夏
圆叶牵牛	Pupple Morning-Glory	*Pharbitis purpurea*(L.)Voigt.	A	X	S	春夏
马鞭草	European Verbena	*Verbena officinalis* L.	P	X	SR	春
风轮菜	Chinese Clinopodium	*Clinopodium chinensis* (Benth.) O. Kuntze	P	X	SR	春夏
佛　座	Henbit Deadnettle	*Lamium amplexicaule* L.	AW	HX	S	春秋
野芝麻	Barbate Deadnettle	*Lamium barbatum* Sieb.	P	HX	SR	春夏

附表5(续2)

中文名	英文名	学 名	生长习性	生态习性	繁殖方式	发生季节
欧夏枯草	Common Selfheal	*Prunella vulgaris* L.	P	X	S	春
水 苏	Japanese Betony	*Stachys japonica* Miq.	P	X	SR	春
酸 浆	Franchet Strawberry Groundcherry	*Physalis alkekengi* L. var. *frenchetii* (Mast.) Makino	P	X	S	春夏
龙 葵	Black Nightshade	*Solanum nigrum* L.	A	X	S	春夏
通泉草	Japanese Mazus	*Mazus japonicus* (Thunb.) O.Kuntze	AW	AH	S	春秋
婆婆纳	Gminate Speedwell	*Veronica didyma* Tenore	AW	HX	S	春秋
猪殃殃	Bedstraw	*Galium aparine* L.	AW	X	S	春秋
车 前	Asiatic Plantain	*Plantago asiatica* L.	P	HX	SR	春夏
长叶车前	Narrowleaved Plantain	*Plantago lanceolata* L.	P	HX	SR	春夏秋
大车前	Broadleaf Plantain	*Plantago major* L.	P	HX	SR	春夏
胜红蓟	Tropic Ageratum	*Ageratum conyzoides* L.	A	X	S	春夏
艾 蒿	Argy Wormwood	*Artemisia argyi* Levl. et Vant.	P	X	SR	春夏
鬼针草	Spanish Needles	*Bidens bipinata* L.	A	HX	S	春夏
三叶鬼针草	Railway Beggarticks	*Bidens pilosa* L.	A	HX	S	春夏
飞 廉	Curly Bristlethistle	*Carduus crispus* L.	A	X	S	春秋
菊 苣	Common Chicory	*Cichorium inteybus* L.	P	X	SR	春夏
莲座蓟	Rosette Thistle	*Cirsium esculentum* (Sievers.) C. A.Mey.	P	HX	SR	春夏
飞 蓬	Bonary Conyza	*Conyza bonariensis* (L.) Crong.	AW	X	S	春秋
鳢 肠	White Eclipta	*Eclipta prostrata* (L.) L.	A	AH	S	春夏
一年蓬	Annual Fleabane	*Erigeron annuus* (L.) Pers.	A	X	S	春秋
加拿大蓬	Canada Fleabane	*Erigeron canadensis* L.	W	X	S	春秋
辣子草	Samllflower Galinsoga	*Galinsoga parviflora* Cav.	A	HX	S	春夏
马 兰	Indian Kalimeris	*Kalimeris indica* (L.) Sch.-Bip.	P	HX	SR	春
裸柱菊	Camomileleaf Soliva	*Soliva anthemifolia* (Juss.) R.Br.	A	HX	S	春秋
苦苣菜	Common Sowthistle	*Sonchus oleraceus* L.	A	HX	S	春夏
蒲公英	Mongolian Dandelion	*Taraxacum mongolicum* Hand.-Mazz.	P	X	SR	春
苍 耳	Sibirian Cocklebur	*Xanthium sibiricum* Patrin.	A	X	S	春夏
黄鹌菜	Japanese Youngia	*Youngia japonica* (L.) DC.	AW	HX	SR	春秋

附表 5(续 3)

中文名	英文名	学　名	生长习性	生态习性	繁殖方式	发生季节
小根蒜	Longtamen Onion	*Allium macrostemon* Bunge	P	X	R	秋冬春
鸭趾草	Common Dayflower	*Commelina communis* L.	A	HX	S	春夏
饭包草	Bengal Dayflower	*Commelina bengalensis* L.	P	HX	SR	春夏
异型莎草	Diffomed Galingale	*Cyperus difformis* L.	A	AH	S	春夏
碎米莎草	Rice Galingale	*Cyperus iria* L.	A	AH	S	春夏
香附子	Nutgrass Galingale	*Cyperus rotundus* L.	P	X	SR	春夏
牛毛草	Needle Spikesedge	*Eleocharis yokoscensis* (Fr. et Sav) Tang et Wang	P	AH	SR	春夏
砖子苗	Sawgrass	*Mariscus umbrellatus* Vahl	P	X	SR	春夏
小糠草	Redtop	*Agrostis alba* L.	P	HX	S	春夏
蒴股颖	Bentgrass	*Agrostis myriantha* Hook	P	HX	S	春夏
看麦娘	Equal Alopecurus	*Alopecurus aequalis* Sobol.	AW	HX	S	秋冬
野燕麦	Wild Oat	*Avena fatua* L.	AW	HX	S	春秋冬
雀　麦	Japanese Bromegress	*Bromus japonicus* Thumb.	AW	X	SR	春秋冬
旱雀麦	Downy Bromegrass	*Bromus tectorum* L.	AW	X	S	秋冬
蒺藜草	Sandbur	*Cenchrus calyculata* Cavan.	A	X	S	春夏
狗牙根	Bermudagrass	*Cynodon dactylon* (L.) Pers.	P	HX	SR	春夏
龙爪茅	Durban Crowfootgrass	*Dactyloctenium aegyptiaum* (L.) Beauv.	A	X	SR	春夏
马　唐	Crabgrass	*Digitaria* spp.	A	X	S	春夏秋
芒稷(光头稗)	Junglerice	*Echinochloa colonum* (L.)Link.	A	HX	S	春夏
稗	Barnyardgrass	*Echinochloa crus-galli* (L.)Beauv.	A	AH	S	春夏
黑穗画眉草	Blockspiked Lovergrass	*Eragrastis nigra* Nees.	P	X	SR	春夏
画眉草	Indian Lovergrass	*Eragrastis pilosa* (L.) Beauv.	A	X	S	春夏
牛筋草	Goosegrass	*Eleusine indica* (L.)Gaertn	A	X	S	春夏秋
白　茅	Lalang Grass	*Imperata cylindrica* (L.)Beauv.	P	X	SR	春夏
黑麦草	Perennial Ryegrass	*Loium perenne* L.	P	X	SR	春秋冬
千金子	Chinese Sprangletop	*Leptochloa chinensis* (L.)Nees.	A	AH	S	春夏
糠　稷	Chaff Panicgrass	*Panicum bisulcatum* L.	A	X	S	春夏
细柄黍	Slenderstalk Panicgrass	*Panicum psilopodium* Trin.	A	X	S	春夏
铺地黍	Torpedograss	*Panicum repens* L.	A	X	S	春夏
毛花雀稗	Dallisgrass	*Paspalum dilatatum* Poir.	P	HX	S	春夏
双穗雀稗	Thompsongrass	*Paspalum distichum* L.	P	AH	SR	春夏

附表5(续4)

中文名	英文名	学　名	生长习性	生态习性	繁殖方式	发生季节
邵氏雀稗	Bahiagrass	*Paspalum notatum* Flugge var. *saurqe* Parodi	P	HX	SR	春夏
圆果雀稗	Ditch Millet	*Paspalum orbiculare* G. Forst	P	HX	SR	春夏
雀　稗	Japanese Paspalum	*Paspalum thunbergii* Kunth.	P	X	S	春
狼尾草	Chinese Pennisetum	*Pennisetum alopecuroides* (L.) Spreng	P	X	SR	春夏
早熟禾	Annual Bluegrass	*Poa annua* L.	AW	H	S	春秋
棒头草	Fugacious Polypogon	*Polypogon fugax* Nees. ex Steud.	A	HX	S	春夏
碱　茅	Weeping Alkaligrass	*Puccinellia distans* (L.) Parl.	P	HX	SR	春秋
金狗尾草	Yellow Foxtailgrass	*Setaria glauca* (L.) Beauv.	A	X	S	春夏
狗尾草	Green Bristlegrass	*Setaria viridis* (L.) Beauv.	A	X	S	春夏
硬　草	Keng Stiffgrass	*Sclerochloa kengiana* (Ohwi.) Tzvel.	A	X	S	春夏
鼠尾粟	Purple Indian Dropseedgrass	*Sporobolus fertilis* W.D. (Steud.) Clayt.	P	X	SR	春夏

注:生长习性 A一年生、W越年生、P多年生;生态习性 A水生、H湿生、X旱生;繁殖方式 S种子繁殖、R根茎繁殖;Ⅰ 热带;Ⅱ 南亚热带;Ⅲ 中亚热带;Ⅳ 北亚热带;Ⅴ 温带、寒温带。

附表 6 除草剂应用方法简表

类型	品种名称		作用方式	防除对象	施药时期	使用方法	用量/(kg·hm^{-2})	适用范围
	中文名	通用名						
苯氧羧酸类	2,4-D 2,4-D 丙酸 2 甲 4 氯丙酸 2 甲 4 氯丁酸	2,4-D Dichlorprop, DPA MCPP, CMPP MCPB	选择性输导型	藜、蓼、苋、芥菜、苍耳等阔叶草杂草	生长期(新植草坪于分蘖末期)	茎叶处理	0.3~1.2 2.0~2.5 1.5~2.5 0.5~1.7	禾本科类草坪
	禾草灵	Diclofop-methy1	选择性输导型	马唐、稗草、狗尾草、野燕麦等禾草	杂草 2~4 叶期	茎叶处理	1.08~1.6	暖季型草坪阔叶草坪
	精吡氟禾草灵(稳杀得)	Fluazifop-p-buty1	选择性输导型	一年生及多年生禾草	杂草 2~5 叶期	茎叶处理	0.1~0.15	阔叶草坪
	高效吡氟氯草灵(高效盖草能)	Haloxyfop-R-methy1	选择性输导型	一年生及多年生禾草	杂草 6 叶期前	茎叶处理	0.03~0.06	阔叶草坪
	精恶唑禾草灵(威霸)	Fenoxaprop-p-ethy1	选择性输导型	一年生及多年生禾草	杂草 2~5 叶期	茎叶处理	0.05~0.07	黑麦草、早熟禾及暖季型草坪
苯甲酸类	甲氧三氯苯甲酸	Tricamba	传导型	一年生阔叶草及灌木	苗前 苗后	土壤处理 茎叶处理	0.3	狗牙根草坪
	敌草索	DCPA	传导型	马唐、粟米草、马齿苋、婆婆纳、地锦等一年生禾草、阔叶草	苗前	土壤处理	4~6	狗牙根、草地早熟禾、羊茅草坪

附表6(续1)

类型	品种名称 中文名	通用名	作用方式	防除对象	施药时期	使用方法	用量 /(kg·hm^{-2})	适用范围
苯甲酸类	麦草畏(百草敌)	Dicamba	选择性输导型	猪秧秧、蓼、牛繁缕、大巢菜、田旋花、问荆、苍耳等阔叶草	生长期	茎叶处理	0.15~0.3	阔叶草坪、翦股颖、狗牙根、草地早熟禾、羊茅草坪
二苯醚类	乙氧氟草醚(果尔)	Oxyfluorfen	触杀型	马唐、1.5叶期稗、苋等多种一年生禾草、莎草及阔叶草	播后苗前春季灌水后	土壤处理	0.06~0.080	黑麦草、羊茅等冷季型草坪及多数暖季型草坪
氨基酯类	黄草灵	Asulam	选择性输导型	防除一年生禾草	播后苗前、苗后	土壤处理 茎叶处理	1.0~1.7	钝叶草坪
	芽根灵	Terbutol	传导型	早熟禾、马唐、婆婆纳等	播后苗前、苗后	土壤处理	5~10	狗牙根、草地早熟禾
酰胺类	敌稗	Propanil	选择性输导型	一年生禾草及苋、藜等阔叶草	生长期	茎叶处理	2.25~4.50	阔叶草坪
	氟草胺	Benefin	触杀型	稗草、狗尾草、马唐、早熟禾、牛筋草、千金子、黍、藜等一年生杂草	播后苗前	土壤处理	0.3~1.2	冷季型和多数暖季型草坪安全，翦股颖、羊茅中度敏感
	异丙甲草胺(都尔)	Metolachior	触杀型		播后苗前	土壤处理	1.1~2.0	翦股颖、草地早熟禾及暖季型草坪

附表 6(续 2)

类型	品种名称 中文名	品种名称 通用名	作用方式	防除对象	施药时期	使用方法	用量/(kg·hm^{-2})	适用范围
酰胺类	萘丙酰草胺(大惠利)	Napropamid	触杀型		播后苗前	土壤处理	1.5~2.5	暖季性草坪防除一年生禾草及多数阔叶草
磺酰脲类	氯磺隆	Chlorsulfuron	输导型	阔叶草	播后苗前或苗后	土壤处理	0.015~0.03	高羊茅类草坪
	苯磺隆	Tribenuron	输导型	阔叶草	播后苗前或苗后	土壤处理 茎叶处理	0.015~0.030	禾本科类草坪
均三氮苯类	西草津	Simetryne	触杀型	一年生阔叶草及禾草	播后苗前或苗后	土壤处理	1.5~2.0	各种冷季型及暖季型草坪
	扑草净	Prometryne	触杀型		播后苗前或苗后	土壤处理	1.0~2.5	
	西玛津	Simazine	传导型	马唐、早熟禾等	苗前或苗后	土壤处理	1.0~4.0	暖季型草坪
	莠去津	Atrazine	输导型 选择性	一年生禾草及阔叶草	苗前、苗后及生长期	土壤处理 茎叶处理	1.0~2.0	钝叶草、假俭草草坪
二硝基苯胺类	氟乐灵	Trifluralin	触杀型	稗草、狗尾草、马唐、早熟禾、牛筋草、千金子、黍、藜、苋、粟米草、繁缕、蓼等	苗前	土壤处理(需混土)	0.6~1.5	各种冷季型及暖季型草坪
	二甲戊乐灵(除草通)	Pendimethalin			苗前	土壤处理	0.6~1.2	

附表6(续3)

类型	品种名称 中文名	品种名称 通用名	作用方式	防除对象	施药时期	使用方法	用量/(kg·hm^{-2})	适用范围
脲类	灭草隆	Monuron	传导型	苜蓿、繁缕、地锦、酢浆草、马唐等	苗前、苗后	土壤处理	1.0~2.0	马蹄金草坪
	环草隆	Siduron	传导型	禾草	苗前、苗后	土壤处理 茎叶处理	2.0~4.0	草地早熟禾、黑麦草、羊茅草坪
有机磷类	地散磷	Bensulide	选择性触杀型	一年生禾草及苋、藜等阔叶草	苗前、苗后	土壤处理	2.5~5.0	草地早熟禾、翦股颖、狗牙根、羊茅、马蹄金草坪
	草甘膦	Glyphosate	灭生性输导型	各种一年生及多年生杂草	播前处理	茎叶处理	1.5~3.0	草坪种植前、草坪更新、休眠期
吡啶类	乙氯草定	Triclopyr	选择性输导型	阔叶草,对禾草有抑制作用	苗后	茎叶处理 土壤处理		草地早熟禾、羊茅、黑麦草、雀稗等草坪
	氯氟吡氧乙酸(使它隆)	Fluroxypry	选择性输导型	阔叶草	生长期	茎叶处理	0.15~0.2	各种冷季型及暖季型草坪

附表 6(续 4)

类型	品种名称 中文名	品种名称 通用名	作用方式	防除对象	施药时期	使用方法	用量 /(kg·hm⁻²)	适用范围
联吡啶类	百草枯	Paraquat	灭生性	一年生禾草及	休眠期	茎叶处理	0.30~0.90	休眠草坪
	敌草快	Diquat	触杀型	阔叶草			0.5~1.0	
咪唑啉酮类		Imazaquin	选择性输导型	一年生禾草及阔叶草	苗前、苗后	土壤处理	0.10~0.14	暖季型草坪
其他类	禾烯定(拿扑净)	Sethoxydim	选择性输导型	禾草	生长期杂草 2~5 叶期	茎叶处理	一年生 0.2~0.4 多年生 0.5~1.0	紫羊茅、长叶羊茅及早熟禾草坪
	恶草灵	Oxadiazon	灭生性	一年生禾草及苋、藜、小旋花等	苗前	土壤处理	0.75~1.5	冷季型及暖季型草坪
	灭草松(苯达松)	Bentazon	选择性输导型	阔叶草	杂草 3~5 叶期	茎叶处理	1.0~2.0	多数暖季型草坪

附表 7　主要草坪除草剂对草坪草的安全性

中文名	英文名	应用		安全性									
		方法	时期	KB	CB	FF	TF	PR	BE	BA	ZO	SA	CE
丙甲草胺	Metolachlor	S	Pr	I	I	I	I	I	S	S	S	S	S
萘丙酰草胺	Napropamide	S	Pr	N	N	N	N	N	S	S	S	S	S
恶草灵	Oxidaazon	S	Pr	I	N	I	S	O	S	S	–	–	–
二甲戊乐灵	Pendimethalin	S	Pr	S	S	S	S	S	S	S	S	S	S
氯磺隆	Chlorsulfuron	S	Pr	N	N	S	S	S	S	S	I	I	I
呋草黄	Ethofumesate	F	Po	I	N	N	N	S	N	N	N	N	N
炔敌稗	Pronamide	S	Pr、Po	N	N	N	N	N	S	–	–	–	–
莠去津	Atrazine	F、S	Pr、Po	N	N	N	N	N	I	I	S	S	S
西玛津	Simazine	S	Pr、po	N	N	N	N	N	I	S	S	S	N
扑草净	Prometryne	S	Pr	I	I	I	S	S	S	S	I	I	I
二氯喹啉酸	Quinclorac	F、S	Pr、Po	N	S	S	S	S	S	S	S	S	S
扑草净 + 二甲戊乐灵	Prometryne + Pendimethalin	S	Pr	S	S	S	S	S	S	S	S	S	S
地散磷	Bensulide	F	Po	S					I	I	I	I	I
快灭灵	Carfentrazone	F	Po	S	S	S	S	S	S	S	S	S	S
麦草畏	Dicamba	F	Po	S	I	I	S	S	S	S	I	I	S
氯氟吡氧乙酸	Fluroxypyr	F	Po	S	S	S	S	S	S	S	S	S	S
禾烯定	Sethoxydim	F	Po	N	N	N	N	N	N	N	N	S	S
草甘膦	Glyphosat	F	Po	N	N	N	N	N	N	N	N	N	N

注：应用：F 茎叶处理、S 土壤处理；Pr 苗前、Po 苗后；

安全性：S 安全、I 有一定耐受性、N 有严重药害，不荐使用或在草坪休眠期使用、– 只能用于阔叶草坪；

草　种：KB 草地早熟禾、CB 匍匐翦股颖、FF 细羊茅、TF 高羊茅、PR 多年生黑麦草、BE 狗牙根、ZO 结缕草、SA 钝叶草、CE 假俭草、BA 雀稗。

附表8　草坪害虫的药剂防治简表

中文名	学　名	药剂种类及使用方法
1. 蛴螬		
华北大黑鳃金龟	*Holotrichia oblita*	① 用5%辛硫磷颗粒剂 30 kg/hm² 撒施并结合灌水,或在播种和栽草以前撒施
棕色鳃金龟	*H. titanis*	② 50%辛硫磷乳油 800~1 000 倍液喷雾
毛黄鳃金龟	*H. trichophora*	③ 50%辛硫磷乳油 7.5 kg 加 90%晶体敌百虫 3 kg 加细土 300 kg 抹匀成毒土撒施
鲜黄鳃金龟	*Metabolus tumidifroms*	④ 75%辛硫磷乳油 200 倍液,按种子重量的 1/10拌种
铜绿异丽金龟	*Anomala corpulenta*	⑤ 在成虫盛发期,用 2.5%敌百虫粉剂或 40%乐果乳油 1 000 倍液于夜间在草坪及附近的杂草、乔、灌木上喷施
中华弧丽金龟	*Popillia quadriguttata*	
2. 金针虫		参见蛴螬防治的①②③
沟金针虫	*Pleonomus canaliculatus*	
细胸金针虫	*Agriotes fuscicollis*	
3. 地老虎		① 90%敌百虫晶体 800~1 000 倍液,50%辛硫磷乳油 1 000~1 500 倍液喷雾
小地老虎	*Agrotis ypsilon*	② 2.5%敌百虫粉剂 30~40 kg/hm² 喷粉
黄地老虎	*A. segetum*	③ 5%辛硫磷颗粒剂 30 kg/hm² 撒施
4. 蝼蛄		① 5%辛硫磷颗粒剂 30 kg/hm² 或 25%辛硫磷微胶囊剂 22.5 kg/hm² 撒施
东方蝼蛄	*Gryllotalpa orientalis*	② 用谷子 15 kg/hm² 煮成半熟,晾至不粘结时,拌入 75%辛硫磷乳油 750 g 随种子混播或撒施
华北蝼蛄	*G. unispina*	③ 50%辛硫磷乳油 800~1 000 倍液灌根
5. 夜蛾		① 20%灭幼脲 1 号胶悬剂 10 000 倍液(对 1 或 2 龄幼虫),90%敌百虫晶体 800~1 000 倍,BT 乳剂(含菌量 > 100 亿个/ml)500~1 000 倍,2.5%溴氰菊酯 2 500~3 000 倍液喷雾
黏虫	*Mythimna separata*	② 2.5%敌百虫粉剂或 5%马拉硫磷粉剂 22.5~30 kg/hm² 喷粉
斜纹夜蛾	*Prodenia litura*	
6. 草地螟	*Loxostege sticticalis*	① 50%马拉硫磷乳油或 50%辛硫磷乳油 1 000~1 500 倍液喷雾 ② 2.5%敌百虫粉剂 22.5~30 kg/hm² 喷粉

附表 8(续 1)

中文名	学 名	药剂种类及使用方法
7. 蝗虫		① 2.5%敌百虫粉剂、4%敌马粉剂 30 kg/hm² 喷粉 ② 50%马拉硫磷乳油、75%杀虫双乳油、40%氧化乐果乳油 1 000~1 500 倍,80%敌敌畏乳油 1 000 倍液喷雾
中华蚂蚱	*Acrida chinensis*	
短额负蝗	*Atractomorpha sinensis*	
黄胫小车蝗	*Oedaleus infernalis*	
长翅稻蝗	*Oxya velox*	
8. 盲蝽		① 40%氧化乐果乳油、50%马拉硫磷乳油、50%辛硫磷乳油 1 000~15 000 倍液喷雾 ② 1.5%乐果粉剂、2.5%敌百虫粉剂 22.5~30 kg/hm² 喷粉
赤须绿盲蝽	*Trigonotylus ruficornis*	
绿盲蝽	*Lygus lucorum*	
牧草盲蝽	*L. pratensis*	
三点盲蝽	*Adelphocoris fasciaticollis*	
小黑盲蝽	*Chlamydatus sp.*	
9. 叶蝉		① 40%氧化乐果乳油、50%马拉硫磷乳油 1 000~1 500 倍、20%叶蝉散乳油 800~1 000倍,2.5%溴氰菊酯乳油、20%杀灭菊酯乳油 2 500~3 000 倍液喷雾 ② 2%叶蝉散粉剂 30~35 kg/hm² 喷雾
大青叶蝉	*Cicadella viridis*	
二点叶蝉	*Cicadula fasciifrons*	
小绿叶蝉	*Empoasca flavescens*	
条沙叶蝉	*Psammotettix striatus*	
黑尾叶蝉	*Nephotettix cincticeps*	
10. 飞虱		防治方法同叶蝉
白背飞虱	*Sogatella furcifera*	
灰飞虱	*Laodelphax striatellus*	
褐飞虱	*Nilaparvata lugens*	
11. 蚜虫		① 40%氧化乐果乳油、50%灭蚜净乳油、1%苦参素植物杀虫剂 1 000~1 500 倍,护卫鸟(0.5%藜芦碱)800~1 000 倍,EB-82 灭蚜菌 200~300 倍液喷雾 ② 1.5%乐果粉剂、2.5%敌百虫粉剂 22.5~30 kg/hm² 喷粉
麦长管蚜	*Macrosiphum avenae*	
麦二叉蚜	*Schizaphis graminium*	
禾谷溢管蚜	*Rhopalosiphum padi*	
12. 秆蝇		① 2.5%溴氰菊酯乳油、20%杀灭菊酯乳油 2 500~3 000 倍、50%马拉硫磷乳油1 500~2 000倍液喷雾 ② 1.5%乐果粉剂 22.5~30 kg/hm² 喷粉
麦秆蝇	*Meromyza saltatrix*	
瑞典麦秆蝇	*Oscinella frit*	
13. 螨类		① 0.9%爱福丁(阿维菌素)5 000~7 000 倍、73%克螨特乳油 2 000~2 500 倍、20%双甲脒(螨克)1 000~1 500 倍液喷雾
麦岩螨	*Petrobia latens*	
麦圆叶爪螨	*Penthaleus major*	

图书在版编目(CIP)数据

草坪科学与管理/胡林等主编 .—北京:中国农业大学出版社,2001.7(2016.12 重印)

ISBN 978-7-81066-305-2

Ⅰ. 草…　Ⅱ. 胡…　Ⅲ. 草坪-观赏园艺　Ⅳ. S688.4

中国版本图书馆 CIP 数据核字(2001)第 027193 号

责任编辑:宋俊果　刘　军

封面设计:郑　川

出版发行　中国农业大学出版社

经　　销　新华书店

印　　刷　北京鑫丰华彩印有限公司

版　　次　2001 年 7 月第 1 版

印　　次　2016 年 12 月第 10 次印刷

开　　本　16　28 印张　513 千字　彩插 8

规　　格　787×980

定　　价　46.00 元

图书如有质量问题本社负责调换

社址　北京市海淀区圆明园西路 2 号　**邮政编码**　100193

电话　010-62732633　**网址**　www.cau.edu.cn